工程建设材料标准速查与选用指南系列

电气材料标准速查与选用指南

华克见 主编

中国建材工业出版社

图书在版编目(CIP)数据

电气材料标准速查与选用指南/华克见主编. —北京：中国建材工业出版社，2011.3

（工程建设材料标准速查与选用指南系列）

ISBN 978-7-80227-897-4

Ⅰ.①电… Ⅱ.①华… Ⅲ.①电工材料—指南 Ⅳ.①TM2-62

中国版本图书馆 CIP 数据核字(2011)第 020312 号

电气材料标准速查与选用指南

华克见 主编

出版发行：中国建材工业出版社

地　　址：北京市西城区车公庄大街 6 号

邮　　编：100044

经　　销：全国各地新华书店

印　　刷：北京紫瑞利印刷有限公司

开　　本：787mm×1092mm 1/16

印　　张：22

字　　数：591 千字

版　　次：2011 年 3 月第 1 版

印　　次：2011 年 3 月第 1 次

书　　号：ISBN 978-7-80227-897-4

定　　价：44.00 元

本社网址：www.jccbs.com.cn

内容提要

本书以最新电气工程材料标准规范为依据，以电气材料的选择为主线，以翔实的资料，大量的插图、表格、数据，对常用电气材料从分类、规格、性能和技术参数等方面作了详尽的介绍，内容主要包括常用电气图形符号、裸电线与母线、电缆、高低压电器器材等。

本书内容全面、资料翔实，对如何进行电气工程材料管理以及选用工作具有很强的实用价值。本书可供电气工程设计以及材料管理人员使用，也可供高等院校相关专业师生学习时参考。

电气材料标准速查与选用指南

编　写　组

主　编：华克见

副主编：蒋梦云　方水林

编　委：吴成英　刘雪芹　韩晓芳　黄泰山

赵红杰　王卫凭　罗宏春　王　静

郑建军　钟建明　王建龙　杜家吉

唐海彬　赵　娟　刘　倩　张艳萍

沈　杏　刘　锦　郜伟民　田凤兰

何晓卫　张继发　张家驹　黄志安

卢晓雪　王翠玲　崔奉伟　王秋艳

王晓丽　左万义　王　燕　郤建荣

黎　江

前言
PREFACE

工程材料的种类繁多，随着材料科学和材料工业的不断发展，各种类型的新型工程材料不断涌现。随着社会的进步、人民生活水平的不断提高，人们对建构筑物的需求，也从其最基本的安全需求、适用需求，发展到轻质高强、抗震、高耐久性、环保、节能等诸多新的功能要求。在此基础上，工程材料的研究也开始从被动的以研究应用为主向开发新功能、多功能材料的方向转变。工程材料是一切工程建设的物质基础，要发展工程建设行业，就必须发展工程材料工业。在建设工程中恰当地选择和合理地使用工程材料不仅能提高工程质量及其寿命，而且对降低工程造价、节能减排、调控能源使用结构也有着重要的意义。工程材料的发展不仅制约着工程设计理论的进步和施工技术的革新，同时也具有推动它们发展的作用，许多新技术的出现都是与新材料的产生密切相关的。

工程材料技术标准、规范是针对原材料、产品以及工程质量、规格、检验方法、评定方法、应用技术等作出的技术规定，它是在产品生产、工程建设、科学研究以及商品流通等领域中共同遵循的技术法规。随着新材料的不断涌现，以及新技术的不断应用，近年来国家对多种新、老材料的产品规格、技术性能、检验方法等进行了规定或修订。《工程建设材料标准速查与选用指南系列》丛书即从材料标准速查与选用方向入手，向相关从业人员提供查找新材料标准、选取合适材料的捷径。

《工程建设材料标准速查与选用指南系列》丛书共包括以下10个分册：

1.《电气材料标准速查与选用指南》

2.《胶凝材料标准速查与选用指南》

3.《焊接材料标准速查与选用指南》

4.《水暖材料标准速查与选用指南》

5.《防水材料标准速查与选用指南》

6.《防腐材料标准速查与选用指南》

7.《钢结构材料标准速查与选用指南》

8.《保温隔热材料标准速查与选用指南》

9.《土建工程材料标准速查与选用指南》

10.《装饰装修材料标准速查与选用指南》

与市场上同类图书比较，本套丛书主要具有以下特色：

(1)本套丛书严格以当前最新的国家、行业标准为编写依据，并在相应资料中注释有编写标准的名称与编号，体现了资料的先进性和规范性，保证了读者在阅读本书时所获取的资料信息为最新内容，同时方便读者获取相关标准信息。

(2)本套丛书以材料分类、规格、技术性能、检验方法、包装与运输等为编写结构体例，介绍了各种材料的基本技术要求和选用方法，有助于相关从业人员合理选取材料，妥善运输、存储材料，并进行必要的检验验收。

(3)本套丛书所选材料均为各专业常用材料与典型材料，具有一定的代表性与针对性，可满足各专业人员的实际需求。

(4)本套丛书在各分册图书后附有本册图书所选录材料的标准名称、编号与所在页码，方便读者查找与阅读，起到了节约查找时间、直观展示所选材料是否为最新的作用。

限于编者的水平及阅历的局限，加之编写时间仓促，书中错误及疏漏之处在所难免，恳请广大读者和有关专家批评指正。

编　者

目录
CONTENTS

第一章 常用电气图形符号

第一节 《电气图用图形符号》简介

一、名词术语

电气图用图形符号名词术语见表 1-1。

表 1-1　　名词术语

序号	名　词	说　　明
1	图形符号	通常用于图样或其他文件以表示一个设备或概念的图形、标记或字符
2	符号要素	一种具有确定意义的简单图形，必须同其他图形组合以构成一个设备或概念的完整符号。 例如灯丝、栅极、阳极、管壳等符号要素组成电子管的符号。符号要素组合使用时，其布置可以同符号表示的设备的实际结构不一致
3	一般符号	用以表示一类产品和此类产品特征的一种通常很简单的符号
4	限定符号	用以提供附加信息的一种加在其他符号上的符号。 注：限定符号通常不能单独使用。但一般符号有时也可用作限定符号。如电容器的一般符号加到传声器符号上即构成电容式传声器的符号
5	方框符号	用以表示元件、设备等的组合及其功能，既不给出元件、设备的细节也不考虑所有连接的一种简单的图形符号。 注：方框符号通常用在使用单线表示法的图中，也可用在示出全部输入和输出接线的图中。 电气图中出现的其他名词术语不属本标准规定的内容，但一般符合国际电工词汇(IEV)和相应国家标准的规定

二、符号绘制与编号

1. 符号的绘制

电气符号图中的图形符号均按便于理解的尺寸绘出，并尽量使符号互相之间比例适当。

布置符号时，应使连接线之间的距离是模数(2.5mm)的倍数，通常为一倍(5mm)，以便标注端子的标志。

一般情况下，符号可直接用于绘图；在计算机辅助绘图系统中符号则应画在网格上。

电气符号图中的图形符号是按网格绘制的，但网格未随符号示出。

2. 符号的编号

电气符号图中的每个符号都给出一个序号。此序号由三段构成：

(1)第一段(2位数字)，表示本标准的第几部分；

(2)第二段(2位数字或一个字母一个数字)表示该部分的第几节；

(3)第三段(2位数字)，表示该节的第几个符号。

1)三段之间以短横线“—”分开(图1-1)。

2)电气图的每一部分中，节从01开始连续编号。

3)在每一节中，符号从01到99连续编号。

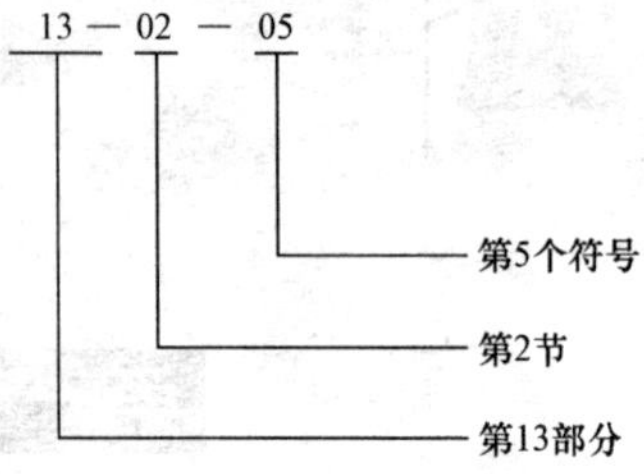

图1-1 符号的编号

三、符号的使用

电气符号图中尽可能完整地给出符号要素、限定符号和一般符号，但也有只给出有限的组合符号的例子。如果某些特定装置或概念的符号在本标准中未作规定，允许通过已规定符号的适当组合进行派生。

为适应不同图样或用途的要求，可以改变彼此有关的符号的尺寸，如电力变压器和测量用互感器就经常采用不同大小的符号。

电气符号图中的符号可根据需要缩小或放大。当一个符号用以限定另一个符号时，该符号常常缩小绘制。各符号缩小或放大时，各符号相互间及符号本身的比例应保持不变。

电气符号图中示出的符号方位不是强制的。在不改变符号含义的前提下，符号可根据图面布置的需要旋转或成镜象放置，但文字和指示方向不得倒置。

导线符号可以用不同宽度的线条表示。

为了清晰起见，符号通常带连接线示出。只要不另加说明，符号只给出带连接线的一种形式。

大部分符号上都可以增加补充信息。但是仅在有表示这种信息的推荐方法的情况下，电气符号图中才示出实例。

电气符号图中有些符号具有几种图形形式，“优选形”是供优先采用的。在同一张电气图样中只能选用一种图形形式，图形符号的大小和线条的粗细亦应基本一致。

四、计算机辅助绘图系统使用符号的规定

在计算机辅助绘图系统中使用符号一般应符合下列规定：

(1)符号应设计成能用于特定模数M的网格系统中，电气符号图中使用的模数M为2.5mm；

(2)符号的连接线同网格线重合并终止于网格线的交叉点上；

(3)矩形的边长和圆的直径应设计成2M的倍数。对较小的符号则选为1.5M、1M或0.5M；

(4)两条连接线之间至少应有2M的距离，以符合国际通行的最小字符高为2.5mm的要求。

计算机辅助绘图系统要求每个符号都有位于网格交叉点的参考点。

五、其他规定

电气符号图中规定的图形符号，均按无电压、无外力作用的正常状态示出。

电气符号图中规定的图形符号中的文字符号、物理量符号等，应视为图形符号的组成部分，但这些文字、物理量符号等不属本标准规定的内容。

电气符号图中的图形符号凡与国际标准IEC617相同者，均标出“=”。

第二节　电气图常用图形符号

一、基本符号

常用基本符号见表 1-2。

表 1-2　基本符号

序　号	名　称	符　号
1	直流 注:电压可标注在符号右边,系统类型可标注在左边	—
2	交流 注:频率或频率范围以及电压的数值应标注在符号的右边,系统类型应标注在符号的左边	～
3	交直流	≂
4	正极、负极	+、−
5	运动、方向或力	⟶
6	能量、信号传输方向	⟶
7	接地一般符号 注:如表示接地的状况或作用不够明显,可补充说明	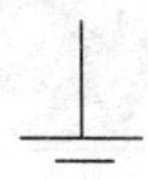
8	接机壳	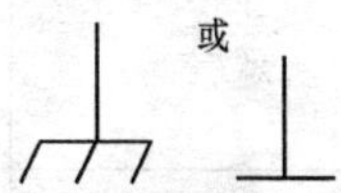
9	等电位	
10	故障	
11	端子 可拆卸端子	
12	导线的连接	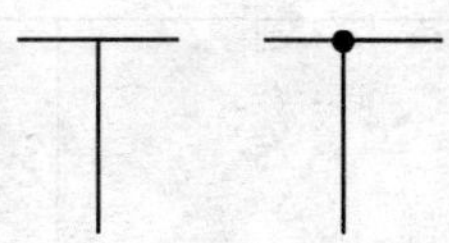
13	导线跨越而不连接	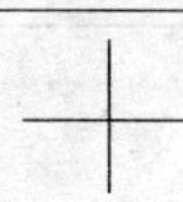

（续）

序　　号	名　　称	符　　号
14	电阻器一般符号	
15	电容器一般符号	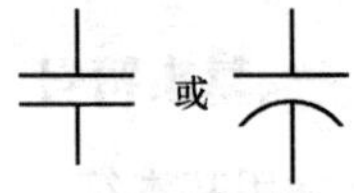
16	电感器、线圈、绕组、扼流圈	
17	原电池或蓄电池 注：长线代表阳极、短线代表阴极，为了强调，短线可画粗些	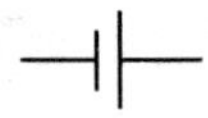

二、控制保护装置符号

控制保护装置符号见表 1-3。

表 1-3　　控制保护装置符号

序　　号	名　　称	符　　号
1	动合（常开）触点 注：本符号也可以用作开关的一般符号	
2	动断（常闭）触点	
3	先断后合的转换触点	
4	中间断开的双向触点	
5	当操作器件被吸合时延时闭合的动合触点	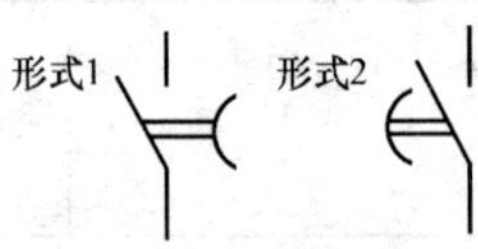
6	当操作器件被释放时延时断开的动合触点	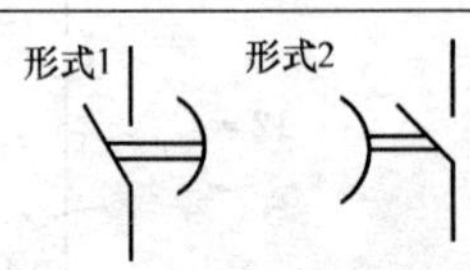
7	当操作器件被释放时延时闭合的动断触点	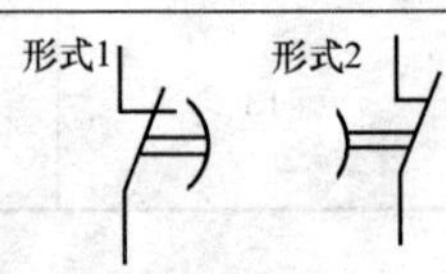

（续一）

序　　号	名　　称	符　　号
8	当操作的器件被吸合时延时断开的动断触点	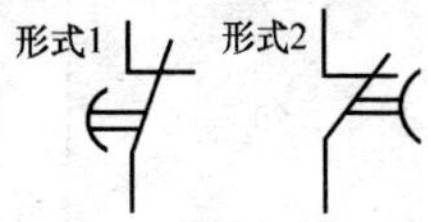
9	手动开关的一般符号	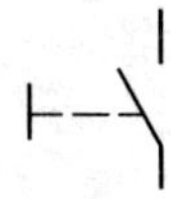
10	按钮开关（不闭锁）	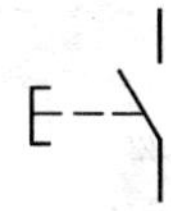
11	位置开关，动合触点 限制开关，动合触点	
12	位置开关、动断触点 限制开关，动断触点	
13	多极开关一般符号 单线表示	
14	多极开关一般符号 多线表示	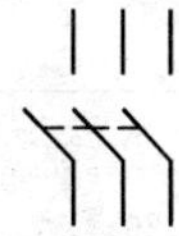
15	接触器（在非动作位置触点断开）	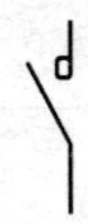
16	具有自动释放的接触器	
17	接触器（在非动作位置触点闭合）	
18	断路器	
19	隔离开关	

（续二）

序　号	名　称	符　号
20	负荷开关(负荷隔离开关)	
21	操作器件一般符号	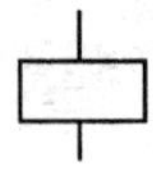
22	缓慢释放(缓放)断电器的线圈	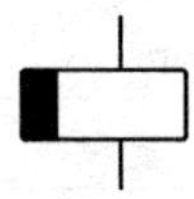
23	缓慢吸合(缓吸)继电器的线圈	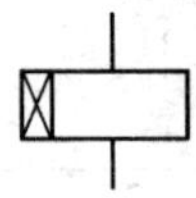
24	交流断电器的线圈	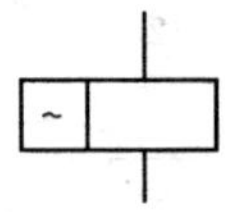
25	热断电器的驱动器件	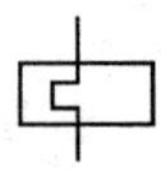
26	热断电器触点	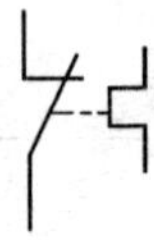
27	熔断器一般符号	
28	熔断器式开关	
29	熔断器式隔离开关	

三、电机启动器符号

电机启动器符号见表 1-4。

表 1-4　　电机启动器符号

序　号	项　目	符　号
1	电机一般符号 符号内的星号 * 必须用下述字母代替： C——同步变流机 G——发电机 GS——同步发电机 M——电动机 MG——能作为发电机或电动机使用的电机 MS——同步电动机 SM——伺服电机 TG——测速发动机 TM——力矩电动机 IS——感应同步器	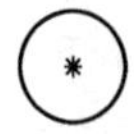
2	交流电动机	
3	双绕组变压器 电压互感器	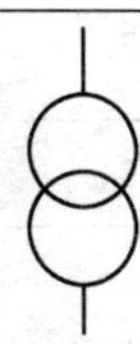
4	三绕组变压器	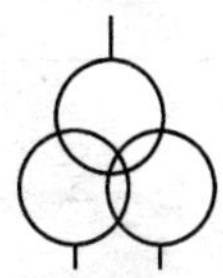
5	电流互感器	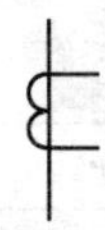
6	电抗器，扼流圈	
7	自耦变压器	
8	电动机启动器一般符号 注：特殊类型的启动器可以在一般符号内加上限定	
	自耦变压器式启动器	

四、电气线路符号

电气线路符号见表 1-5。

表 1-5 **电气线路符号**

序号	项目	符号
1	导线、导线组、电线、电缆、电路、传输通路(如微波技术)、线路、母线(总线)一般符号 注:当用单线表示一组导线时,若需示出导线数可加小短斜线或画一条短斜线加数字表示	
2	柔软导线	
3	绞合导线(示出二股)	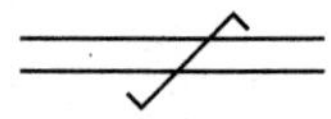
4	屏蔽导线	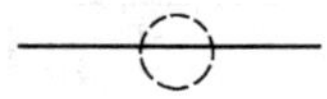
5	不需要示出电缆芯数的电缆终端头	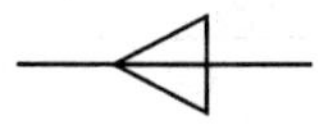
6	电缆直通接线盒(示出带三根导线)单线表示	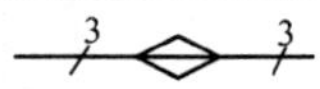
7	电缆连接盒,电缆分线盒(示出带三根导线 T 形连接)单线表示	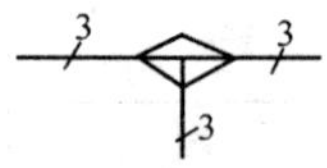
8	电话 电报和数据传输 视频通路(电视) 声道(电视或无线电广播) 示例:电话线路或电话电路	F T V S 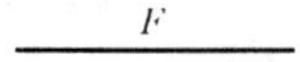
9	地下线路	
10	水下(海底)线路	
11	架空线路	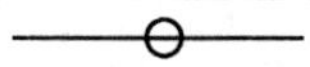
12	沿建筑物明敷设通信线路	
13	滑触线	
14	中线性	
15	保护线	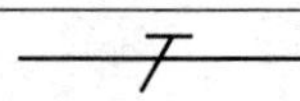
16	保护和中性共用线	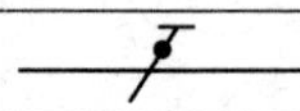
17	具有保护线和中性线三相配线	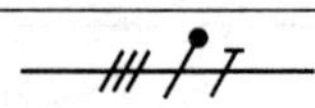
18	向上配线	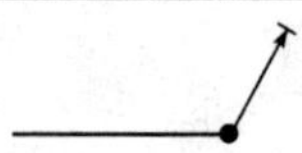
19	向下配线	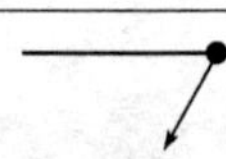

（续）

序　号	项　目	符　号
20	垂直通过配线	
21	电缆铺砖保护	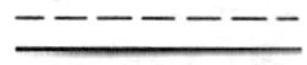
22	电缆穿管保护 注:可加注文字符号表示其规格数量	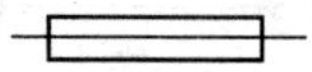
23	电缆预留 母线伸缩接头	
24	接地装置 ①有接地极 ②无接地极	

五、照明灯具符号

照明灯具符号见表 1-6。

表 1-6　照明灯具符号

序　号	项　目	符　号
1	灯一般符号 信号灯一般符号 注:1. 如果要求指示颜色,则在靠近符号处标出下列字母,RD 红,BU 蓝,YE 黄,WH 白,GN 绿。 2. 如要指出灯的类型,则在靠近符号处标出下列字母,Ne 氖,Xe 氙,Na 钠,Hg 汞,I 碘,IN 白炽,EL 电发光,ARC 弧光,FL 荧光,IR 红外线,UV 紫外线,LED 发光二极管	
2	投光灯一般符号	
3	聚光灯	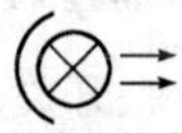
4	泛光灯	
5	示出配线的照明引出线位置	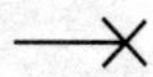
6	在墙上的照明引出线(示出配线在左边)	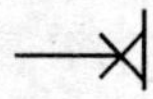
7	荧光灯一般符号	

（续）

序　　号	项　　目	符　　号
8	电杆的一般符号（单杆、中间杆） 注：可加注文字符号表示。 A——杆材或所属部门； B——杆长； C——杆号	
9	带撑杆的电杆	
10	带撑拉杆的电杆	
11	带照明灯的电杆 ①一般画法 a——编号； b——杆型； c——杆高； d——容量； A——连接相序 ②需要示出灯具的投照方向时	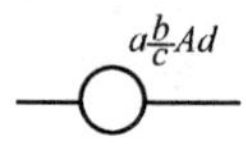 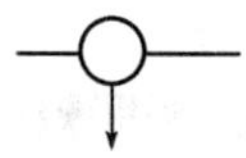
12	装有投光灯的架空线电杆 一般画法 a 为编号；b 为投光灯型号；c 为容量；d 为投光灯安装高度；α 为俯角；A 为连接相序；θ 为偏角 注：投照方向偏角的基准线可以是坐标轴线或其他基准线	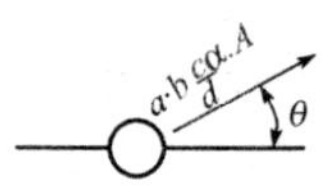
13	拉线一般符号（示出单方拉线）	
14	有高桩拉线的电杆	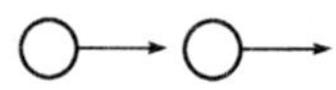

六、插座、开关、日用电器符号

插座、开关、日用电器符号见表 1-7。

表 1-7　插座、开关、日用电器符号

序　　号	名　　称	符　　号
1	单相插座 暗装 密闭（防水） 防爆	

（续一）

序　号	项　　目	符　号
2	带保护接点插座 接地插孔的单相插座暗装 密闭(防水) 防爆	
3	带接地插孔的三相插座 带接地插孔的三相插座暗装	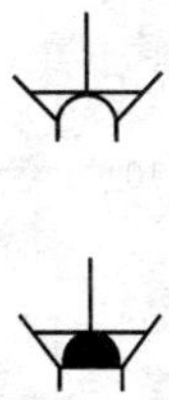
4	密封(防水) 防爆	
5	电信插座的一般符号 注：可用文字或符号加以区别。 TP——电话； TX——电传； TV——电视； *——扬声器(符号表示)； M——传声器； FM——调频	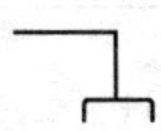
6	带熔断器的插座	
7	开关一般符号	
8	单级开关 暗装 密闭(防水) 防爆	

（续二）

序号	项目	符号
9	双极开关 双极开关 暗装 密闭（防水） 防爆	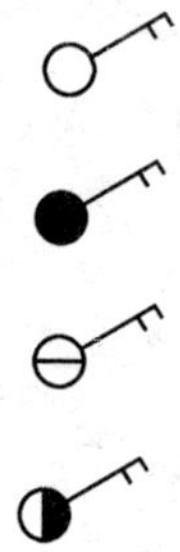
10	三极开关 三极开关 暗装 密闭（防水） 防爆	
11	单极拉线开关	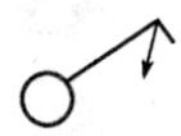
12	单极双控拉线开关	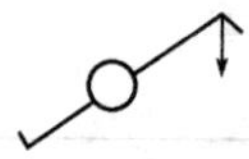
13	多拉开关（如用于不同照度）	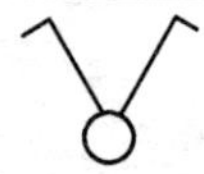
14	单极限时开关	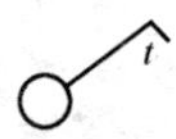
15	双控开关（单极三线）	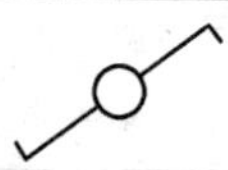
16	具有指示灯的开关	
17	定时开关	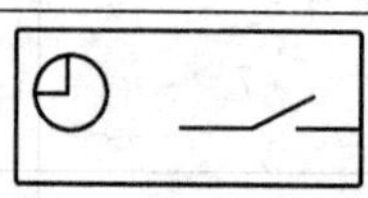
18	钥匙开关	
19	电阻加热装置	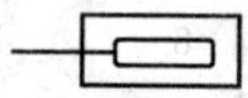
20	电弧炉	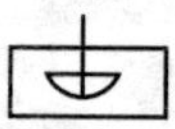

（续三）

序　　号	项　　目	符　　号
21	感应加热炉	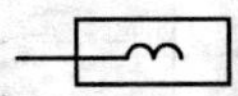
22	电解槽或电镀槽	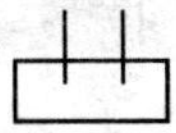
23	直流电焊机	
24	交流电焊机	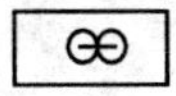
25	热水器（示出引线）	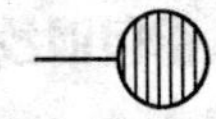
26	风扇一般符号（示出引线） 注：若不引起混淆，方框可省略不画	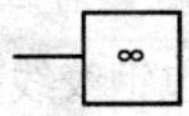
27	盒（箱）一般符号	
28	连接盒或接线盒	
29	阀的一般符号	
30	电磁阀	
31	电动阀	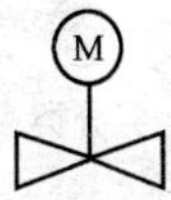
32	电磁分离器	
33	电磁制动器	
34	按钮一般符号 注：若图面位置有限，又不会引起混淆，小圆允许涂黑	
35	按钮盒 一般或保护型按钮盒： 示出一个按钮； 示出两个按钮	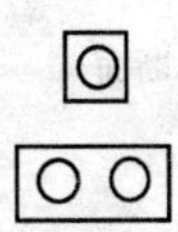

第二章

裸电线与母线

第一节 裸电线

一、铝包钢绞线(YB/T 124—1997)

1. 概念特性

铝包钢绞线是由若干铝包钢丝经绞合而成的圆心裸导线，它兼有导电性能好、耐腐蚀、高频传输性能好以及钢的强度高等优点。铝包钢芯铝绞线是将铝包钢线作加强芯和铝线绞合在一起的绞线，与普通钢芯铝绞线相比，导体重量轻5%，载流量提高2%～3%；弧重减小1%～2%；电力损耗减少4%～6%，使用寿命长，且不增加任何架设费用。

2. 分类代号

铝包钢绞线的分类代号见表2-1。

表2-1 铝包钢绞线的分类代号

序号	项　　目	内　　容
1	分类	(1)铝包钢绞线按断面结构分为四种，见表2-2。 (2)铝包钢绞线按导电率分为：20AC、23AC、27AC、30AC、33AC、40AC六个组别，其相应的导电率为20.3%、23%、27%、30%、33%和40%IACS
2	代号	铝包钢绞线代号为LBGJ，见图2-1
3	表示方法	产品可用代号、标称截面、组别及标准号表示。示例：标称截面150mm^2、组别为30AC的铝包钢绞线，标记为：LBGJ—150—30AC　YB/T 124—1997

表2-2 铝包钢绞线断面结构

断面			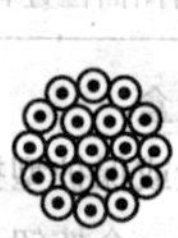	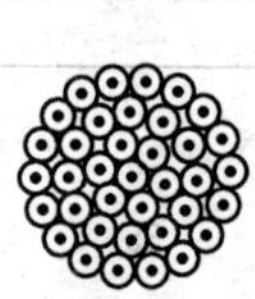
结构	1×3	1×7	1×19	1×37

3. 尺寸、外形

铝包钢绞线尺寸、外形见表2-3。

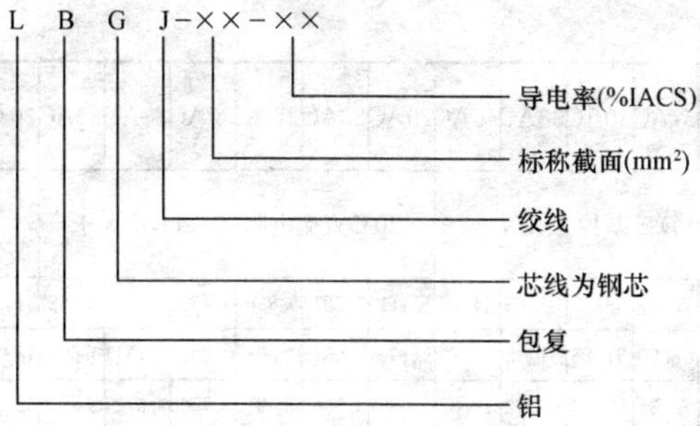

图 2-1 铝包钢绞线代号

表 2-3 铝包钢绞线的尺寸、外形

序号	项 目	内 容
1	尺寸	铝包钢绞线尺寸应符合表 2-4 规定
2	绞合节径比	(1)1×3 绞线的节径比为 14～20，最佳值为 16.5。 (2)1×7、1×19、1×37 绞线的节径比为 10～1。 (3)任一绞层的节径比应小于相邻内层的节径比
3	纵向	最外层绞向一般为右向，外层钢丝的绞向应与相邻内层钢丝的绞向相反
4	交货长度	(1)铝包钢绞线的交货长度应符合表 2-4 的规定，但每批中允许有 5%的绞线不小于标准交货长度的 1/3。 (2)根据双方协议，绞线允许以任何长度交货，其长度允许偏差为+5%

表 2-4 铝包钢绞线尺寸

标称截面/mm²	结构根数/单丝直径	公称直径/mm	计算截面/mm²	20AC	21AC	27AC	30AC	33AC	40AC	20AC	23AC	27AC	30AC	33AC	40AC	20AC	23AC	27AC	30AC	33AC	40AC	交货长度不小于/mm
				最小计算破断拉力，kN						20℃直流电阻，Ω/km，不大于						计算重量，kg/km						
16	3/2.60	5.60	15.93	20.23	18.16	16.04	13.47	11.95	10.44	5.3760	4.7376	4.0320	3.6288	3.2928	3.7216	105.81	100.67	94.89	90.38	84.28	74.51	3000
18	3/2.75	5.93	17.32	22.68	20.31	17.94	15.07	13.37	11.68	4.8048	4.2336	3.6288	3.2592	2.9568	2.4528	118.36	112.61	106.14	100.76	94.29	83.34	3000
20	3/2.85	6.14	19.14	24.38	21.82	19.27	16.18	14.35	12.55	4.4688	3.9648	3.3600	3.0240	2.7552	3.2848	127.13	120.96	114.00	108.23	101.27	89.51	3000
20	3/2.90	6.25	19.32	25.23	22.59	19.95	16.75	14.87	12.99	4.3008	3.8304	3.2592	2.9232	2.6544	2.1840	131.63	125.22	118.06	112.07	104.87	92.69	3000
20	3/3.00	6.47	21.21	26.99	24.17	21.35	17.93	15.91	13.90	4.0320	3.5616	3.0240	2.7216	2.4864	2.0496	140.86	134.02	126.34	119.90	112.22	99.10	2000
25	3/3.15	6.79	24.13	29.76	26.65	23.54	19.77	17.55	15.33	3.6624	3.2256	2.7552	2.4864	2.2512	1.8480	155.31	147.75	139.29	132.21	123.71	109.35	2000
30	3/3.50	7.54	28.36	35.92	32.63	28.24	23.86	31.39	18.65	2.9568	2.6208	2.2176	2.0160	1.844	1.5120	191.72	182.41	171.34	163.21	152.74	135.00	2000
35	3/3.75	8.08	33.13	19.65	36.51	32.11	26.44	23.92	21.09	2.5872	2.2548	1.9488	1.7472	1.5792	1.3104	220.09	209.41	131.38	187.37	175.33	154.98	2000
20	7/2.00	6.00	21.99	11.37	10.18	8.99	7.55	5.70	5.85	3.8957	3.4484	2.9290	2.6404	2.3951	1.9767	146.35	139.28	131.29	124.57	116.58	103.08	3000
30	7/3.30	6.90	29.08	35.07	31.41	27.75	23.30	20.68	18.06	2.9434	2.6112	2.2220	1.9911	1.8180	1.5006	193.58	184.17	173.57	164.80	154.20	136.31	2000
35	7/2.60	7.80	37.17	44.82	40.14	35.46	29.77	26.42	23.08	2.3086	2.0544	1.7314	1.5583	1.4140	1.1687	247.38	235.36	221.86	210.62	197.04	174.20	2000
40	7/2.75	8.25	41.58	50.14	44.90	39.66	33.30	29.55	25.82	2.0633	1.8180	1.5583	1.3994	1.2697	1.0533	276.72	263.29	218.16	235.57	220.44	134.45	2000
45	7/2.90	8.70	46.24	55.76	49.94	44.11	37.04	32.87	23.71	1.8469	1.6450	1.3996	1.2552	1.1340	0.9379	307.76	293.77	276.01	262.01	245.19	216.70	2000
50	7/3.00	9.00	49.18	59.67	53.44	47.20	39.53	55.18	30.73	1.7314	1.5294	1.2986	1.1687	1.0677	0.8801	329.32	313.34	295.38	280.33	262.37	231.30	2000
55	7/3.20	9.60	56.30	67.89	60.80	53.71	45.09	40.03	34.96	1.5150	1.3419	1.1399	1.0244	0.9379	0.7591	374.71	356.54	336.04	319.00	298.50	253.15	2000
55	7/3.50	10.50	67.35	79.40	72.13	62.43	52.73	47.28	41.22	1.2697	1.1254	0.9523	0.8657	0.7791	0.6493	448.24	426.46	402.00	381.57	357.11	315.60	2000

（续）

标称截面/mm²	结构根数/单丝直径	公称直径/mm	计算截面/mm²	20AC	21AC	27AC	30AC	33AC	40AC	20AC	23AC	27AC	30AC	33AC	40AC	20AC	23AC	27AC	30AC	33AC	40AC	交货长度不小于/mm
				最小计算破断拉力,kN						20℃直流电阻,Ω/km,不大于						计算重量,kg/km						
75	7/3.75	11.25	77.31	87.67	80.71	70.97	58.45	52.88	44.62	1.1110	0.9811	0.8369	0.7503	0.6781	0.5627	514.55	489.60	451.46	438.06	409.92	352.34	2000
70	19/2.20	11.00	72.33	87.10	78.00	68.90	57.85	51.35	44.85	1.1901	1.0514	0.8966	0.8059	0.7311	0.6031	482.61	459.11	432.91	410.94	384.55	339.85	2000
80	19/2.30	11.50	78.94	95.20	85.26	75.31	63.23	56.13	49.02	1.0887	0.9660	0.8219	0.7365	0.6724	0.5550	527.50	401.88	472.98	449.09	420.19	371.45	2000
100	19/2.60	13.00	100.88	121.66	108.95	56.21	80.80	71.72	62.64	0.8539	0.7525	0.6404	0.5764	0.5230	0.4323	674.12	441.37	604.57	573.93	516.91	474.71	2000
115	19/2.75	13.75	112.85	136.10	121.88	107.66	90.39	80.24	70.08	0.7632	0.6724	0.5764	0.5177	0.4496	0.3896	754.07	717.47	676.24	641.94	600.71	530.97	2000
120	19/2.85	14.25	121.21	146.18	130.91	115.63	97.07	86.18	75.27	0.7098	0.6297	0.5357	0.4803	0.4376	0.3629	839.94	770.64	726.33	689.53	645.22	570.27	2000
125	19/2.80	14.50	125.50	151.35	135.54	119.73	100.52	89.23	77.93	0.6831	0.6084	0.5157	0.4643	0.4216	0.3469	838.65	797.81	752.14	714.00	648.14	590.50	2000
150	19/3.15	15.75	148.07	178.57	159.91	141.26	118.60	105.28	91.95	0.5817	0.5123	0.4376	0.3949	0.3576	0.2935	939.50	941.34	887.39	842.31	718.17	696.66	2000
180	19/3.50	17.50	182.80	215.52	195.78	159.46	143.13	128.33	111.87	0.4696	0.4163	0.3522	0.3202	0.2482	0.2402	1221.46	1162.13	1095.46	1039.79	973.13	860.03	2000
210	19/3.75	18.75	239.85	287.97	219.08	132.64	158.65	143.54	126.50	0.4109	0.3629	0.3055	0.2775	0.2508	0.2081	1402.20	1334.17	1257.49	1193.72	1117.04	987.38	2000
240	19/4.00	20.00	238.76	260.01	214.88	191.25	156.87	141.82	124.63	0.3576	0.3202	0.2722	0.3455	0.2241	0.1815	1595.42	1517.97	1430.89	1358.25	1270.98	3123.40	2000
195	37/2.60	18.20	196.44	236.91	212.16	187.41	157.35	139.67	121.99	0.4411	0.3887	0.3308	0.2977	0.2702	0.2233	1320.52	1256.36	1184.28	1124.27	1051.81	929.91	1500
245	37/2.90	20.30	244.39	294.74	263.94	233.15	195.76	173.76	151.77	0.3529	0.3143	0.2674	0.3398	0.2178	0.1792	1642.82	1562.81	1473.37	1398.64	1308.82	1156.73	1500
295	37/3.20	22.40	297.57	358.87	321.38	283.88	236.35	211.57	184.79	0.2895	0.2564	0.2178	0.1957	0.1792	0.1489	2000.22	1903.23	1793.78	1702.83	1593.58	1408.46	1500
350	37/3.50	24.50	355.98	419.70	381.26	380.40	273.73	249.90	217.86	0.2426	0.2150	0.1819	0.1654	0.1489	0.1241	2392.72	2276.48	2145.90	2036.83	1905.25	1684.71	1200
420	37/3.80	26.50	419.62	468.30	415.43	377.66	309.68	279.47	219.26	0.2068	0.1819	0.1544	0.1406	0.1268	0.1048	2820.69	2683.69	2525.71	2401.02	2247.04	1985.88	1200
465	37/4.00	28.00	434.72	506.34	456.12	405.91	330.58	301.29	276.18	0.1847	0.1654	0.1406	0.1268	0.1158	0.0937	3125.25	2973.53	2802.95	2660.67	2489.71	2300.62	1200
510	37/4.20	29.40	512.61	544.40	493.65	438.28	364.47	327.56	334.49	0.1682	0.1489	0.1268	0.1158	0.1048	0.0855	3445.66	3278.47	3090.15	2933.15	2745.21	2425.93	1000
590	37/4.50	31.50	538.46	598.46	540.21	487.24	402.51	365.43	323.06	0.1461	0.1296	0.1103	0.0992	0.0310	0.0744	3555.53	3763.43	3547.18	3367.16	3151.29	2785.21	1000
670	37/4.80	33.50	659.54	662.84	602.58	536.30	439.89	397.70	319.50	0.1296	0.1130	0.0965	0.0882	0.0799	0.0662	4500.50	4281.98	4085.92	3831.36	3585.30	3168.65	1000

4. 技术要求

铝包钢绞线技术要求见表 2-5。

表 2-5 技术要求

序号	项 目	内 容
1	厚料	铝包钢绞线用铝包钢丝应符合《铝包钢丝》(YB/T 123—1997)的规定
2	焊接	(1)三股以上的铝包钢绞线，单根铝包钢丝允许有接头，但同层铝包钢丝的两个接头间距不得小于 15m。 (2)接头处应有保护层，其成品绞线的导电性能和破断力应符合表 2-4 规定。 (3)若用户有特殊要求时，铝包钢绞线中不允许有任何接头
3	表面质量和绝合质量	(1)铝包钢绞线表面应光滑，不允许有露钢现象。 (2)铝包钢绞线应绞合均匀、紧密，不应有缺丝、断丝、松股、破皮等现象，切断后应不松散
4	光性能和电气性能	(1)铝包钢绞线内铝包钢丝的物理性能和电气性能试验应在绞合前进行，其要求应符合《铝包钢丝》(YB/T 123—1997)标准的规定。 (2)根据用户要求，可对成品绞线进行破断力试验，要求符合表 2-4 的规定。 (3)铝包钢绞线的直流电阻应符合表 2-4 的规定
5	其他性能	铝包钢绞线其他性能和近似参数见表 2-6

表 2-6　　铝包钢绞线其他性能参数

组别	密度 g/cm³	综合弹性模量 (计算值)/MPa	综合线膨胀系数 (计算值)1/℃	电阻温度系数 1/℃
20AC	6.59	139500	12.6×10	0.0036
23AC	6.27	134100	12.9×10	0.0036
27AC	5.91	126000	13.4×10	0.0036
30AC	5.61	118800	13.8×10	0.0038
33AC	5.25	111600	14.4×10	0.0039
40AC	4.64	98100	15.5×10	0.0040

5. 试验方法

(1)铝包钢绞线的表面质量和绞合质量用目测检查。

(2)铝包钢绞线的节径比用划印法进行测量。

(3)成品铝包钢绞线破断拉力试验按《钢丝绳破断拉伸试验方法》(GB/T 8358—2006)的规定进行。

6. 其他性能参数及试验方法

铝包钢绞线其他性能参数及试验方法见表 2-7。

表 2-7　　铝包钢绞线其他性能参数及试验方法

序号	项　目	内　容
1	其他性能技术参数	铝包钢绞线其他性能技术参数见表 2-6
2	综合弹性核算和综合线膨胀系数的计算	铝包钢绞线的综合弹性模量的计算： (1)表中规定的综合弹性模量是计算值，可按下式计算： $$E=C(\frac{E_1+KE_r}{1+K})$$ 式中　E——铝包钢绞线综合弹性模量，MPa； E_1——铝包钢绞线中单根铝包钢丝钢芯的弹性模量，186000MPa； E_r——铝包钢绞线中单根铝包钢丝包复铝的弹性模量，61800MPa； K——铝包钢绞线中单根铝包钢丝铝、钢截面百分比； C——铝包钢绞线中绞合系数，0.90。 (2)铝包钢绞线的综合线膨胀系数的计算。 均匀导线的线膨胀系数等于材料的线膨胀系数，故铝包钢绞线的综合线膨胀系数相当于铝包钢丝单线的线膨胀系数。其计算公式按 YB/T 123—1997 标准中规定方法进行
3	绞合时铝包钢丝长度的计算量	绞线中除中心线外，任何一层每根铝包钢丝的展开长度均大于绞线的长度，其增量与该层的节径比有关
4	铝包钢绞线的重量和电阻	(1)绞线的重量和电阻，比组成该绞线的各根线的重量和电阻的总和大，所增加标准的增量应符合表 2-8 的规定。 (2)已知节距，可通过计算求得上述增量 K，其数值以百分数表示，可按下式计算： $$K=100(m-1)$$ $$m=\sqrt{1+(9.8696/n^2)}$$ $$n=\frac{L}{D}$$ 式中　m——绞合系数； L——平均节距；mm； D——线材螺旋路线的直径，mm

（续）

序号	项 目	内 容
5	最小计算破断拉力	铝包钢绞线最小计算破断拉力可按下式计算： $P=\alpha \cdot N \cdot A \cdot \sigma_b$ 式中 P——绞线的最小破断拉力，MPa； α——绞线的强度损失系数（1×3 为 0.95，1×7、1×19、1×37 均为 0.90）； N——绞线内铝包钢丝总根数； A——绞线内铝包钢丝的截面积，mm^2； σ_b——绞合前铝包钢丝最小抗拉强度值，MPa

表 2-8 标准增量

结构	重量与电阻的增量(%)	结构	重量与电阻的增量(%)
1×3	0.8	1×19	1.4
1×7	1.0	1×37	2.0

7. 检验规则

铝包钢绞线检验规定见表 2-9。

表 2-9 检验规则

序号	项 目	内 容
1	检查和验收	铝包钢绞线的检查和验收应由供方技术监督部门进行。需方有权对交付产品进行复验
2	组批规则	铝包钢绞线应成批验收，每批由同一结构、同一尺寸、同一组别的铝包钢绞线组成
3	取样数量	(1)绞合前取样，应从任意一批绞线所用的铝包钢丝中，不少于 10%的根数上截取，每项试验用的试样，应从所选取的同一根试样上截取。 (2)绞合后取样，试样应从任一批中选取约 10%的根数，但不少于一盘或按双方协议确定
4	判定与复验规则	铝包钢绞线进行试验时，若初试不合格应从同一批未经试验的盘中取双倍数量的试样，对不合格项目进行复验，复验仍不合格则应逐盘试验，合格者交货

8. 包装、标志及质量证明书

(1)包装。

1)铝包钢绞线应成盘交货，交货盘的尺寸及技术要求应符合《电线电缆交货盘 第 1 部分：一般规定》(JB/T 8137.1—1999)和《电线电缆交货盘 第 2 部分：全木结构交货盘》(JB/T 8137.2—1999)的规定。

2)外包装应内衬塑料布，外用笆片包裹 1～2 层，封口处用软铁丝扎紧，再用软铁丝扎牢笆片不少于 2 处。如要求用木制护板或其他材料包装应在合同中注明。

3)短线段可数根绕于同一交货盘中，但应注明由外至内的每根绞线的长度。

(2)标志。

铝包钢绞线的包装应附有牢固清晰的标牌，也可在交货盘的端部涂刷唛头。其上均应注明：

1)供方名称或商标；

2)标准编号；

3)铝包钢绞线的标记；

4)由外至内每根绞线长度；

5)绞线的净重和毛重；

6)铝包钢绞线出厂编号；

7)技术监督部门检验标记；

8)制造日期。

(3)质量证明书。

交货的铝包钢绞线应附质量证明书，其上注明：

1)供方名称及商标；

2)合同号；

3)产品名称；

4)标准编号；

5)铝包钢绞线的直径、结构、绞向和长度；

6)铝包钢绞线最小计算破断拉力；

7)铝包钢绞线20℃直流电阻；

8)铝包钢绞线出厂编号；

9)技术监督部门印记；

10)开具质量证明书日期。

9. 选用指南提示

《铝包钢绞线》(YB/T 124—1997)在绞线结构、尺寸、节径比、绞向、比重、成品接头、绞合要求以及最小破断拉力、20℃时最大直流电阻、绞后电阻与重量的增量等方面与AST MB 416—98(2007)标准是一致的。增加了导电率组别为23AC、33AC的铝包钢绞线。对综合弹性模量和综合线膨胀系数的数据给出了近似计算公式。

铝包钢绞线广泛用于输电线路用导线，尤其是沿海地区、盐碱滩和三、四级污染工程业的输电线路和要求增大铝钢截面比的输配电线路用导线，也用于架空电力线路的地线和导线及电气化铁路承力索用的铝包钢绞线。

二、圆线同心绞架空导线(GB/T 1179—2008)

1. 组成与使用特性

圆线同心绞架空导线是由铝及铝合金线、架空绞线用镀锌钢线、铝包钢线等金属单线组合而成的导线，架空导线长期允许工作温度为70℃。

2. 相关术语及意义

圆线同心绞架空导线的相关术语及意义见表2-10。

表2-10　术语及意义

序号	术　语	内　容
1	导　线	一种用于传输电流的材料，由多根非绝缘单线绞合在一起制成
2	同心绞导线	在一根中心线芯周围螺旋绞上一层或多层单线组成的导线，其相邻层绞向相反
3	绞　向	一层单线的扭绞方向，即从离开观察者的运动方向。右向为顺时针方向，左向为逆时针方向。另一种定义：右向即当绞线垂直放置时，单线符合英文字母Z中间部分的方向；左向即当绞线垂直放置时，单线符合英文字母S中间部分的方向
4	节　距	绞线中的一根单线形成一个完整螺旋的轴向长度
5	节径比	绞线中单线的节距与该层的外径之比
6	批	在相同的生产条件下，由同一制造厂生产的一批导线。 注：一批可包括部分或全部订货数量

（续）

序号	术　语	内　容
7	标称值	一个可测量性能的名义值或标志值，用以标示导线或其组成单线并给定公差。标称值为其目标值
8	钢比	以百分比表示的钢横截面积与铝横截面积之比
9	单线	具有规定圆截面的拉制金属线

3. 技术要求

圆线同心绞架空导线的技术要求见表2-11。

表2-11　技术要求

序号	项　目	内　容
1	材　料	绞合导线应由圆硬铝线和铝合金线、圆镀锌钢线及圆铝包钢线中之一种或两种单线绞制而成，绞合前的所有单线应具有按相应标准规定的性能
2	导线尺寸	现有的或已设计好的架空线路用导线及标准未包括的尺寸和结构，可以根据供需双方的协议进行设计和提供，并符合标准的有关要求
3	表　面	导线表面不应有目力可见的缺陷，例如明显的划痕、压痕等等，并不得有与良好的商品不相称的任何缺陷
4	绞　刮	(1)导线的所有单线应同心绞合。 (2)相邻层的绞向应相反，除非需方在订货时有特别说明，最外层绞向应为“右向”。 (3)每层单线应均匀紧密地绞合在下层中心线芯或内绞层上。 (4)导线的绞合节径比应符合表2-12的规定。 (5)对于有多层的绞线，任何层的节径比应不大于紧邻内层的节径比。 (6)绞合后所有钢线应自然地处于各自的位置，当切断时，各线端应保持在原位或容易用手复位，此要求也同样适用于导线的外层铝绞线。 尽管希望钢绞线和铝包钢绞线在切断后所有单线能保持原状，但对于大于19根的钢绞线和铝包钢绞线可能比较困难。 (7)绞刮前构成绞线的所有单线的温度应基本一致
5	接　头	(1)绞制过程中，单根或多根镀锌钢线或铝包钢线均不应有任何接头。 (2)每根制造长度的导线不应使用多于一根有接头的。 (3)绞制过程中不应有为了要达到要求的导线长度而制作的铝或铝合金线接头。 (4)在绞制过程中，铝或铝合金单线若意外断裂，只要这种断裂既不是由单线内在缺陷，也不是因为使用短长度铝或铝合金线所致，则铝或铝合金单线允许有接头。接头应与原单线的几何形状一致，例如接头应修光，使其直径等于单线的直径，而且不应弯折。 铝或铝合金单线的接头应不超过表2-13的规定值。在同一根单线上或整根导线中，任何两个接头间的距离应不小于15m。 接头应用电阻对焊、冷镦焊或冷压焊及其他认可的方法制作，这些接头与良好的生产工艺一致。电阻对焊的接头应进行退火，接头两侧退火距离约为250mm。 (5)当上述(3)规定的接头不要求符合未焊接单线的要求时，退火后的电阻对焊接头的抗拉强度应不小于75MPa，冷压焊接头和电阻冷镦焊接头的抗拉强度应不小于130MPa，制造厂应证明上述焊接方法能达到规定的抗拉强度要求。 注：绞合导线中适当位置单线接头的性能与抗拉强度和伸长率有关，对于抗拉强度较低的退火电阻对焊接头，由于其较大的伸长率，其总的性能与冷压接头或电阻冷镦焊接头相似

（续）

序号	项　目	内　容
6	线密度一单线长度质量	(1)各种尺寸和绞合结构的导线单位长度质量按规定要求计取，系采用规定要求的铝线和钢线的密度、表2-14规定的绞合增量及以理论非圆直径为基础的铝和钢线的截面积进行计算。 (2)以导线的绞合节径比和多层导线任意层的节径比规定的平均节径比绞制而引起的质量和电阻增量应在表2-14中选取，增量以百分数表示。 注：单线经绞合成绞线后，除了中心线外，所有单线均比绞线长，而且增量取决于使用的节径比。 (3)当导线有涂料时，涂料的标称质量应按相应规定的方法计算
7	导线拉断力	(1)单一绞线（铝绞线、铝合金绞线、镀锌钢绞线和铝包钢绞线）的额定拉断力应为(4)所述的所有单线最小拉断力的总和。 (2)钢或铝包钢芯铝（铝合金）绞线的额定拉断力，应为铝（铝合金）部分的拉断力与对应铝（铝合金）部分在断裂负荷下钢或铝包钢部分伸长时的拉力的总和。为规范及实用起见，钢或铝包钢部分的拉断力偏安全地规定为：按250mm标距，1%伸长时的应力来确定。 (3)铝合金芯铝绞线的额定拉断力为硬铝线部分拉断力与铝合金线部分的95%拉断力的总和。 (4)任何单线的拉断力为其标称截面积与相关内容要求对应单线标准的相应的最小抗拉强度的乘积
8	直流电阻	铝与钢线的组合导线的直流电阻计算，忽略钢线的电导率，但铝包钢线加强芯中铝包层的电导仍计算在内。 铝包钢绞线的直流电阻按《电工用铝包钢线》(GB/T 17937—2009)有关电阻率的内容进行计算。 镀锌钢绞线的直流电阻按平均电导率9%IACS计算

表2-12　导线绞合节径比

结构元件	绞层	节径比
钢及铝包钢加强芯	6根层 12根层	16～26 14～22
铝及铝合金绞层	外层 内层	10～14 10～16
钢及铝包钢绞线	所有绞层	10～16

表2-13　铝及铝合金导线允许的接头数

铝绞层数目	制造长度允许的接头数	铝绞层数目	制造长度允许的接头数
1	2	3	4
2	3	4	5

表 2-14　绞制引起的标准增量[①]

绞制结构				增量(增加)(%)			绞制结构				增量(增加)(%)		
铝		钢		质量		电阻	铝		钢		质量		电阻
单线根数	绞层数[②]	单线根数	绞层数[②]	铝	钢		单线根数	绞层数[②]	单线根数	绞层数[②]	铝	钢	
6	1	1	—	1.52	—	1.52	30	2	19	2	2.01	0.77	2.01
18	2	1	—	1.90	—	1.90	54	3	19	2	2.33	0.77	2.33
7	1	7	1	1.67	0.43	1.67	72	4	19	2	2.32	0.77	2.32
12	1	7	1	2.17	0.43	2.17	84	4	19	2	2.40	0.77	2.40
22	2	7	1	2.04	0.43	2.04	88	4	19	2	2.39	0.77	2.39
24	2	7	1	2.08	0.43	2.08	7	1	—	—	1.31[③]	—	1.31[③]
26	2	7	1	2.16	0.43	2.16	19	2	—	—	1.80[③]	—	1.80[③]
30	2	7	1	2.23	0.43	2.23	37	3	—	—	2.04[③]	—	2.04[③]
45	3	7	1	2.23	0.43	2.23	61	4	—	—	2.19[③]	—	2.19[③]
48	2	7	1	2.24	0.43	2.24	91	5	—	—	2.30	—	2.30
54	3	7	1	2.33	0.43	2.33	—	—	7	1	—	1.11[④]	1.11[④]
72	4	7	1	2.32	0.43	2.32	—	—	19	2	—	1.58[④]	1.58[④]
84	4	7	1	2.40	0.43	2.40	—	—	37	3	—	1.84[④]	1.84[④]

注：①这些增量系采用每个相应铝绞层或钢绞层的平均节径比计算。

②每种型式的同心绞单线绞层数不包括中心线。

③铝包钢绞线的增量与铝绞线的增量相同。

④镀锌钢绞线的增量。

4. 试验方法

圆线同心绞架空导线试验方法见表 2-15。

表 2-15　圆线同心绞架空导线试验方法

序号	项　目	内　容	
1	试验分类	型式检验	型式试验用于检验导线的主要性能，其性能主要取决于导线的设计。对于新设计的导线或用新的生产工艺生产的导线，试验只做一次，并且仅当其设计或生产工艺改变之后试验才重做。 型式试验只在符合所有有关抽样试验要求的导线上进行
		抽样试验	抽样试验用于保证导线质量及符合上述相关要求
2	试验要求	型式检验	(1)铝单线接头； (2)应力—应变曲线； (3)导线拉断力
		抽样试验	(1)绞制前的单线： 应符合相应的单线标准。 (2)导线： ——截面积； ——外径； ——线密度； ——表面情况； ——节径比及绞向

（续一）

<table>
<tr><th>序号</th><th colspan="2">项 目</th><th>内 容</th></tr>
<tr><td>3</td><td colspan="2">试样数量</td><td>抽样试验规定的试验用试样应从10%成盘导线的外端随机选取，而且在包装之前应检查每成盘导线的表面情况</td></tr>
<tr><td>4</td><td colspan="2">试验长度</td><td>(1)试验用的所有单线试样，应在绞制前选取。
(2)当要求进行绞制后单线的试验时，应从成盘或成圈绞线的外端切取1.5m长。
(3)导线拉断力试验和应力—应变试验要求的试样长度应为导线直径的400倍，且不少于10m。
本条规定的试样长度，是为了保证应力—应变曲线具有良好的精确度而要求的最小长度，假如制造厂能证明使用一较短长度试样也能得出相同的精确结果，并且提供有效的相当的试验结果使需方满意，则允许较短长度的试样</td></tr>
<tr><td rowspan="4">5</td><td rowspan="4">型式试验</td><td>需方有要求的型式试验</td><td>当需方有要求时，应提供作为型式试验的应力—应变曲线，该曲线代表所购导线在负荷条件下有最完整的性能资料</td></tr>
<tr><td>订货协议下的型式试验</td><td>如果供需双方在订货时达成协议，应力—应变试验应按相关规定的方法在导线上进行，若适用，也可在钢芯上进行</td></tr>
<tr><td>导线的拉断力试验</td><td>当要求进行导线的拉断力试验时，应能承受不小于按相关规定的计算的额定拉断力的95%，而且任一单线均不应断裂。
导线的拉断力应通过拉伸固定在合适的精确度至少为±1%的拉力试验机上的导线的方法进行测量。为了便于试验，导线试样的两端应制作适当的端头。试验期间，导线的拉断力按当绞线的一根或多根单线发生断裂时的负荷来确定。如果单线的断裂发生在距离端头1cm以内，并且拉断力小于规定的拉断力要求时，则可重新试验，最多可试验3次</td></tr>
<tr><td>铝或铝合金单线的焊接</td><td>制造厂应通过向需方提供最近的试验结果或进行必要的试验，来证明用于焊接铝或铝合金单线的方法能使铝或铝合金单线达到相关规定的抗拉强度要求</td></tr>
<tr><td rowspan="2">6</td><td rowspan="2">抽样试验</td><td>截面积</td><td>(1)导线的铝部分截面积应为组成导线的所有铝或铝合金单线截面积的总和，单线面积按(3)测得的直径进行计算。
任一试样的截面积偏差应不大于标称值的±2%，也不应大于任何4个测量值的平均值的±1.5%，这4个测量值是在试样上随意选取的最小间距为20cm的位置上测量。
(2)钢芯或铝包钢芯的截面积应是组成钢芯或铝包钢芯所有单线的截面积的总和，面积按相关要求测得的直径进行计算。
(3)单线的直径应包括金属镀层或包覆层，使用分度为微米的千分尺测量。直径d应为三次直径测量值的平均值，测量方法按《裸电线试验方法 第2部分：尺寸测量》(GB/T 4909.2—2009)的规定测量，测量到小数第三位，修约到两位小数</td></tr>
<tr><td>导线直径</td><td>导线直径应在绞线机上的并线模和牵引轴之间测量。
测量应使用可读到0.01mm的量具。直径应取在同一圆周上互成直角的位置上的两个读数的平均值，修约到毫米的两位小数。
导线直径的偏差为：
直径10mm及以上，±1%d；
直径10mm以下，±0.1mm</td></tr>
</table>

（续二）

序号	项目	内容	
6	抽样试验	线密度—单位长度质量	导线的单位长度质量应使用精确度为±0.1%的仪器测量。 导线中的涂料质量应是具有涂料时的导线质量与去掉所有涂料后的导线质量的差值
		单线的断裂强度	单线断裂强度试验应从绞线上选取的单线上进行，试样应校直，操作时不得拉伸或碰伤试样。 单线截面积应按相关内容规定的直径测量方法测定，然后将校直的单线装在合适的拉力试验机上，逐渐施加负荷。夹头移动速度应不小于25mm/min，也不大于100mm/min。 断裂负荷除以单线的截面积，应不小于相应的绞前抗拉强度的95%（5%的损失量是由于绞制过程中单线的加工和扭绞造成的）
		单线的电阻率	如有需要，电阻率应从绞线上选取的单线上测量，试样应用手工校直，应按《电线电缆电性能试验方法　第2部分：金属材料电阻率试验》（GB/T 3048.2—2007）规定的方法进行测量，试验结果应符合相应单线标准要求，除镀锌钢绞线外，所有镀锌钢线一般不要求测量电阻率
		节径比和绞向	绞线每一层的节径比应为测得的绞合节距与该层外径的比值。 实测值应符合相关内容的要求，另外应注意每层的绞向
		表面情况	绞线表面应符合相关要求

5. 检验与接收

圆线同心绞架空导线检验与接收的相关规定见表2-16。

表2-16　　圆线同心绞架空导线检验与接收

序号	项目	内容	
1	检　验	协议达成前后的检验	除非供需双方在订货时达成协议，所有试验和检验均应在装运前在制造厂里进行，而且不应干扰制造厂的正常工作。制造厂应向代表需方的检验人员，提供所有必要的和足够的试验条件和方便，表明交付的产品符合本标准的要求
		需方要求的检验	装运前，当需方要求进行检查的时候，制造厂应在收到需方通知后的十天内完成所有试验，并在制造厂里接受或拒收产品，如果当时制造厂里没有需方代表在为期十天的时间内进行试验，则制造厂自已完成本标准规定的试验，将试验结果提交需方，若要求，应提供试验结果的正式文本。然后需方根据这些试验结果接受或拒收产品。或者，如果这些试验已在生产过程中完成，制造厂应提供有关的试验结果
2	接　收	试样不符合标准的任一要求均应认为以该试样为代表的这批产品不合格，可拒收。如果任何一批产品被如此拒收，制造厂有权对该批导线的每一盘导线仅进行一次试验，并对其中合格的产品提交使用	

6. 包装和标志

(1)包装。

在正常的装卸运输和储存中,导线应适当包装以防损伤。

导线应成盘交货,最外一层与电缆盘侧板边缘的距离应不小于30mm,并妥善包装。连在一起的两根导线,其连接处应至少剪断一半,并将连接处的两边扎牢。

电缆交货盘应符合《电线电缆交货盘　第1部分:一般规定》(JB/T 8137.1—1999)的规定。

短段导线允许成圈交货,每圈应至少捆扎三处,并妥善包装。

(2)记号及标牌。

1)制造厂名称,制造厂的序列号(如有的话);

2)导线型号、标称截面及单线根数;

3)装运、旋转方向或放线标志;

4)运输时线盘不能平放的标记;

5)由外至内每根导线的长度,m;

6)毛重及净重,kg;

7)制造日期:　年　月;

8)标准编号。

(3)短段导线。

生产过程中不可避免地出现短段导线。短段导线的长度不小于合同规定制造长度的50%,其数量应不超过交货总量的5%。

7. 选用指南提示

GB/T 1179—2008是在采用IEC 61089:1991前提下对GB/T 1179—1999的修改。

GB/T 1179—2008与《圆心同心绞架空导线》(GB/T 1179—1999)相比主要变化体现在以下几方面:

(1)增加了部分"绞制引起的标准增量"的内容。

(2)在型号的表示方法上做了修改,用标称截面代替规格号。

(3)推荐的导线尺寸和导线性能表中增加了国内常用的规格。

(4)增加了资料性附录E"国内常用规格的导线尺寸及导线性能表"。

(5)增加了规范性附录F"圆线同心绞架空导线产品的型号表示方法"。

(6)增加了资料性附录G"本标准章条编号与IEC 61089:1991章条编号对照"。

三、架空绞线用镀锌钢线(GB 3428—2002)

1. 概念与特性

架空绞线用镀锌钢线是指用电解等化学方法使锌附着在钢丝表面,从而形成一种带有薄层的导线,具有薄锌涂层等特点,耐腐蚀性能好。

2. 一般规定

架空绞线用镀锌钢线的一般规定见表2-17。

表 2-17　　一般规定

序号	项　　目	内　　容
1	镀锌钢线的标准值	计算时，镀锌钢线应使用下列数值： A 级和 B 级镀锌钢线 20C 时的密度（kg/dm^3）为 7.78 线膨胀系数（1/℃）为 11.5×10^{-6}
2	材料	钢线应具有规定的性能。锌锭的最小含锌量为 99.85%。钢线可用热镀法或电镀法镀锌
3	表面质量	无镀层的钢线应光洁，并不应有与良好的商品不相称的所有缺陷。镀锌钢线应较光洁，并不应有与良好的商品不相称的所有缺陷
4	直径和直径公差	应在同一截面且互成 90°的方向上测量两次，取两次测量值的平均值作为镀锌钢线的直径。 在镀锌层上测量时，镀锌钢线直径偏离标称直径应不超出表 2-18、表 2-19 或表 2-20 规定的数值范围。 考虑到镀锌层表面，尤其是用热镀法生产的锌层表面不是很光洁、平整，因此这些公差适用于测量镀锌钢线均匀区内的直径
5	长度和长度公差	镀锌钢线应按购买方要求的最小长度交货，其允许公差为$^{+4}_{-0}$%。除非购买方与制造方预先订有协议，才允许以短于或长于这一要求的任意长度交货
6	接头	热轧盘条或半成品钢线，在热处理前后及冷拉前，允许用电阻对焊或闪光焊进行接头。由焊接过的盘条拉制成的无镀层的成品钢线，其最小抗拉强度应不小于相邻未焊接过的钢线经试验得到的最小抗拉强度的 80%，并且在任何情况下都要求焊接过的钢线的抗拉强度大于表 2-18、表 2-19 或表 2-20 规定的抗拉强度的 90%。除焊接过的那段盘条拉制的成品钢线不要求通过韧性卷绕和（或）扭转试验之外，这种钢线的其他要求值不变。含有接头的成品钢线应有清楚的标记。 有镀层的成品钢线不应有任何类型的接头
7	取样	试验用样品应由制造方从以单根长度为单位的镀锌钢线中抽取 10%。批量较大时，并且制造方已证明该批钢线达到或超过规定性能指标，则在购买方与制造方达成协议的情况下，样品数目可以减少至保证对每批钢线达到足够的监控水平
8	试验地点	除非购买双方与制造方在订货时另有协议，所有试验均应在制造厂内进行

表 2-18　　普通强度镀锌钢线的机械性能、扭转要求和卷绕试验芯轴直径

标称直径 D /mm		直径公差 /mm	1%伸长时的应力最小值 /MPa	抗拉强度最小值/MPa	伸长率最小值[①] (%)	卷绕试验芯轴直径 /mm	扭转试验扭转次数[②]最小值
大于	小于及等于						
			A 级镀锌层				
1.24	2.25	±0.03	1170	1340	3.0	1D	18
2.25	2.75	±0.04	1140	1310	3.0	1D	16
2.75	3.00	±0.05	1140	1310	3.5	1D	16
3.00	3.50	±0.05	1100	1290	3.5	1D	14
3.50	4.25	±0.06	1100	1290	4.0	1D	12
4.25	4.75	±0.06	1100	1290	4.0	1D	12
4.75	5.50	±0.07	1100	1290	4.0	1D	12

（续）

标称直径 *D* /mm		直径公差 /mm	1%伸长时的应力最小值 /MPa	抗拉强度最小值/MPa	伸长率最小值① （%）	卷绕试验芯轴直径 /mm	扭转试验扭转次数②最小值
大于	小于及等于						
			B级镀锌层				
1.24	2.25	±0.05	1100	1240	4.0	1*D*	
2.25	2.75	±0.06	1070	1210	4.0	1*D*	
2.75	3.00	±0.06	1070	1210	4.0	1*D*	
3.00	3.50	±0.07	1000	1190	4.0	1*D*	
3.50	4.25	±0.09	1000	1190	4.0	1*D*	
4.25	4.75	±0.10	1000	1190	4.0	1*D*	
4.75	5.50	±0.11	1000	1190	4.0	1*D*	

注：①伸长率的最小值是对250mm标距而言。如采用其他标距，则这些数值应使用650/(标距+400)这个系数进行校正。

②扭转试验试样长度：钢线外径的100倍。

表2-19　高强度镀锌钢线的机械性能、扭转要求和卷绕试验芯轴直径

标称直径 *D* /mm		直径公差 /mm	1%伸长时的应力最小值 /MPa	抗拉强度最小值/MPa	伸长率最小值① （%）	卷绕试验芯轴直径 /mm	扭转试验扭转次数②最小值
大于	小于及等于						
			A级镀锌层				
1.24	2.25	±0.03	1310	1450	2.5	3*D*	16
2.25	2.75	±0.04	1280	1410	2.5	3*D*	16
2.75	3.00	±0.05	1280	1410	3.0	4*D*	16
3.00	3.50	±0.05	1240	1410	3.0	4*D*	14
3.50	4.25	±0.06	1170	1380	3.0	4*D*	12
4.25	4.75	±0.06	1170	1380	3.0	4*D*	12
4.75	5.50	±0.07	1170	1380	3.0	4*D*	12
			B级镀锌层				
1.24	2.25	±0.05	1240	1380	2.5	3*D*	
2.25	2.75	±0.06	1210	1340	2.5	3*D*	
2.75	3.00	±0.06	1210	1340	3.0	4*D*	
3.00	3.50	±0.07	1170	1340	3.0	4*D*	
3.50	4.25	±0.09	1100	1280	3.0	4*D*	
4.25	4.75	±0.10	1100	1280	3.0	4*D*	
4.75	5.50	±0.11	1100	1280	3.0	4*D*	

注：①伸长率的最小值是对250mm标距而言。如采用其他标距，则这些数值应使用650/(标距+400)这个系数进行校正。

②扭转试验试样长度：钢线外径的100倍。

表 2-20 特高强度镀锌钢线的机械性能、扭转要求和卷绕试验芯轴直径

标称直径 D /mm		直径公差 /mm	1%伸长时的应力最小值 /MPa	抗拉强度最小值/MPa	伸长率最小值① (%)	卷绕试验芯轴直径 /mm	扭转试验扭转次数②最小值
大于	小于及等于						
			A 级镀锌层				
1.24	2.25	±0.03	1450	1620	2.0	4D	14
2.25	2.75	±0.04	1410	1590	2.0	4D	14
2.75	3.00	±0.05	1410	1590	2.5	5D	12
3.00	3.50	±0.05	1380	1550	2.5	5D	12
3.50	4.25	±0.06	1340	1520	2.5	5D	10
4.25	4.75	±0.06	1340	1520	2.5	5D	10
4.75	5.50	±0.07	1270	1500	2.5	5D	10

注：①伸长率的最小值是对 250mm 标距而言。如采用其他标距，则这些数值应使用 650/(标距+400)这个系数进行校正。

②扭转试验试样长度：钢线外径的 100 倍。

3. 机械性能试验

架空绞线用镀锌钢线机械性能试验见表 2-21。

表 2-21 机械性能试验

<table>
<tr><th>序号</th><th colspan="2">项　目</th><th>内　容</th></tr>
<tr><td>1</td><td colspan="2">1%伸长时的应力</td><td>应将从每个试样上截取的一个试件在拉力试验机的夹头内夹紧。按表 2-22 规定的相应的初应力施加负荷，并按 250mm 标距安装引伸仪，然后调节到表 2-22 规定的起始值。(如果购买方与制造方达成协议，可以使用 100mm 或 200mm 标距。此时，引伸仪的起始值应按表 2-22 规定的起始值乘实际试验标距与 250mm 标距之比来校正。)如果试验后接着要求进行其他试验，则在施加负荷前应在钢线上标出标距。
然后应均匀地增加负荷，直到引伸仪指示出伸长了原始标距的 1%为止。在该点记下负荷读数，并应将该负荷除以镀锌钢线截面积(由实测直径计算)计算得到 1%伸长时的应力值。该数值应不小于表 2-18、表 2-19 或表 2-20 相应栏的数值。
试验后此试件可用于拉力试验和伸长率试验</td></tr>
<tr><td>2</td><td colspan="2">拉力试验</td><td>从每个试样上截取一个试件，在合适的拉力试验机上进行拉断力试验。
在 1%伸长前期和 1%伸长后期，应均匀地增加负荷。拉力试验机夹头的移动速度应不小于标距的 0.1 倍(单位为 mm/min)，也不大于标距的 0.4 倍(单位为 mm/min)。
拉断力除以镀锌钢线截面积(由实测直径计算)计算得到的抗拉强度应不小于表 2-18、表 2-19 或表 2-20 相应栏的规定值</td></tr>
<tr><td>3</td><td>韧性试验</td><td>伸长率试验</td><td>从每个试样上截取一个试件，测量其无负荷条件下的伸长率。试件应按 1%伸长时的应力试验的规定标出标距，并按拉力试验的规定施加负荷。钢线拉断后，应将试件的断口小心对齐，测量最终的标距。伸长率以标距的增量与原始标距之比的百分数表示。
试件的断口必须在标距之内，试验才有效。
伸长率应不小于表 2-18、表 2-19 或表 2-20 相应栏的规定值。
对于控制质量的例行试验，可以采用按系数校正的标距(见表 2-18、表 2-19 或表 2-20 的脚注)。但如果有异议，则应强制采用 250mm 标距</td></tr>
</table>

（续）

序号	项目		内容
3	韧性试验	扭转试验	该试验可作为伸长率试验的替代试验。从每个试样上截取一个试件进行扭转试验。试件应夹在两个钳口中，其中一个在试验时应能纵向自由移动。试验时应在试件上施加一个很低的张力，其数值不超过钢线拉断力的2%，然后使其中一个钳口旋转，直至试件轴向扭断为止。同时用计数器或其他合适的装置指示扭转次数。扭转速度应不超过60r/min，长度为镀锌钢线直径100倍的试件，其扭转次数应不小于表2-18、表2-19或表2-20相应栏的规定值
		卷绕试验	从每个镀锌钢线试样上截取一个试件，以不超过15r/min的速度在芯轴上紧密卷绕8圈（芯轴直径规定在表2-18、表2-19或表2-20的相应栏中），镀锌钢线应不断裂

表 2-22　测定1%伸长时的应力的初应力和引伸仪起始值

实测直径/mm		初应力/MPa	引伸仪起始值（250mm标距）	实测直径/mm		初应力/MPa	引伸仪起始值（250mm标距）
大于	小于及等于			大于	小于及等于		
1.24	2.25	100	0.125	3.00	4.75	300	0.375
2.25	3.00	200	0.250	4.75	5.50	400	0.500

注：采用其他标距时，引伸仪起始值可使用标距/250mm这一系数来校正。

4. 镀锌试验

架空绞线用镀锌钢线的镀锌试验见表2-23。

表 2-23　镀锌试验

序号	项目	内容
1	镀锌层质量的确定	镀锌层的质量可用气体容积法或重量法测定。前者具有精确度高，速度快的优点。对能方便地放在测量设备中进行试验的所有规格的镀锌钢线来说，可优先采用气体容积法作为例行试验方法。如果有异议，应采用重量法作为仲裁试验方法。 镀锌层质量应不小于表2-24规定的相应数值
2	气体容积法	气体容积法（表2-25）中规定了用于测量镀锌层质量的气体容积法
3	重量法	重量法（表2-28）规定了用于测定镀锌层质量的监督重量法
4	镀锌层附着性试验	从每个镀锌钢线试样上截取一个试件，以不超过15r/min的速度在圆形芯轴上紧密卷绕8圈，镀锌钢线直径为3.50mm及以下时，芯轴直径为镀锌钢线直径的4倍；镀锌钢线直径为3.50mm以上时，芯轴直径为镀锌钢线直径的5倍。 镀锌层应牢固地附着在钢线上而不开裂，或用手指摩擦锌层不会产生脱落的起皮
5	镀锌层连浇性试验	从每个镀锌钢线试样上截取一个试件，用肉眼观察镀锌层应没有孔隙。镀锌层应较光洁、厚度均匀，并与良好的商品实践相一致

表 2-24 镀锌层质量要求

标称直径 D/mm		镀锌层单位面积质量最小值/(g/m²)		标称直径 D/mm		镀锌层单位面积质量最小值/(g/m²)	
大于	小于及等于	A级	B级	大于	小于及等于	A级	B级
1.24	1.50	185	370	3.00	3.50	245	490
1.50	1.75	200	400	3.50	4.25	260	520
1.75	2.25	215	430	4.25	4.75	275	550
2.25	3.00	230	460	4.75	5.50	290	580

表 2-25 气体容积法

序号	项目	内容
1	原理	测定镀锌层质量的气体容积法，其依据的原理是溶解在酸中的金属总会释放出一定量的氢气，氢气数量与溶解的金属量成正比，也就是上述金属的化学当量。 在温度为 0℃、压力为 101.3kPa 时，1g 锌释放出 0.343L 氢气。 如果是非常粗的镀锌钢线，可能会有试样制备和玻璃量管损坏的问题。因此这一测量方法通常只适用于最大直径为 5mm 的镀锌钢线
2	试剂	试剂选用： (1)应使用下列试剂： 1)氯化锑溶液，制备方法是将 20g 二氧化锑或 32g 三氯化锑溶解在 1000mL 盐酸中(密度在 1.16 和 1.18 之间)。 2)盐酸(密度在 1.16 和 1.18 之间)。 把 5mL 溶液 1)加入 100mL 溶液 2)中配制成锌层溶解液。 (2)也可使用 ISO 1460 所述的锌层溶解液作为替代试剂
3	试验装置	试验装置包括一根 100mL 玻璃量管。玻璃量管的顶端和底端各有一个管塞，在底端有一根橡皮管与一容器连接。 100mL 量管应刻有至少 0.5mL 的细分度。如果是小尺寸的钢线，例如直径小于 1.5mm，则在正常试验时使用长度基本相同的 50mL 量管更方便。该量管刻有至少 0.2mL 的细分度
4	试件	从校直的未损伤的钢线上准确地截取一段规定长度的试件(误差不大于 1%)。最合适的试件长度取决于量管的尺寸、钢线的直径和预计的镀层质量。表 2-26 规定的长度通常能方便试验
5	试验步骤	将锌层溶解液注入容器中。当容器在抬高位置时，锌层溶解液完全充满量管，并留一小部分在容器中。 试验过程中，调节容器的高度位置，使锌层溶解液正好充满量管至上管塞，此时下管塞关闭将截成规定长度的试件放入量管中，立刻关闭上管塞。 镀锌层迅速溶解，并释放出氢气，继续试验直至氢气释放完毕(几个小气泡除外)。然后将支架上的容器抬高放在量管的旁边，使量管和容器中锌层溶解液处在同一水平面，从量管的刻度上读出氢气的体积。 试验结束时，打开上管塞，把容器降到下管塞以下的位置排出量管中的全部锌层溶解液。再次按上述步骤重复进行试验之后打开下管塞取出试件，再关闭。 如果有必要使用较长的试件，将试件迅速放入量管中可能有困难，这时可将试件分成两段从上管塞同时投入。 清洗除去镀锌层的钢线，擦干后测量直径，精确到 0.01mm

（续）

序号	项　目	内　容
6	计算	镀锌层单位面积质量按下式计算 单位面积镀锌层质量＝$(V/dl)\cdot f$ 式中　V——释放的氢气体积(mL)； d——除去镀锌层后的钢线直径； l——试件长度； f——系数。 如果试件长度和直径的单位为mm，且 f 等于866，得出的镀锌层单位面积质量的单位为 g/m^2
7	温度和气压的校区	系数(f)是在温度为20℃、气压为101.3kPa的条件下计算出来的。如果大气压在98.7kPa到104.0kPa的范围之外，或者如果温度在18℃到22℃的范围之外，应使用表2-27规定的修正值。如果根据气压和温度查得的修正值在0.98到1.02之间(见表2-27的划线区)，则不必使用修正值。 当试验结果与规定的最小值之差在 $5g/m^2$ 范围之内，假如必须作负修正，则应检查此时的大气压和温度。 当气候或海拔影响试验条件，则应对系数(f)进行修正。在高海拔下，使用容积大于50mL或100mL的量管会更方便。 表2-27给出了温度和气压的修正值

表 2-26　试件长度

镀锌钢线直径/mm		试样长度/mm		镀锌钢线直径/mm		试样长度/mm	
以上	到及包括	100mL 量管	50mL 量管	以上	到及包括	100mL 量管	50mL 量管
1.24	1.8	100	75	3.6	5.50	50	—
1.8	3.6	75	—				

表 2-27　温度和压力的修正值

温度/℃	大气压力/kPa														
	69.3	72.0	74.7	77.3	80.0	82.7	85.3	88.0	90.7	93.3	96.0	98.7	101.3	104.0	166.7
	或气压表高度/mmHg														
	520	540	560	580	600	620	640	660	680	700	720	740	760	780	800
12	0.703	0.730	0.758	0.784	0.811	0.839	0.866	0.892	0.920	0.947	0.974	1.001	1.028	1.055	1.082
14	0.698	0.725	0.752	0.779	0.806	0.833	0.860	0.866	0.914	0.940	0.967	0.994	1.021	1.048	1.075
16	0.694	0.720	0.747	0.774	0.800	0.827	0.854	0.880	0.908	0.934	0.960	0.988	1.014	1.040	1.068
18	0.689	0.715	0.742	0.768	0.795	0.822	0.848	0.874	0.901	0.927	0.954	0.981	1.007	1.033	1.060
20	0.684	0.710	0.737	0.763	0.789	0.816	0.842	0.868	0.895	0.921	0.947	0.974	1.000	1.026	1.053
22	0.679	0.705	0.732	0.758	0.783	0.810	0.836	0.862	0.889	0.915	0.940	0.967	0.993	1.119	1.046
24	0.674	0.700	0.727	0.752	0.778	0.805	0.830	0.856	0.882	0.908	0.934	0.960	0.986	1.012	1.038
26	0.670	0.696	0.722	0.748	0.773	0.800	0.825	0.851	0.877	0.903	0.928	0.955	0.980	1.005	1.032
28	0.666	0.691	0.717	0.742	0.769	0.794	0.819	0.845	0.871	0.896	0.921	0.947	0.973	0.998	1.025
30	0.661	0.687	0.713	0.738	0.763	0.789	0.814	0.839	0.865	0.891	0.916	0.942	0.967	0.992	1.018

表 2-28 重量法

序号	项目	内容
1	原理	从每个镀锌钢线上截取一个试件，用手校直，浸入合适的除油溶剂中清洗，然后用一个干净的软布擦干。称量试件，精确到 0.01g。试件质量（单位为 g）应不小于其直径（单位为 mm）的 4 倍。为方便除去镀锌层，可弯曲试件
2	除去镀锌层	将试件完全浸入适量的锌层溶解液中除去镀锌层。锌层溶解液可重复使用，直到用来除去锌的时间相当长以至给试验带来不便时，才需添加氯化锑溶液。锌层溶解液的温度应始终不超过 40℃。 一次测定需要 100mL 锌层溶解液，注入直径 50mm，深 150mm 的玻璃容器中。在每 100mL 锌层溶解液中任何情况下浸入的试件数目不应超过 3 个。 镀锌钢线试件上激烈的化学反应一停止，试件应立即从酸中取出。用流动水彻底清洗并擦干。然后在互相垂直的方向上测量二次，取其平均值作为钢线的直径，修约至 0.01mm。最后称量除去镀锌层的试件质量，精确到 0.01g
3	计算	除去镀锌层的钢线，单位表面积的镀锌层质量应按下式计算： 除去镀锌层的钢线单位表面积的镀锌层质量＝$1950dr$ （g/m^2） $r=\dfrac{原始质量-除去锌层后的质量}{除去锌层后的质量}$ 式中 d——除去镀锌层后的钢线直径（mm）；

7. 产品型号表示方法

架空绞线用镀锌钢线产品型号表示方法见表 2-29。

表 2-29 产品型号表示方法

序号	项目	内容	
1	代号	（1）类别代号。 架空绞线用镀锌钢线 （2）强度代号。 普通强度 高强度 特高强度 （3）镀锌层等级代号。 普通镀锌层 加厚镀锌层	
2	产品型号	产品型号用镀锌钢线的类别代号、强度代号和镀锌层等级代号顺序排列组成	
3	产品表示方法	产品表示方法	产品用型号、钢线直径和标准编号表示
		产品表示示例	例如 3.07mm 直径的普通强度 A 级镀层镀锌钢线表示为： G1A—3.07—GB/T 3428—2002； 3.76mm 直径的高强度 B 级镀层镀锌钢线表示为： G2B—3.76mm—GB/T 3428—2002； 2.81mm 直径的特高强度 A 级镀层镀锌钢线表示为： G3A—2.81—GB/T 3428—2002

（续）

序号	项　目	内　容
4	产品型号与 IEC 代号对照表	表 2-30 列出了标准产品型号与 IEC 61089 中镀锌钢线单线代号的对照

表 2-30　产品型号与 IEC 代号对照表

产　品　名　称	IEC 61089 代号	本标准型号
普通强度普通镀层镀锌钢线	S1A	G1A
普通强度加厚镀层镀锌钢线	S1B	G1B
高强度普通镀层镀锌钢线	S2A	G2A
高强度加厚镀层镀锌钢线	S2B	G2B
特高强度普通镀层镀锌钢线	S3A	G3A

5. 合格证

如果购买方有要求，制造方应提供产品合格证书，上面列出对所有试样进行的所有试验的结果。

6. 选用指南提示

《架空绞线用镀锌钢线》(GB 3428—2002)代替《钢芯铝绞线用镀锌钢丝》(GB/T 3428—1997)(eqv IEC 60888：1987)，主要变化体现在以下几方面：

(1)补充了镀锌层缺加厚级。

(2)补充了附录 C(提示的附录)“架空绞线用镀锌钢线产品型号表示方法”，其中产品的表示方法为型号、钢线直径和标准编号组成，不再包含钢线的抗拉强度。

(3)补充了钢线最终热处理后成品拉拔前的电接头考核指标，不再要求锌锭符合 GB/T 470 中 0～2 号锌的规定，而改为只规定锌锭的含锌量不小于 99.85%。

(4)在计算钢线的 1%伸长应力和抗拉强度时，不再采用钢线的标称截面积，改为采用钢线的实测截面积。

《架空绞线用镀锌钢线》(GB/T 3428—2002)适用于架空绞线结构用和(或)加强用镀锌钢线。它包括各种结构的所有单线，单线直径(包括镀层)的范围从 1.25mm 到 5.50mm。

为了满足绞线用户的需要，有 3 个强度等级的钢线可供选择：普通强度、高强度和特高强度，分别用 1 级、2 级和 3 级表示。有两个级别的镀锌层：A 级和 B 级。镀锌层用每单位面积最小锌层的质量来表示。

四、架空绞线用硬铝线(GB/T 17048—2009)

1. 硬铝线计算常用数值

计算时应使用表 2-31 中硬铝线数值。

表 2-31　硬铝线数值

序　号	项　目	数　值
1	20℃时电阻率最大值/(nΩ·m)	28.264 相当于 61%ZACS
2	20℃时的密度/(kg/dm³)	2.730
3	线膨胀系数(11℃)	23×10^{-6}
4	20℃时电阻管度系数(11℃)	0.00403

2. 一般规定

架空绞线用硬铝线的一般规定见表 2-32。

表 2-32 一般规定

序号	项目	内容
1	材料	硬铝线应由要求纯度的铝制成，以达到本标准规定的机械性能和电气性能。铝的含量应不小于 99.5%
2	表面质量	硬铝线表面应光洁，并不应有与良好的商品不相称的任何缺陷
3	直径和直径公差	硬铝经的标称直径，单位为毫米，精确至小数点后两位。 硬铝线直径的每次测量值与标称值之差应不大于表 2-33 规定的相应数值
4	长度和长度误差	每圈或每盘硬铝线的标称长度及其误差应由供需双方协商确定
5	接头	硬铝线在最后拉制前允许有接头。但如果符合下述全部条件，成品硬铝线也允许有一个接头： 1)成圈硬铝线重 500kg 及以上； 2)该成圈硬铝线中的接头不超过一个； 3)含一个接头的该种成圈硬铝线的圈数不得超过总圈数的 10%； 4)当用户要求时，制造厂应提供证明，表明接头的抗拉强度不小于 130MPa。 含一个接头的成圈成品硬铝线应有明显的标记
6	取样	相关章规定的试验用试样应由制造厂从任意一批交付的硬铝线中抽取 10% 的单独线段。如果采用质量保证程序，取样的比例应由供需双方协商确定
7	试验地点	除非供需双方在订货时另有协议，所有试验均应在制造厂内进行

表 2-33 硬铝线的直径及直径公差 mm

标称直径 d	公差
$d \leqslant 3.00$	±0.03
$d > 3.00$	$+1\%d$

为检验硬铝线直径是否符合上述要求，直径应在同一截面且互相垂直的方各上测量两次。

3. 机械性能试验

架空绞线用硬铝线机械性能试验见表 2-34。

表 2-34 机械性能试验

序号	项目	内容
1	拉力试验	按相关规定的取样方法进行取样，从每个试样上截取一个试件，按《裸电线试验方法　第 3 部分：拉力试验》(GB/T 4909.3—2009)的规定进行拉力试验。拉力试验机夹头的移动速度不应小于 25mm/min，也不应大于 100mm/min。 硬铝线的抗拉强度应不小于表 2-35 规定的相应数值
2	卷绕试验	按相关规定的取样方法进行取样，从每个试样上截取一个试件，按《裸电线试验方法　第 7 部分：卷绕试验》(GB/T 4909.7—2009)的规定进行卷绕试验。 以不超过 60r/min 的速度，在直径与硬铝线直径相同的芯轴上卷绕 8 圈，然后退绕 6 圈，再重新紧密卷绕，硬铝线应不断裂

表 2-35　硬铝线的机械性能

序　号	标称直径 d/mm	抗拉强度(最小值)/MPa
1	$d=1.25$	200
2	$1.25<d\leqslant1.50$	195
3	$1.50<d\leqslant1.75$	190
4	$1.75<d\leqslant2.00$	185
5	$2.00<d\leqslant2.25$	180
6	$2.25<d\leqslant2.50$	175
7	$2.50<d\leqslant3.00$	170
8	$3.00<d\leqslant3.50$	165
9	$3.50<d\leqslant5.00$	160

4. 电阻率试验

按相关内容规定的取样方法，从每个试样上截取一个试件，按《电线电缆电性能试验方法　第2部分：金属材料电阻率试验》(GB/T 3048.2—2007)规定的例行试验方法测量其电阻率。20℃时的电阻率应不大于28.264nΩ·m。

5. 合格证

如果用户有要求，制造厂应提供合格证，给出试样进行的所有试验的结果。

6. 选用指南提示

GB/T 17049—2008 代替《架空绞线用硬铝线》(GB/T 17048—1997)。

GB/T 17049—2008 与 GB/T 17048—1997 相比，主要差异如下：

(1)按照《标准化工作导则　第1部分：标准的结构和编写》(GB/T 1.1—2009)的要求，对编排格式进行了修改；

(2)硬铝线的机械性能表中 $d\leqslant1.25$ 改为 $d=1.25$，因为标准规定的标称直径范围为1.25～5.00mm(1997版的10.1；本版的10.1)。

《架空绞线用硬铝线》(GB/T 17048—2009)适用于制造架空输电用绞线。

五、镀镍圆铜线(GB/T 11019—2009)

1. 概念与特性

镀镍圆铜线是一种电火花加工的线，其精度较高，有良好的伸长率及导电性。

2. 一般规定

镀镍圆铜线的一般规定见表2-36。

表 2-36　一般规定

序号	项　目	内　容
1	型号规定	镀镍圆铜线的型号为：TRN
2	表示方法	镀镍圆铜线用型号、规格、镍含量级别及标准编号表示。 示例：镀镍圆铜线标准直径为0.50mm，镍含量为4%，表示为 TRN0.50 4级 GB/T 11019—2009

（续）

序号	项　目	内　容
3	规格	镀镍圆铜线的规格和分级见表 2-37
4	材料	铜线应符合《电工圆铜线》(GB/T 3953—2009)的规定； 镍应符合《电解镍》(GB/T 6516—2010)的规定，纯度不低于电解镍板的规定

表 2-37　　镍含量等级与镀层厚度关系

级　别	2 级	4 级	7 级	10 级	27 级
镍含量(%)	2	4	7	10	27
标称直径 d/mm	镀层厚度(仅供参考)/mm				
0.05	—	—	—	0.0013	0.0034
0.07	—	—	—	0.0018	0.0048
0.08	—	—	0.0014	0.0020	0.0055
0.10	—	—	0.0018	0.0025	0.0068
0.12	—	—	0.0021	0.0030	0.0082
0.14	—	0.0014	0.0025	0.0036	0.0095
0.15	—	0.0015	0.0026	0.0038	0.0102
0.16	—	0.0016	0.0028	0.0041	0.0117
0.18	—	0.0018	0.0033	0.0046	0.0132
0.20	—	0.0021	0.0036	0.0051	0.0147
0.23	—	0.0023	0.0041	0.0058	0.0165
0.26	0.0013	0.0025	0.0046	0.0066	0.0185
0.28	0.0014	0.0028	0.0051	0.0074	0.0208
0.32	0.0016	0.0033	0.0056	0.0081	0.0234
0.35	0.0017	0.0035	0.0062	0.0088	0.0239
0.37	0.0019	0.0037	0.0065	0.0093	0.0252
0.39	0.0020	0.0039	0.0069	0.0098	0.0266
0.41	0.0021	0.0041	0.0072	0.0104	0.0280
0.45	0.0023	0.0046	0.0081	0.0117	0.0330
0.50	0.0025	0.0051	0.0088	0.0126	0.0341
0.53	0.0027	0.0054	0.0094	0.0134	0.0361
0.56	0.0028	0.0057	0.0099	0.0141	0.0382
0.60	0.0030	0.0061	0.0106	0.0152	0.0409
0.63	0.0032	0.0064	0.0111	0.0159	0.0430
0.67	0.0034	0.0068	0.0118	0.0169	0.0457
0.71	0.0036	0.0072	0.0126	0.0179	0.0484
0.75	0.0038	0.0076	0.0133	0.0189	0.0511
0.80	0.0040	0.0081	0.0141	0.0202	0.0545
0.85	0.0043	0.0086	0.0150	0.0215	0.0580
0.90	0.0045	0.0091	0.0159	0.0227	0.0614

（续）

级　别	2级	4级	7级	10级	27级
镍含量（%）	2	4	7	10	27
标称直径 d/mm	镀层厚度（仅供参考）/mm				
1.00	0.0051	0.0101	0.0177	0.0252	0.0682
1.05	0.0053	0.0106	0.0186	0.0265	0.0716
1.10	0.0056	0.0111	0.0194	0.0277	0.0750
1.15	0.0058	0.0116	0.0203	0.0290	0.0784
1.20	0.0061	0.0121	0.0212	0.0303	0.0818
1.30	0.0066	0.0131	0.0230	0.0328	0.0886
1.40	0.0071	0.0141	0.0247	0.0354	0.0955
1.50	0.0076	0.0152	0.0265	0.0379	0.1023
1.60	0.0081	0.0162	0.0283	0.0404	0.1091
1.70	0.0086	0.0172	0.0301	0.0429	0.1159
1.80	0.0091	0.0182	0.0318	0.0454	0.1227
1.90	0.0096	0.0192	0.0336	0.0480	0.1295
2.00	0.0101	0.0202	0.0354	0.0550	0.1364
2.30	0.0117	0.0234	0.0411	0.0592	0.1679
2.60	0.0129	0.0264	0.0462	0.0665	0.1885
2.90	0.0145	0.0295	0.0518	0.0747	0.2116
3.26	0.0165	0.0330	0.0582	0.0838	0.2375

3. 镀层

镀镍圆铜线对镀层的要求见表2-38。

表2-38　　镀层要求

序　号	项　目	内　容
1	镍含量	镀镍铜线的镍含量按电子测定法或化学测定法测定，仲裁时应采用化学测定法测定。 镍含量应符合表2-37规定
2	外观	镀镍铜线的镍层表面应光亮、光滑连续，不应有与良好工业品不相称的任何缺陷
3	镀层连续性	镀层连续性按《裸电线试验方法　第9部分：镀层连续性试验—多硫化钠法》（GB/T 4909.9—2009）测定，试样应在绞合或施加绝缘前选取。 镀层应连续，经过硫化钠溶液试验后的试样表面应不变黑。 镀层重量所对应的镍层厚度小于0.0013mm的镀镍圆铜线，不要求进行镀层连续性试验
4	镀层附着性	镀层附着性按《裸电线试验方法　第11部分：镀层附着性试验》（GB/T 4909.11—2009）测定。 镀镍圆铜线在与其本身直径相等的线上卷绕，并经浸渍试验后，试样螺旋卷绕部分的外周表面应不变黑，镀层无裂纹

4. 尺寸偏差、伸长率及电阻率

镀镍圆铜线尺寸偏差、伸长率及电阻率见表2-39。

表 2-39 尺寸偏差、伸长率及电阻率

序 号	项 目	内 容
1	尺寸偏差	镀镍圆铜线的直径按《裸电线试验方法 第2部分：尺寸测量》(GB/T 4909.2—2009)测量。对于成卷的试样，应分别在两端和中间测量三个点，取平均值；对于成盘的试样，应先从盘上取下大约4m的试样，然后在试样始端和距试样末端0.6m之间的长度内，测量六个点的直径，取平均值。直径偏差应符合表2-40规定
2	伸长率	镀镍圆铜线的伸长率按《裸电线试验方法 第3部分：拉力试验》(GB/T 4909.3—2009)测定。直径大于2.00mm的镀镍铜线，拉伸前在试样上量取原始标距长度250mm，伸长量取拉伸前后试样标距长度的差值，试样的断裂部位应在标距长度内；直径小于或等于2.0mm的镀镍铜线，拉伸前的钳口距离为原始标距长度(尽量接近250mm)，伸长量取拉伸前后两钳口间的距离差值，试样的断裂部位离两端钳口的距离应不小于25mm。伸长率应符合表2-41的规定
3	电阻率	镀镍圆铜线的电阻率按《电线电缆电性能试验方法 第2部分：金属材料电阻率试验》(GB/T 3048.2—2007)测定。电阻率应符合表2-42规定

表 2-40 直径及偏差 mm

标称直径 d	偏 差
$0.05 \leqslant d < 0.25$	+0.008 −0.003
$0.25 \leqslant d < 1.30$	$+3\%d$ $-1\%d$
$1.30 \leqslant d \leqslant 3.26$	+0.038 −0.013

表 2-41 伸长率

标称直径 d /mm	伸长率(最大值)(%)	
	2、4、7、10级	27级
$0.05 \leqslant d \leqslant 0.10$	15	8
$0.10 < d \leqslant 0.23$	15	10
$0.23 < d \leqslant 0.50$	20	15
$0.50 < d \leqslant 3.26$	25	20

表 2-42 电阻率

级 别	电阻率 ρ_{20}(最小值) /($\Omega \cdot mm^2/m$)
2	0.017960
4	0.018342
7	0.018947
10	0.019592
27	0.024284

5. 检验规则

镀镍圆铜线检验规则见表2-43。

表2-43 检验规则

序　号	项　目	内　容
1	总则	镀镍圆铜线应由制造厂的技术检验部门检验合格后方能出厂或使用，每批产品应附有制造厂的产品质量检验合格证
2	检验项目	产品应按表一规定进行试验
3	抽样规则	检验项目每批按1%抽样，但不少于3盘。第一次检验项目不合格时，应取双倍数量的试样，就不合格项目进行二次试验，如仍不合格时，则应逐盘检查

6. 包装及标志

(1)包装。镀镍圆铜线应均匀地绕在线盘上交货，线端应固定，线匝不应紊乱，最外层线与线盘侧板边缘应保持适当的距离。

每盘线均应妥善包装，存放在干燥、无腐蚀气体的地方。

(2)标志。每盘镀镍圆铜线上应附有标签，标明：

1)制造厂名称；

2)型号及规格；

3)毛重及净重，kg；

4)制造日期：　　年　月；

5)标准编号。

7. 选用指南提示

GB/T 11019—2009是对《镀镍圆铜线》(GB/T 11019—1989)的代替，主要变化体现在以下几方面：

(1)按照《标准化工作导则　第1部分：标准的结构和编写》(GB/T 1.1—2009)的要求，对编排格式进行了修改；

(2)修改了镀镍圆铜线的尺寸测量的方法及伸长率等的测量方法；

(3)调整了镀镍圆铜线的伸长率指标；

(4)重新规定了电子法测定镍含量时，试样长度的选取；

《镀镍圆铜线》(GB/T 11019—2009)适用于制造电线电缆及电器品用的镀镍软圆铜线。

六、镀锡圆铜线(GB/T 4910—2009)

1. 概念与特性

镀锡圆铜线是一种复杂形状的电线电缆，具有抗电压和防震等特点。

2. 一般规定

镀锡圆铜线一般规定见表2-44。

表 2-44 一般规定

序号	项目	内容
1	型号及表示方法	镀锡圆铜线的型号如表 2-45 所示。 镀锡圆铜线用型号、规格及标准号表示。 示例：标称直径为 0.50mm 可焊镀锡软铜线，表示为 TXRH 0.5GB/T 4910—2009
2	规格	镀锡圆铜线的规格如表 2-46
3	材料	铜线应符合《电工圆铜线》(GB/T 3953—2009)的规定。 锡应符合《锡锭》(GB/T 728—1998)的规定，不低于 2 号锡
4	尺寸偏差	镀锡圆铜线的直径按照《裸电线试验方法　第 2 部分：尺寸测量》(GB/T 4909.2—2009)测量。标称直径及偏差应符合表 2-47 的规定
5	伸长率	镀锡圆铜线的伸长率按照《裸电线试验方法　第 3 部分：拉力试验》(GB/T 4909.3—2009)测量。伸长率应符合表 2-48 的规定
6	电阻率	镀锡圆铜线的电阻率按照《电线电缆电性能试验方法　第 2 部分：金属导体材料电阻试验》(GB/T 3048.2—2007)测量。电阻率应符合表 2-49 规定
7	镀层	(1)镀锡圆铜线的镀层表面应光滑连续，不得有影响产品性能的任何缺陷。用正常目力检查。 (2)镀锡层应是连续的。经多硫化钠溶液试验后的试样表面应不变黑，或经过硫酸铵溶液试验后，试验溶液的色泽应不深于标准比色溶液的色泽。 (3)镀锡层应牢固地粘附在铜线的表面上，镀锡铜线按表 2-50 规定卷绕，并经浸渍试验后，试样螺旋卷绕部分的外周围表面应不变黑，镀层应无裂纹
8	可焊性	TXRH 型镀锡圆铜线具有可焊性、焊接时间不大于 2s

表 2-45 镀锡圆铜线型号

型号	名称
TXR	镀锡软圆铜线
TXRH	可焊镀锡软圆铜线

表 2-46 镀锡圆铜线规格

型号	规格范围/mm
TXR	0.05～4.00
TXRH	0.20～1.20

注：其他规格由供需双方协议决定。

表 2-47 镀锡圆铜线标称直径及偏差 mm

标称直径 d	偏差
$0.050<d\leqslant0.125$	+0.006 −0.003
$0.125<d\leqslant0.400$	+0.100 −0.004
$0.400<d\leqslant4.00$	+2%d −1%d

表 2-48 镀锡圆铜线伸长率

序　号	标称直径 d/mm	伸长率(最小值)(%)
1	$0.05<d\leqslant0.09$	6
2	$0.09<d\leqslant0.25$	12
3	$0.25<d\leqslant0.50$	15
4	$0.50<d\leqslant2.00$	20
5	$2.00<d\leqslant4.00$	25

表 2-49 镀锡圆铜线电阻率

序　号	标称直径 d/mm	电阻率 ρ_{20}(最大值)/$(\Omega\cdot mm^2/m)$	
		TXR	TXRH
1	$0.05<d\leqslant0.09$	0.01851	0.01851
2	$0.09<d\leqslant0.25$	0.01802	0.01831
3	$0.25<d\leqslant0.50$	0.01770	0.01793
4	$0.50<d\leqslant4.00$	0.01760	0.01775

表 2-50 镀锡圆铜线卷绕试棒直径

标称直径 d/mm	试棒直径(最大值)
$d\leqslant0.68$	$4d$
$d>0.68$	$5d$

3. 验收规则

(1)产品应由制造厂的技术检查部门检验合格后方能出厂或使用,每批产品应附有制造厂的产品质量检验合格证。

(2)产品应按表 2-51 规定进行检验。

(3)检验项目每批按 1%抽样,但不少于 3 盘,批量较大时不多于 10 盘,第一次试验有不合格时,应取双倍数量的试样就不合格项目进行第二次试验,如仍有不合格时,则判该批产品不合格。

表 2-51 镀锡圆铜线检验项目

序　号	检验项目	章条号	试验类型	试验方法
1	尺寸偏差	第 6 章	T,S	GB/T 4909.2—2009
2	伸长率	第 7 章	T,S	GB/T 4909.3—2009
3	电阻率	第 8 章	T,S	GB/T 3048.2—2007
4	镀层连续性	9.2	T,S	GB/T 4909.9—2009
5	镀层附着性	9.3	T,S	GB/T 4909.11—2009
6	可焊性	第 10 章	T,S	GB/T 4909.12—2009

4. 包装及标志

(1)镀锡圆铜线应均匀地绕在线盘上交货,线端必须固定牢靠,线匝不得紊乱。

最外层线与线盘侧板边缘应保持适当的距离。

每盘线应妥善包装,存放在干燥、无腐蚀气体的地方。

(2)每盘镀锡圆铜线上应附有标签,标明:

1)制造厂名称;

2)型号及规格;

3)毛重及净重:kg;

4)制造日期:　　年　月;

5)标准号。

5. 选用指南提示

《镀锡圆铜线》(GB/T 4910—2009)代替 GB/T 4910—1985。

GB/T 4910—2009 与《镀锡圆铜线》(GB/T 4910—1985)相比,变化主要体现在以下几方面:

(1)按照《标准化工作导则　第1部分:标准的结构和编写》(GB/T 1.1—2009)的要求,对标准的结构和编写方式进行了调整;

(2)修改了对于验收规则检验项目中对如有不合格时,“应逐盘检验”改为“判定该批不合格”。

(3)检验项目中“直径”修改为“尺寸偏差”。

《镀锡圆铜线》(GB/T 4910—2009)适用于制造电线电缆及电器制品用的镀锡软圆铜线。

七、电工圆铜线(GB/T 3953—2009)

1. 产品特性

电工圆铜线柔韧性强、表面光洁、耐氧化、抗拉强度较大。

2. 一般规定

电工圆铜线的一般规定见表 2-52。

表 2-52　　一般规定

序号	项目	内容
1	型号与规格	圆铜线型号见表 2-53。 圆铜线的规格用标称直径表示其范围应符合表 2-54 规定。
2	表示方法	圆铜线用型号、直径及本标准编号表示。 示例:硬圆铜线标称直径 2.00mm,表示为 TY-2.00　GB/T 3953—2009
3	材料	圆铜线应采用符合《电工圆铜线》(GB/T 3953—2009)规定的铜线坯制造
4	尺寸偏差	(1)圆铜线标称直径的偏差应符合表 2-55 规定。 (2)圆铜线垂直于轴线的同一截面上测得的最大和最小直径之差(f 值)应不超过标称直径偏差的绝对值
5	机械性能	圆铜线的机械性能应符合表 2-56 规定。标称直径介于所列紧邻两个数值之间时,应采用较大标称直径值的相应性能
6	电性能	圆铜线的电阻率应符合表 2-57 规定。 计算时,20℃时的铜线物理参数应取下列数值: 密度　8.89g/cm³ 线膨胀系数　0.000017℃$^{-1}$ 电阻温度系数 TR 型　0.00393℃$^{-1}$ TY,TYT 型标称直径 2.00mm 及以上　0.00381℃$^{-1}$ 标称直径 2.0mm 以下　0.00377℃$^{-1}$

（续）

序 号	项 目	内 容
7	外观	圆铜线表面应光洁，不应有与良好工业产品不相称的任何缺陷
8	交货要求	(1)圆铜线应成盘或成圈交货，每盘或每圈圆铜线应为一整根，不允许焊接或扭接，制造过程中的铜杆和成品模前的焊接除外。 (2)若需方无协议，每盘或每圈圆铜线的净重，标称直径为 6.00mm 及以下者，应符合表 2-58 规定，标称直径为 6.0mm 以上者，按双方协议质量交货。 根据供需双方协议，允许以任何质量的圆铜线交货

表 2-53　圆铜线型号与名称

序 号	型 号	名 称
1	TR	软圆铜线
2	TY	硬圆铜线
3	TYT	特硬圆铜线

表 2-54　圆铜线的规格

序 号	型 号	规格范围/mm
1	TR	0.020～14.00
2	TY	0.020～14.00
3	TYT	1.50～5.00

表 2-55　圆铜线的标称直径与偏差　mm

标称直径 d	偏 差
0.020～0.025	±0.002
0.026～0.125	±0.003
0.126～0.400	±0.004
0.401～14.00	±1%d①

注：①计算时标称直径 0.401mm～1.000mm 者保留三位小数；大于 1.000mm 者保留两位小数，均按《数值修约规则与极限数值的表示与判定》(GB/T 8170—2008)的有关规定修约。

表 2-56　圆铜线的机械性能

标称直径/mm	TR	TY		TYT	
	伸长率(%)	抗拉强度/(N/mm²)	伸长率(%)	抗拉强度/(N/mm²)	伸长率(%)
	不小于				
0.020	10	421	—	—	
0.100	10	421	—	—	—
0.200	15	420	—	—	—
0.290	15	419	—	—	—
0.300	15	419	—	—	—

(续一)

标称直径 /mm	TR	TY		TYT	
	伸长率 (%)	抗拉强度 /(N/mm^2)	伸长率 (%)	抗拉强度 /(N/mm^2)	伸长率 (%)
	不小于				
0.380	20	418	—	—	—
0.480	20	417	—	—	—
0.570	20	416	—	—	—
0.660	25	415	—	—	—
0.750	25	414	—	—	—
0.850	25	413	—	—	—
0.940	25	412	0.5	—	—
1.03	25	411	0.5	—	—
1.12	25	410	0.5	—	—
1.22	25	409	0.5	—	—
1.31	25	408	0.6	—	—
1.41	25	407	0.6	—	—
1.50	25	406	0.6	446	0.6
1.56	25	405	0.6	445	0.6
1.60	25	404	0.6	445	0.6
1.70	25	403	0.6	444	0.6
1.76	25	403	0.7	443	0.7
1.83	25	402	0.7	442	0.7
1.90	25	401	0.7	441	0.7
2.00	25	400	0.7	440	0.7
2.12	25	399	0.7	439	0.7
2.24	25	398	0.8	438	0.8
2.36	25	396	0.8	436	0.8
2.50	25	395	0.8	435	0.8
2.62	25	393	0.9	434	0.9
2.65	25	393	0.9	438	0.9
2.73	25	392	0.9	432	0.9
2.80	25	391	0.9	432	0.9
2.85	25	391	0.9	431	0.9
3.00	25	389	1.0	430	1.0
3.15	30	388	1.0	428	1.0
3.35	30	386	1.0	426	1.0
3.55	30	383	1.1	423	1.1
3.75	30	381	1.1	421	1.1
4.00	30	379	1.2	419	1.2
4.25	30	376	1.3	416	1.3
4.50	30	373	1.3	413	1.3
4.75	30	370	1.4	411	1.4
5.00	30	368	1.4	408	1.4
5.30	30	365	1.5	—	—
5.60	30	361	1.6	—	—
6.00	30	357	1.7	—	—
6.30	30	354	1.8	—	—

（续二）

标称直径/mm	TR	TY		TYT	
	伸长率(%)	抗拉强度/(N/mm²)	伸长率(%)	抗拉强度/(N/mm²)	伸长率(%)
	不小于				
6.70	30	349	1.8	—	—
7.10	30	345	1.9	—	—
7.50	30	341	2.0	—	—
8.00	30	335	2.2	—	—
8.50	35	330	2.3	—	—
9.00	35	325	2.4	—	—
9.50	35	319	2.5	—	—
10.00	35	314	2.6	—	—
10.60	35	307	2.8	—	—
11.20	35	301	2.9	—	—
11.80	35	294	3.1	—	—
12.50	35	287	3.2	—	—
13.20	35	279	3.4	—	—
14.00	35	271	3.6	—	—

表 2-57　圆铜线的电阻率

型　号	电阻率 ρ_{20}(不大于)/(Ω·mm²/m)	
	2.00mm 以下	2.00mm 及以上
TR	0.017241	0.017241
TY,TYT	0.01796	0.01777

表 2-58　交货要求

标称直径/mm	每根圆铜线质量(不小于)/kg		短　段	
	成　盘	成　圈	质量/kg	交货数量/kg
0.020～0.025	0.1	—	不小于标准质量的 50%	不大于交货总质量的 15%
0.030～0.040	0.03	—		
0.050～0.060	0.08	—		
0.070～0.100	0.15	—		
0.110～0.150	0.3	—		
0.150～0.250	0.5	—		
0.260～0.400	1.0	—		
0.410～0.600	2.5	2.5		
0.630～0.800	5	5		
0.820～1.000	10	10		
1.01～2.00	20	20		
2.01～4.00	40	40		
4.01～6.00	60	60		

3. 验收规则及试验方法

(1)产品应由制造厂检验合格后方能出厂。每批出厂的产品应附有制造厂的产品质量检验合格证。

(2)产品应按表2-59规定进行检验。

表2-59 检验规则

序　号	检验项目	验收规则	试验方法
1	尺寸	T,S	GB/T 4909.2—2009
2	外观	T,S	目测
3	机械性能	T,S	GB/T 4909.3—2009
4	电阻率	T,S	GB/T 3048.2—2007
5	质量	T,S	称重

(3)每批按1%抽样,但不少于三盘(圈);批量较大时,不多于10盘(圈)。第一次试验结果有不合格时,应取双倍数量的试样就不合格项目进行第二次试验,如仍有不合格时,则判该批产品不合格。

4. 包装及标志

(1)圆铜线应卷绕整齐,妥善包装。成盘时,最后一层应与线盘侧板边缘保持适当的距离。

(2)每圈或每盘圆铜线上应附有标签标明:

1)制造厂名称;

2)型号及规格;

3)毛重及净重(kg);

4)制造日期:　　年　　月;

5)标准编号。

5. 选用指南提示

《电工圆铜线》(GB/T 3953—2009)代替GB/T 3953—1983。

《电工圆铜线》(GB/T 3953—2009)与GB/T 3953—1983相比的主要变化体现在以下几个方面:

(1)按照《标准化工作导则　第1部分:标准的结构与编写》(GB/T 1.1—2009)的要求,对编排格式进行了修改,并对部分文字进行了修饰;

(2)增加了规范性引用文件;

(3)增加了电工圆铜线的表示方法。

《电工圆铜线》(GB/T 3953—2009)适用于制造电线电缆及电机电器用的圆铜线。

八、电工圆铝线(GB/T 3955—2009)

1. 概念与特性

圆铝线在一定程度上取代圆铜线而作为各类电工产品的导电材料,材料本身的抗压强度较大。

2. 一般规定

电工圆铝线的一般规定见表 2-60。

表 2-60　　一般规定

序号	项目	内容
1	型号与规格	圆铜线型号见表 2-61。 圆铜线的规格用标称直径表示，其范围应符合表 2-62 规定
2	材料	圆铝线应采用符合《电工圆铝杆》(GB/T 3954—2008)规定的圆铝杆制造
3	尺寸偏差	(1)圆铝线标称直径的偏差应符合表 2-63 规定。 (2)圆铝线在垂直于轴线的同一截面上测得的最大和最小直径之差(f值)应不超过标称直径偏差的绝对值
4	机械性能	圆铝线的机械性能应符合表 2-64 规定
5	电性能	圆铝线的电性能应符合表 2-65 规定 计算时，20℃时的物理数据应取下列数值： 密度　2.703kg/dm^3 线膨胀系数　0.000023℃$^{-1}$ 电阻温度系数　LR 型　0.00413℃$^{-1}$ 其余型号　0.00403℃$^{-1}$
6	交货要求	(1)圆铝线应成盘或成圈交货，每盘或每圈圆铝线应为一整根，不允许有任何形式的接头。制造过程中铝杆和成品线模前的焊接除外。 (2)每盘或每圈圆铝线的净重应符合表 2-66 规定。根据双方协议，允许任何重量的圆铝线交货
7	表面质量	圆铝线表面应光洁、不得有与良好工业产品不相称的任何缺陷

表 2-61　　圆铝线型号

型号	状态代号	名称
LR	0	软圆铝线
LY4	H4	H4 状态硬圆铝线
LY5	H6	H6 状态硬圆铝线
LY8	H8	H8 状态硬圆铝线
LY9	H9	H9 状态硬圆铝线

表 2-62　　圆铝线的规格

型号	直径范围/mm
LR	0.30～10.00
LY4	0.30～6.00
LY6	0.30～10.00
LY8	0.30～5.00
LY9	1.25～5.00

表 2-63 圆铝线标称直径的偏差 mm

标称直径 d	偏 差
0.300～0.900	±0.013
0.910～2.490	±0.025
2.50 及以上	±1%d

注：标称直径 2.50 及以上，计算时保留两位小数，标称直径 2.50 以下，计算时保留三位小数。

表 2-64 圆铝线的机械性能

型 号	直径/mm	抗拉强度/(N/mm²)		断裂伸长率(最小值)(%)
		最 小	最 大	
LR	0.30～1.00 1.01～10.00	— —	98 98	15 20
LY4	0.30～6.00	95	125	—
LY6	0.30～6.00 6.01～10.00	125 125	165 165	— 3
LY8	0.30～5.00	160	205	—
LY9	1.25 及以下	200	—	—
	1.26～1.50	195		
	1.51～1.75	190		
	1.76～2.00	185		
	2.01～2.25	180		
	2.26～2.50	175		
	2.51～3.00	170		
	3.01～3.50	165		
	3.51～5.00	160		

表 2-65 圆铝线的电性能

型 号	20℃时直流电阻率(最大值)/(Ω·mm²/m)
LR	0.02759
LY4 LY6 LY8 LY9	0.028264

表 2-66　　圆铝线的净重

标称直径/mm	每根圆铝线质量(最小值)/kg	短段	
		质　量	交货数量
0.30～0.50	1	不小于每根圆铝线质量最小值的 50%	不大于交货总质量的 15%
0.51～1.00	3		
1.01～2.00	8		
2.01～4.00	15		
4.01～6.00	20		
6.01～10.00	25		

3. 验收规则

(1)产品应由制造厂检验合格后方能出厂。每批出厂的产品应附有制品厂的产品质量检验合格证。

(2)产品应按表 2-67 的规定进行检验。

表 2-67　　检验规则

序　号	检验项目	检验规则	试验方法
1	尺寸	T,S	GB/T 4909.2—2009
2	外观	T,S	正常目力检测
3	机械性能	T,S	GB/T 4909.3—2009 GB/T 4909.6—2009
4	卷绕试验	T,S	GB/T 3955—2009 第 13 章的规定
5	20℃时直流电阻率	T,S	GB/T 3048.2—2007
6	质量	T,S	称重

(3)每批按 1%抽样,但不少于 3 盘(圈);批量较大时,不多于 10 盘(圈)。第一次试验结果有不合格时,应另取双倍数量的试样就不合格项目进行第二次试验,如仍有不合格时,应逐盘(圈)检查。

4. 试验方法

卷绕试验依据《裸电线试验方法　第 7 部分:卷绕试验》(GB/T 4909.7—2009)规定进行,试样在等于自身直径的圆棒上紧密卷绕 8 圈,退绕 6 圈之后重新紧密卷绕,用正常目力检查,铝线应不裂断,但允许铝线表面有轻微裂纹。

5. 包装及标志

(1)圆铝线用型号、直径及标准编号表示。

示例:标称直径为 2.0mm 的 H4 状态硬圆铝线,表示为:LY 4-2.00　GB/T 3955—2009。

(2)圆铝线应卷绕整齐,妥善包装。成盘时,最外一层应与线盘侧板边缘保持适当的距离。

(3)每盘或每圈圆铝线上应附有标签标明:

1)制造厂名称;

2)型号及规格(mm);

3)毛重及净重(kg);

4)制造日期:　　年　月　日;

5)标准编号。

6. 选用指南提示

《电工圆铝线》(GB/T 3955—2009)是对 GB/T 3955—1983 的代替,其主要变化体现在以下几方面:

(1)增加了"规范性引用文件";

(2)修改了 LY9 型号性能参数内容;

(3)修改了产品检测规则的试验方法。

《电工圆铝线》(GB/T 3955—2009)用于电线、电缆、电磁线和其他电器的制造。

九、电工用铝包钢线(GB/T 17937—2009)

1. 概念与特性

电工用铝包钢线是一种复合金属导体,两种导电金属复合在一起使用,可发挥各自优点、材料抗拉强度较高,耐蚀性好,抗拉强度为 900～1300N/mm^2,电导率为 29%～30%IACS,延伸率不小于1.5%。

2. 相关术语及意义

电工用铝包钢线相关术语及定义见表 2-68。

表 2-68 术语及定义

序号	项目	内容
1	铝包钢线	由一根圆钢芯外包一层均匀连续的铝层构成的圆线
2	直径	在同一截面且互相垂直的方向上二次测量值的平均值
3	等级	铝包钢线定义为"LB14"、"LB20"、"LB23"、"LB27"、"LB30"、"LB35"和"LB40"等级,其相应的导电率为 14%、20.3%、23%、27%、30%、35%和 40%IACS。 注:IACS 为国际退火铜标准
4	型式	LB20 等级铝包钢线按其抗拉强度性能分为 A 和 B 两种型式

3. 一般要求

电工用铝包钢线一般要求见表 2-69。

表 2-69 一般要求

序号	项目	内容
1	材料	(1)基本金属应是钢,由平炉、电炉或氧气顶吹过程生产的钢。其成分应使成品铝包钢线具有符合规定的性能和特性。 (2)包层用铝的纯度最小为 99.5%,其质量应足以满足规定的厚度和电阻要求
2	外观	铝包钢线应光洁,并且不得有可能影响产品性能的所有缺陷,如裂纹、粗糙、刮痕杂质等
3	密度	为计算铝包钢线的标准质量,其密度见表 2-70
4	标准直径偏差	铝包钢线直径偏差不应大于表 2-71 规定数值
5	最小铝层厚度	铝包钢线在任一处的最小铝层厚度应符合表 2-72 规定要求
6	抗拉强度	铝包钢线的抗拉强度应符合表 2-73 规定的要求。根据抗拉强度计算单根铝包钢线拉断力时,应使用成品线的实测直径

（续）

序号	项目	内容
7	伸长率	铝包钢线应符合断裂后伸长率不小于1%或断裂时总的伸长率不小于1.5%的要求。标距均为250mm。在断裂后无负荷条件下或断裂时使用合适的引伸仪进行测量。 除非供需双方在订货时另有协议，生产厂可任意选择测量方法。 只做伸长率试验规定的两个试验方法中的一个试验
8	电阻率	铝包钢线20℃时的最大电阻率应符合表2-73规定要求
9	扭转试验	在100倍标称直径的长度上，铝包钢线应能经受不少于20次的扭转而不断裂。 试样扭转断裂后，用肉眼或正常的矫正视力观察，铝层不应从钢芯上脱离
10	1%伸长时应力	铝包钢线应符合表2-73规定的1%伸长时的应力的要求。试验应在校直的未变形的铝包钢线上进行
11	接头	(1)成品铝包钢线不应有任何类型的接头。 拉制为成品线前的坯杆上允许有接头，这种接头应符合最小铝层厚度的要求。 (2)接头设备和工艺应使含接头的成品线试样的抗拉强度不小于不含接头的成品线抗拉强度的80%，并且大于表2-73规定的最小值的90%。 (3)成品线内的接头部分不要求进行伸长率、扭转和1%伸长时的应力试验

表2-70　铝包钢线标称密度

等级	型式	20℃时标称密度/(g/cm³)
LB14	—	7.14
LB20	A	6.59
	B	6.53
LB23	—	6.27
LB27	—	5.91
LB30	—	5.61
LB35	—	5.15
LB40	—	4.64

表2-71　铝包钢线直径偏差

标称直径	偏差
2.67mm及以上	±1.5%
2.67mm以下	±0.04mm

表2-72　最小铝层厚度

等级	最小铝层厚度
LB14	5%铝包钢线标称半径
LB20	标称直径1.80mm以下，8%铝包钢线标称半径 标称直径1.80mm及以上，10%铝包钢线标称半径

（续）

等　级	最小铝层厚度
LB23	11%铝包钢线标称半径
LB27	14%铝包钢线标称半径
LB30	15%铝包钢线标称半径
LB35	20%铝包钢线标称半径
LB40	25%铝包钢线标称半径

表 2-73　铝包钢线的抗拉强度和电阻率要求(绞合前)

序号	等级	型式	标称直径 d /mm	抗拉强度（最小值）/MPa	1%伸长时的应力（最小值）/MPa	20℃时的电阻率（最大值）/(nΩ·m)
1	LB14		2.25<d≤3.00	1590	1410	123.15（对应 14%IACS 导电率）
			3.00<d≤3.50	1550	1380	
			3.50<d≤4.75	1520	1340	
			4.75<d≤5.50	1500	1270	
2	LB20	A	1.24<d≤3.25	1340	1200	84.80（对应于 20.3%IACS 导电率）
			3.25<d≤3.45	1310	1180	
			3.45<d≤3.65	1270	1140	
			3.65<d≤3.95	1250	1100	
			3.95<d≤4.10	1210	1100	
			4.10<d≤4.40	1180	1070	
			4.40<d≤4.60	1140	1030	
			4.60<d≤4.75	1100	1000	
3	LB20		4.75	1070	1000	84.80（对应于 20.3%IACS 导电率）
		B	1.24<d≤5.50	1320	1100	
4	LB23	—	2.50<d≤5.00	1220	980	74.96（对应于 23%IACS 导电率）
5	LB27		2.50<d≤5.00	1080	800	63.86（对应于 27%IACS 导电率）
6	LB30		2.50<d≤5.00	880	650	57.47（对应于 30%IACS 导电率）
7	LB35	—	2.50<d≤5.00	810	590	49.26（对应于 IACS 导电率）
8	LB40	—	2.50<d≤5.00	680	500	43.10（对应于 40%IACS 导电率）

4. 取样

试验用试样应由制造厂从 10%的成品线的各线段上截取。

如果是大批量的铝包钢线，并且制造厂能证明该批铝包钢线达到或超过规定性能要求时，则在供需双方达成协议的情况下，试样数目可以减少至保证对每批铝包钢线成品达到足够的监测水平。

5. 试验

电工用铝包钢线试验方法见表 2-74。

表 2-74　　　　　　　　　　　　　　　　　　**试验方法**

序　号	项　目	内　容	
1	试验要点	除非供需双方另有协议，所有试验均应在制造厂内进行	
2	试验	下述试验项目应在绞合前的每个试样上进行。如果单根铝包钢线仅用于由铝包钢线构成的产品时，在供需双方达成协议的情况下可不做第(9)项试验。 (1)外观； (2)表面质量； (3)直径； (4)抗拉强度； (5)伸长率； (6)扭转； (7)电阻率； (8)铝层最小厚度； (9)1%伸长时的应力	
3	试验方法	拉力试验	试件的拉断力应在合适的拉力试验机上测定。应逐渐地增加负荷，拉力试验机夹头的分离速度应不小于 25mm/min，也不大于 100mm/min。 按拉断力测量值计算抗拉强度，应采用施加应力前的成品线直径
3	试验方法	伸长率试验	伸长率可在拉断力试验的同一试件上进行，试验方法与拉力试验相同。 (1)断裂后伸长率。 无负荷条件下的最大伸长率应在试件上测量。试件应用于校直，在上面标注 250mm 原始标距，然后施加如拉力试验规定的负荷。铝包钢线断裂后，应小心地将试件的断口对齐，测量最终的标距。 伸长率以标距的增量与原始标距之比的百分数表示。 如果断裂发生在标距之外，或在离每个标距标记的 25mm 之内，且没有达到要求的伸长率时，则应重新试验。 (2)断裂时总伸长率。 试件应夹在拉力试验机的夹头内，施加与表 2-75 规定的相应的初应力对应的负荷。置引伸仪于标距为 250mm，并按表 2-75 规定调整至相应的起始值。 施加拉力试验规定的拉力负荷，断裂时的读数即为该试件的伸长率。 如果断裂发生在标距标记之外，或在离每个标记 25mm 之内，且没有达到要求的伸长率时，则应重新试验
3	试验方法	扭转试验	试件一端应分别夹在两个钳口中，其间长度为铝包钢线标称直径的 100 倍。其中一个夹头试验时应能纵向自由移动。试验时应在试件上施加小的拉力，其数值不超过铝包钢线拉断力的 2%。 使其中一个钳口旋转以扭转试样，起到试件断裂为止。用计数器或其他合适的装置指示扭转次数。扭转速应不超过 60r/min
3	试验方法	铝层厚度	应使用合适的电气指示装置测量试件的铝层厚度，该装置依据的是磁导计原理，或直接进行测量。 铝层厚度测量应读取小数点后三位小数，然后修约至小数点后两位小数作为厚度测量值。作为基准测量时，应在成圆铝包钢线的一端截取的试件上直接测量铝层厚度

（续）

<table>
<tr><th>序　号</th><th>项　目</th><th colspan="2">内　　容</th></tr>
<tr><td rowspan="2">3</td><td rowspan="2">试验方法</td><td>电阻率试验</td><td>试件的电阻应按《电线电缆电性能试验方法　第2部分：金属导体材料电阻率试验》（GB/T 3048.2—2007）规定的方法进行测量，测量时的温度应不小于10℃也不大于30℃。
测量的电阻值应用下述公式校正至20℃时的值。
$$R_{20}=\frac{R_T}{1+\alpha(T-20)}$$
式中　T——测量时的温度，℃；
R_T——T℃时的电阻；
R_{20}——20℃时的电阻；
α——20℃时的定质量电阻温度系数。
20℃时电阻率应按20℃时的电阻，根据铝包钢线直径测量值计算的铝包钢线总截面积以及测量电阻用的铝包钢线的长度计算</td></tr>
<tr><td>1%伸长时的应力</td><td>试件应夹在拉力试验机的夹头内，施加与表2-75规定的相应的初应力对应的负荷。置引伸仪于标距为250mm，并按表2-75规定调整至相应的起始值。
然后均匀增加负荷直到引伸仪在250mm标距内指示出2.50mm的伸长。
读取此点的负荷，并根据该值和受力前成品线的直径计算1%伸长时的应力。所得的数值应不小于表2-73规定的相应数值。试件可接着用于规定的拉力试验</td></tr>
</table>

表2-75　　测定伸长时的应力和断裂时总的伸长率的起始值

标称直径 d /mm	初应力 /MPa	引伸仪起始值
$1.24<d\leqslant2.50$	81.4	0.0005（0.05%伸长）
$2.50<d\leqslant3.30$	162	0.0010（0.10%伸长）
$3.30<d\leqslant5.50$	244	0.0015（0.15%伸长）

6. 包装

（1）长度和长度偏差。铝包钢线应按用户规定的长度交货，其允许偏差为长度的（0～4）%。如果供需双方先达成协议，则允许以短于或长于这一要求的任意长度交货。

（2）包装方法。铝包钢线应成盘或成圈包装以防止在正常的装卸和运输中损坏。

7. 接收和拒收

（1）若试样不符合标准规定的任何一项要求，即可作为拒收由该试样所代表的该批铝包钢线的根据。

（2）若任何一批铝包钢线被这样拒收，则制造厂有权对该批所有各盘或各圈铝包钢线重新试验一次，并将其中合格的产品提交使用。

8. 选用指南提示

《电工用铝包钢线》（GB/T 17937—2009）是对GB/T 17937—1999的代替，其主要变化体现在以下几方面：

（1）按照《标准化工作导则　第 1 部分：标准的结构与编写》（GB/T 1.1—2009）的要求，对标准的结构和编写方式进行了调整；

（2）增加了三种级别的铝包钢线，并对铝包钢线的定义作了修改；

（3）删除了与 IEC 61232:1993 产品型号对照的附录 C，增加了附录 C 与 IEC 61232:1993 章条编号对照。

《电工用铝包钢线》（GB/T 17937—2009）适用于绞合前的，不同电气性能的电工用圆形硬拉裸铝包钢线，包括应用于铝绞线的加强芯及所有铝包钢绞线的铝包钢线。

电工铝包钢线主要用于输配电线，载波避雷线通信线及大跨越架空导线。

十、铜及铜合金接触线（GB/T 12971.1—2008）

1. 型号

铜及铜合金接触线的型号见表 2-76。

表 2-76　　铜及铜合金型号

序　号	项　目	内　容
1	产品表示方法	铜及铜合金接触线产品按铜及不同种铜合金材料分类、各类中按截面积又分有不同的规格。产品型号用图 2-2 的形式表示
2	材料代号	铜及铜合金接触线的材料代号见表 2-77
3	截　面	电力牵引用接触线用标称截面表示。 示例 1：110mm^2 铜线接触线为 CT110 GB/T 12971.1—2008。 示例 2：120mm^2 铜银合金接触线为 CTA120 GB/T 12971.1—2008。 示例 3：120mm^2 铜-0.2 镁合金接触线为 CTM120 GB/T 12971.1—2008。 示例 4：150mm^2 高强度铜-0.5 镁合金接触线为 CTMH150 GB/T 12971.1—2008。 示例 5：150mm^2 铜锡合金接触线为 CTS150 GB/T 12971.1—2008

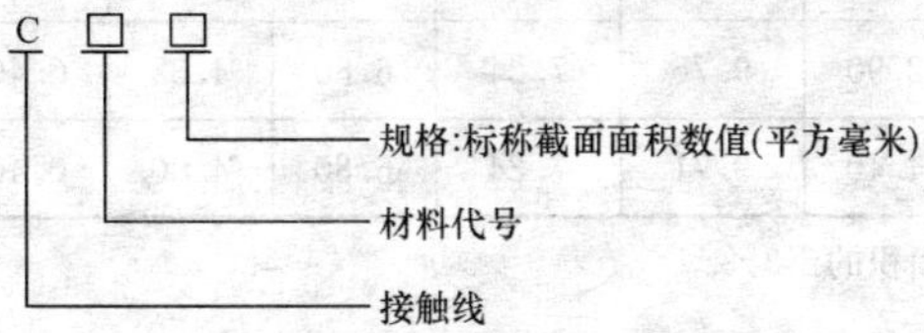

图 2-2　产品型号表示

表 2-77　　铜及铜合金接触线的材料代号

材料代号	名　称
CTY	圆形铜接触线
CT	双沟形铜接触线
CTA	铜银合金接触线
CTM	铜镁合金接触线
CTMH	高强度铜镁合金接触线
CTS	铜锡合金接触线

2. 规格

(1)圆形铜接触线的规格见表2-78。

表2-78 圆形铜接触线的规格

标称截面/mm^2	计算截面/mm^2	标称直径及偏差/mm		单位质量/(kg/km)
		标称直径	偏差	
50	50.2	8.00	±0.06	449
65	63.6	9.00	±0.06	568
85	86.6	10.50	±0.06	773
100	100.3	11.30	±0.06	895
110	113.1	12.00	±0.06	1009

(2)双沟型铜及铜合金接触线的规格见表2-79。

表2-79 双沟型铜及铜合金接触线的规格

标称截面/mm^2	计算截面/mm^2	尺寸及公差/mm							角度及偏差		单位质量/(kg/km)
		A ±1%	B ±2%	C ±2%	D +4% −2%	E	K	R	G	H	
									±1°		
65	65	9.30	10.19	8.05	5.70	5.32	2.15	0.60	35°	50°	582
85	85	10.80	11.76	8.05	5.70	5.32	2.90	0.60	35°	50°	763
85(T)	86	10.80	10.76	9.40	7.24	6.80	4.60	0.40	27°	51°	768
100	100	11.80	12.81	8.05	5.70	5.32	3.40	0.60	35°	50°	893
110	111	12.34	12.34	9.73	7.24	6.80	4.67	0.40	27°	51°	990
120	121	12.90	12.90	9.76	7.24	6.80	4.35	0.40	27°	51°	1080
150	151	14.40	14.40	9.71	7.24	6.80	4.00	0.40	27°	51°	1347

注:截面积允许偏差为计算截面积的±3%。

(3)所有规格接触线的物理参数和载流量见表2-80。

表2-80 接触线的物理参数和载流量

序号	项目	内容
1	密度	铜及铜合金接触线20℃时的密度值可采用推荐值8.92g/cm^3或用《电线电缆电性能试验方法 第2部分:金属材料电阻率试验》(GB/T 3048.2—2007)的方法进行测定
2	电阻温度系数	铜及铜合金的电阻系数如表2-81所示
3	载流量	铜及铜合金接触线的载流量推荐值如表2-82所示
4	线膨胀数	铜及铜合金的线膨胀系数为17×10^{-6}/K
5	弹性模量	铜及铜合金的弹性模量120GPa

表 2-81　**电阻温度系数**

接触线型号(不含规格)	电阻温度系数(1/K)
CT	0.00381
CTA	0.00381
CTM	0.00185
CTMH	0.00185
CTS	0.00365

表 2-82　**载流量推荐值**

规格	持续载流量/A								
	工作温度 95℃					允许最高工作温度 150℃			
	CT	CTA	CTM	CTMH	CTS	CTA	CTM	CTMH	CTS
85	410	—	—	—	—	—	—	—	—
110	480	480	450	410	380	650	640	570	570
120	510	510	480	430	410	690	680	610	600
150	580	580	550	490	470	800	780	700	690

注：1. 铜接触线(CT 型)的允许最高工作温度为 95℃；

2. 计算条件为环境温度 40℃，风速 0.5m/s，日照强度 1000W/m^2。

3. 材料要求

(1)铜接触线应采用不低于《阴极铜》(GB/T 467—1997)中的标准阴极铜(Cu-CTH-2)制造。

(2)各种型号的铜合金接触线应由相应的铜合金制成，其主要化学成分范围见表 2-83。

表 2-83　**铜及铜合金接触线的主要化学成分**　%

序号	类别	Cu	Ag	Mg	Sn	Bi 不大于	O 不大于	Pb 不大于	P 不大于	其他杂质总和不大于
1	铜	99.90	—	—	—	0.0005	0.03	0.005	—	0.03
2	铜-银	余量	0.08～0.12	—	—	0.0005	0.03	—	—	0.03
3	铜-0.2 镁	余量	—	0.10～0.30	—	—	—		0.01	0.10
4	铜-0.5 镁	余量	—	0.40～0.70	—	—	—		0.01	0.10
5	铜-锡	余量	—		0.15～0.55	—	—		—	0.10

4. 试验

(1)铜及铜合金接触线型式检验见表 2-84。

表 2-84 型式检验方法

序号	项目	内容
1	扭转试验	扭转试验应按照《裸电线试验方法第 4 部分：扭转试验》(GB/T 4909.4—2009)进行，试验速度为 15～20r/min，单向扭转，试样标距为 250mm，试验结果应符合表 2-85 的要求
2	反复弯曲试验	反复弯曲试验应按照《裸电线试验方法 第 5 部分：弯曲试验—反复弯曲》(GB/T 4909.5—2009)进行，试验结果应符合表 2-85 的要求
3	振动试验	长度为 6m 的试样，在本条规定的张力条件下，经受振幅 35mm、频率 3～5Hz、2×10^6 次的振动试验（波形为正弦波）后，应无断裂。试验张力（试验时应考虑接触网张力增量系数：对于 8.4kN、10kN、15kN 为 1.10，对于 20kN、25kN 为 1.05）： (1)8.4kN 适用的接触线型号为：CT85、CTA85、CTAH85； (2)10kN 适用的接触线型号为：CT110、CT120、CTA110、CATH110； (3)15kN 适用的接触线型号为：CT150、CTA120、CTAH120、CTM110、CTMH110、CT-SH110； (4)20kN 适用的接触线型号为：CTA150、CTAH150、CTM120、CTM150、CTMH120、CTS120、CTS150； (5)25kN 适用的接触线型号为：CTAH150
4	轴向疲劳试验	经过振动试验后长度为 6m 的试样，在例行试验断拉力规定的额定张力下，经受张力幅为 30%的额定工作张力、频率 1～3Hz、5×10^5 次的轴向疲劳试验（波形为正弦波）后，从中截取三个标准试样，测其拉断力，其任一值不小于表 2-85 中规定的 95%
5	横向晶粒尺寸及含氧量试验	当需方有要求时，应提供作为型式检验的横向晶粒尺寸及含氧量，试验应按《金属平均晶粒度测定方法》(GB/T 6394—2002)及《铜及铜合金化学分析方法 第 8 部分：氧含量的测定》(GB/T 5121.8—2008)的要求进行

表 2-85 双沟型铜及铜合金接触线的机械性能

型号	拉断力/kN 最小值	高温残存拉断力/kN 最小值	伸长率(%) 最小值	扭转圈数（至断开）最小值	反复弯曲（至断开）	
					弯曲半径 /mm	次数 最小值
CTY50	18.88	—	2.2	9	20	4
CTY65	23.21	—	2.4	9	20	4
CTY85	30.48	—	2.6	9	20	4
CTY100	33.50	—	3.0	9	20	4
CTY110	37.60	—	3.8	9	20	4
CT65	24.20	—	3.0	5	30	4
CT85	29.75	—	3.0	5	30	4
CT85(T)	32.25	—	3.0	5	30	4
CT100	34.61	—	3.0	5	30	4
CT110	39.96	—	3.0	5	30	4
CT120	43.56	—	3.0	5	30	4
CT150	54.36	—	3.0	5	30	4
CTA85	32.25	28.25	3.0	5	30	4
CTA110	39.96	34.96	3.0	5	30	4
CTA120	43.56	38.12	3.0	5	30	4
CTA150	54.36	47.56	3.0	5	30	4

（续）

型号	拉断力/kN 最小值	高温残存拉断力/kN 最小值	伸长率(%) 最小值	扭转圈数（至断开）最小值	反复弯曲（至断开）	
					弯曲半径 /mm	次数 最小值
CTM110	48.84	43.96	3.0	5	30	4
CTM120	52.03	46.83	3.0	5	30	4
CTM150	63.42	57.08	3.0	5	30	4
CTMH110	55.50	49.95	3.0	5	30	4
CTMH120	59.29	53.36	3.0	5	30	4
CTMH150	70.97	63.87	3.0	5	30	4
CTS110	47.73	42.96	3.0	5	30	4
CTS120	50.82	45.74	3.0	5	30	4
CTS150	63.42	57.08	3.0	5	30	4

（2）例行试验方法见表 2-86。

表 2-86　例行试验

序号	项目	内容
1	外观及卷取	铜及铜合金接触线应表面光滑、清洁，不应有硬弯、扭曲、折边、裂纹、毛刺、擦伤等与良好工业产品不相称的任何缺陷。 铜及铜合金接触线应大圆弧面面向盘芯整齐紧密的卷绕在线盘上，每一层的匝间不应有空隙，不应有扭转、交叉、跳线现象。接触线的里端应伸出侧板或筒体，牢固固定在线盘上；外端应固定在侧板内侧
2	截面形状、尺寸角度及其偏差	圆形铜接触线直径及偏差应符合表 2-78 规定。 双沟型接触线的截面形状为带有悬吊沟槽、合金种类识别沟槽的规则圆形。接触线的截面形状、合金种类识别沟槽、角度、尺寸及其偏差应符合图 2-3 和表 2-79 的规定
3	拉断力	接触线的拉断力应通过拉伸固定在合适的精度至少为±1%的拉力试验机上进行，拉断力试验应按照《裸电线试验方法　第 3 部分：拉力试验》(GB/T 4909.3—2009)进行，试验结果应符合表 2-80 的要求
4	伸长率	拉伸试验速度 20～30mm/min，试样标距 250mm，拉伸试验按照《裸电线试验方法　第 3 部分：拉力试验》(GB/T 4909.3—2009)进行，试验结果应符合表 2-80 的要求
5	高温残存拉断力	铜合金接触线的高温残存拉断力应将试样加热到 300℃±5℃保温 2h 后自然冷却，再进行拉断力试验，拉断力试验应按照《裸电线试验方法第 3 部分：拉力试验》(GB/T 4909.3—2009)进行，试验结果作为考核铜合金接触线耐热性能的指标，应符合表 2-80 的要求
6	电阻率	各种型号铜及铜合金接触线在 20℃时的电阻率应不大于表 2-87 规定的值，试验应按《电线电缆电性能试验方法　第 2 部分：金属材料电阻率试验》(GB/T 3048.2—2007)进行
7	制造长度及接头	接触线的制造长度应符合订货合同要求。每根接触线在制造过程中不允许有焊接接头。 制造长度用计米器测量，长度允许偏差为 0～+30m。 按照质量交货时，每根接触线的交货质量按表 2-78 和表 2-79 中的截面积进行计算，不应超过订货长度与允许制造长度上偏差之和折算质量的 103%

表 2-87　电阻率

序　号	接触线型号	电阻率(20℃)/(Ωmm²/m) 最大值
1	CTY、CT	0.01768
2	CTA	0.01777
3	CTM	0.02240
4	CTMH	0.02778
5	CTS	0.02395

5. 验收

铜及铜合金接触线应经制造厂家的质量检验部门检验合格方能出厂，产品应按表 2-88 的规定检验。

表 2-88　检验规则及试验方法

序　号	项目名称	试验类型		试验方法
		型式检验	例行试验	
01	外观及卷取	√	√	正常目力
02	尺寸	√	√	GB/T 4909.2—2009
03	角度	√	√	样板或专用仪器
04	拉断力	√	√	GB/T 4909.3—2009
05	伸长率	√	√	GB/T 4909.3—2009
06	高温残存拉断力	√	√	本部分相应内容
07	电阻率	√	√	GB/T 3048.2—2007
08	制造长度及接头		√	本部分相应内容
09	扭转	√		GB/T 4909.4—2009
10	反复弯曲	√		GB/T 4909.5—2009
11	振动试验	√		本部分相应内容
12	轴向疲劳	√		本部分相关内容
13	横向晶粒尺寸	√		GB/T 6394—2002
14	含氧量	√		GB/T 5121.8—2008

每批产品交货时同时按试验要求规定的例行试验项目提供全面、完整的检验报告。

试样不符合上述任一要求，就应构成拒收以该试件为代表的这批产品的理由。如果任何一批产品因此被拒收，制造厂有权对该批导线中的每盘导线再进行一次试验，并对其中符合接受要求的产品交货。

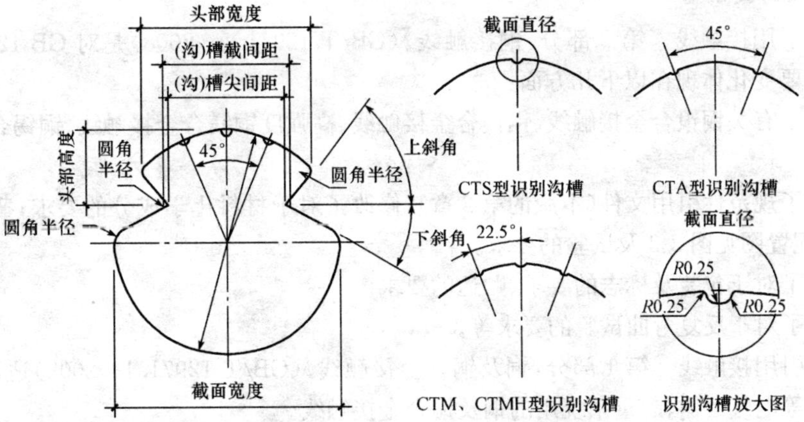

图 2-3　截面形状及合金识别沟槽配置

6. 包装、标志及贮运

(1)包装。

1)用于交货的线盘可以是木盘、钢盘或钢木盘，其技术性能应符合《电线电缆交货盘　第 2 部分：全木结构交货盘》(JB/T 8137.2—1999)和《电线电缆交货盘　第 4 部分：型钢复合结构交货盘》(JB/T 8137.4—1999)要求，并应保证接触线装盘后在正常的吊装、运输和张力架线过程中不发生变形。

2)最外层接触线距线盘外侧板边缘的径向距离不应小于 50mm。成盘的接触线外面应包覆合适的材料使包装牢固，应能承受正常吊装、运输中可能出现的碰撞。

3)除非合同注明，每个线盘只允许卷绕一根接触线。

(2)标志。

1)每盘接触线线盘上应有便于查找的牢固的标志，标明以下内容：

①制造厂名；

②产品名称；

③产品型号；

④制造标准；

⑤长度；

⑥毛重及净重(kg)；

⑦出厂编号及生产日期(年、月、日)；

⑧接触线放线方向的箭头。

2)每盘接触线应附有以下随带文件：

①产品合格证明；

②该盘产品的出厂编号、生产日期、型号、标准号、长度、净重。

(3)贮运。

1)运输中严禁从高处抛下装有接触线的线盘、机械损伤或擦伤产品表面。

2)线盘不允许平放及采用平放方式吊装和运输，以防线盘损坏及接触线排序混乱。

3)线盘滚动方向应与放线箭头方向相反。

7. 选用指南提示

《电力牵引用接触线　第 2 部分:铜接触线》(GB/T 12971.1—2008)是对 GB 12971.2—1991 的代替,其主要变化体现在以下几方面:

(1)增加了有关铜银合金接触线、铜镁合金接触线、高强度铜镁合金接触线、铜锡合金接触线的要求;

(2)增加了规范性引用文件(本版的第 2 章);修改了对于材料化学成分的要求;截面形状及合金识别沟槽配置图见图 2-3 及试验的要求。

(3)增加了对于包装及标志的要求、贮运的要求。

(4)修改了对于反复弯曲试验的要求等。

《电力牵引用接触线　第 1 部分:铜及铜合金接触线》(GB/T 12971.1—2008)适用于铁路、工矿、城市交通等电气运输、起重系统用的铜及铜合金接触线。

十一、钢、铝复合接触线(GB/T 12971.2—2008)

1. 型号

钢铝复合接触线型号见表 2-89。

表 2-89　　钢铝复合接触线型号

序　号	项　目	内　容
1	产品表示方法	钢、铝复合接触线产品按材料有不同分类、各类中按截面积分又有不同的规格。产品型号的表示方法,如图 2-4
2	材料代号	钢、铝复合接触线的材料代号见表 2-90
3	截面	电力牵引用接触线用标称截面表示。 示例 1:250mm² 内包梯形钢,钢、铝复合接触线 CGLN 250 GB/T 12971.2—2008。 示例 2:215mm² 外露异形钢,钢、铝复合接触线 CGLW 215 GB/T 12971.2—2008

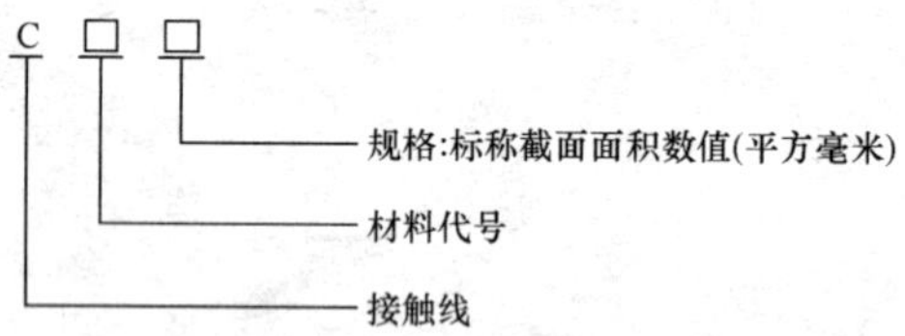

图 2-4　产品表示方法

表 2-90　　钢、铝复合接触线的材料代号

材料代号	名　称
CGLN	内包梯形钢,钢、铝复合接触线
CGLW	外露异形钢,钢、铝复合接触线

2. 规格

钢、铝复合接触线规格如表 2-91 规定。

表 2-91　　钢、铝复合接触线规格

型号	总标称截面/mm²	等效铜直流电阻截面/mm²	铜、铝截面/mm² 钢	铝	尺寸及偏差/mm A	B	C	D	G 偏差±2°	H 偏差±2°	标称质量/(kg/km)	截面形状及尺寸
CGLN	250	120	62	188	18.50	$18.00^{+0.40}_{-0.40}$	$9.55^{+0.40}_{-0.20}$	$7.30^{+0.10}_{-0.30}$	27°	51°	994	图 2-5
	195	85	55	140	$16.20^{+0.30}_{-0.30}$	$15.00^{+0.35}_{-0.20}$	$9.55^{+0.40}_{-0.20}$	$7.30^{+0.40}_{-0.20}$	27°	51°	805	
CGLW	215	100	67	148	$16.50^{+0.50}_{0}$	$19.60^{-0.70}_{0}$	$8.40^{+0.40}_{-0.20}$	$5.80^{+0.40}_{-0.20}$	27°	51°	965	图 2-6(a)
	173	80	54	119	$16.70^{+0.06}_{0}$	$13.20^{+0.52}_{0}$	$8.05^{+0.20}_{-0.40}$	5.70±0.40	35°	50°	785	图 2-6(b)

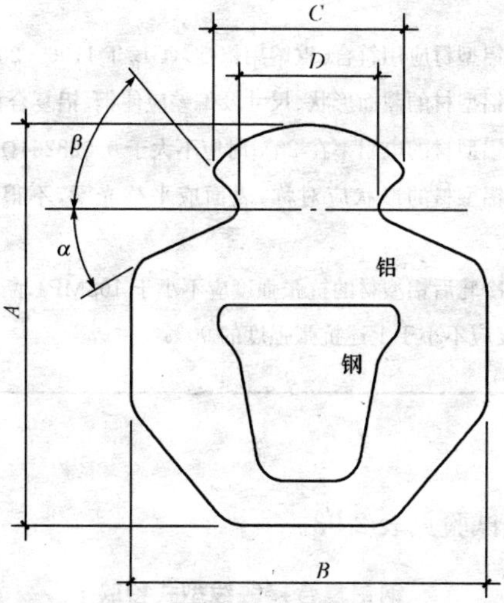

图 2-5　内包梯形钢接触线截面形状及尺寸图

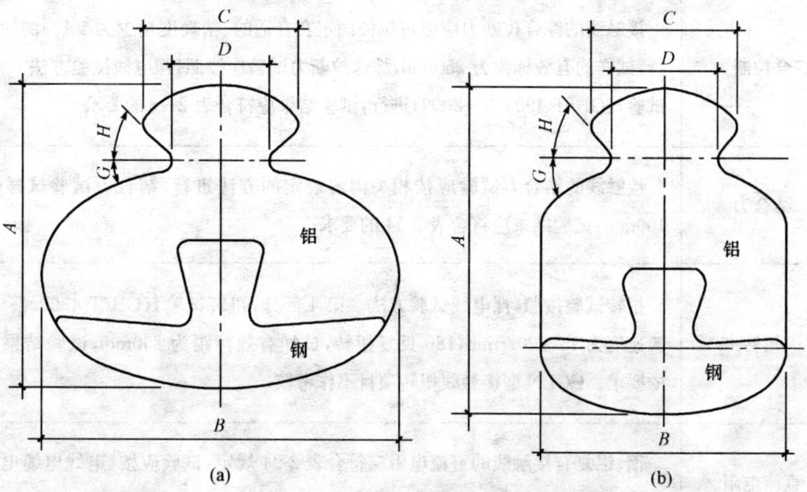

图 2-6　外露异形钢接触线截面形状及尺寸图

(a)、(b)外露异形钢截面形状及尺寸图

3. 材料

钢、铝复合接触材料应符合表 2-92 规定。

表 2-92 钢、铝复合接触线材料规定

序号	项目	内容
1	钢型材料制品技术要求	(1)钢型材应由适用于接触线用结构钢制成。 (2)钢型材的截面形状、尺寸及偏差应使钢、铝复合接触线产品符合本部分的有关规定。 (3)钢型材半制品的机械性能为: 抗张强度应不小于 540MPa,断裂伸长率应不小于 5%
2	铝型材半制品技术要求	(1)铝型材应用符合《重熔用铝锭》(GB/T 1196—2008)中的"特一号铝"制造。 (2)铝型材的截面形状、尺寸及偏差应使钢、铝复合接触线产品符合有关规定。 (3)铝型材的电阻率在 20℃时应不大于 0.028264Ω·mm²/m。 (4)铝型材的形状应对称,表面应平整光滑,不得有裂纹、折痕、凹痕、气泡及较深的槽沟。 (5)冷轧后铝型材的抗张强度应不小于 103MPa,断裂伸长率应不小于 6%,焊接处的抗张强度应不小于上述抗张强度的 90%

4. 试验

(1)钢、铝复合接触线型式试验见表 2-93。

表 2-93 钢铝复合接触线型式检验

序号	项目	内容
1	综合拉断力	接触线的综合拉断力应通过拉伸固定在合适的、精确度至少为±1%的拉力试验机上进行,试样的有效标距为 250mm,综合拉断力试验应按照《裸电线试验方法 第 3 部分:拉力试验》(GB/T 4909.3—2009)进行,试验结果应符合表 2-94 的要求
2	结合力	接触线的结合力试验应按相关内容规定的方法进行,结合力试验试样的有效标距为 100mm,试验结果应符合表 2-94 的要求
3	扭转	扭转试验按照《裸电线试验方法 第 4 部分:扭转试验》(GB/T 4909.4—2009)进行,试验速度为 15～20r/min,180°反复扭转,试样有效标距为 250mm,试验结果应符合表 2-94 的要求。CGLN 型接触线扭转项目不作考核
4	直流电阻	钢、铝复合接触线的直流电阻应符合表 2-94 规定,试验应按《电线电缆电性能试验方法 第 2 部分:金属材料电阻率试验》(GB/T 3048.2—2007)进行

表 2-94　钢、铝复合接触线性能

型号规格	综合拉断力/N 最小值	综合力/N 最小值	20℃直流电阻/(Ω/km) 最大值	180°反复扭转（正反各一转）
CGLN250	54000	4900	0.149	—
CGLN195	39220	3900	0.198	—
CGLW215	49030	2450	0.184	不开裂
CGLW173	34320	1960	0.230	不开裂

(2)钢、铝复合接触线例行试验方法见表 2-95。

表 2-95　钢、铝复合接触线例行试验

序　号	项　目	内　容
1	外观	接触线表面应光洁，不应有折边、裂纹、夹杂物及其他对使用有害的缺陷；接触线应整齐紧密地卷绕在电缆盘上，不应有扭节和跳线现象
2	尺寸偏差	钢、铝复合接触线尺寸及偏差应符合表 2-91 的规定
3	制造长度及接头	CGLN 型接触线制造长度应为 1800～3850m，制造长度内铝坯及梯形钢坯均不允许有接头；CGLW 型接触线制造长度应不小于 1000m，制造长度内铝坯及钢坯均允许有接头，接头处性能指标应符合表 2-94 规定。 钢、铝复合接触线允许以长度不小于 500m 的短段交货，其数量应不超过交货总重量的 5%；根据双方协议，钢、铝复合接触线允许以任意制造长度和短段交货

(3)钢、铝复合接触线结合力试验方法见表 2-96。

表 2-96　钢、铝复合接触线结合力试验方法

序　号	项　目	内　容
1	CGLN 型接触线结合力试验方法	截取长 200mm 的试样(图 2-7)，在试样的 A 处，用钢锯锯入铝部分，使铝部分完全断开；并在该处把图示中 5mm 之内的铝全部取出。在 B 处钢底部中心，用适当直径的钻头钻入到钢部分的顶端去除为止。再用同样直径的平底钻钻平，然后再沿钻孔的左右二切线方向与试样轴线相垂直，用锯将钢部钢部分切去与铝部分完全断开为止，将断钢部分取出。 将上述试样底部的铝复合盖层用钢板挫挫去至钢底部表面露出为止，然后在拉伸试验机上进行拉力试验至钢与铝两部分开始产生相对位移，该时的拉力数值，即为钢与铝之间的结合力
2	CGLW 型接触线结合力试验方法	截取长 200mm 的试样(图 2-8)，在试样的 A 处用钢锯锯入，使铝部分完全断开；并在该处把图示 5mm 之内的铝全部取出。在 B 处型钢对称中心，用适当直径的钻头加工到钢部分的燕尾槽去除为止。然后再沿钻孔的切线方向并与试样轴线相垂直，用钢锯将钢部分安全断开，并把钢部分取出。 将上述试样在拉伸试验机上进行拉力试验至钢与铝两部分开始产生相对位移，该时的拉力数值，即为钢与铝之间的结合力

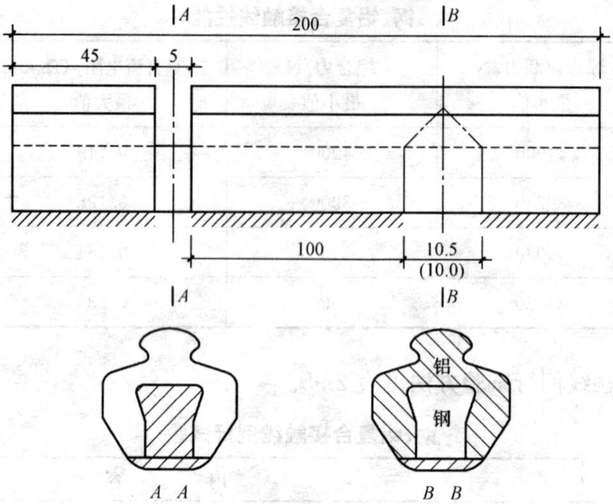

图 2-7 CGLN 型接触线结合力试验试样制作示意图

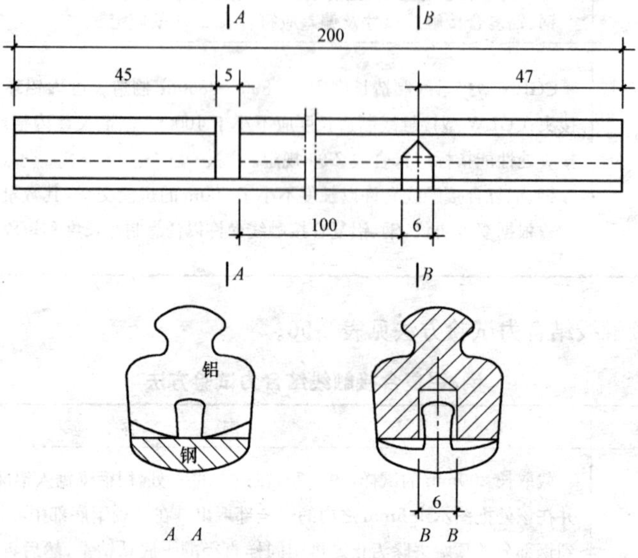

图 2-8 CGLW 型接触线结合力试验试样制作示意图

5. 验收

钢、铝复合接触线经制造厂家的质量检验部门检验合格后方能出厂，产品应按表 2-97 规定检验。

表 2-97　　检验规则及试验方法

序　号	项目名称	试验类型		试验方法
		型式试验	例行试验	
1	外观	√	√	正常目力
2	尺寸及偏差	√	√	GB/T 4909.2—2009
3	接头	√	√	本部分相应内容
4	制造长度	√	√	用计米器测量

（续）

序 号	项目名称	试验类型		试验方法
		型式试验	例行试验	
5	综合拉断力	√	√	GB/T 4909.3—2009
6	结合力	√		GB/T 12971.2—2008 附录 C
7	扭转	√		GB/T 4909.4—2009
8	直流电阻	√	√	GB/T 3048.2—2007

每批产品交货时都要按试验要求规定的例行试验项目提供全面、完整的检验报告。

试样不符合上述任一要求，就应构成拒收以该试件为代表的这批产品的理由。如果任何一批产品因此被拒收，制造厂有权对该批导线中的每盘导线再进行一次试验，并对其中符合接受要求的产品交货。

6. 包装、标志及贮运

(1)包装。用于交货的线盘可以是木盘、钢盘或钢木盘，其技术性能应符合《电线电缆交货盘　第 2 部分：全木结构交货盘》(JB/T 8137.2—1999)和《电线电缆交货盘　第 4 部分：型钢复合结构交货盘》(JB/T 8137.4—1999)要求，并应保证接触线装盘后在正常的吊装、运输和张力架线过程中不发生变形。

最外层接触线距线盘外侧板边缘的径向距离不应小于 50mm。成盘的接触线外面应包覆合适的包装材料，使包装牢固，应能承受正常吊装、运输中可能出现的碰撞。

除非合同注明，每个线盘只允许卷绕一根接触线。

(2)标志。

1)每盘接触线线盘上应有便于查找的牢固的标志，标明以下内容：

①制造厂名；

②产品名称；

③产品型号；

④制造标准；

⑤长度；

⑥毛重及净重(kg)；

⑦出厂编号及生产日期(年、月、日)；

⑧接触线放线方向的箭头。

2)每盘接触线应附有随带文件：

①产品合格证明；

②该盘产品的出厂编号、生产日期、型号、标准号、长度、净重。

(3)贮运。

1)运输中严禁从高处抛下装有接触线的线盘，以免机械损伤或擦伤产品表面。

2)线盘不允许平放及采取平放方式吊装和运输，以防线盘损坏及接触线排序混乱。

3)线盘滚动方向应与放线箭头方向相反。

7. 选用指南提示

《电力牵引用接触线　第 3 部分：钢、铝复合接触线》(GB/T 12971.2—2008)是对 GB 12971.3—1991 的代替。其变化主要体现在以下几方面：

(1)增加了规范性引用文件；

(2)修改了对于试验的要求；

(3)增加了对于包装标志及贮运的要求。

《电力牵引用接触线　第2部分：钢、铝复合接触线》(GB/T 12971.2—2008)适用于铁路、公路城市交通等电气运输，起重系统用的钢、铝复合接触线。

十二、软铜绞线(GB/T 12970.2—2009)

1. 型号及规格

软铜绞线的型号、规格见表2-98。

表2-98　软铜绞线型号、规格

型　号	名　称	标称截面积/mm^2
TJR 1	1型软铜绞线	0.10～1000
TJR 2	2型软铜绞线	2.5～63
TJR 3	3型软铜绞线	0.025～500
TJRX 1	1型镀锡软铜绞线	0.1～2.5
TJRX 2	2型镀锡软铜绞线	2.5～63
TJRX 3	3型镀锡软铜绞线	0.025～500

2. 技术要求

软铜绞线技术要求见表2-99。

表2-99　软铜绞线技术要求

序　号	项　目	内　容
1	结构	(1)TJR 1及TJRX 1型软铜绞线的结构应符合表2-100的规定。 (2)TJR 2及TJRX 2型软铜绞线的结构应符合表2-101的规定。 (3)TJR 3及TJRX 3型软铜绞线的结构应符合表2-102的规定。 (4)表中括号内的规格，为不推荐规格，应避免采用
2	绞合	(1)软铜绞线外层的绞向应为右向。除非供需双方另有协议，相邻层的绞向应相反，绞合应紧密整齐，不应有断股和缺股。 (2)股线应采用正规绞合或束绞，绞合及束绞方向可由制造厂规定。 (3)绞合及束绞节径比应符合表2-103的规定。 (4)任一绞层的节径比，应不大于相邻内层的节径比
3	接头	复绞线中的股线可整股钎焊或熔焊，但任何两个接头间的距离，应不小于1m，且应不影响绞线的外径和柔软性
4	直流电阻	(1)TJR 1型和TJRX 1型绞线的直流电阻应符合表2-100的规定。 (2)TJR 2型和TJRX 2型绞线的直流电阻应符合表2-101的规定。 (3)TJR 3型和TJRX 3型绞线的直流电阻应符合表2-103的规定
5	伸长率	(1)绞合单线的平均伸长率应大于《电工圆铜线》(GB/T 3953—2009)、《镀锡圆铜线》(GB/T 4910—2009)所规定的绞前单线的伸长率减去5%，且至少应大于5%。 (2)绞后任一单线的最小伸长率应大于《电工圆铜线》(GB/T 3953—2009)、《镀锡圆铜线》(GB/T 4910—2009)所规定的绞前单线的伸长率减去15%，且至少应大于5%

表 2-100 TJR1 型及 TJRX1 型软铜绞线性能

标称截面积 /mm²	计算截面积 /mm²	结构		计算外径 /mm	20℃直流电阻 /(Ω/km)最大值		计算质量 /(kg/km)
		单线总数	股数×根数/单线标称直径/mm		TJR1	TJRX1	
0.10	0.102	9	9/0.12	0.44	176	179	0.94
(0.12)	0.124	7	7/0.15	0.45	145	147	0.94
0.16	0.159	9	9/0.15	0.56	113	115	1.47
(0.20)	0.194	11	11/0.15	0.60	92.9	94.4	1.80
0.25	0.247	14	14/0.15	0.68	72.9	74.1	2.29
(0.30)	0.300	17	17/0.15	0.74	60.3	61.3	2.80
0.40	0.408	13	13/0.20	0.86	44.2	44.9	3.79
0.50	0.503	16	16/0.50	0.96	36.0	36.6	4.70
0.63	0.628	20	20/0.20	1.05	28.8	29.3	5.86
(0.75)	0.754	24	24/0.20	1.14	24.0	24.4	7.04
1.00	1.01	32	32/0.20	1.30	17.9	18.2	9.43
1.60	1.57	32	32/0.25	1.63	11.5	11.7	14.7
(2.00)	1.96	40	40/0.25	1.82	9.24	9.39	18.3
2.5	2.41	49	7×7/0.25	2.25	7.58	7.92	22.7
4.0	3.94	49	7×7/0.32	2.88	4.64	—	37.1
6.3	6.16	49	7×7/0.40	3.60	2.97	—	58.0
10	10.01	49	7×7/0.51	4.59	1.83	—	94.3
16	15.84	84	7×12/0.49	6.17	1.16	—	150
25	25.08	133	19×7/0.49	7.35	0.736	—	239
(35)	35.14	133	19×7/0.58	8.70	0.525	—	334
40	40.15	133	19×7/0.62	9.30	0.459	—	382
(50)	48.30	133	19×7/0.68	10.20	0.382	—	459
63	62.72	189	27×7/0.65	12.00	0.294	—	597
(70)	68.64	189	27×7/0.68	12.53	0.269	—	653
80	78.20	259	37×7/0.62	13.02	0.236	—	744
(95)	94.06	259	37×7/0.68	14.28	0.196	—	895
100	99.68	259	37×7/0.70	14.70	0.185	—	948
(120)	117.67	324	27×12/0.68	17.39	0.157	—	1119
125	124.69	324	27×12/0.70	17.90	0.148	—	1186
160	162.86	324	27×12/0.80	20.20	0.113	—	1549
(185)	183.85	324	27×12/0.85	21.74	0.110	—	1749
200	196.15	444	37×12/0.75	21.80	0.0940	—	1866
250	251.95	444	37×12/0.85	24.72	0.0732	—	2397
315	310.58	703	37×19/0.75	26.25	0.0594	—	2954

（续）

标称截面积/mm²	计算截面积/mm²	结构		计算外径/mm	20℃直流电阻/(Ω/km)最大值		计算质量/(kg/km)
		单线总数	股数×根数/单线标称直径/mm		TJR1	TJRX1	
400	398.92	703	37×19/0.85	29.75	0.0462	—	3795
500	498.30	703	37×19/0.95	33.25	0.0370	—	4740
630	627.1	1159	61×19/0.83	37.35	0.0294	—	5965
800	804.3	1159	61×19/0.94	42.30	0.0229	—	7651
1000	1003.6	1159	61×19/1.05	47.25	0.0184	—	9547

表 2-101　　TJR2 型及 TJRX2 型软铜绞线性能

标称截面积/mm²	计算截面积/mm²	结构		计算外径/mm	20℃直流电阻/(Ω/km)最大值		计算质量/(kg/km)
		单线总数	股数×根数/单线标称直径/mm		TJR2	TJRX2	
2.5	2.47	140	7×20/0.15	2.369	7.40	7.73	23.3
4.0	3.96	126	7×18/0.20	3.00	4.62	4.82	37.3
6.3	6.16	196	7×28/0.20	3.72	2.97	3.10	58.0
10	9.90	315	7×45/0.20	4.62	1.85	1.93	93.3
16	15.83	504	12×42.020	6.18	1.16	1.23	150
25	25.07	798	19×42/0.20	7.45	0.736	0.781	238
(35)	35.41	1127	7×7×23/0.20	10.57	0.521	0.545	337
40	40.02	1274	7×7×26/0.20	10.62	0.461	0.482	381
(50)	49.26	1568	7×7×32/0.20	11.70	0.375	0.392	469
63	63.11	2009	7×7×41/0.20	13.32	0.292	0.305	600

表 2-102　　TJR3 型及 TJRX3 型软铜绞线性能

标称截面积/mm²	计算截面积/mm²	结构		计算外径/mm	20℃直流电阻/(Ω/km)最大值		计算质量/(kg/km)
		单线总数	股数×根数/单线标称直径/mm		TJR3	TJRX3	
0.025	0.0255	13	13/0.05	0.22	707	759	0.24
0.04	0.0385	10	10/0.07	0.27	456	500	0.36
0.063	0.0616	16	16/0.07	0.34	294	316	0.58
0.10	0.100	26	26/0.07	0.42	181	194	0.93
0.16	0.158	41	41/0.07	0.52	115	123	1.47
0.25	0.250	65	65/0.07	0.65	72.4	77.7	2.33
(0.30)	0.296	77	7×11/0.07	0.84	61.7	64.5	2.79
0.40	0.404	105	7×15/0.07	0.97	45.2	48.5	3.81
0.63	0.620	161	7×23/0.07	1.18	29.5	31.7	5.84
(0.75)	0.754	196	7×28/0.07	1.28	24.2	26.0	7.11

（续）

标称截面积/mm²	计算截面积/mm²	结构		计算外径/mm	20℃直流电阻/(Ω/km)最大值		计算质量/(kg/km)
		单线总数	股数×根数/单线标称直径/mm		TJR3	TJRX3	
1.00	0.997	259	7×37/0.07	1.47	18.3	19.6	9.40
1.60	1.57	408	12×34/0.07	1.97	11.70	12.6	14.8
2.5	2.49	646	19×34/0.07	2.35	7.41	7.96	23.7
4.0	4.03	513	19×27/0.10	3.08	4.58	4.79	38.3
6.3	6.27	798	19×42/0.10	3.73	2.94	3.07	59.6
10	10.00	1273	19×67/0.10	4.73	1.85	1.93	95.1
16	15.83	2016	12×7×24/0.10	7.18	1.16	1.21	150
25	25.07	3192	19×7×24/0.10	8.55	0.736	0.769	238
(35)	34.47	4389	19×7×33/0.10	9.90	0.535	0.559	328
40	39.96	2261	19×7×17/0.15	11.03	0.462	0.483	380
(50)	49.36	2793	19×7×21/0.15	12.15	0.374	0.391	470
63	63.46	3591	19×7×27/0.15	13.50	0.291	0.304	604
(70)	70.51	3990	19×7×30/0.15	14.18	0.262	0.274	671
80	79.91	4522	19×7×34/0.15	15.08	0.231	0.241	760
(95)	94.01	5320	19×7×40/0.15	16.43	0.196	0.205	894
100	100.73	5700	19×12×25/0.15	18.27	0.183	0.191	958
(120)	120.87	6840	19×12×30/0.15	20.24	0.153	0.160	1150
125	127.59	7220	19×19×20/0.15	20.29	0.145	0.152	1214
160	159.42	9025	19×19×25/0.15	21.75	0.116	0.121	1517
185	185.00	10469	19×19×29/0.15	23.25	0.0997	0.104	1760
200	196.15	11100	37×12×25/0.15	25.58	0.0940	0.0982	1866
250	251.08	14208	37×12×32/0.15	28.67	0.0735	0.0768	2388
315	310.58	17575	37×19×25/0.15	30.45	0.0594	0.0621	2954
400	397.54	22496	37×19×32/0.15	34.13	0.0464	0.0485	3782
500	496.92	28120	37×19×40/0.15	38.06	0.0371	0.0388	4727

表 2-103　　绞合及束绞节径比

类型		节径比不大于
股线		30
成品绞线	一次束绞	14
	内层	20
	外层	15

3. 试验

产品应按表 2-104 规定进行试验。

表 2-104　　试验类型和方法

序号	试验项目	相关内容	试验类型	试验方法
1	结构尺寸	结构要求	T,R	GB/T4909.1—2009
2	表面质量	GB/T 12970.1—2009 中 4.3	T,R	目力观察
3	绞合	绞合要求	T,R	GB/T 4909.2—2009 及目力观察
4	接头	GB/T 12970.1—2009 中 4.4 及本部分相关内容	T,S	GB/T 4909.2—2009 及目力观察
5	直流电阻	直流电阻要求	T,S	GB/T 3048.4—2007
6	伸长率	伸长率要求	T,S	GB/T 4909.3—2009

4. 选用指南提示

《电工软铜绞线　第 2 部分:软铜绞线》(GB/T 12970.2—2009)是对 GB/T 12970.2—1991 的代替,其主要变化体现在如下几方面:

(1)增加了对单线伸长率的要求;

(2)增加了试验表面质量的检验规定。

《电工软铜绞线　第 2 部分:软铜绞线》(GB/T 12970.2—2009)适用于电气装备及电子电器或元件接线用的软铜绞线。

十三、软铜天线(GB/T 12970.3—2009)

1. 型号及规格

软铜天线的型号为 TTR,软铜天线的规格见表 2-105。

表 2-105　　软铜天线的规格

型　号	标称截面积/mm^2
TTR	1.0～25

2. 技术要求

软铜天线技术要求见表 2-106。

表 2-106　　软铜天线的技术要求

序号	项目	内　容
1	结构	软铜天线的结构应符合表 2-107 的规定
2	绞合	(1)成品软铜天线的绞向应为右向,绞合应紧密整齐。 (2)股线的绞向应为左向,不应有缺线或跳线。 (3)股线的节径比应不大于 20,成品软铜天线的节径比应为 8～12
3	接头	股线不允许整股焊接
4	拉断力	软铜线的拉断力应符合表 2-108 的规定
5	直流电阻	软铜线的直流电阻应符合表 2-108 的规定

软铜天线的结构应符合表 2-107 的规定。

表 2-107　　软铜天线的结构

标称截面积/mm²	计算截面积/mm²	结构 股数×根数/单线标称直径	计算外径/mm	计算质量/(kg/km)
1.0	0.958	7×7/0.16	1.44	9.0
1.6	1.54	7×7/0.20	1.80	14.1
2.5	2.41	7×7/0.25	2.25	22.1
4.0	3.94	7×7/0.32	2.88	36.1
6.3	6.16	7×7/0.40	3.60	56.4
10	10.01	7×7/0.51	4.59	91.7
16	16.26	7×7/0.65	5.85	149
25	24.63	7×7/0.80	7.20	226

表 2-108　　软铜天线的性能

标称截面积/mm²	拉断力/kN　最小值	20℃直流电阻/(Ω/km)　最大值
1.0	0.16	18.0
1.6	0.26	11.5
2.5	0.40	7.37
4.0	0.66	4.51
6.3	1.03	2.88
10	1.67	1.77
16	2.71	1.09
25	4.11	0.72

3. 试验

产品应按表 2-109 的规定进行试验。

表 2-109　　试验类型和方法

序号	试验项目	相关内容	试验类型	试验方法
1	结构尺寸	结构要求	T,R	GB/T 4909.2—2009
2	表面质量	GB/T 12970.1—2009 中 4.3	T,R	目力观察
3	绞合	绞合要求	T,R	GB/T 4909.2—2009 及目力观察
4	接头	GB/T 12970.1—2009 中 4.4 及本部分相应内容	T,S	GB/T 4909.2—2009 及目力观察
5	直流电阻	直流电阻要求	T,S	GB/T 4909.3—2009
6	伸长率	伸长率要求	T,S	GB/T 3048.4—2007

4. 选用指南提示

《电工软铜绞线　第 3 部分:软铜天线 》(GB/T 12970.3—2009)是对 GB/T 12970.3—1991 的代替,其主要变化体现在以下几方面:

(1)增加了对单线伸长率的要求;

(2)增加了试验表面质量的检验规定。

《电工软铜绞线　第 3 部分:软铜天线》(GB/T 12970.3—2009)适用于电气装备及电子电器或

元件接线用的软铜天线。

十四、铜电刷线(GB/T 12970.4—2009)

1. 材料特性

铜电刷线柔软性好,易弯曲、耐振动。

2. 型号及规格

产品型号及规格见表2-110。

表2-110 铜电刷线的型号及规格

序号	型号	名称	标称截面积/mm^2
1	TS	铜电刷线	0.25～16
2	TSX	镀锡铜电刷线	0.25～16
3	TSR	软铜电刷线	0.063～6.3

3. 技术要求

铜电刷线技术要求见表2-111。

表2-111 铜电刷线技术要求

序号	项目	内容
1	结构	(1)TS型及TSX型铜电刷线的结构应符合表2-112的规定。 (2)TSR型软铜电刷线的结构应符合表2-113的规定。 (3)电刷线不应有缺股、断股或股线损伤现象,股线不允许整股焊接。 (4)个别股线中的缺线应不超过股线中单线总数的3%
2	绞合	(1)电刷线最外层的绞向应为右向。除非供需双方另有协议,相邻层的绞向应相反,股线的绞向由制造厂规定。 (2)内层绞合节径比应不大于12,外层绞合节径比应为8～10。 (3)股线的节径比应不大于25
3	表面质量	电刷线表面应光结、不应有毛疵。因软化处理引起的金黄色或淡红色的表面氧化变色,可作为合格品
4	成型	电刷线应绞合紧密,用锐利的剪刀将七股的电刷线剪成50mm的线股,或将12股及以上的电刷线剪成150mm的线段,从200mm的高度水平自由落到平板上时应不散开
4	直流电阻	(1)TS型及TSX型钢电刷线的直流电阻应符合表2-112的规定。 (2)TSR型软铜电刷线的直流电阻应符合表2-113的规定
5	伸长率	(1)TS型铜电刷线的伸长率应不小于18%。TSX型镀锡铜电刷线的伸长率应不小于15%。 (2)TSR型软铜电刷线的伸长率应不小于15%
6	制造长度	电刷线的制造长度应不小于25m,若经供需双方商定,可以短线段交货,但其数量应不超过该批交货总数量的20%

表 2-112 TS型及TSX型铜电刷线的性能

标称截面积/mm^2	计算截面积/mm^2	结构		计算外径/mm	20℃直流电阻/(Ω/km)最大值		计算质量/(kg/km)
		单线总数	股数×根数/单线标称直径/mm		TS型	TSX型	
0.25	0.242	63	7×9/0.07	1.0	75.5	81.1	2.28
0.315	0.323	84	7×12/0.07	1.1	56.6	60.7	3.04
0.40	0.404	105	7×15/0.07	1.2	45.2	48.6	3.81
0.50	0.512	133	7×19/0.07	1.3	35.7	38.3	4.82
0.63	0.620	161	7×23/0.07	1.5	29.5	31.6	5.84
0.80	0.808	210	7×30/0.07	1.6	22.6	24.3	7.61
1.00	0.990	126	7×18/0.10	1.8	18.5	19.3	9.33
1.25	1.264	161	7×23/0.10	2.0	14.5	15.1	11.9
1.6	1.594	203	7×29/0.10	2.2	11.5	12.0	15.0
2.0	1.979	252	7×36/0.10	2.4	9.23	9.65	18.6
2.5	2.474	315	7×45/0.10	2.7	7.39	7.72	23.3
3.15	3.134	399	7×57/0.10	3.0	5.83	6.09	29.6
4.0	3.958	504	7×72/0.10	3.3	4.62	4.83	37.3
5.0	4.948	630	7×90/0.10	3.8	3.69	3.86	46.6
6.3	6.243	552	12×46/0.12	4.3	2.94	3.07	59.1
8	7.872	696	12×58/0.12	4.8	2.33	2.44	74.5
10	10.04	888	12×74/0.12	5.3	1.83	1.91	95.1
12.5	12.46	1102	19×58/0.12	5.9	1.48	1.55	118.5
16	15.90	1406	19×74/0.12	6.7	1.16	1.21	151.2

表 2-113 TSR型软铜电刷线的性能

标称截面积/mm^2	计算截面积/mm^2	结构		计算外径/mm	20℃直流电阻/(Ω/km)最大值	计算质量/(kg/km)
		单线总数	股数×根数/单线标称直径/mm			
0.063	0.0628	32	32/0.05	0.5	288	0.586
0.08	0.0785	40	40/0.05	0.55	231	0.733
0.10	0.0982	50	50/0.05	0.6	184	0.917
0.125	0.124	63	63/0.05	0.65	146	1.16
0.16	0.165	84	7×12/0.05	0.7	111	1.55
0.20	0.206	105	7×15/0.05	0.8	88.7	1.92
0.25	0.247	126	7×18/0.05	1.0	74.0	2.33
0.315	0.316	160	7×23/0.05	1.1	57.8	2.95
0.40	0.399	203	7×29/0.05	1.2	45.8	3.76
0.50	0.495	252	12×21/0.05	1.3	37.0	4.69

（续）

标称截面积/mm²	计算截面积/mm²	结构		计算外径/mm	20℃直流电阻/(Ω/km)最大值	计算质量/(kg/km)
		单线总数	股数×根数/单线标称直径/mm			
0.63	0.636	324	12×27/0.05	1.5	28.9	6.02
0.80	0.801	408	12×34/0.05	1.6	22.9	7.58
1.00	0.990	504	12×42/0.05	1.8	18.6	9.37
1.25	1.268	646	19×34/0.05	2.0	14.5	12.1
1.6	1.567	798	19×42/0.05	2.2	11.8	14.9
2.0	2.015	1026	19×54/0.05	2.4	9.16	19.2
2.5	2.500	1273	19×67/0.05	2.7	7.38	23.8
3.15	3.144	817	19×43/0.07	3.0	5.87	29.9
4.0	4.022	1045	19×55/0.07	3.3	4.59	38.3
5.0	4.972	1292	19×68/0.07	3.8	3.71	47.3
6.3	6.288	1634	19×86/0.07	4.3	2.93	59.8

4. 试验方法

铜电刷线应按表2-114的规定进行试验。

表2-114　　试验类型和方法

序号	试验项目	试验类型	试验方法
1	结构尺寸	T,R	GB/T 4909.2—2009
2	绞合	T,R	GB/T 4909.2—2009及目力观察
3	表面质量	T,R	目力观察
4	成型	T,S	本部分成型要求内容
5	直流电阻	T,S	GB/T 3048.4—2007
5	伸长率	T,S	GB/T 4909.3—2009
6	制造长度	R	GB/T 4909.2—2009

5. 选用指南提示

《电工软铜绞线　第4部分：铜电刷线》(GB/T 12970.4—2009)是对GB/T 12970.4—1991的代替。与《电工软铜绞线　第4部分：铜电刷线》(GB/T 12970.4—1991)相比，其主要变化体现在以下几方面：

(1)删除结构及工艺要求的部分规定；

(2)将工艺要求的部分内容调整为结构；

(3)修改了对制造长度的要求。

《电工软铜绞线　第4部分：铜电刷线》(GB/T 12970.4—2009)适用于电机电气及仪表线路上连接的铜电刷线。

十五、电工用铜线坯(GB/T 3952—2008)

1. 一般要求

电工用铜线坯的一般要求见表 2-115。

表 2-115　　电工用铜线坯的一般要求

<table>
<tr><th>序号</th><th>项目</th><th colspan="2">内　　容</th></tr>
<tr><td rowspan="2">1</td><td rowspan="2">产品分类</td><td>牌号、状态、规格</td><td>铜线坯的牌号、状态、规格应符合表 2-116 的规定</td></tr>
<tr><td>标记示例</td><td>标记示例按牌号、状态、直径和标准编号的顺序表示，标记示例如下：
示例 1：牌号为 T1、热态、直径为 8.0mm 的铜线坯标记为：
铜线坯　T1　R　ϕ8.0　GB/T 3952—2008
示例 2：牌号为 TU2、硬态、直径为 10.0mm 的铜线坯标记为：
铜线坯　TU2　Y　ϕ10.0　GB/T 3952—2008</td></tr>
<tr><td>2</td><td>化学成分</td><td colspan="2">T1、TU1 牌号铜线坯的化学成分应符合表 2-117 的规定。
(2)T2、TU2 牌号铜线坯的化学成分应符合表 2-118 的规定。
(3)T3 牌号铜线坯的化学成分应符合表 2-119 的规定</td></tr>
<tr><td>3</td><td>尺寸及允偏差</td><td colspan="2">(1)铜线坯的直径及其允许偏差应符合表 2-120 规定。
(2)铜线坯应成卷供应，每卷应为连续一根，不允许焊接。最小卷重应不低于 1t，但允许双方协商确定交货质量</td></tr>
<tr><td>4</td><td>表面质量</td><td colspan="2">(1)铜线坯应圆整，尺寸均匀，并且不需经酸洗和扒皮，直接使用。
(2)铜线坯表面不应有皱边、飞边、裂纹、夹杂物及其他影响使用的缺陷</td></tr>
<tr><td>5</td><td>力学性能</td><td colspan="2">铜线坯的力学性能应符合表 2-121 的规定；硬态铜线坯充分退火后应能满足表 2-120 中相应牌号热态产品的伸长率要求</td></tr>
<tr><td>6</td><td>扭转性能</td><td colspan="2">直径为 6.0～10.0mm 的(热态)电工用铜线坯应进行扭断试验，不同牌号的铜线坯扭转性能应符合表 2-122 的规定</td></tr>
<tr><td>7</td><td>电性能</td><td colspan="2">(1)采用电性能试验相关内容规定制备的试样，铜线坯的电阻率应符合表 2-122 的规定。
(2)采用电性能试验方法相关内容规定制备的试样，铜线坯的电阻率应符合表 2-122 中相应牌号热态产品的规定</td></tr>
<tr><td rowspan="2">8</td><td rowspan="2">其他要求</td><td>铜粉量</td><td>用连铸连轧法生产的低氧光亮铜线坯，若用户有要求，并在合同中注明，参照电工用铜线坯铜粉量测定干刷性进行铜粉量测试(仅适用于 ϕ8mm)。对于电磁线用铜线坯，铜粉量应不大于 12mg/300mm；其他用铜线坯应不大于 24mg/300mm</td></tr>
<tr><td>氢脆</td><td>用上引法生产的无氧铜线坯，用于非常规的电线电缆、电磁线等有特殊要求的领域(对氧含量有严格的限制)，若用户有要求，并在合同中注明，需要作氢脆试验。氢脆试验参照无氧铜线坯氢脆试验方法进行，TU1 牌号的产品应能经受住最少 10 次反复弯曲而不会断裂成两段；TU2 牌号的产品应能经受住最少 8 次反复弯曲而不会断裂成两段</td></tr>
</table>

（续）

序号	项目	内　容	
8	其他要求	退火性能	若用户对用紫杂铜火法精炼生产的T3牌号铜线坯的退火性能有要求，并在合同中注明，可参照铜线坯的退火性能试验方法的方法进行退火性能试验，并在供货质量证明书中注明该批产品的退火性能。所测试的洛氏硬度（F级）如果小于60HRF，则认为是完全退火的（M），60HRF～70HRF是中等退火的（1/2硬，Y2），高于70HRF则属于低退火的（3/4硬，Y1）

表 2-116　牌号、状态、规格

牌　号	状　态	直径/mm
T1，T2，T3	执（R）	6.0～35.0
TU1，TU2	热（R）	
	硬（Y）	6.0～12.0

表 2-117　T1、TU1牌号铜坯的化学成分

元素组	杂质元素	质量分数（%），不大于	元素组总质量分数（%），不大于	
1	Se	0.0002	0.00030	0.0003
	Te	0.0002		
	Bi	0.0002		
2	Cr	—	0.0015	
	Mn	—		
	Sb	0.0004		
	Cd	—		
	As	0.0005		
	P	—		
3	Pb	0.0005	0.0005	
4	S	0.0015	0.0015	
5	Sn	—	0.0020	
	Ni	—		
	Fe	0.0010		
	Si	—		
	Zn	—		
	Co	—		
6	Ag	0.0025	0.0025	
杂质元素总质量分数（%）		0.0065		

注：T1的氧含量应不大于0.040%；TU1的氧含量应不大于0.0010%。

表 2-118 T2、TU2 牌号铜线坯的化学成分

Cu+Ag 不小于	质量分数(%)									
	杂质元素,不大于									
	As	Sb	Bi	Fe	Pb	Sn	Ni	Zn	S	P
99.95	0.0015	0.0015	0.0006	0.0025	0.002	0.001	0.002	0.002	0.0025	0.001

注:T2 的氧含量应不大于 0.045%;TU2 的氧含量应不大于 0.0020%。

表 2-119 T3 牌号铜线坯的化学成分

Cu+Ag 不小于	质量分数(%)												
	杂质元素,不大于												
	As	Sb	Bi	Fe	Pb	Sn	Ni	Zn	S	P	Cd	Mn	杂质总量
99.90	—	—	0.0025	—	0.005	—	—	—	—	—	—	—	0.05

注:1. T3 的氧含量应不大于 0.05%。

2. 杂质总量为表中所列杂质元素实测值之和。

表 2-120 直径及其允许偏差

公称直径/mm	6.0~6.35	>6.35~12.0	>12.0~19.0	>19.0~25.0	>25.0~35.0
允许偏差/mm	+0.5 −0.25	±0.4	±0.5	±0.6	±0.8

表 2-121 抗拉强度和伸长率

牌　　号	状　　态	直径/mm	抗拉强度/(N/mm²)不小于	伸长率(%)不小于
T1、TU1	R	6.0~35	—	40
T2、TU2			—	37
T3			—	35
TU1、TU2	Y	6.0~7.0	370	2.0
		>7.0~8.0	345	2.2
		>8.0~9.0	335	2.4
		>9.0~10.0	325	2.8
		>10.0~11.0	315	3.2
		>11.0~12.0	290	3.6

表 2-122 铜线坯的扭转性能

序号	牌号	状态	正转转数	反转至断裂的转数,不少于
1	T1、TU1	R	25	25
2	T2、TU2		25	20
3	T3		25	17

表 2-123　电阻率

序号	牌号	状态	质量电阻率 ρ_{20° /(Ω·g/m²)，不大于	体积电阻率 ρ_{20° /(Ω·mm²/m)，不大于
1	T1、TU1	R	0.15176	0.01707
2	T2、TU2、T3		0.15328	0.01724
3	TU1	Y	0.15575	0.01750
4	TU2		0.15798	0.01777

2. 试验方法

(1)电工用铜线坯试验方法见表 2-124。

表 2-124　电工用铜线坯试验方法

序号	项目	内　容
1	化学成分仲裁分析法	铜线坯的化学成分分析方法按《铜及铜合金化学分析方法》(GB/T 5121)的规定进行
2	尺寸测量方法	铜线坯的尺寸测量方法按《裸电线试验方法　第 2 部分:尺寸测量》(GB/T 4909.2—2009)的规定进行
3	表面质量检查方法	铜线坯的表面质量用目视检查
4	力学性能检验方法	铜线坯的室温拉伸试验按《裸电线试验方法　第 3 部分:拉力试验》(GB/T 4909.3—2009)的规定进行
5	扭转性能检验方法	(1)扭断试验按《裸电线试验方法　第 3 部分:拉力试验》(GB/T 4909.4—2009)的规定进行。 (2)试样原始标准距长度为 300mm,扭转速度应不大于 30r/min;绕试样轴线方向按表 2-122 中的规定的转数正转,然后反向转至断裂
6	电性能试验方法	(1)铜线坯电阻率测试方法按《电线电缆性能试验方法　第 2 部分:金属导体材料电阻率试验》(GB/T 3048.2—2007)的规定进行。 (2)电阻率试验应按下述方法制备试样:试样经清洗并加工至直径为 2mm,去油污,经 500℃～550℃保护性气氛中退火 300min,然后在同一保护性气氛中快速冷却或在空气中快速转移到水中冷却。 (3)电阻率试验也可在经清洗但未经进一步加工和退火的铜线坯试样上直接进行,若体积电阻率测试方法重现性不好或偏差过大,可采用质量电阻率测试方法
7	铜粉量试验	铜线坯铜粉量的试验参照铜粉量测定干刷法(表 2-125)进行,或按供需双方协商确定的方法进行
8	氢脆试验	无氧铜线坯氢脆试验方法参照氢脆试验方法(表 2-126)进行,或按供需双方协商确定的方法进行
9	退火性能试验	铜线坯的退火性能试验参照退火性能试验方法(表 2-127)进行,或按供需双方协商确定的方法进行

(2)铜粉量测定干刷法见表 2-125。

表 2-125 铜粉量测定干刷法

序号	项目	内容
1	试样制备	(1)剪切一段 350～400mm 长，经表面质量检验合格的铜线坯样品，轻轻校直，用无水乙醇或其他有机溶剂认真清洗干净铜线坯表面的保护蜡涂层和残留乳化液，用透明胶带把样品两端头各 25～50mm 长的部分缠绕起来，使两胶带间的铜线坯间距为 300mm。 (2)用天平对缠有胶带的铜线坯样品进行称重并加以记录(单位为 g，精确到小数点后 4 位)
2	试验	(1)把样品插入扭转试验机，两夹头的夹持部分为透明胶带缠绕的两端头，对样品进行 10/10 的正反扭转(扭转速度为 30r/min)，完成后用软刷子轻轻刷擦样品，彻底清除干净样品间距上的所有粉粒。 (2)从试验机上取出样品，应避免污染，若胶带已脱落，应从夹头中取下胶带，胶带上若有铜粉应保留。 (3)若称重铜线坯有困难时，也可在扭转试验机夹头下方放置一个略长于 300mm 洁净的瓷盘，让扭转试验中脱落的铜粉粒全部落入洁净的瓷盘，扭转完成后，用软刷子轻轻刷擦样品，彻底清除干净样品间距上的所有粉粒，使之全部落入洁净的瓷盘内
3	计算	(1)在天平上称量所得缠有胶带并经刷擦干净的样品重量，进行记录。 (2)用试样制备步骤(2)所得的重量减去上步所得的重量记录下差值来判定。 (3)按试验步骤(3)用瓷盘收集铜粉单独称重来判定。 (4)推荐用相同的方法测试 3 次取平均值作为最终测试值。 评价方法： ≤5mg/300mm　　优质 5～13mg/300mm　　良好 ＞13～24mg/300mm　　合格 ＞24mg/300mm　　劣质

(3)无氧铜线坯氢脆试验方法见表 2-126。

表 2-126 氢脆试验方法

序号	项　目	内　容
1	试样的制取	(1)将经相关要求检验合格的无氧铜线坯试样拉成直径为 2.0mm 的丝，然后在 850℃±25℃温度条件下并且在氢含量不小于 10%的气氛中退火 30min，同时在同样的气氛中快速冷却，或者不暴露在空气中，最后在水中淬火。 (2)试样的截取按《金属材料　线材　反复弯曲试验方法》(GB/T 238—2002)中 5.1～5.4 的要求进行
2	试验仪器	试验仪器按《金属材料　线材　反复弯曲试验方法》(GB/T 238—2002)中的 4.1～4.3.2 制造
3	试验步骤	(1)试验步骤按《金属材料　线材　反复弯曲试验方法》(GB/T 238—2002)中 6.1～6.8 进行。 (2)弯曲试验是将试样从起始位置向右(左)弯曲 90°，然后返回至起始位置作为第一次弯曲。再向与每一次弯曲相反的方向，向左(右)弯曲 90°返回至起始位置作为第二弯曲，依次连续反复弯曲。 (3)对 TU1 铜线坯拉制的试样应能经受住最少 10 次反复弯曲而不会断裂成两段；对 TU2 铜线坯拉制的试样应能受住最少 8 次反复弯曲而不会断裂成两段

（4）铜线坯的退火性能试验方法见表2-127。

表2-127　试验方法

序号	项目	内　容
1	试样的制备	（1）在一批铜线坯产品中，每30t从线卷的端头切取经检验合格的适当长度的线坯样品。 （2）样品在冷轧设备上冷轧成扁平断面，厚度为原线坯直径的30%，不要求轧边。 （3）把冷轧后的扁试样放在恒温槽中，在275℃±1℃的温度条件下加热15min，然后在环境温度条件下快速放入水中进行水淬（也可按合同协议采用其他温度和时间）
2	硬度试验	（1）经热处理后的样品洛氏硬度试验方法，按《金属材料洛氏硬度试验　第1部分：试验方法》（GB/T 230.1—2009）的规定进行。 （2）洛氏硬度的标尺采用F标尺[压头为"1/16"（1.5875mm）的钢球，总试验力为588.4N，测量硬度范围为60HRF～100HRF]。 （3）测试应沿退火试样的中心线进行，并按标准规定的测试次数计算平均值

3. 检验规则

电工用铜线坯检验规则见表2-128。

表2-128　电工用铜线坯检验规则

序号	项目	内　容
1	检查和验收	（1）铜线坯应由供方质量监督部门进行检验，保证产品质量符合标准或订货单（或合同）的规定，并填写质量证明书。 （2）需方可对收到的产品按规定进行检验，如检验结果与规定不符时，应在收到产品之日起30天内向供方提出，由供需双方协商解决。如需仲裁，仲裁取样由供需双方共同进行
2	组批	铜线坯应成批提交验收，每批应由同一牌号、状态和规格的铜线坯组成
3	检验项目	（1）每批铜线坯应进行化学成分、尺寸偏差、力学性能、扭转性能、电性能和表面质量的检验。 （2）当用户要求并在合同中注明时，可进行铜粉量、氢脆及退火性能的检验
4	仲裁取样与制作	（1）根据不同的检验项目，每批铜线坯应采用表2-129规定的按卷数或重量两种方法计算取样数量，以取样数量多者确定为最终取样方法，并以此方法确定出取样数量，从该批铜线坯中随机抽取相应数量的样品。 （2）化学成分分析用试样制备，首先应去掉样品表皮，采用机加工方式将样品制备成屑样。加工过程中不得使用润滑剂，且应保持材料不被氧化。将该批各个样品制成的屑样取等量合并成一个大样，大样的总量不得少于600g；将大样充分混匀，用磁铁除净加工时带入的铁。用缩分法等分成四份，一份留供方，一份交需方，一份供仲裁分析用，一份备用
5	检验结果的制定	（1）化学成分、电性能不合格时，判该批为不合格品；力学性能、扭转性能、表面质量和尺寸偏差不合格时，判该卷为不合格品。 （2）铜粉量、氢脆、退火性能与标准或合同中达成的协议不符时，应从该批产品（包括原检验不合格的那卷产品）中另取双倍数量的试样进行重复试验。重复试验结果全部合格，则该批产品符合合同协议规定要求，若重复试验结果仍有试样不合格，则判该批产品不合格或逐卷检验，合格者组批交货

表 2-129 取样方法和取样数量

检验项目		取样方法和取样数量
化学成分	氧含量	每5卷或20t取一个样
	其他元素含量	每15卷或30t取一个样
尺寸偏差		逐卷检查
表面质量		逐卷检查
力学性能		逐卷检查
扭转性能		逐卷检查
电性能		每15卷或30t取一个样
铜粉量		每15卷或30t取一个样
氢脆		
退火性能		

4. 质量证明书及标志、包装、运输、贮存

(1)质量证明书。

每批铜线坯应附有产品质量证明书,注明下列各项:

1)生产厂名称;

2)产品名称;

3)产品牌号、状态、规格;

4)批号;

5)净重和件数;

6)各项检验结果和技术监督部门印记(或合同中对铜粉量、氢脆、退火性能有要求时,应包括在其中);

7)标准编号;

8)出厂日期。

(2)标志。

在每卷检验合格的铜线坯上应附有以下内容的标签:

1)生产厂名称;

2)产品商标;

3)产品牌号、状态、规格;

4)净重;

5)批号;

6)生产日期;

7)生产厂技术监督部门的检印。

(3)包装。

1)铜线坯应成卷包装,捆扎良好。

2)应有防潮、防污染及防机械损伤措施。

3)允许双方协议规定包装方法。

(4)运输及贮存。在存放、搬运和运输过程中,应注意保护铜线坯免受机械操作,防止铜线坯受潮及受到腐蚀物质的侵蚀。

5. 订货单(或合同)内容

(1)产品名称;

(2)牌号、状态、规定;

(3)重量;

(4)标准编号;

(5)铜粉量、氢脆、退火性能检测要求;

(6)其他。

6. 选择指南提示

《电工用铜线坯》(GB/T 3952—2008)是对 GB/T 3952—1998 的修订。与 GB/T 3952—1998 相比,主要变化体现在以下几方面:

(1)加严了 T1、T2 牌号铜线坯中的氧含量的限量,并根据国内实际修改了 TU2 牌号铜线坯的氧含量,T3 牌号铜线坯规定为用紫杂铜生产的连铸连轧和上引法铜线坯;

(2)将原标准中的正反 10 转扭转试验改为扭断试验并增加了相应的等级规定,以明确对试验结果的界定,同时加严了热态 T2、TU2 牌号伸长率指标;

(3)增加了与体积电阻率对应的质量电阻率指标;

(4)增加了对连铸连轧铜线坯的铜粉量、上引无氧铜线坯的氢脆、紫杂铜火法精炼高导电率铜线坯的退火性能要求,并规定了相应的检验方法;

(5)增加铜线坯铜粉量的测定方法;无氧铜线坯氢脆试验方法;退火性能试验方法。

《电工用铜线坯》(GB/T 3952—2008)适用于直径为 6.0~35.0mm,供进一步拉制线材或其他电工用铜导体的圆形截面铜线坯。

十六、铜扁线(GB/T 5584.2—2009)

1. 材料特性及规格

铜扁线形状为矩形,线性能与圆线相同,铜扁线的规格应符合《电工用铜、铝及其合金扁线 第 1 部分:一般规定》(GB/T 5584.1—2009)的规定。

2. 型号

铜扁线的型号见表 2-130。

表 2-130 型号

型　号	状　态	名　称
TBR	O	软铜扁线
TBY1	H1	H1 状态硬铜扁线
TBY2	H2	H2 状态硬铜扁线

3. 技术要求

(1)铜扁线的技术要求。

铜扁线的技术要求应符合表 2-131 规定。

表 2-131　技术要求

序号	项目名称	技术要求	试验类型	试验方法
1	尺寸		T,S	GB/T 4909.3—2009
1.1	$a\times b$	符合《电工用铜、铝及其合金扁线　第1部分:一般规定》(GB/T 5584.1—2009)中6.1表1规定		
1.2	公差	符合《电工用铜、铝及其合金扁线　第1部分:一般规定》(GB/T 5584.1　2009)是6.2.1表2、表3规定		
1.3	圆角	符合《电工用铜、铝及其合金扁线　第1部分:一般规定》(GB/T 5584.1—2009)中6.3表4规定		
2	抗拉强度	符合表2-132规定	T,S	GB/T 4909.3—2009
3	伸长率	符合表2-132规定	T,S	GB/T 4909.3—2009
4	弯曲	符合表2-133规定	T,S	GB/T 4909.3—2009
5	电阻率	符合表2-134规定	T,S	GB/T 3048.2—2007
6	直度	符合《电工用铜、铝及其合金扁线　第1部分:一般规定》(GB/T 5584.1—2009)第11章规定	T,S	GB/T 4909.2—2009

(2)抗拉强度与伸长度。

铜扁线的抗拉强度和伸长率应符合表2-132的规定。

表 2-132　抗拉强度及伸长率

标称尺寸 a /mm	型号					
	TBR		TBY1		TBY2	
	抗拉强度/(N/mm^2) 最大值	伸长率(%) 最小值	抗拉强度/(N/mm^2)	伸长率(%) 最小值	抗拉强度/(N/mm^2) 最小值	伸长率(%) 最小值
$0.80\leqslant a\leqslant 2.00$	275	30.0	275～373	1.5	373	0.4
$2.00< a\leqslant 4.00$	255	34.0	255～333	2.0	333	0.7
$4.00< a\leqslant 5.50$	245	36.0	245～304	3.0	304	1.7

(3)弯曲。

1)硬状态铜扁线用 b 边弯曲90°,表面应不出现裂纹。弯曲圆柱的直径根据 a 边尺寸选定,应符合表2-133规定。

2)软状态铜扁线用 a 边弯曲90°,表面应不出现裂纹。弯曲圆柱的直径根据 b 边尺寸选定,应符合表2-133的规定。

表 2-133　弯曲直径

标称尺寸 b /mm	弯曲直径/mm	
	TBY1,TBY2	TBR
0.80～4.00	2	2
4.25～8.00	4	4
8.50～16.00	—	8

(4)电阻率

铜扁线的电阻率应符合表 2-134 规定。

表 2-134 电阻率

型号	电阻率 ρ_{25} Ω·mm²/m 最大值
TBR	0.017241
TBY1	0.01777
TBY2	0.01777

注:计算 20℃时的铜扁线物理参数应取下列数值:

密度:8.89g/cm³;

线膨胀系数:0.000017 1/℃;

电阻温度系数,TBR 型 0.00393 1/℃;

TBY1,TBY2 型 0.00381 1/℃。

4. 试验

产品应按表 2-131 的规定试验。

5. 交货要求

(1)铜扁线成圈的交货质量应符合表 2-135 的规定。

(2)根据需要成根交货时,每根长度为 4～6m,短段不小于 2m,且数量应不超过交货总质量的 10%。

(3)根据双方协议,允许任何质量或长度的铜扁线交货。

表 2-135 交货质量

标称截面 S /mm²	交货质量/kg		
	标称质量	最小质量	
		质量	数量
$S \leqslant 5$	50～120	10	应不超过交货总质量的 10%
$5 < S \leqslant 10$		15	
$10 < S \leqslant 20$		20	
$20 < S$		40	

6. 选用指南提示

《电工用铜、铝及其合金扁线　第 2 部分:铜扁线》(GB/T 5584.2—2009)是对 GB/T 5584.2—1985 的代替。与 GB/T 5584.2—1985 相比主要变化体现在以下几方面:

(1)调整了对铜扁线的技术要求;

(2)调整了对铜扁线的抗拉强度和伸长率的要求。

《电工用铜、铝及其合金扁线　第 2 部分:铜扁线》(GB/T 5584.2—2009)适用于电机,电器线圈制造。

十七、铝扁线(GB/T 5584.3—2009)

1. 材料特性与规格

形状为矩形线性能与圆线相同。

铝扁线的规格应符合《电工用铜、铝及其合金扁线　第1部分:一般规定》(GB/T 5584.1—2009)的规定。

2. 相关要求

(1)铝扁线技术要求应符合表2-136规定。

表2-136　技术要求

序号	项目名称	技　术　要　求	试验类型	试验方法
1	尺寸		T,S	GB/T 4909.2—2009
	$a\times b$	符合《电工用铜、铝及其合金扁线　第1部分:一般规定》(GB/T 5584.1—2009)中6.1表1规定		
	公差	符合《电工用铜、铝及其合金扁线　第1部分:一般规定》(GB/T 5584.1—2009)中6.2.1表2、表3规定		
	圆角	符合《电工用铜、铝及其合金扁线　第1部分:一般规定》(GB/T 5584.1—2009)中6.3表4规定		
2	抗拉强强	符合表2-137规定	T,S	GB/T 4909.3—2009
3	伸长率	符合表2-137规定	T,S	GB/T 4909.3—2009
4	弯曲	符合表2-138规定	T,S	GB/T 4909.6—2009
5	电阻率	符合表2-139规定	T,S	GB/T 3048.2—2007
6	直度	符合《电工用铜、铝及其合金扁线　第1部分:一般规定》(GB/T 5584.1—2009)第11章规定	T,S	GB/T 4909.2—2009

(2)抗拉强度与伸长率。铝扁线的抗拉强度和伸长率应符合表2-137的规定。

表2-137　抗拉强度及伸长率

型号	抗拉强度/(N/mm^2)		伸长率(%)最小值
	最小	最大	
LBR	60.0	95.0	20
LBY2	75.0	115	6
LBY4	95.0	140	4
LBY8	130	—	3

(3)弯曲。软状态铝扁线用a边弯曲90:表面应不出现裂纹。弯曲圆柱的直径根据b边尺寸选定,应符合表2-138规定。

表 2-138 弯曲直径

标称尺寸 b/mm	弯曲直径/mm
2.00～4.00	4
4.25～8.00	8
8.50～16.00	16

(4)电阻率。铝扁线的电阻率应符合表 2-139 的规定。

表 2-139 电阻率

型　号	电阻率 ρ_{20} /(Ω·mm²/m) 最大值
LBR	0.0280
LBY2	0.028264
LBY4	0.028264
LBY8	0.028264

注:计算 20℃时的铝扁线物理参数应取下列数值:

密度: 2.703 g/cm³。

线膨胀系数: 0.000023 1/℃;

电阻温度系数:LBR 型 0.00407 1/℃;

其余型:0.00403 1/℃。

3. 试验

产品应按表 2-136 的规定试验。

4. 交货要求

(1)铝扁线成圈的交货质量应符合表 2-140 的规定。

(2)根据需要成根交货时,每根长度为 4～6m,短段不小于 2m,且数量应不超过交货总质量的 10%。

(3)根据双方协议,允许任何质量或长度的铝扁线交货。

表 2-140 交货质量

标称截面 S /mm²	交货质量/kg		
	标称质量	最小质量	
		质量	数量
$S \leqslant 5$	20～50	3	应不超过交货总质量的 10%
$5 < S \leqslant 10$		5	
$10 < S \leqslant 20$		7	
$20 < S$		10	

5. 选用指南提示

《电工用铜、铝及其合金扁线　第 3 部分:铝扁线》(GB/T 5584.3—2009)是对 GB/T 5584.3—1985 的代替。

与 GB/T 5584.3—1985 相比主要变化体现在调整了对铝扁线的技术要求。

《电工用铜、铝及其铝合金扁线　第3部分:铝扁线》(GB/T 5584.3—2009)适用于电工铝扁线(电机电器线圈制造)

十八、铜带(GB/T 5584.4—2009)

1. 型号

铜带的型号如表2-141所示。

表2-141　钢带的型号

型　　号	状　　态	名　　称
TDR	O	软铜带
TDY1	H1	H1状态硬铜带
TDY2	H2	H2状态硬铜带

2. 规格

(1)标称尺寸。铜带宽窄比(b/a)为$9<b/a\leqslant 100$,其规格如表2-142所示。

表2-142　标称尺寸　mm

宽边标称尺寸	窄边标称尺寸					
	0.80	1.00	1.06	1.12	1.18	1.25
	圆角半径—0.50					
9.00	6.984	8.786	9.326			
10.0		9.786		10.986	11.586	
11.2	8.744	10.986	11.658	12.330		13±.786
12.50		12.286		13.786	14.536	15.411
14.0	10.984	13.786	14.626	15.466		17.286
16.0		15.786		17.706	18.666	19.786
18.0	14.184	17.786	18.866	19.946		22.286
20.0		19.786		22.186	23.386	24.786
22.40	17.704	22.186	23.530	24.874		27.786
25.00		24.786		27.786	29.786	31.036
28.00	22.184	27.786	29.466	31.146		34.786
31.50		31.286		35.066	36.956	39.161
35.50	28.184	35.286	37.416	39.546		39.161
40.00	39.786		44.586	45.986	49.786	
45.00	35.784	44.736	47.486	50.186		50.036
50.00	35.784	44.786		55.786	58.786	62.286
56.00	44.584	55.786	59.146	62.506		69.786
63.00		62.786		70.346	74.126	78.536

（续一）

宽边标称尺寸	窄边标称尺寸					
	0.80	1.00	1.06	1.12	1.18	1.25
	圆角半径—0.50					
71.00	70.786					
80.00	79.786					
90.00	89.786					
100.00	99.786					
9.0						
10.00						
11.20						
12.50	16.286	17.286	18.536			
14.00		19.386		22.186		
16.00	20.906	22.186	23.786	25.386	26.837	28.437
18.00		24.986		28.586		32.037
20.00	26.186	27.786	29.786	31.786	33.637	35.637
22.40		31.146		35.626		39.957
25.00	32.786	34.786	37.286	39.786	42.137	44.637
28.00		38.986		44.586		50.037
31.50	41.366	43.886	47.036	50.186	53.187	56.337
35.50		49.486		56.586		63.537
40.00	52.586	55.786	59.786	63.786	67.637	71.637
45.00		67.786		71.786		80.637
50.00	65.786	69.786	74.786	79.786	84.637	89.637
56.00		78.186		89.386		100.437
63.00	82.946	87.986	94.286	100.586	106.737	113.037
71.00				113.386		
80.00				127.786		
90.00				143.786		
100.00				159.786		
9.00						
10.00						
11.20						
12.50						
14.00						
16.00	30.037					
18.00		35.637		39.957	46.651	
20.00	37.637	39.637	42.637	44.437		
22.40		44.437		49.813		

（续二）

宽边标称尺寸	窄边标称尺寸					
	0.80	1.00	1.06	1.12	1.18	1.25
	圆角半径－0.50					
25.00	47.137	49.637	52.637	55.637	58.451	61.951
28.00		55.637		62.357		69.451
31.50	59.487	63.637	66.417	70.197	73.791	78.201
35.50		70.637		79.157		88.201
40.00	75.637	79.637	84.437	89.237	93.851	99.451
45.00		89.637		100.437		111.951
50.00	94.637	99.637	105.637	111.637	117.451	124.451
56.00		111.637				139.451
71.00		141.637				176.951
80.00		159.637				199.451
90.00		179.637				224.451
100.00		199.637				249.451
9.00						
10.00						
11.20						
12.50						
14.00						
16.00						
18.00						
20.00						
22.40						
25.00	65.701	69.451				
28.00		77.851				
31.50	82.926	87.651	93.951	98.676	104.976	111.275
35.50		98.851		111.276		125.476
40.00	105.451	111.451	119.451	125.451	133.451	141.451
45.00		125.451		141.201		159.201
50.00	131.951	139.451	149.451	156.951	166.951	174.951
56.00		156.251		175.831		198.251
63.00	166.401	175.851	188.451	197.901	201.501	223.101
71.00						
80.00						
90.00						
100.00						

(2)尺寸公差。铜带窄边 a 和宽边 b 的尺寸公差应符合表 2-143 规定。

表 2-143 尺寸公差

窄边		宽边	
标称尺寸 a/mm	公差/mm	标称尺寸 b/mm	公差/mm
0.80≤a≤1.25	±0.03	b≤25.00	±0.100
1.25<a≤1.80	±0.04	25.00<b≤50.00	±0.120
1.80<a≤3.55	±0.05	50.00<b≤100.00	±0.250

(3)圆角。铜带的圆角半径应符合《电工用铜、铝及其合金扁线　第 1 部分：一般规定》(GB/T 5584.1—2009)中表 2-144 的规定。

3. 技术要求

(1)铜带技术要求应符合表 2-144 规定。

表 2-144 技术要求

序号	项目名称	技术要求	试验类型	试验方法
1	尺寸		T,S	GB/T 4909.2—2009
1.1	$a\times b$	符合表 2-142 规定		
1.2	公差	符合表 2-143 规定		
1.3	圆角	符合规定		
2	抗拉强度	符合表 2-145 规定	T,S	GB/T 4909.3—2009
3	伸长率	符合表 2-145 规定	T,S	GB/T 4909.3—2009
4	弯曲	符合表 2-146 规定	T,S	GB/T 4909.3—2009
5	电阻率	符合表 2-147 规定	T,S	GB/T 4909.2—2009
6	直度	符合《电工用铜、铝及其合金扁线　第 1 部分：一般规定》(GB/T 5584.1—2009)第 11 章规定	T,S	GB/T 4909.2—2009

(3)铜带的抗拉强度和伸长率应符合表 2-145 规定。

表 2-145 抗拉强度和伸长率

标称尺寸/mm	型号			
	TDR	TDY1		TDY2
	伸长率(%)最小值	抗拉强度/(N/mm²)最小值	伸长率(%)最小值	抗拉强度/(N/mm²)最小值
0.80≤a≤1.32	35	250	10	309
1.32<a≤3.55	35	250	15	289

(4)弯曲。宽边不大于 30.00mm 的软铜带用 a 边弯曲 90°。表面应不出现裂纹，弯曲圆柱的直径根据 b 边尺寸选定，应符合表 2-146 规定。

表 2-146 弯曲直径

宽边标称尺寸/mm	弯曲直径/mm
9.00～16.00	16
16.00～30.00	32

(5)电阻率。铜扁线的电阻率应符合表 2-147 规定。

表 2-147 电阻率

型号	电阻率 $\rho_{20}/(\Omega\cdot mm^2/m)$最大值
TDR	0.01737
TDY1	0.01777
TDY2	0.01777

注：计算 20℃时的铜扁线物理参数应取下列数值：

密度：8.89 g/cm³；

线膨胀系数：0.000017 1/℃；

电阻温度系数：TDR 型 0.00393 1/℃；

TDY1，TDY2 型：0.00381 1/℃。

4. 试验

产品应按表 2-146 规定试验。

5. 选用指南提示

《电工用铜、铝及其合金扁线 第 4 部分：铜带》(GB/T 5584.4—2009)是对 GB/T 5584.4—1985 的代替。

与 GB/T 5584.4—1985 相比区别主要体现在：调整了铜带的尺寸公差；调整了铜带的圆角要求；调整了铜带的技术要求。

《电工用铜、铝及其合金扁线 第 4 部分：铜带》(GB/T 5584.4—2009)适用于电工铜带。

十九、电工圆铝杆(GB/T 3954—2008)

1. 一般要求

电工圆铝杆一般要求见表 2-148。

表 2-148 一般要求

序号	项目	内容
1	材料牌号型号和典型直径	电工圆铝杆的材料牌号、型号和典型直径见表 2-149
2	标记示例	标记标例按型号、直径、材料牌号、标准编号顺序进行。示例： 型号 B，直径 9.5mm，材料牌号 1B95 的电工圆铝杆记为： B φ9.5 1B95 GB/T 3954—2008。 型号 A2，直径 9.5mm，材料牌号 1A60 标记为： A2 φ9.5 1A60 GB/T 3954—2008。 型号 D，直径 9.5mm，材料牌号 6201 的合金电工圆铝杆标记为： D φ9.5 6201 GB/T 3954—2008

（续）

序号	项目	内容
3	化学成分	（1）化学成分不作为验收指标，如需方对化学成分有要求时，应在合同中注明，化学成分应符合《变形铝及铝合金化学成分》(GB/T 3190—2008)的规定。 （2）分析数值的判定采用修约比较法，修约数位应与《变形铝及铝合金化学成分》(GB/T 3190—2008)和合同中所规定元素极限值数位一致，数值修约规则按相应的有关规定进行
4	尺寸偏差	电工圆铝杆的直径偏差和不圆度应符合表 2-150 的规定
5	力学性能和电性能	电圆铝杆的力学性能和电性能应符合表 2-151 的规定
6	表面质量	电工圆铝杆表面应清洁，不应有指边、错圆、裂纹、夹杂物、扭结等缺陷及其他影响使用的缺陷，允许有轻微的机械擦伤、斑疤、麻坑、起皮或飞边等
7	卷重	（1）电工圆铝杆应成卷供货，大卷大于 1000kg，小卷 300～1000kg。 （2）电工圆铝杆大卷每卷不超过 2 根，小卷每卷应为 1 根，除另有协议外，圆铝杆不允许焊接或扭接。 （3）需方有特殊要求时由供需双方协商并在合同中注明

表 2-149　电工圆铝杆的材料牌号、型号和典型直径

材料牌号	型号	曲型直径/mm
1B97	B	7.5 9.5 12.0 15.0 19.0 24.0
1B95 1B93 1B90	B2	
1A60	A	
	A2、A4、A6、A8	
1R50	RE-A	
	RE-A2、RE-A4、RE-A6、RE-A8	
6101	C	
6201	D	

注：供方需要其他牌号由供需双方协商并在合同中注明。

表 2-150　电工圆铝杆的直径偏差和不圆度

直径	偏差、标称直径(%)	不圆度　不大于
7.0～9.0	±5	0.6
>9.0～11.0	±5	0.9
>11.0～14.0	±5	0.9
>14.0～17.0	±5	1.0
>17.0～22.0	±5	1.0
>22.0～25.0	±5	1.2

注：不圆度为电工圆铝杆垂直于线的同一截面上测得的最大和最小直径之差。

表 2-151　　电工圆铝杆的力学性能和电性能

材料牌号	型号	状态	抗拉强度/MPa	伸长率(%)不小于	电阻率(20℃)/(nΩ·m)不大于
1B97 1B95 1B93 1B90	B	O	35～65	35	27.15
	B2	H14	60～90	18	27.25
1A60	A	O	60～90	25	27.55
	A2	H12	80～110	13	27.85
	A4	H13	95～115	11	28.01
	A6	H14	110～130	8	28.01
	A8	H16	120～150	6	28.01
1R50	RE-A	O	60～90	25	27.55
	RE-A2	H12	80～110	13	27.85
	RE-A4	H13	95～115	11	28.01
	RE-A6	H14	110～130	8	28.01
	RE-A8	H16	120～150	6	28.01
6101	C	T4	150～200	10	35.00
6201	D	T4	160～220	10	36.00

注：自然时效 7 天以上检测。

2. 试验方法

电工圆铝杆试验方法见表 2-152。

表 2-152　　试验方法

序号	项目	内容
1	化学成分分析方法	化学成分按《铝及铝合金化学分析方法》(GB/T 20975)或《铝及铝合金光电直读发射光谱分析方法》(GB/T 7999)的规定进行；仲裁分析方法按《铝及铝合金化学分析方法》(GB/T 20975)规定进行
2	尺寸偏差检验方法	直径偏差和不圆度的测量按《裸电线试验方法　第 2 部分：尺寸测量 》(GB/T 4909.2—2009)规定进行
3	力学性能检验方法	抗拉强度及伸长率的测量按《裸电线试验方法　第 3 部分：拉力试验 》(GB/T 4903.3—2009)规定进行
4	电阻率检验方法	电阻率试验按《电线电缆电性能试验方法　第 2 部分：金属材料电阻率试验》(GB/T 3048.2)规定进行
5	表面质量	表面质量用目测检查

3. 检验规则

电工圆铝杆检验规则见表 2-153。

表 2-153 检验规则

序号	项目	内容
1	检查和验收	(1)电工圆铝杆由供方技术监督部门进行检验,保证产品质量符合标准(或订货合同)的规定,并填写质量证明书。 (2)需方应对收到的产品按规定进行检验,如检验结果与相关标准及订货合同的规定不符时,应以书面形式向供方提出,由供需双方协商解决。属于表面质量的异议,应在收到产品之日起十日内提出;属于化学成分及其他性能的异议,应在收到产品之日起一个月内提出。如需仲裁,供需双方在需方共同进行仲裁取样
2	组批	电工圆铝杆应成批提交检验,每批应由同一熔次、同一材料牌号、同一型号和同一直径的产品组成。每批不大于 20t
3	检验项目	每批电工圆铝杆均应进行化学成分、尺寸偏差、力学性能、电性能及表面质量的检验
4	取样	电工圆铝杆的取样应符合表 2-154 的规定
5	检验结果判定	(1)若供需双方合同约定化学成分为验收指标,如果化学成分不合格,则判该批产品不合格。 (2)抗拉强度、伸长率及电阻率中有任何一项指标不合格,对于大卷,则从不合格试样所代表的卷上再取 2 个试样进行重复试验,如仍有试样不合格,则判该卷不合格;对于小卷,则从不合格试样所代表的卷上再取 2 个试样进行重复试验,如仍有试样不合格,则判该 2 卷不合格。但经供需双方商议可进行逐卷检验,合格者交货。 (3)尺寸偏差不合格时,判该卷不合格。 (4)表面质量不合格时,判该卷不合格,但允许供方切除不合格部分重新检验,合格者交货

表 2-154 电工圆铝杆的检验项目与取样

序号	检验项目	取样位置	取样数量
1	化学成分	任意部位	每次熔 1 个试样
2	尺寸偏差	头部或尾部	逐卷检验,每卷取 1 个长度不小于 1m 的试样
3	力学性能	任意部位	大卷逐卷、小卷每 2 卷取 1 个长度不小于 1m 的试样
4	电性能	任意部位	大卷逐卷、小卷每 2 卷取 1 个长度不小于 1m 的试样
5	表面质量	逐卷检验	

注:从成品上取样时,应每批取 1 个。

4. 标志、包装、运输、贮存

(1)标志。在检查合格的每卷电工圆铝杆上应附有标签,其上标明:供方名称、产品名称、直径、型号、出厂批号及日期、标准编号。

(2)包装。电工圆铝杆应成卷包装,并捆扎良好。允许按双方协商规定包装。

(3)运输、贮存。在搬运、运输和贮存中应注意防雨、防潮、防腐蚀,运输、贮存的场所应清洁,保护电工圆铝杆表面免受机械损伤和污染。

(4)质量证明书。每批产品应附有质量证明书,注明:

1)供方名称;

2)产品名称、材料牌号;

3)型号;

4)直径;

5)出厂批号；

6)净重和件数；

7)检验结果和技术监督部门印记；

8)标准编号；

9)出厂日期。

5. 选用指南提示

《电工圆铝杆》(GB/T 3954—2008)是对 GB/T 3954—2001 的代替。

与 GB/T 3954—2001 相比，主要变化体现在以下方面：

(1)增加了材料牌号为 1B97、1B95、1B93、1B90 的电工圆铝杆 B 和 B2 两个型号；材料牌号为 6101、6201 的电工圆铝杆 C、D 两个型号；

(2)对各材料牌号产品的状态进行了规定；

(3)化学成分要求引用 GB/T 3190—2008 中有关规定；

(4)规定了不同材料牌号、不同状态下电工圆铝杆的力学性能和电性能。

《电工圆铝杆》(GB/T 3954—2008)适用于拉制电线电缆导电线蕊用圆铝线、型铝线和其他电工用铝导体的连铸连轧电工圆铝杆。

二十、铜和铜合金母线(GB/T 5585.1—2005)

1. 相关术语代号和产品表示方法

铜和铜合金母线术语、代号和产品表示方法见表 2-155。

表 2-155 术语代号和产品表示方法

序号	项目	内容	
1	术语	规格	母线的尺寸规格用母线相应截面的标称尺寸 $a \times b$ 表示
		平直度	母线任意平面静置于一基准面上，该面上任意点对于基准面的最大垂直距离
2	代号	按材料种类分	(1)铜母线； (2)铜合金母线； (3)不同成分的合金，用 H 后第 1 位数字表示：银铜合金； (4)相同成分而含量不同的合金，在 H 后用第 2 位数值表示： 一类银铜合金 二类银铜合金
		按截面形关分	圆角、圆边、全圆边
		按状态分	软态、硬态
3	产品表示方法	产品用型号、状态、规格及标准编号表示。产品表示示例如下： 示例 1：圆角一类银铜合金母线，厚度 10.00mm，宽度 100.00，硬态 TH11MY10×100 GB/T 5585.1—2005 示例 2：圆边铜母线，厚度 10.00mm，宽度 100.00mm，软态 TMBR10×100 GB/T 5585.1—2005	

2. 技术要求

(1)铜和铜合金母线一般技术要求见表 2-156。

表 2-156 一般技术要求

<table>
<tr><th>序号</th><th>项　目</th><th colspan="2">内　容</th></tr>
<tr><td>1</td><td>母线截面形状</td><td colspan="2">母线的截面形状如图 2-9 所示。圆边母线截面的圆弧应相对于产品轴线完全对称，圆弧转角处应进行过渡处理。全圆边母线圆边半径“r”应为厚度“a”的一半。圆角、圆边和全圆边的半径“r”及其偏差应符合铜及铜合金母线的圆角及圆角半径的规定</td></tr>
<tr><td>2</td><td>铜合金母线的技术指标</td><td colspan="2">铜合金母线的各项技术指标如无规定，即与铜母线规定一致</td></tr>
<tr><td>3</td><td>铜和铜合金母线化学成分</td><td colspan="2">铜和铜合金母线的化学成分应符合表 2-157 规定</td></tr>
<tr><td>4</td><td>尺寸偏差</td><td colspan="2">(1)铜和铜合金母线的截面尺寸范围为：
——$2.24\leqslant a\leqslant 50.00$mm；
——$16.00\leqslant b\leqslant 400.00$mm。
(2)铜 和铜合金母线的标称尺寸 a 和 b 的规格系列采用《优先数及优先系数》(GB/T 321—2005)中的 R20 和 R40 优先数系。设计选用时应遵守下列规定：
1)a 与 b 均为 R20 系列的规格为优先规格；
2)a 与 b 中有一个是 R20，另一个为 R40 系列的规格为中间规格；
3)a 与 b 均为 R40 系列的规格为不推荐规格。
(3)铜和铜合金母线厚度 a 的偏差由其宽度 b 决定，应符合表 2-158 规定。
(4)铜和铜合金母线宽度 b 的偏差应符合表 2-159 规定</td></tr>
<tr><td>5</td><td>铜和铜合金母线的圆角半径</td><td colspan="2">(1)成品铜和铜合金母线当 $a\leqslant 6.30$mm 时，可以有半径不大于 1.5mm 的圆角，当 $a\geqslant 6.70$mm 时，可以有半径不大于 2.0mm 的圆角。
(2)如特殊需要，铜和铜合金母线可有半径 r 符合表 2-160 规定的圆角。
(3)如遇特殊要求铜和铜合金可有半径 r 符合表 2-161 规定的圆边。
(4)如特殊需要，铜和铜合金母线可有全圆边，全圆边半径 r 应为铜和铜合金母线厚度 a 的一半，全圆边半径偏差为(0～12.5%)$a$mm</td></tr>
<tr><td>6</td><td>铜和铜合金母线截面积</td><td colspan="2">(1)圆角铜和铜合金母线截面积 S 按下式计算：
$S=a\times b-0.858r^2$　　mm²
(2)圆边铜和铜合金母线截面积 S 按下式计算：
$S=a\times b-0.0684a^2$　　mm²
(3)全圆边铜和铜合金母线截面积 S 按下式计算：
$S=a\times b-0.214a^2$　　mm²</td></tr>
<tr><td rowspan="3">7</td><td rowspan="3">平直度</td><td>窄边平直度</td><td>硬态铜和铜合金母线在 1m 长度内窄边平直度应不超过表 2-162 的规定</td></tr>
<tr><td>宽边平直度</td><td>硬态铜和铜合金母线在 1m 长度内宽边平直度应不超过 5mm</td></tr>
<tr><td>平直度测量方法</td><td>将规定长度试样的被测面置于基准平板上，用塞尺直接测量被测面和基准平面间最大间隙距离</td></tr>
</table>

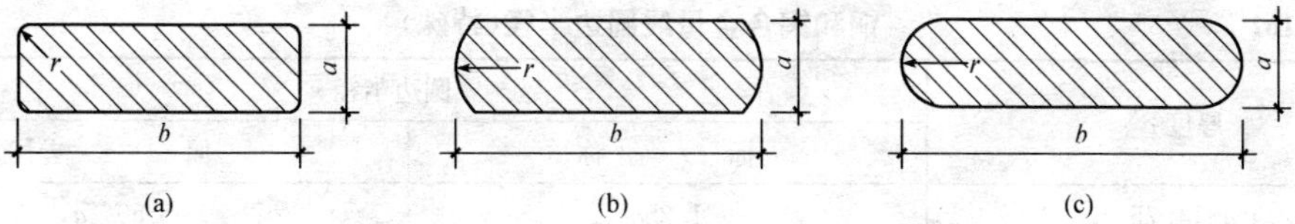

图 2-9 母线截面形状

表 2-157 铜和铜合金母线化学成分

型 号	名 称	化学成分(%)	
		铜加银 不小于	其中含银
TM	铜母线	99.90	—
TH11M	一类银铜合金母线	99.90	0.08～0.15
TH12M	二类银铜合金母线	99.90	0.16～0.25

表 2-158 铜和铜合金母线厚度偏差 mm

厚度 a	宽度 b			
	$b\leqslant 50.00$	$50.00<b\leqslant 100.00$	$100.00<b\leqslant 200.00$	$200.0<b$
$a\leqslant 2.80$	±0.03	—	—	—
$2.80<a\leqslant 4.75$	±0.05	±0.08	—	—
$4.75<a\leqslant 12.50$	±0.07	±0.09	±0.12	±0.30
$12.50<a\leqslant 25.00$	±0.10	±0.11	±0.13	±0.30
$25.00<a$	±0.15	±0.15	±0.15	—

表 2-159 铜和铜合金母线宽度偏差 mm

宽度 b	偏 差
$b\leqslant 25.00$	±0.13
$25.00<b\leqslant 35.50$	±0.15
$35.50<b\leqslant 100.00$	±0.30
$100.00<b$	±0.3%b

表 2-160 铜和铜合金母线圆角半径 mm

厚度 a	圆角半径 r	
	标 称	偏 差
$a\leqslant 2.80$	0.5a	±25%r
$2.80<a\leqslant 4.75$	0.8	
$4.75<a\leqslant 12.50$	1.2	
$12.50<a\leqslant 25.00$	1.6	
$25.00<a$	3.2	

表 2-161　铜和铜合金母线圆边半径(特殊)　mm

厚度 a	圆边半径 r	
	标　　称	偏　　差
$a \leqslant 4.75$	$1.25a$	$\pm 50\% a$
$a \geqslant 5.00$	$1.25a$	$\pm 25\% a$

表 2-162　铜和铜合金母线窄边直度　mm

铜和铜合金母线	平 直 度
$2.80 < a \leqslant 16.00$ $50.00 < b \leqslant 150.00$	2
其他规格	4

(2)机械性能。

1)抗拉强度、伸长率及硬度。铜和铜合金母线的抗拉强度、伸长率及硬度应符合表 2-163 规定。

表 2-163　铜和铜合金母线抗拉强度、伸长率和硬度

型　　号	铜和铜合金母线全部规格		
	抗拉强度/(N/mm^2)	伸长率(%)	布氏硬度 HB
TMR、THMR	≥206	≥35	—
TMY、THMY	—	—	≥65

2)弯曲。铜和铜合金母线的宽边弯曲 90°,表面应不出现裂纹,弯曲圆柱的直径应按厚度 a 的尺寸选定,应符合表 2-164 规定。

如需弯曲铜和铜合金母线的窄边,其弯曲角度和弯曲半径由供需双方协商规定。

(3)电性能。铜和铜合金母线 20℃时的电阻率应符合表 2-165 规定。

表 2-164　宽边弯曲直径　mm

厚度 a	弯曲直径
$a \leqslant 2.80$	4
$2.80 < a \leqslant 4.75$	8
$4.75 < a \leqslant 10.00$	16
$10.00 < a \leqslant 25.00$	32
$25.00 < a$	64

表 2-165　铜和铜合金母线电阻率

型　　号	20℃直流电阻率 /($\Omega \cdot mm^2/m$)	导电率 (%)IACS
TMR,THMR	≤0.017241	≥100
TMY,THMY	≤0.01777	≥97

计算时，20℃时的铜和铜合金母线的物理参数应取下列数值：

密度：8.89g/cm^3；

线膨胀系数：0.000017℃$^{-1}$；

电阻温度系数：TMR、THMR-型　0.00393℃$^{-1}$；

TMY、THMY-型　0.00381℃$^{-1}$。

(4)接头。成品铜和铜合金母线不允许有接头。

(5)表面质量。铜和铜合金母线表面应光洁、平整，不应有与良好工业产品不相称的任何缺陷。铜和铜合金母线圆角、圆边处不应有飞边、毛刺及裂口。

3. 试验

铜和铜合金母线产品应按表 2-166 的规定进行试验。

表 2-166　　试验要求

序　号	试验项目	试验分类	试验方法
1	尺寸及偏差	T,S	GB/T 4909.2
2	圆角、圆边	T,S	GB/T 4909.2
3	平直度	T,S	本部分相关内容
4	抗拉强度	T,S	GB/T 4909.3
5	伸长率	T,S	GB/T 4909.3
6	硬度	T,S	GB/T 4909.8
7	弯曲	T,S	GB/T 4909.6
8	电阻率	T,S	GB/T 3048.2
9	表面质量	T,S	正常目力检查
10	化学成分	T	GB/T 5121.1

注：电阻率测试可采用其他合适的测量方法代替，但当有争议时，应采用《电线电缆电性能试验方法　第 2 部分：金属材料电阻率试验》(GB/T 3048.2—2009)作为基准试验方法。

4. 交货长度和质量

(1)每根铜和铜合金母线的交货长度应符合表 2-167 的规定。

表 2-167　　交货长度

产品名称	交货长度	
	标　准	短　段
铜和铜合金母线	2～9m	长度不小于 1.5m，数量不超过交货总质量的 10％

(2)铜和铜合金母线按重量交货时应符合表 2-168 规定。

表 2-168　　铜和铜合金母线厚度偏差

产品名称	交货质量	
	标　准	短　段
铜和铜合金母线	40～100kg	最小质量不小于 15kg，数量不超过交货总质量的 15％

(3)根据双方协议，允许任何长度或质量的铜和铜合金母线交货。

5. 检验规则

(1)检验分类。本部分规定的检验分为出厂检验和型式检验。

1)每一批量产品交货时必须进行出厂检验,出厂检验为抽样检验(代号 S)。每一批量产品应由供货方质量检验部门进行抽样试验合格方可出厂。

2)型式检验对产品质量进行全面考核,即对标准规定的技术要求全部项目进行型式检验(代号 T)。

3)试验项目和试验类别应符合表 2-166 规定。

(2)抽样规则。产品的抽样规则由供需双方协商确定,如需方未提出要求,则按供货方的规定执行。

(3)合格判定。所有试验项目的试验结果均应符合表 2-166 的规定。

出厂检验有任一项不合格时,应对不合格试验项目进行加倍抽样试验,如仍不合格,应进行100%检验,其中合格的产品可以提供交货。

6. 产品合格证及包装、标志、运输和贮存

(1)产品合格证。每件包装内应附有供货方质量检验部门签发的产品合格证;每批产品并应附有供货方质量检验部门出具的出厂检验报告。

(2)包装。按长度交货时应为成捆或成箱包装,按质量交货时应成盘、成圈或成捆包装。每个包装件应为同一型号,同一规格,成卷或成盘的包装件,产品应为一整根。

产品应妥善包装,至少捆扎三处,并用麻布或类似材料包扎,应有防潮、防腐及防机械损伤性能。

(3)标志。

每个包装上应附有标签标明:

1)制造厂名称、商标和厂址;

2)产品名称;

3)产品型号、规格;

4)产品批号;

5)毛重、净重、定长、根数;

6)出厂日期: 年 月 日;

7)标准编号。

(4)运输和贮存。在运输的装卸、运输和贮存中,应注意避免损伤产品。

第二节 绝缘电线

一、固定布线用电缆电线(JB/T 8734.2—1998)

1. 材料使用特性

(1)电缆的额定电压 U_0/U 为 450/750V 和 300/500V。

(2)所有型号电缆的长期允许工作温度应不超过 70℃。

(3)电缆的敷设温度应不低于 0℃,外径(D)小于 25mm 电缆的允许弯曲半径应不小于 $4D$,外径(D)为 25mm 及以上电缆的允许弯曲半径应不小于 $6D$。

2. 型号

电缆的型号见表 2-169。

表 2-169　型号和名称

型　号	名　　称	主要用途
BV	铜芯聚氯乙烯绝缘电线	固定布线
BLV	铝芯聚氯乙烯绝缘电缆	固定布线
BVR	铜芯聚氯乙烯绝缘软电缆	固定布线时要求柔软的场合
BVV	铜芯聚氯乙烯绝缘聚氯乙烯护套圆型电缆	固定布线
BLVV	铝芯聚氯乙烯绝缘聚氯乙烯护套圆型电缆	固定布线
BVVB	铜芯聚氯乙烯绝缘聚氯乙烯护套扁型电缆	固定布线
BLVVB	铝芯聚氯乙烯绝缘聚氯乙烯护套扁型电缆	固定布线

3. 规格

电缆的规格见表 2-170。

表 2-170　电缆规格

型　号	额定电压 V	芯　数	标称截面 /mm²	结构参数表号
BV	300/500	1	0.75～1	表 2-172
BLV	450/750	1	2.5～400	表 2-173
BVR	450/750	1	2.5～70	表 2-174
BVV	300/500	1	0.75～10	表 2-175
BLVV	300/500	1	2.5～10	表 2-175
BVVB	300/500	2,3	0.75～10	表 2-176
BLVVB	300/500	2,3	2.5～10	表 2-176

4. 技术要求

材料技术要求见表 2-171。

表 2-171　技术要求

序号	项目	内　　容
1	导体	导体芯数和结构应符合表 2-172～表 2-176 的规定
2	绝缘	挤包在导体上的绝缘应是代号为 PVC/C 的聚氯乙烯混合物。 绝缘厚度应符合表 2-172～表 2-176 的规定。 绝缘电阻应不小于表 2-172～表 2-176 的规定值
3	绝缘线芯成缆	扁型电缆的绝缘线芯应平行放置
4	护套	挤包在绝缘或成缆线芯上的护套应是代号为 PVC/ST4 的聚氯乙烯混合物。 护套厚度应符合表 2-175、表 2-176 的规定。 护套允许填满绝缘线芯之间的空隙，构成填充，但应不粘连绝缘线芯
5	外形尺寸	圆型电缆的平均外径和扁型电缆的平均外形尺寸应符合表 2-172～表 2-176 的规定

表 2-172　　BV 型 300/500V 铜芯聚氯乙烯绝缘电线

导体标称截面 /mm²	绞合导体中单线最少根数	绝缘厚度规定值 /mm	平均外径上限 /mm	20℃时导体电阻最大值 /(Ω/km)		70℃时绝缘电阻最小值 /(MΩ·km)
				铜　芯	镀锡铜芯	
0.75	7	0.6	2.6	24.5	24.8	0.014
1.0	7	0.6	2.8	18.1	18.2	0.013

表 2-173　　BLV 型 450/750V 铝芯聚氯乙烯绝缘电缆

导体标称截面 /mm²	实心导体或绞合导体中单线最小根数	绝缘厚度规定值 /mm	平均外径上限 /mm	20℃时导体电阻最大值 /(Ω/km)	70℃时绝缘电阻最小值 /(MΩ·km)
2.5	1	0.8	3.9	12.1	0.010
4	1	0.8	4.4	7.41	0.0085
6	1	0.8	5.0	4.61	0.0070
10	7	1.0	6.7	3.08	0.0065
16	7	1.0	7.8	1.91	0.0050
25	7	1.2	9.7	1.20	0.0050
35	7	1.2	10.9	0.868	0.0040
50	19	1.4	12.8	0.641	0.0045
70	19	1.4	14.6	0.443	0.0035
95	19	1.6	17.1	0.320	0.0035
120	37	1.6	18.8	0.253	0.0032
150	37	1.8	20.9	0.206	0.0032
185	37	2.0	23.3	0.164	0.0032
240	61	2.2	26.6	0.125	0.0032
300	61	2.4	29.6	0.100	0.0030
400	61	2.6	33.2	0.0778	0.0028

表 2-174　　BVR 型 450/750V 铜芯聚氯乙烯绝缘软电缆

导体标称截面 /mm²	绞合导体中单线最少根数	绝缘厚度规定值 /mm	平均外径上限 /mm	20℃时导体电阻最大值 /(Ω/km)		70℃时绝缘电阻最小值 /(MΩ·km)
				铜　芯	镀锡铜芯	
2.5	19	0.8	4.1	7.41	7.56	0.011
4	19	0.8	4.8	4.61	4.70	0.009
6	19	0.8	5.3	3.08	3.11	0.0084
10	49	1.0	6.8	1.83	1.84	0.0072
16	49	1.0	8.1	1.15	1.16	0.0062
25	98	1.2	10.2	0.727	0.734	0.0058
35	133	1.2	11.7	0.524	0.529	0.0052
50	133	1.4	13.9	0.387	0.391	0.0051
70	189	1.4	16.0	0.268	0.270	0.0045

表 2-175　BVV、BLVV 型 300/500V 铜芯和铝芯聚氯乙烯绝缘聚氯乙烯护套圆型电缆

标称截面 /mm²	实心导体或绞合导体中单线最少根数	绝缘厚度规定值 /mm	护套厚度规定值 /mm	平均外径 /mm		20℃时导体电阻最大值 /(Ω/km)			70℃时绝缘电阻最小值 /(MΩ·km)
				下限	上限	铜芯	镀锡铜芯	铝芯	
0.75	1	0.6	0.8	3.6	4.4	24.5	24.8	—	0.012
1.0	1	0.6	0.8	3.7	4.5	18.1	18.2	—	0.011
1.5	1	0.7	0.8	4.2	5.0	12.1	12.2	—	0.011
1.5	7	0.7	0.8	4.3	5.2	12.1		—	0.010
2.5	1	0.8	0.8	4.8	5.7	7.41	7.56	12.1	0.010
2.5	7	0.8	0.8	4.8	5.9	7.41	7.56	—	0.009
4	1	0.8	0.9	5.4	6.5	4.61	4.70	7.41	0.0085
4	7	0.8	0.9	5.5	6.8	4.61	4.70	—	0.0077
6	1	0.8	0.9	5.9	7.1	3.08	3.11	4.61	0.0070
6	7	0.8	0.9	6.0	7.3	3.08	3.11	—	0.0065
10	7	1.0	0.9	7.3	8.8	1.83	1.84	3.08	0.0065

表 2-176　BVVB、BLVVB 型 300/500V 铜芯和铝芯聚氯乙烯绝缘聚氯乙烯护套扁型电缆

芯数×标称截面 /mm²	实心导体或绞合导体中单线最少根数	绝缘厚度规定值 /mm	护套厚度规定值 /mm	平均外径尺寸 /mm		20℃时导体电阻最大值 /(Ω/km)			70℃时绝缘电阻最小值 /(MΩ·km)
				下限	上限	铜芯	镀锡铜芯	铝芯	
2×0.75	1	0.6	0.9	3.8×5.9	4.6×7.1	24.5	24.8	—	0.012
2×1.0	1	0.6	0.9	3.9×6.1	4.8×7.4	18.1	18.2	—	0.011
2×1.5	1	0.7	0.9	4.4×7.0	5.3×8.5	12.1	12.2	—	0.011
2×2.5	1	0.8	1.0	5.1×8.4	6.2×10.1	7.41	7.56	12.1	0.010
2×4	1	0.8	1.0	5.6×9.2	6.7×11.1	4.61	4.70	7.41	0.0085
2×4	7	0.8	1.0	5.7×9.5	6.9×11.5	4.61	4.70	—	0.008
2×6	1	0.8	1.1	6.2×10.4	7.5×12.5	3.08	3.11	4.61	0.0070
2×6	7	0.8	1.1	6.4×10.8	7.8×13.0	3.08	3.11	—	0.0065
2×10	7	1.0	1.2	7.9×13.4	9.5×16.2	1.83	1.84	3.08	0.0065
3×0.75	1	0.6	0.9	3.8×7.9	4.6×9.6	24.5	24.8	—	0.012
3×1.0	1	0.6	0.9	3.9×8.4	4.8×10.1	18.1	18.2	—	0.011
3×1.5	1	0.7	0.9	4.4×9.6	5.3×11.7	12.1	12.2	—	0.011
3×2.5	1	0.8	1.0	5.1×11.6	6.2×14.0	7.41	7.56	12.1	0.010
3×4	1	0.8	1.1	5.8×13.1	7.0×15.8	4.61	4.70	7.41	0.0085
3×4	7	0.8	1.1	5.9×13.5	7.1×16.3	4.61	4.70	—	0.008
3×6	1	0.8	1.1	6.2×14.5	7.5×17.5	3.08	3.11	4.61	0.0070
3×6	7	0.8	1.1	6.4×15.1	7.8×18.2	3.08	3.11	—	0.0065
3×10	7	1.0	1.2	7.9×19.0	9.5×23.0	1.83	1.84	3.08	0.0065

5. 选用指南提示

《额定电压 450/750V 及以下聚氯乙烯绝缘电缆电线和软线　第 2 部分：固定布线用电缆电线》(JB/T 8734.2—1998)是对 GB 5023.1～5023.7—1997 的补充。

《额定电压 450/750V 及以下聚氯乙烯绝缘电缆电线和软线　第 2 部分：固定布线用电缆电线》(JB/T 8734.2—1998)适用于交流额定电压 U_0/U 为 450/750V 以下动力装置固定布线用的铜芯聚氯乙烯绝缘电缆电线。

二、连接用软电线(JB/T 8734.3—1998)

1. 使用特性

电线的额定电压 U_0/U 为 450/750V 和 300/500V。

2. 型号

连接用软电线型号见表 2-178。

表 2-178　　型号和名称

型　号	名　称
RVS	铜芯聚氯乙烯绝缘绞型连接用软电线

3. 规格

电线的规格见表 2-179。

表 2-179　　电线的规格

型　号	额定电压/V	芯　数	标称截面/mm²	结构参数表号
RVS	300/300	2	0.5～0.75	表 2-181

4. 技术要求

连接用软电线技术要求见表 2-180。

表 2-180　　技术要求

序号	项目	内　容
1	导体	导体芯数和结构应符合表 2-180 的规定
2	绝缘	挤包在导体上的绝缘应是代号为 PVC/D 的聚氯乙烯混合物。 绝缘厚度应符合表 2-181 的规定。 绝缘电阻应不小于表 2-181 的规定值
3	绝缘线芯绞合	绝缘线芯应右向绞合，绞合节距应不大于绞合限的 8 倍
4	外径	绞型软电线的平均外径应符合表 2-181 的规定

表 2-181　　RVS 型 300/300V 铜芯聚氯乙烯绝缘绞型连接用软电线

芯数×标称截面/mm²	导体中单线最大直径/mm	绝缘厚度规定值/mm	平均外径上限/mm	导体电阻最大值		70℃时绝缘电阻最小值/(MΩ·km)
				铜　芯	镀锡铜芯	
2×0.5	0.16	0.8	6.0	39.0	40.1	0.016
2×0.75	0.16	0.8	6.2	26.0	26.7	0.014

5. 选用指南提示

《额定电压450/750V及以下聚氯乙烯绝缘电缆电线和软线　第3部分:连接用软电线》(JB 8734.3—1998)是对GB 5023.1～5023.7—1997内容的补充。

《额定电压450/750V及以下聚氯乙烯绝缘电缆电线和软线　第3部分:连接用软电线》(JB/T 8734.3—1998)适用于交流额定电压U_0/U为300/300V及以下家用电器或动力照明用的铜芯聚氯乙烯绝缘连接用软电线。

三、屏蔽电线(JB/T 8734.5—1998)

1. 材料使用特性

(1)屏蔽电线的额定电压U_0/U为300/300V。

(2)AVP—90,RVP—90型电线的长期允许工作温度应不超过90℃,其他型号电线的长期允许工作温度应不超过70℃。

注:当电线的使用环境可防止热塑流动和容许减小绝缘电阻的情况下,能连续在90℃使用的PVC混合物,在缩短总工作时间的前提下,其工作温度可提高至105℃。

2. 型号

屏蔽电线的型号见表2-182。

表2-182　屏蔽电线型号和名称

型号	名称
AVP	铜芯聚氯乙烯绝缘安装用屏蔽电线
RVP	铜芯聚氯乙烯绝缘屏蔽软电线
RVVP	铜芯聚氯乙烯绝缘、屏蔽、聚氯乙烯护套软电缆
RVVP1	铜芯聚氯乙烯绝缘、缠绕屏蔽、聚氯乙烯护套软电缆
RVP—90	铜芯耐热90℃聚氯乙烯绝缘屏蔽软电线
AVP—90	铜芯耐热90℃聚氯乙烯绝缘安装用屏蔽电线

3. 规格

屏蔽电线的规格见表2-183。

表2-183　屏蔽电线规格

型号	额定电压 V	芯数	标称截面 /mm²	结构参数表号
AVP、AVP—90	300/300	1	0.08～0.4	表2-184
RVP、RVP—90	300/300	1	0.08～2.5	表2-185
		2	0.08～1.5	
RVVP、RVVP1	300/300	1	0.08～2.5	表2-186
		2	0.08～1.5	表2-187
		3	0.12～1.5	表2-187
		4～24	0.12～0.4	表2-187

注:芯数系列为4,5,6,7,10,12,14,16,19和24芯。

表 2-184　　AVP、AVP—90 型 300/300V 铜芯聚氯乙烯绝缘安装用屏蔽电线

导体标称截面 /mm²	实心导体	绝缘厚度规定值 /mm	屏蔽层单线直径 /mm	平均外径上限 /mm	20℃时导体电阻最大值 /(Ω/km)		70℃或 90℃时绝缘电阻最小值 /(MΩ·km)
					铜芯	镀锡铜芯	
0.08	1	0.4	0.10	1.9	225.2	229.6	0.019
0.12	1	0.4	0.10	2.0	144.1	146.9	0.015
0.2	1	0.4	0.10	2.1	92.3	94.0	0.015
0.3	1	0.4	0.10	2.2	64.1	65.3	0.014
0.4	1	0.4	0.10	2.3	47.1	48.0	0.012

表 2-185　　RVP 型及 RVP—90 型 300/300V 铜芯聚氯乙烯绝缘屏蔽软电线

芯数×标称截面 /mm²	导体中单线最大直径 /mm	绝缘厚度规定值 /mm	屏蔽层单线直径 /mm	平均外径或外形尺寸上限 /mm	20℃时导体电阻最大值 /(Ω/km)		70℃或 90℃时绝缘电阻最小值 MΩ·km
					铜芯	镀锡铜芯	
1×0.08	0.13	0.4	0.10	1.9	247	254	0.018
1×0.12	0.16	0.4	0.10	2.0	158	163	0.016
1×0.2	0.16	0.4	0.10	2.2	92.3	95.0	0.013
1×0.3	0.16	0.5	0.10	2.6	69.2	71.2	0.014
1×0.4	0.16	0.5	0.15	3.0	48.2	49.6	0.013
1×0.5	0.21	0.5	0.15	3.1	39.0	40.1	0.012
1×0.75	0.21	0.5	0.15	3.4	26.0	26.7	0.010
1×1.0	0.21	0.6	0.15	3.8	19.5	20.0	0.010
1×1.5	0.26	0.6	0.15	4.1	13.3	13.7	0.009
1×2.5	0.26	0.7	0.15	4.9	7.98	8.21	0.008
2×0.08	0.13	0.4	0.10	3.3 1.9×3.3	247	254	0.018
2×0.12	0.16	0.4	0.10	3.5 2.0×3.5	158	163	0.016
2×0.2	0.16	0.4	0.10	3.9 2.2×3.9	92.3	95.0	0.013
2×0.3	0.16	0.5	0.15	4.8 2.8×4.8	69.2	71.2	0.014
2×0.4	0.16	0.5	0.15	5.2 3.0×5.2	48.2	49.6	0.013
2×0.5	0.21	0.5	0.15	5.4 3.1×5.4	39.0	40.1	0.012
2×0.75	0.21	0.5	0.15	6.0 3.4×6.0	26.7	0.010	
2×1.0	0.21	0.6	0.15	6.8 3.8×6.8	19.5	20.0	0.010
2×1.5	0.26	0.6	0.15	7.4 4.1×7.4	13.3	13.7	0.009

表 2-186　RVVP 型及 PVVP1 型 300/300V 铜芯聚氯乙烯绝缘屏蔽聚氯乙烯护套软电线

芯数×标称截面/mm²	导体中单线最大直径/mm	绝缘厚度规定值/mm	屏蔽层单线直径/mm	护套厚度规定值/mm	平均外径/mm RVVP 下限	平均外径/mm RVVP 上限	平均外径/mm RVVP1 下限	平均外径/mm RVVP1 上限	20℃时导体电阻最大值/(Ω/km) 铜芯	20℃时导体电阻最大值/(Ω/km) 镀锡铜芯	70℃时绝缘电阻最小值/(MΩ·km)
1×0.08	0.13	0.4	0.10	0.4	2.4	2.9	2.1	2.5	247	254	0.018
1×0.12	0.16	0.4	0.10	0.4	2.4	3.0	2.2	2.6	158	163	0.016
1×0.2	0.16	0.4	0.10	0.4	2.6	3.2	2.3	2.8	92.3	95.0	0.013
1×0.3	0.16	0.5	0.10	0.4	2.9	3.5	2.6	3.1	69.2	71.2	0.014
1×0.4	0.16	0.5	0.10	0.4	3.0	3.7	2.7	3.3	48.2	49.6	0.013
1×0.5	0.21	0.5	0.10	0.4	3.1	3.8	2.8	3.4	39.0	40.1	0.012
1×0.75	0.21	0.5	0.10	0.4	3.4	4.1	3.1	3.7	26.0	26.7	0.010
1×1.0	0.21	0.6	0.10	0.6	4.1	4.9	3.8	4.6	19.5	20.0	0.010
1×1.5	0.26	0.6	0.10	0.6	4.3	5.2	4.0	4.9	13.3	13.7	0.009
1×2.5	0.26	0.7	0.15	0.6	4.9	6.0	4.7	5.6	7.98	8.21	0.008

表 2-187　RVVP 型及 PVVP1 型 300/300V 铜芯聚氯乙烯绝缘屏蔽聚氯乙烯护套软电线

芯数×标称截面/mm²	导体中单线最大直径/mm	绝缘厚度规定值/mm	屏蔽层单线直径/mm	护套厚度规定值/mm	平均外径或外形尺寸/mm 下限	平均外径或外形尺寸/mm 上限	20℃时导体电阻最大值/(Ω/km) 铜芯	20℃时导体电阻最大值/(Ω/km) 镀锡铜芯	70℃时绝缘电阻最小值/(MΩ·km)
2×0.08	0.13	0.4	0.10	0.4	3.2 2.4×3.5	4.2 2.9×4.2	247	264	0.018
2×0.12	0.16	0.4	0.10	0.6	3.7 2.8×4.0	4.9 3.4×4.9	156	163	0.016
2×0.2	0.16	0.4	0.10	0.6	4.1 3.0×4.4	5.3 3.6×5.3	92.3	95.0	0.013
2×0.3	0.16	0.5	0.15	0.6	4.8 3.5×5.1	6.2 4.2×6.2	69.2	71.2	0.014
2×0.4	0.16	0.5	0.15	0.6	5.1 3.6×5.4	6.6 4.4×6.6	48.2	49.6	0.013
2×0.5	0.21	0.5	0.15	0.6	5.3 3.7×5.6	6.8 4.5×6.8	39.0	40.1	0.012
2×0.75	0.21	0.5	0.15	0.6	5.8 4.0×6.1	7.4 4.8×7.4	26.0	26.7	0.010
2×1.0	0.21	0.6	0.15	0.6	6.4 4.3×6.7	8.2 5.2×8.3	19.5	20.0	0.010
2×1.5	0.26	0.6	0.15	0.8	7.3 4.9×7.6	9.2 6.0×9.3	13.3	13.7	0.009

（续）

芯数×标称截面/mm²	导体中单线最大直径/mm	绝缘厚度规定值/mm	屏蔽层单线直径/mm	护套厚度规定值/mm	平均外径或外形尺寸/mm		20℃时导体电阻最大值/(Ω/km)		70℃时绝缘电阻最小值/(MΩ·km)
					下限	上限	铜芯	镀锡铜芯	
3×0.12	0.16	0.4	0.10	0.6	3.9	5.1	158	163	0.016
3×0.2	0.16	0.4	0.15	0.6	4.5	5.8	92.3	95.0	0.013
3×0.3	0.16	0.5	0.15	0.6	5.1	6.5	69.2	71.2	0.014
3×0.4	0.16	0.5	0.15	0.6	5.4	6.9	48.2	49.6	0.013
3×0.5	0.21	0.5	0.15	0.6	5.6	7.1	39.0	40.1	0.012
3×0.75	0.21	0.5	0.15	0.6	6.1	7.8	26.0	26.7	0.010
3×1.0	0.21	0.6	0.15	0.8	7.2	9.1	19.5	20.0	0.010
3×1.5	0.26	0.6	0.20	0.8	8.0	10.0	13.3	13.7	0.009
4×0.12	0.16	0.4	0.15	0.6	4.5	5.8	158	163	0.016
4×0.2	0.16	0.4	0.15	0.6	4.9	6.2	92.3	95.0	0.013
4×0.3	0.16	0.5	0.15	0.6	5.5	7.0	69.2	71.2	0.014
4×0.4	0.16	0.5	0.15	0.6	5.9	7.5	48.2	49.6	0.013
5×0.12	0.16	0.4	0.15	0.6	4.8	6.2	158	163	0.016
5×0.2	0.16	0.4	0.15	0.6	5.3	6.7	92.3	95.0	0.013
5×0.3	0.16	0.5	0.15	0.6	6.0	7.6	69.2	71.2	0.014
5×0.4	0.16	0.5	0.15	0.6	6.4	8.1	48.2	49.6	0.013
6～7×0.12	0.16	0.4	0.15	0.6	5.2	6.6	158	163	0.016
6～7×0.2	0.16	0.4	0.15	0.6	5.7	7.2	92.3	95.0	0.013
6～7×0.3	0.16	0.5	0.15	0.6	6.5	8.2	69.2	71.2	0.014
6～7×0.4	0.16	0.5	0.15	0.8	7.3	9.2	48.2	49.6	0.013
10×0.12	0.16	0.4	0.15	0.6	6.4	8.1	158	163	0.016
10×0.2	0.16	0.4	0.15	0.8	7.4	9.3	92.3	95.0	0.013
10×0.3	0.16	0.5	0.20	0.8	8.7	10.9	69.2	71.2	0.014
10×0.4	0.16	0.5	0.20	0.8	9.3	11.6	48.2	49.6	0.013
12×0.12	0.16	0.4	0.15	0.6	6.6	8.3	158	163	0.016
12×0.2	0.16	0.4	0.15	0.8	7.6	9.6	92.3	95.0	0.013
12×0.3	0.16	0.5	0.20	0.8	9.0	11.2	69.2	71.2	0.014
12×0.4	0.16	0.5	0.20	0.8	9.6	11.9	48.2	49.6	0.013
14×0.12	0.16	0.4	0.15	0.8	7.2	9.1	158	163	0.016
14×0.2	0.16	0.4	0.20	0.8	8.2	10.3	92.3	95.0	0.013
14×0.3	0.16	0.5	0.20	0.8	9.4	11.7	69.2	71.2	0.014
14×0.4	0.16	0.5	0.20	0.8	10.0	12.5	48.2	49.6	0.013
16×0.12	0.16	0.4	0.15	0.8	7.6	9.5	158	163	0.016

（续）

芯数×标称截面/mm²	导体中单线最大直径/mm	绝缘厚度规定值/mm	屏蔽层单线直径/mm	护套厚度规定值/mm	平均外径或外形尺寸/mm		20℃时导体电阻最大值/(Ω/km)		70℃时绝缘电阻最小值/(MΩ·km)
					下限	上限	铜芯	镀锡铜芯	
16×0.2	0.16	0.4	0.20	0.8	8.6	10.8	92.3	95.0	0.013
16×0.3	0.16	0.5	0.20	0.8	9.9	12.3	69.2	71.2	0.014
16×0.4	0.16	0.5	0.20	0.8	10.5	13.1	48.2	49.6	0.013
19×0.12	0.16	0.4	0.20	0.8	8.2	10.3	158	163	0.016
19×0.2	0.16	0.4	0.20	0.8	9.0	11.3	92.3	95.0	0.013
19×0.3	0.16	0.5	0.20	0.8	10.4	12.9	69.2	71.2	0.014
19×0.4	0.16	0.5	0.20	1.0	11.5	14.2	48.2	49.6	0.013
24×0.12	0.16	0.4	0.20	0.8	9.4	11.7	158	163	0.016
24×0.2	0.16	0.4	0.20	0.8	10.4	12.9	92.3	95.0	0.013
24×0.3	0.16	0.5	0.20	1.0	12.4	14.4	69.2	71.2	0.014
24×0.4	0.16	0.5	0.20	1.0	13.2	16.4	48.2	49.6	0.013

4. 技术要求

屏蔽电线的技术要求见表 2-188。

表 2-188　屏蔽电线技术要求

序号	项目	内容
1	导体	导体芯数和结构应符合表 2-183～表 2-187 的规定
2	绝缘	挤包在导体上的绝缘应是下列代号的聚氯乙烯混合物。 PVC/E——AVP—90、RVP—90 型电线 PVC/C——AVP 型电线 PVC/D——其余型号电线 绝缘厚度应符合表 2-184～表 2-187 的规定。 绝缘电阻应不小于表 2-184～表 2-187 的规定值
3	绝缘线芯成缆	两芯及以上圆型电缆的绝缘线芯应绞合成缆，最外层绞向为右向。 成缆间隙可单独填充或用护套填充，但任一填充物均不应粘连绝缘线芯
4	屏蔽	(1)AVP、RVP 和 AVP—90、RVP—90 型电线用镀锡软圆铜线编织屏蔽。镀锡圆铜线的直径应符合表 2-184、表 2-185 的规定。 (2)RVVP 型电缆用软圆铜线或镀锡软圆铜线编织屏蔽。RVVP1 型电缆用软圆铜线或镀锡软圆铜线缠绕屏蔽。软圆铜线及镀锡软圆铜线的直径应符合表 2-186、表 2-187 的规定。 单芯电线的缠绕屏蔽为单层，右向均匀缠绕。两芯及以上电线的缠绕屏蔽为双层、反向(先左后右)均匀缠绕
5	护套	挤包在屏蔽或包带上的护套应是代号为 ST5 的聚氯乙烯混合物
6	外形尺寸	屏蔽电线的平均外径或外形尺寸应符合表 2-184～表 2-187 规定

5. 选用指南提示

《额定电压450/750V及以下聚氯乙烯绝缘电缆电线和软线　第5部分：屏蔽电线》(JB 8734.5—1998)是对GB 5023.1～5023.7—1997的补充。

《额定电压450/750V及以下聚氯乙烯绝缘电缆电线和软线　第5部分：屏蔽电线》(JB/T 8734.5—1998)适用于交流额定电压U_0/U为300/300V及以下电器、仪表和电子设备及启动化装置用的铜芯聚氯乙烯绝缘屏蔽电线。

第三章 电缆

第一节 电力电缆

一、交流 500kV 及以下纸绝缘铅套充油电缆(GB/T 9326.2—2008)

1. 材料使用特性

材料使用特性参考表 3-1。

表 3-1　材料使用特性

序号	项目	参考内容
1	油压范围	线路上任何一点、任何时刻的油压应大于 0.02MPa;按电缆加强层结构不同,其允许最高稳态油压可分为 0.4MPa 和 0.80MPa 两类
2	电缆最高工作电压	(1)110kV 电缆为 1.15 倍额定电压; (2)220kV 电缆为 1.15 倍额定电压; (3)330kV 电缆为 1.1 倍额定电压; (4)500kV 电缆为 1.1 倍额定电压
3	敷设温度	电缆一般不能在低于 0℃的环境温度下敷设
4	弯曲半径	电缆敷设时的弯曲半径不小于电缆外径的 25 倍。敷设后,电缆的弯曲半径不小于电缆外径的 20 倍
5	长期运行时最高允许导体温度	电缆长期运行时最高允许导体温度为 85℃

2. 产品型号和规格

材料产品型号及规格见表 3-2。

表 3-2　产品型号和规格

序号	项目	内容		
1	代号	产品系列代号	自各式充油电缆	CY
		材料特征代号	铜导体 纸绝缘 铅套	省略 Z Q
		外护层代号	外护层代号按表 3-3 规定	
		工作油压范围代号	工作油压范围代号按表 3-4 规定	

(续)

序号	项目	内　　容
2	电缆型号	电缆产品型号由产品系列代号和各组成部分代号组成，各类电缆型号及其含义的示例见表 3-5
3	电缆规格	电缆的规格应符合表 3-6 规定
4	产品表示方法	(1)电缆产品用型号、规格(额定电压、芯数、标称截面)及标准号表示，其构成示意如图 3-1 所示： 鉴于各种型号的充油电缆均有相同结构的内衬层和保护加强层和保护层，故内衬层和保护层特征不在电缆型号中表示。电缆外护层代号，按电缆外护层结构从里到外加强层、铠装层、外被层的代号组合表示。 有铠装的自容式充油电缆挤包的聚乙烯或聚氯乙烯护套保护层的代号，不在外护层中表示出来。 (2)产品表示方法举例。 铜芯纸绝缘铅包铜带径向窄铜带纵向加强聚氯乙烯护套自容式充油电缆，额定电压 127/220kV，单芯，标称截面 400mm²，表示为： CYZQ 302　127/220　1×400　GB/T 9326.2—2008

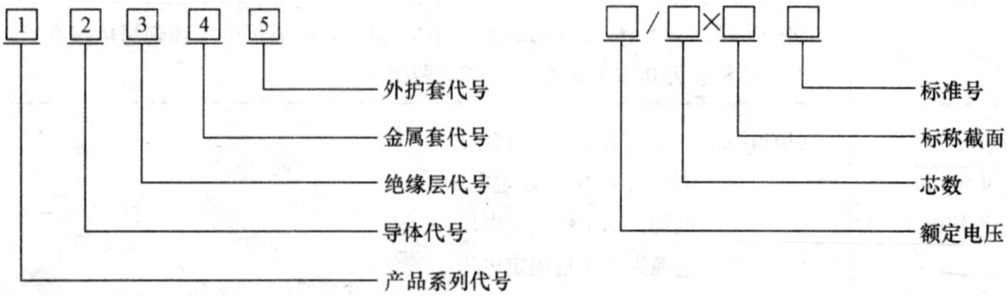

图 3-1　产品表示方法

表 3-3　外护层代号

代号	加强层	代号	铠装层	代号	外被层
1	铜带径向加强	0	无铠装	1	纤维层
2	不锈钢带径向加强	4	粗钢丝	2	聚氯乙烯护套
3	铜带径向窄铜带纵向加强			3	聚乙烯护套
4	不锈钢带径向窄不锈钢带纵向加强				

表 3-4　工作油压范围代号

油压范围	代　号
0.02MPa≤P<0.40MPa	1
0.40MPa≤P<0.80MPa	2
≥0.80MPa	待定

表 3-5 电缆型号

型 号	名 称
CYZQ 203	铜芯纸绝缘铅套不锈钢带径向加强聚乙烯护套自容式充油电缆
CYZQ 302	铜芯纸绝缘铅套铜带径向及纵向加强聚氯乙烯护套自容式充油电缆
CYZQ 141	铜芯纸绝缘铅套铜带径向加强钢丝铠装自容式充油电缆

表 3-6 电缆的规格

额定电压/kV	标称截面/mm^2
110	120,150,185,240,300,400,500,630,800,1000
220	240,300,400,500,630,800,1000,1200,1600
330	400,500,630,800,1000,1200,1400,1600,2000
500	630,800,1000,1200,1400,1600,2000,2500

3. 材料一般要求

材料一般要求见表 3-7。

表 3-7 材料一般要求

序号	项目	要 求
1	导体铜	导体铜应符合《电工圆铜线》(GB/T 3953—2009)的要求
2	绝缘纸	110～330kV 高压电缆纸应符合《110kV～330kV 高压电缆纸》(QB/T 2692—2005)的相关要求;但 500kV 高压电缆纸的介质损耗角正切(100℃)应符合:干纸 $\tan\delta \leqslant 0.0020$,油纸 $\tan\delta \leqslant 0.0025$
3	半导电纸	单色半导纸及双色半导电纸应符合《半导电电缆纸》(GB 7971—2007)的要求
4	护套铅	护套用铅应符合《铅锭》(GB/T 469—2005)的要求,不低于 5 号铅
5	绝缘油	绝缘油应符合《绝缘液体 以合成芳烃为基的未使用过的绝缘液体》(GB/T 21221—2007)的要求,并参见表 3-8

表 3-8 绝缘油的性能

项目名称		单 位	技术指标
外观			无色透明
运动黏度	50℃	m^2/s	$(3\sim4)\times10^{-6}$
	20℃	m^2/s	$(6.5\sim8.5)\times10^{-6}$
闪点(闭口)	不低于	℃	125
凝点	不高于	℃	−60
$\tan\delta$(50Hz)			
老化前	不大于		0.0015
100℃老化后	不大于		0.0020
击穿电压	不小于	kV/2.5mm	60
电场折气性	不大于	μL/min	−60

注:本表参数适用于烷基苯类绝缘油。

4. 技术要求

材料技术要求见表3-9。

表3-9 材料技术要求

序号	项目	内容
1	导体	(1)导体应是中心具有金属螺旋管作支架的油道或由型线绞合构成的油道的中空圆形导体,油道直径应不小于12mm。 (2)导体应采用软圆铜单线或软铜型线制造。 (3)导体表面应光滑、清洁,不允许有损伤导体屏蔽的毛刺、锐边和个别单线凸起或断裂
2	屏蔽	导体屏蔽及绝缘屏蔽由单色半导电纸及一层双色半导电纸构成,屏蔽层厚度不小于0.4mm。导体屏蔽的外层为双色半导电纸,双色半导电纸的绝缘面朝向绝缘层。绝缘屏蔽的内层为双色半导电纸,双色半导电纸绝缘面朝向绝缘层,绝缘屏蔽层的表面亦允许有一层薄铜带大间隙绕包
3	绝缘	(1)绝缘由油浸纸组成。绝缘层的厚度应符合表3-10规定。 (2)经弯曲试验后,在300mm长的试样中相邻绝缘纸带不允许有两个以上的重合撕裂,相邻绝缘纸带不允许有两个以上的间隙重合,纸包反向处最多允许三个间隙重合。 纵向撕裂或边缘撕裂长度超过7.5mm的绝缘纸带数,不超过两处
4	铅套	(1)铅套应采用合金铅。合金成分为:锑0.40%~0.80%,铜0.08%以下,余量为铅;或碲0.04%~0.10%,砷0.12%~0.20%,锡0.10%~0.18%,铋0.06%~0.14%,余量为铅。 (2)铅套应在圆锥体上扩张至铅包前电缆直径的1.3倍而无裂纹。 (3)铅套厚度应符合表3-11规定。 (4)电缆铅套应表面光滑、密封,不得有砂眼和铅渣夹杂物。表面擦伤应进行修理,但必须保证符合表3-11规定。 (5)电缆铠装前应进行铅套密封性检验,在0.50~0.60MPa压力下经2h电缆应不渗油,如渗漏,允许修补到符合要求
5	外护层	(1)电缆外护层应由符合《电缆外护层　第2部分:金属套电缆外护层》(GB/T 2952.2—2008)的同心层组成,其工艺要求应符合《电缆外护层　第1部分:总则》(GB/T 2952.1—2008)的要求。 (2)内衬层应紧包在铅套上,其厚度近似为0.5mm。 (3)普通电缆加强层采用铜带(或不锈钢带)作径向加强;能承受较大张力的电缆采用不锈钢带(或铜带)径向加强和不锈钢带(或窄铜带)纵向加强。其保护层由防水层和聚乙烯/聚氯乙烯挤包护套组成。 (4)聚乙烯或聚氯乙烯护套厚度应符合表3-12规定,最小厚度应不小于标称值的80%−0.2mm。 (5)水底电缆加强层外应有由防水层和挤包的聚乙烯或聚氯乙烯塑料护套组成的保护层,保护层外应另加粗钢丝铠装和外被层。水底电缆外护层的各部分尺寸应根据实际工程条件由制造厂和买方协商确定。 (6)电芯电缆铠装可采用单层或双层的低磁或无磁性金属丝。 (7)纤维外被层由聚丙烯绳等防水、耐磨纤维层组成。外被层的标称厚度应为4.0mm,允许有20%的负偏差
6	成品电缆	成品电缆的性能符合《交流500kV及以下纸或聚丙烯复合纸绝缘金属套充油电缆及附件　第1部分:试验》(GB/T 9326.1—2008)中各项试验要求

表 3-10 绝缘厚度规定

额定电压/kV	最小绝缘厚度/mm
110	10.5
220	19.0
330	25.0
500	31.0

表 3-11 铅套厚度规定 mm

铅包前直径	CYZQ 203		CYZQ 302		CYZQ 141	
	标称厚度	最小厚度	标称厚度	最小厚度	标称厚度	最小厚度
≤50	3.0	2.7	3.5	3.2	3.5	3.2
>50～70	3.5	3.2	4.0	3.7	4.0	3.7
>70	4.0	3.7	4.5	4.2	4.5	4.2

注：本表型号为代表型号，其他类似型号可以依此类推。

表 3-12 护套尺寸规定

护套标称直径/mm	护套标称厚度/mm
≤70	3.5
>70～85	4.0
>85～100	4.5
>100	5.0

5. 包装及标志

(1)电缆应卷绕在符合《电线电缆交货盘》(JB/T 8137—1999)要求的电缆盘上交货，盘芯直径应大于 25($D+d$)，D 为铅套直径，d 为导体直径。电缆端头应焊封严实。盘芯内装有压力箱，压力箱端部应有保护装置，通过油管和电缆端头连通。压力箱阀门上应加封印。油管应逐段加以固定。塑料护套端部应密封，以免水分侵入。

(2)在每个出厂的电缆盘上应附有放在不透水的塑料袋内的产品检验合格证，并固定在电缆盘的侧板上。

(3)每个电缆盘上应标明：

1)制造厂名称；

2)电缆型号；

3)额定电压，kV；

4)电缆芯数及标称截面，mm^2；

5)压力箱整定压力(MPa)及整定压力时温度(℃)；

6)装盘长度，m；

7)毛重，kg；

8)工厂电缆盘编号；

9)制造日期，年月；

10)表示不准平放，以及电缆盘正确转动方向的箭头。

6. 运输与贮存

(1)电缆盘在运输工具上必须放稳,用三角楔塞牢,并用槽钢和钢丝绳加以固定。电线盘不许平放。

(2)电缆运输必须有押车人员,应随时注意线盘固定情况、压力箱的油压变化、连接压力箱的油管、压力表有否损坏,阀门应保持常开,如发现异常应及时处理。

(3)电缆运到工地后应及时检查电缆有否在运输中造成损坏。阀门应保持常开,压力箱油压超过或低于规定范围时应放油或补油。如发现漏油应及时处理。

(4)电缆存放应有专人保管检查,电缆存放期间必须接压力箱,应防止机械损伤和有害介质的腐蚀。应经常检查压力箱油压,观察电缆及附件是否漏油。

7. 选用指南提示

《交流330kV及以下油纸绝缘自容式充油电缆及附件　油纸绝缘自容式充油电缆》(GB/T 9326.2—2008)代替GB 9326.2—1988的主要变化体现在以下几方面:

(1)增加了导体的大尺寸规格,取消了非标准规格与增加了500kV电压等级,电缆的绝缘厚度参照《水力发电厂交流110kV～500kV电力电缆工程设计规范》(DL/T 5228—2005)和我国锦辽线运行的电缆确定。

(2)绝缘纸技术要求改为按照《110kV～330kV高压电缆纸》(QB/T 2692—2005);另对500kV电缆纸规定了介质损耗角正切(100℃,分干纸和油纸)要求;

(3)将铅套密封性例行试验改为工艺要求;

(4)增加了不锈钢带加强层类型,增加了聚乙烯护套类型;增加绝缘油的性能。

纸绝缘铅套充油电缆适用于相间额定交流电压110～500kV中性点有效接地系统,供输配电能用的铜芯纸绝缘铅套单芯自容式充油电缆。

二、交流500kV及以下纸或聚丙烯复合纸绝缘金属套充油电缆终端(GB/T 9326.3—2008)

1. 使用特性

终端产品使用特性见表3-13。

表3-13　终端产品使用特性

序号	项　目		内　容
1	额定电压与导体工作温度		终端的额定电压及导体工作温度与《交流500kV及以下纸或聚丙烯复合纸绝缘金属套充油电缆及附件　第2部分:交流500kV及以下纸绝缘铅套充油电缆》(GB/T 9326.2—2008)相关内容对电缆的规定相一致
2	终端长期允许工作油压		终端的长期允许工作油压应符合《交流500kV及以下纸或聚丙烯复合纸绝缘金属套充油电缆及附件　第2部分:交流500kV及以下纸绝缘铅套充油电缆》(GB/T 9326.2—2008)的电缆最高工作电压规定
3	使用条件	标准参考大气压条件	标准参考大气压条件为: ——温度　$t_0=20℃$; ——压力　$p_0=101.3\text{kPa}$; ——绝对湿度　$h_0=11\text{g/m}^3$。 本部分规定的试验电压均为相应于标准参考大气压条件下的数值

（续）

序号	项 目	内	容
3	使用条件	正常使用条件	本部分规定的试验电压，适用于下列使用条件下运行的设备： (1)周围环境最高空气温度不超过40℃； (2)安装地点的海拔高度不超过1000m
		高温下的外绝缘适用电压	对周围环境空气温度高于40℃处的设备，其外绝缘在干燥状态下的试验电压应取规定的试验电压值乘以温度校正系数K_1。 $K_1=1+0.0033(T-40)$ 式中 T——环境空气温度，℃
		高海拔处的设备外绝缘	对用于海拔高于1000m，但不超过4000m处的设备的外绝缘，海拔每升高100m，绝缘强度约降低1%，在海拔高度不高于1000m的地点试验时，其试验电压应按规定的试验电压值乘以海拔校正系数K_a。 $K_a=\dfrac{1}{1.1-H\times10^{-4}}$ 式中 H——设备安装地点的海拔高度，m
		污秽环境	外绝缘污秽等级应符合《高压电力设备外绝缘污秽等级》(GB/T 5582—1993)规定
4	GIS终端工作压力	GIS终端外绝缘的SF_6气体在20℃温度下设计工作压力(表压)最大为0.70MPa，最小为0.20MPa	
5	系统类别	本部分包括的终端适合运行的系统类别与《交流500kV及以下纸或聚丙烯复合纸绝缘金属套充油电缆及附件 第1部分：试验》(GB/T 9326.1—2008)中1.4的规定相一致	

2. 产品命名

终端产品命名见表3-14。

表3-14　　产品命名

产品	项目	内	容
1	代号	系列代号	油纸绝缘自容式充油电缆　CY
		终端类型代号	户外终端　ZK GIS终端　ZG 油浸终端　ZY
		终端内绝缘代号	增绕绝缘 电容式绝缘
2	产品型号及命名	型号组成由图3-2所示。 终端产品型号与名称见表3-15	
3	产品表示方法	产品用型号、规格(额定电压、相数、适用电缆截面)及标准号表示。 示例1：额定电压127/220kV、导体标称截面800mm²、油纸绝缘自容式充油电缆用户外终端，内绝缘为电容式绝缘，表示为：CYZK21　127/2201×800　GB/T 9326.3—2008 示例2：额定电压127/220kV、导体标称截面800mm²、油纸绝缘自容式充油电缆用GIS终端，内绝缘为增绕绝缘，表示为：CYZG11　127/2201×800　GB/T 9326.3—2008 示例3：额定电压127/220kV，导体标称截面800mm²、油纸绝缘自容式充油电缆用油浸终端，内绝缘为增绕绝缘，表示为：CYZY11　127/2201×800　GB/T 9326.3—2008	

（续）

产品	项目	内　　容
4	终端规格	终端规格应与《交流 500kV 及以下纸或聚丙烯复合纸绝缘金属套充油电缆及附件　第 1 部分：试验》(GB/T 1326.2—2008)中相关内容规定的电缆导体截面相适配

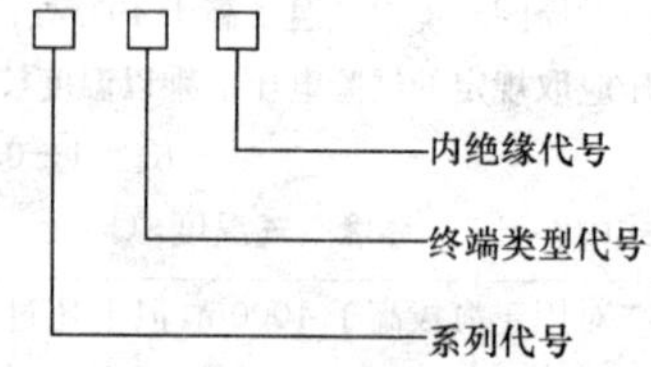

图 3-2　产品型号

表 3-15　　　　**终端产品型号及名称**

型号		产品名称
主型号	含副型号	
CYZK	CYZK11 CYZK21	油纸绝缘自容式充油电缆户外终端，增绕绝缘 油纸绝缘自容式充油电缆户外终端，电容式绝缘
CYZG	CYZG11 CYZG21	油纸绝缘自容式充油电缆 GIS 终端，增绕绝缘 油纸绝缘自容式充油电缆 GIS 终端，电容式绝缘
CYZY	CYZY11 CYZY21	油纸绝缘自容式充油电缆油浸终端，增绕绝缘 油纸绝缘自容式充油电缆油浸终端，电容式绝缘

3. 技术要求

终端产品技术要求见表 3-16。

表 3-16　　　　**终端产品要求**

序号	项　目	内　　容
1	导体出线杆	导体出线杆表面应光滑、清洁，不允许有损伤和毛刺
2	金具	(1)终端金具应采用非磁性金属材料。 (2)所有密封金具应有良好的组装密封性和配合性，不应有造成后泄露的缺陷，如划伤、凹痕等。密封性能应符合密封金具和筑套的密封试验
3	内绝缘	(1)终端绝缘所用电缆纸应符合《交流 500kV 及以下纸或聚丙烯复合纸绝缘金属套充油电缆及附件　第 2 部分：交流 500kV 及以下纸绝缘铅套充油电缆》(GB/T 9326.2—2008)的绝缘纸规定，绝缘油应符合《交流 500kV 及以下纸或聚丙烯复合纸绝缘金属套充油电缆及附件　第 2 部分：交流 500kV 及以下纸绝缘铅套充油电缆》(GB/T 9326.2—2008)的绝缘油规定。 (2)电容式终端用的电容极板应采用厚度为 0.009mm、0.01mm、0.012mm 和 0.014mm 等四种规格的退火工业用铝箔。铝箔表面应洁净，不得有润滑剂斑痕和腐蚀痕迹，电极表面平整，无毛刺和缺口

（续）

序号	项 目	内 容
4	环氧预制件及环氧套管	(1)环氧树脂固化体性能参见表 3-17。 (2)环氧预制件及环氧套管应无有害杂质、气孔，内外表面应光滑无缺陷。绝缘体与预埋金属件结合良好，无裂纹、变形等异常现象
5	密圈	终端用密封圈应采用耐油橡胶制作并与电缆油相容，并能在终端安装运行条件下长期使用
6	瓷套	瓷套应符合《高压绝缘子瓷件技术条件》(GB/T 772—2005)和《高压套管技术条件》(GB/T 4109—2008)的要求
7	支柱绝缘子	支柱绝缘子应符合《高压绝缘子瓷件技术条件》(GB/T 772—2005)和《高压支柱瓷绝缘子 第 1 部分：技术条件》(GB 8287.1—2008)的要求
8	GIS 终端连接尺寸	GIS 终端与 GIS 开关的安装连接尺寸应符合 IEC 62271—209：2007 的规定。当终端制造方与 GIS 开关制造方协商同意时，可以采用其他配合尺寸

表 3-17　　环氧树脂固化体的性能

序号	项 目	单 位	性能指标
1	体积电阻率(23℃和 100℃时)	Ω·cm	$\geqslant 1.0\times10^{15}$
2	$\tan\delta$(23℃和 100℃时)		$\leqslant 5.0\times10^{-3}$
3	介电常数		3.5～4.5
4	短时工频击穿电场强度	kV/mm	≥20
5	热变形温度	℃	105～125

4. 试验要求

(1)例行试验要求见表 3-18。

表 3-18　　例行试验要求

序号	项目	内 容
1	一般规定	零部件的例行试验应包括以下项目： (1)密封金具和瓷套的密封试验； (2)纸卷桶油样试验
2	密封金具和瓷套的密封试验	试验装置应将密封金具两端密封。 试验时将被试品两端封住，施加液压至二倍最大设计压力 30min。所有的焊缝、密封界面，壳体均应无渗漏或可见变形。 在保证安全的情况下，也可采用气压 0.40MPa，15min 进行密封试验。 如果瓷套制造厂有本试验项目的试验合格证书，此项试验可不做
3	纸卷油样试验	纸卷桶中的电缆油抽样试验结果应符合《交流 500kV 及以下纸或聚丙烯复合纸绝缘金属套充油电缆及附件 第 1 部分：试验》(GB/T 9326.1—2008)中 2.7 的规定

(2)终端型式试验要求见表3-19。

表 3-19 终端型式试验

序号	项目	内容
1	终端油样试验	终端组装完成24h后，从终端取油样试验，试验结果应符合《交流500kV及以下纸或聚丙烯复合纸绝缘金属套充油电缆及附件 第1部分：试验》(GB/T 9326.1—2008)中相关的规定
2	支栓绝缘子的电压试验	支柱绝缘子应按《交流500kV及以下纸或聚丙烯复合纸绝缘金属套充油电缆及附件 第1部分：试验》(GB/T 9326.1—2008)中相关规定进行直流耐压试验和冲击耐压试验，支柱绝缘子应不发生击穿或闪络
3	终端液压试验	组装后的终端，下端部封住，在环境温度下充以两倍最大设计压力的液压15min，终端应无渗漏
4	导体压接和机械连接中试验	经制造方和买方同意，导体压接和机械连接件应进行电气热循环试验和机械试验 试验要求和方法在考虑中
5	终端水平拉力试验	经制造方和买方同意，应进行终端水平拉力试验。 试验要求和方法在考虑中
6	终端产品的试验要求和方法	终端产品的试验要求和试验方法见表3-20

表 3-20 试验分类、要求及试验方法

序号	试验项目	试验类型	试验方法
01	密封金具和瓷套的密封试验	R	本部分相关内容
02	纸卷油样试验	R	GB/T 507—2002
03	终端油样试验	T	GB/T 507—2002
04	绝缘安全试验	T	GB/T 3048.8—2007
05	雷电冲击电压试验	T	GB/T 3048.13—2007
06	操作冲击电压试验	T	GB/T 16927.1—1997
07	支柱绝缘子的电压试验	T	GB/T 3048.13—2007
08	终端液压试验	T	GB/T 3048.14—2007
09	无线电干扰试验	T	GB/T 11604—1989
10*	导体压接和机械连接件的试验	T	(考虑中)
11*	终端水平拉力试验	T	(考虑中)

* 仅在要求时进行。

5. 包装运输和贮存

(1)终端产品的包装方式可根据产品特点而定，零部件可分开包装。对各种绝缘件应有相应的防水、防潮等密封措施；对易碎、怕压部件或材料应有相应的防压、防撞击的包装措施，并在包装物外部明显位置标出相应的字样或标记；易燃部件或材料应有防火标志。

(2)内绝缘纸卷桶应清晰标明：

1)型号及规格；

2)纸卷数量。纸卷桶内每只纸卷应标明序号。

(3)电容极板包装封面上应注明终端型号和极板数量，每张铝箔极板应标明极板序号。

(4)包装箱可采用木箱或纸箱。木箱应符合《普通木箱》(GB/T 12464—2002)要求。装箱时在箱内应装入装箱清单。包装箱侧面应标明附件(部件)名称、规格。包装箱的两端面应标示：

1)轻放；

2)防雨；

3)不得倒置。

(5)运输和贮存应符合以下要求：

1)产品运输过程中不得将包装箱倒置及碰撞；

2)产品应贮存在清洁干燥和阴凉处，不得在户外或阳光下存放。

6. 选用指南提示

《交流 500kV 及以下纸或聚丙烯复合纸绝缘金属套充油电缆及附件　第 3 部分：终端》(GB/T 9326.3—2008)是对 GB 9326.3—1988 的代替。与 GB 9326.3—1988 相比的主要差异体现在以下几方面：

(1)为与 GB/T 9326.1 相对应，适用的电压向上扩展到 500kV，并包括了聚丙烯复合纸绝缘；

(2)取消了 1min 工频耐压试验。环氧树脂、二氧化硅粉及固化剂的技术要求，仅对环氧树脂固化体进行提示性要求；铝箔的技术要求。

《交流 500kV 及以下纸或聚丙烯复合纸绝缘金属套充油电缆及附件　第 3 部分：终端》(GB/T 9326.3—2008)适用于额定电压 500kV 及以下纸或聚丙烯复合纸绝缘金属套充油电缆的户外终端、气体绝缘终端(GIS 终端)、油浸终端。

三、交流 500kV 及以下纸或聚丙烯复合纸绝缘金属套充油电缆接头(GB/T 9326.4—2008)

1. 材料使用特性

接头产品使用特性见表 3-21。

表 3-21　　接头产品使用特性

序号	项目	内　　容
1	额定电压与导体工作温度	接头的额定电压及导体工作温度与《交流 500kV 及以下纸或聚丙烯复合纸绝缘金属套充油电缆及附件　第 2 部分：交流 500kV 及以下纸绝缘铅套充油电缆》(GB/T 9326.2—2008)对电缆的规定内容相一致
2	接头的允许工作油压	接头的长期允许工作油压应符合《交流 500kV 及以下纸或聚丙烯复合纸绝缘金属套充油电缆及附件　第 2 部分：交流 500kV 及以下纸绝缘铅套充油电缆》(GB/T 9326.2—2008)的相关规定。塞止接头两端的长期允许工作油压应根据电缆工作油压、线路落差等具体情况设计确定
3	使用条件	符合本部分的接头可以按装在户内、电缆沟、竖井，也可土壤直埋
4	系统类别	本部分包括的接头适合运行的系统类别与《交流 500kV 及以下纸或聚丙烯复合纸绝缘金属套充油电缆及附件　第 1 部分：试验》(GB/T 9326.1—2008)的规定相一致

2. 产品命名

接头产品命名见表 3-22。

表 3-22 **接头产品命名**

序号	项目	内容		
1	代号	系列代号	油纸绝缘自容式充油电缆	
		接头类型代号	直通接头 绝缘接头 塞止接头	JT JJ JS
		接头保护盒	无保护盒 有保护盒及防水浇注剂	0 1
2	产品型号及命名	型号组成如图 3-3 所示，接头产品型号及名称见表 3-23		
3	产品表示方法	产品用型号、规格(额定电压、相数、适用电缆截面)及标准号表示。 示例 1：额定电压 127/220kV、导体标称截面 800mm²、油纸绝缘自容式充油电缆用直通接头，无外保护盒，表示为：CYJT0 127/220 1×800 GB/T 9326.4—2008 示例 2：额定电压 127/220kV、导体标称截面 800mm²、油纸绝缘自容式充油电缆用绝缘接头，有外保护盒，表示为：CYJJ1 127/220 1×800 GB/T 9326.4—2008 示例 3：额定电压 127/220kV、导体标称截面 800mm²、油纸绝缘自容式充油电缆用塞止接头，表示为：CYJS 127/220 1×800 GB/T 9326.4—2008		

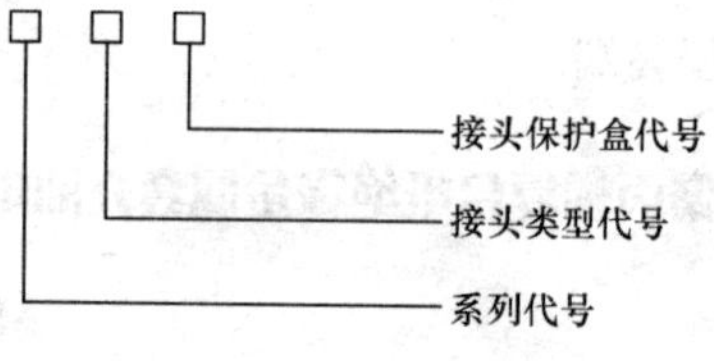

图 3-3 产品型号

表 3-23 **接头产品型号及名称**

型号		产品名称
主型号	含副型号	
CYJT	CYJT0 CYJT1	油纸绝缘自容式充油电缆直通接头，无保护盒 油纸绝缘自容式充油电缆直通接头，有保护盒并含防水浇注剂
CYJJ	CYJJ0 CYJJ1	油纸绝缘自容式充油电缆绝缘接头，无保护盒 油纸绝缘自容式充油电缆绝缘接头，有保护盒并含防水浇注剂
CYJS	—	油纸绝缘自容式充油电缆塞止接头

3. 技术要求

接头产品的技术要求见表 3-24。

表 3-24　接头产品技术要求

序号	项　目	内　容
1	导体连接件	(1)导体连接件表面应光滑、清洁，不允许有损伤和毛刺。 (2)导体连接件应符合气体压接和机械连接件的试验规定的试验要求
2	金具	(1)接头金具应采用非磁性金属材料。 (2)所有密封金具应有良好的组装密封性和配合性，不应有造成后泄漏的缺陷，如划伤、凹痕等。密封性能应符合本部分密封金具的密封试验规定的试验要求
3	内绝缘	接头绝缘所用电缆纸和绝缘油应符合《交流 500kV 及以下纸或聚丙烯复合纸绝缘金属套充油电缆及附件　第 2 部分：交流 500kV 及以下纸绝缘铅套充油电缆》(GB/T 9326.2—2008)的相关内容规定
4	环氧预制件及环氧套管	(1)环氧树脂固化体性能参见 GB/T 9326.3—2008。 (2)环氧预制件及环氧套管应无有害杂质、气孔，内外表面应光滑无缺陷。绝缘体与预埋金属件结合良好，无裂纹、变形等异常现象
5	密封圈	接头用密封圈应采用耐油橡胶制作并与电缆油内容，并能在接头安装运行条件下长期使用
6	防水浇注剂	防水浇注剂推荐采用聚氨酯混合物。浇注剂应具有良好的防水密封性能，并对周围材料无有害作用。浇注剂应对环境无污染。 对需要承受外界机械压力的防水浇注剂(如玻璃钢保护盒用于直埋时)，应具有满足使用条件所要求的机械强度
7	接头产品	接头产品及其零部件的性能应符合本部分相关内容规定

4. 试验和要求

接头产品试验和要求见表 3-25。

表 3-25　接头产品试验和要求

<table>
<tr><th>序号</th><th>项　目</th><th colspan="2">内　容</th></tr>
<tr><td rowspan="2">1</td><td rowspan="2">例行试验</td><td>密封金具的密封试验</td><td>如果金属外壳由多段组成，可以分段进行本项试验。试验时将被试品两端封住，施加液压至两倍最大设计压力 30min。所有的焊缝、密封界面，壳体均应无渗漏或可见变形。
在保证安全的情况下，也可将试件浸入水中，充气压 0.40MPa、15min 进行密封检验</td></tr>
<tr><td>纸卷油样试验</td><td>纸卷桶中的电缆油抽样试验结果应符合《交流 500kV 及以下纸或聚丙烯复合纸绝缘金属套充油电缆及附件　第 1 部分：试验》(GB/T 9326.1—2008)的相关规定</td></tr>
<tr><td rowspan="2">2</td><td rowspan="2">接头形式检验</td><td>接头油样试验</td><td>接头组装完成 24h 后，从接头取油样试验，试验结果应符合《交流 500kV 及以下纸或聚丙烯复合纸绝缘金属套充油电缆及附件　第 1 部分：试验》(GB/T 9326.1—2008)中 2.7 的规定</td></tr>
<tr><td>外护套耐压试验</td><td>不经过弯曲和刮磨，接头外护套应按《交流 500kV 及以下纸或聚丙烯复合纸绝缘金属套充油电缆及附件　第 1 部分：试验》(GBJ/T 9326.1—2008)中 2.6 和 4.9 进行直流耐压试验和冲击耐压试验，护套应不击穿或闪络</td></tr>
</table>

(续)

序号	项　目	内	容
2	接头形式检验	塞止接头油路塞止试验	在环境温度下，在塞止接头的高压力侧和低压力侧之间，施以1.5倍最大设计压力差，维持48h，低压力侧液压应不升高。在试验过程中，高压力侧油压允许随时补充
		接头液压试验	组装后的接头，两端部封住，在环境温度下充以二倍最大设计压力的液压15min，接头应无渗漏
		导体压接和机械连接件的试验	经制造方和买方同意，导体压接和机械连接件应在进行电气热循环试验和机械试验。试验要求和方法在考虑中
3	接头产品的试验要求和试验方法	接头产品的试验要求和试验方法见表3-26	

表3-26　　试验分类、要求及试验方法

序号	试　验　项　目	试验类型	试　验　方　法
1	密封金具的密封试验	R	本部分相关内容
2	纸卷油样试验	R	GB/T 507—2002
3	接头油样试验	T	GB/T 507—2002
4	绝缘安全试验	T	GB/T 3048.8—2007
5	雷电冲击电压试验	T	GB/T 3048.13—2007
6	操作冲击电压试验	T	GB/T 16927.1—1997
7	外护套耐压试验	T	GB/T 3048.14—2007
8	塞止接头油路塞止试验	T	本部分相关内容
9	接头液压试验	T	本部分相关内容
10 *	导体压接和机械连接件的试验	T	(考虑中)

* 仅在要求时进行。

5. 包装、运输及贮存

(1)接头产品的包装方式可根据产品特点而定，零部件可分开包装。对各种绝缘件应有相应的防水、防潮等密封措施；对易碎、怕压部件或材料应有相应的防压、防撞击的包装措施，并在包装物外部明显位置标出相应的字样或标记；易燃部件或材料应有防火标志。

(2)内绝缘纸卷桶应清晰标明：

1)型号及规格；

2)纸卷数量。

纸卷桶内每只纸卷应标明序号。

(3)包装箱可采用木箱或纸箱。木箱应符合《普通木箱》(GB/T 12464—2002)要求。装箱时在箱内应装入装箱清单。包装箱侧面应标明附件(部件)名称、规格。包装箱的两端面应标示：

1)轻放；

2)防雨；

3)不得倒置。

(4)运输和贮存应符合以下要求：

1)接头产品运输过程中不得将包装箱倒置及碰撞；

2)接头产品应贮存在清洁干燥和阴凉处，不得在户外或阳光下存放。

6. 选用指南提示

《交流 500kV 及以下纸或聚丙烯复合纸绝缘金属套充油电缆及附件 第 4 部分：接头》(GB/T 9326.4—2008)是对 GB 9326.4—1998 的代替。与 GB 9326.4—1988 相比的技术差异体现在以下几方面：

(1)为与 GB/T 9326.1 相对应，适用的电压向上扩展到 500kV，并包括了聚丙烯复合纸绝缘；

(2)修改了 GB 9326.4—1988 中的直通接头的定义，将其扩展为直通接头及绝缘接头。

(3)由于接头也有使用环氧树脂的零部件，因此增加环氧预制件及环氧套管的技术要求。

(4)增加气压试验作为金具密封试验的选择性试验方法。

《交流 500kV 及以下纸或聚丙烯复合纸绝缘金属套充油电缆及附件 第 4 部分：接头》(GB/T 9826.4—2008)适用于额定电压 500kV 及以下纸或聚丙烯复合纸绝缘金属套充油电缆的直通接头、绝缘接头及塞止接头。

四、交流 500kV 及以下纸或聚丙烯复合纸绝缘金属套充油电缆压力供油箱 (GB/T 9326.5—2008)

1. 材料使用特性

(1)压力箱工作油压范围不高于 0.80MPa(表压)，下限不低于 0.02MPa(表压)。

(2)压力箱适用于户内及户外安装使用，在户外使用时须加遮阳、防雨装置。

(3)使用环境温度一般应不低于－15℃。

2. 技术要求

压力供油箱技术要求见表 3-27。

表 3-27 压力供油箱技术要求

序号	项目	内 容
1	弹性元件	(1)弹性元件是由波纹膜片及撑圈制成的密闭空心饼状元件，内充有一定压力的二氧化碳气体。 (2)弹性元件应具有良好的密封性。内充 0.15～0.20MPa 气体时应不漏气。经受 10000 次疲劳试验后应不变形不漏气
2	绝缘油	绝缘油应符合《交流 500kV 及以下纸或聚丙烯复合纸绝缘金属套充油电缆及附件 第 2 部分：交流 500kV 及以下纸绝缘铅套充油电缆》(GB/T 9326.2—2008)中 6.5 的要求
3	绝缘连接管	绝缘连接管应经受《交流 500kV 及以下纸或聚丙烯复合纸绝缘金属套充油电缆及附件 第 1 部分：试验》(GB/T 9326.1—2008)中 4.9 规定的电压试验而不击穿或闪络
4	压力表	压力表应符合《交流 500kV 及以下纸或聚丙烯复合纸绝缘金属套充油电缆及附件 第 1 部分：试验》(GB/T 3926.1—2008)中 5.4 的规定
5	箱壳	箱壳由钢板焊接，焊缝应具有气密性，允许有氧化色
6	压力箱	(1)装配好的压力箱，连同阀门、表头等的密封性，应符合《交流 500kV 及以下纸或聚丙烯复合纸绝缘金属套充油电缆及附件 第 1 部分：试验》(GB/T 9326.1—2008)中 5.3 的规定。 (2)压力箱的供油量应不小于压力箱压力/体积特性(供油特性)曲线所代表的标称供油量的 90%

3. 产品型号

压力供油箱产品型号按表 3-28 的规定。

表 3-28 压力供油箱产品型号及规格

名 称	型 号	供油量/L
压力供油箱	CYXY1	50,100,150,200,250,300

4. 试验项目及要求

压力供油箱试验项目及要求见表 3-29。

表 3-29 压力供油箱试验项目及要求

序号	项目	内 容
1	试验项目及要求	试验项目及要求按表 3-27 规定
2	弹性疲劳试验	弹性元件装在特殊夹具中，对各弹性元件同时充入(0.30+0.01)MPa 压力的二氧化碳或压缩空气，放入试验装置内，调整电接点压力表使试验压力从 0.05～0.30MPa 表压自动变化，频率不小于 1 次/分，试验 10000 次，弹性元件应不变形、不漏气。 注：压力箱额定压力大于 0.40MPa 时，各弹性元件可能需要采用更高的充气压力
3	压力箱压力/体积特性试验	应按照《交流 500kV 及以下纸或聚丙烯复合纸绝缘金属套充油电缆及附件　第 1 部分：试验》(GB/T 9126.1—2008)中 6.1 进行

5. 包装运输及标志

(1)每台产品须在明显的适当位置固定产品标牌，并注明下列内容：

1)制造厂名称；

2)产品名称、型号、规格；

3)产品出厂编号、日期；

4)压力/体积特性(供油特性)曲线；

5)产品重量。

(2)产品包装应采用包装箱包装，产品在包装箱内固定牢靠。

(3)包装箱外侧应有如下明显的文字标志：

1)制造厂名称；

2)产品名称、型号、规格；

3)收货单位、地址；

4)净重、毛重、箱号、外形、尺寸；

5)起吊线、“重心”、“不许倒置”等字样及符号。

(4)产品应附有产品检验合格证、产品说明书、压力/体积特性(供油特性)曲线。

(5)压力箱要贮藏在清洁干燥处，不应暴露在日光下。

6. 选用指南提示

《交流 500kV 及以下纸或聚丙烯复合纸绝缘金属套充油电缆及附件　第 5 部分：压力供油箱》(GB/T 9326.5—2008)是对 GB 9326.5—1988 的代替。与 GB 9326.5—1988 相比的技术差异体现在以下方面：

(1)按照 GB/T 9326.1—2008 的内容调整和修改了"技术要求"和"试验项目及要求"的相关内容；

(2)增加不锈钢为主要材料和压力箱的规格；

(3)扩大了压力箱油压范围及相应的试验要求。

《交流 500kV 及以下纸或聚丙烯复合纸绝缘金属套充油电缆及附件 第 5 部分:压力供油箱》(GB/T 9326.5—2008)适用于与交流 500kV 及以下纸或聚丙烯复合纸绝缘金属套充油电缆配套使用的压力供油箱。

五、额定电压 110kV 交联聚乙烯绝缘电力电缆(GB/T 11017.2—2002)

1. 使用特性

电缆使用特性见表 3-30。

表 3-30 使用特性

序号	项 目	内 容
1	额定电压	额定电压是电缆设计和电性能试验用的基准电压，本部分用 U_0/U 和 U_m 标识，这些符合的意义由 JB/T 8996 给出： U_0——电缆设计用的导体和金属屏蔽或金属套之间的额定电压有效值，kV； U——电缆设计用的导体之间的额定电压有效值，kV； U_m——设备最高工作电压有效值，KV。 在本部分中：$U_0/U=64/110$ $U_m=126$
2	系统类别	本部分包括的电缆适合于运行在《高压电缆选择导则》(GB/T 8996)规定的 A 类系统
3	工作温度	(1)电缆正常运行时导体允许的长期最高温度为 90℃。 (2)短路时(最长持续时间不超过 5s)，电缆导体允许的最高温度为 250℃
4	弯曲半径	电缆安装时允许的最小弯曲半径一般为电缆直径的 25 倍
5	使用环境	电缆的使用环境参照表 3-31

表 3-31 电缆使用环境参照表

序号	项 目	内 容
1	C2 铅套和铝套电缆	铅套和铝套电缆除适用于一般场所外，特别适合于下列场合： 铅套电缆——腐蚀较严重但无硝酸、醋酸、有机质(如泥媒)及强碱性腐蚀质，且受机械力(拉力、压力、振动等)不大的场所。 铝套电缆——腐蚀不严重和要求承受一定机械力的场所(如直接与变压器连接，敷设在桥梁上和竖井中等)
2	C3 金属塑料复合护层电缆	金属塑料复合护层电缆主要适用于受机械力(拉力、压力、振动等)不大，无腐蚀或腐蚀轻微，且不直接与水接触的一般潮湿场所
3	C4 塑料外护套	聚氯乙烯(PVC)外护套电缆主要适用于有一般防火要求和对外护套有一定绝缘要求的电缆线路。 聚乙烯(PE)外护套电缆主要适用于对外护套绝缘要求较高的直埋敷设的电缆线路。对－20℃以下的低温环境，或化学液体浸泡场所，以及燃烧时有低毒性要求的电缆宜采用 PE 外护套，PE 外护套如有必要用于隧道或竖井中时应按《电力工程电缆设计规范》(GB 50217—2007)第 7 章采取相应的防火阻燃措施

2. 产品命名

产品命名见表3-32。

表3-32 产品命名

序号	项目	内容
1	代号	交联聚乙烯绝缘 YJ　金属塑料复合护套 A 铜导体 T(省略)　聚氯乙烯外护套 02 铝导体 L　聚乙烯外护套 03 铅套 Q　纵向阻水结构 Z 皱纹铝套 LW
2	型号	型号依次由绝缘、导体、金属套、非金属外护套或通用外护层以及阻水结构的代号构成。 本部分包括的型号和电缆名称见表3-33
3	规格	电缆的规格用额定电压、导体芯数、导体标称截面积表示。 本部分包括的电缆导体标称截面积(mm^2)有：240，300，400，500，630，800，1000，1200，(1400)，1600 其中括号内截面积为非优选截面积。用户要求时，允许采用其他截面积的导体
4	产品表示方法	(1)产品用型号、规格和标准编号表示。 (2)举例。 1)额定电压 64/110kV、单芯、铜导体标称截面积630mm^2、交联聚乙烯绝缘皱纹铝套聚氯乙烯护套电力电缆，表示为： YJLW02 64/110 1×630 GB/T 11017.2—2002 2)额定电压 64/110kV、电芯、铜导体标称截面积300mm^2、交联聚乙烯绝缘铅套聚乙烯护套纵向阻水电力电缆，表示为： YJQ03—Z 64/110 1×300 GB/T 11017.2—2002

表3-33 电缆型号

型号		电缆名称
铜芯	铝芯	
YJLW02	YJLLW02	交联聚乙烯绝缘皱纹铝套或焊接皱纹铝套聚氯乙烯护套电力电缆
YJLW03	YJLLW03	交联聚乙烯绝缘皱纹铝套或焊接皱纹铝套聚乙烯护套电力电缆
YJLW02-Z	YJLLW02-Z	交联聚乙烯绝缘皱纹铝套或焊接皱纹铝套聚氯乙烯护套纵向阻水电力电缆
YJLW03-Z	YJLLW03-Z	交联聚乙烯绝缘皱纹铝套或焊接皱纹铝套聚乙烯护套纵向阻水电力电缆
YJQ02	YJLQ02	交联聚乙烯绝缘铅套聚氯乙烯护套电力电缆
YJQ03	YJLQ03	交联聚乙烯绝缘铅套聚乙烯护套电力电缆
YJQ02-Z	YJLQ02-Z	交联聚乙烯绝缘铅套聚氯乙烯护套纵向阻水电力电缆
YJQ03-Z	YJLQ03-Z	交联聚乙烯绝缘铅套聚乙烯护套纵向阻水电力电缆

注：皱纹铝套包括挤包皱纹铝套和铝套和铝带焊接皱纹铝套，按JB/T 5268.1二者代号均为LW；焊接皱纹铝套应在产品名称中明确表示，名称中未注明“焊接”的即为挤包皱纹铝套。

3. 技术要求

材料的技术要求见表3-34。

表 3-34　技术要求

<table>
<tr><th>序号</th><th>项目</th><th colspan="2">内　容</th></tr>
<tr><td rowspan="3">1</td><td rowspan="3">导体</td><td>导体材料</td><td>(1)铜导体应采用符合《电工圆铜线》(GB/T 3953)规定的 TR 型软铝线。
(2)铝导体应采用符合《电工圆铝线》(GB/T 3955)规定的 LY4 型或 LY6 型硬铝线</td></tr>
<tr><td>导体结构</td><td>(1)截面积为 800mm² 以下的导体应采用《电缆的导体》(GB/T 3956)的第 2 种紧压绞合圆形结构。
(2)截面积为 800mm² 以下的导体应采用分割导体结构：800mm² 的导体可以采用紧压绞合圆形结构，也可以采用分割导体结构。
(3)铜分割导体中的单线应不少于 170 根。铝分割导体的结构在考虑中。
(4)各种绞合导体不允许整芯或整股焊接。绞合导体中的单线允许焊接，但在同一层内，相邻两个接头之间的距离应不小于 300mm。
(5)导体表面应光洁、无油污、无损伤屏蔽及绝缘的毛刺、锐边以及凸起或断裂的单线</td></tr>
<tr><td>直流电阻</td><td>导体的直流电阻应符合《电缆的导体》(GB/T 3956)规定</td></tr>
<tr><td rowspan="3">2</td><td rowspan="3">绝缘</td><td>材料</td><td>本部分包括的绝缘材料的类型应是无填充的交联聚乙烯，缩写符号为 XLPE。
绝缘材料的性能见表 3-35</td></tr>
<tr><td>绝缘厚度</td><td>绝缘层的厚度标称厚度应符合表 3-36 规定</td></tr>
<tr><td>绝缘中的微孔和杂质</td><td>绝缘中允许的微孔和杂质尺寸及数目应符合《额定电压 110kV 交联聚乙烯绝缘电力电缆及其附件　第 1 部分：试验方法和要求》(GB/T 11017.1—2002)中相关规定</td></tr>
<tr><td rowspan="4">3</td><td rowspan="4">半导电屏蔽</td><td>材料</td><td>半导电屏蔽应采用交联型的半导电屏蔽塑料；材料的性能见表 3-37</td></tr>
<tr><td>导体屏蔽</td><td>(1)导体屏蔽应由挤包的半导电层或先绕包半导电带再在其上挤包半导电层组成。
(2)挤包的半导电层应厚度均匀，并与绝缘导牢固地粘结。半导电层与绝缘层的界面应光滑，无明显绞线凸纹、尖角、颗粒、焦烧及擦伤的痕迹</td></tr>
<tr><td>半导电屏蔽层</td><td>半导电屏蔽层与绝缘层界面的微孔与突起应符合《额定电压 110kV 交联聚乙烯绝缘电力电缆及其附件　第 1 部分：试验方法和要求》GB/T 11017.1—2002 中相关规定</td></tr>
<tr><td>半导体屏蔽电阻率</td><td>半导电屏蔽电阻率应符合《额定电压 110kV 交联聚乙烯绝缘电力电缆及其附件　第 1 部分：试验方法和要求》(GB/T 11017.1—2002)中相关规定</td></tr>
<tr><td rowspan="2">4</td><td rowspan="2">缓冲层和纵向阻水层</td><td>材料</td><td>缓冲层应采用弹性材料，或具有纵向阻水功能的弹性阻水膨胀材料。
阻水带和阻水绳应具有吸水膨胀性能。
半导电性无纺布带和半导电性阻水膨胀带的直流电阻率应小于 $1.0\times10^{6}\ \Omega\cdot cm$。
缓冲层和纵向阻水材料应与其相邻的其他材料内容</td></tr>
<tr><td>缓冲层</td><td>在挤包的绝缘半导电屏蔽层外应有缓冲层。
缓冲层的厚度应能满足补偿电缆运行中热膨胀的要求。
缓冲层应使绝缘半导电屏蔽层与金属屏蔽层保持电气上接触</td></tr>
</table>

（续）

<table>
<tr><th>序号</th><th>项目</th><th colspan="2">内　　容</th></tr>
<tr><td>4</td><td>缓冲层和纵向阻水层</td><td>纵向阻水层</td><td>如电缆有纵向阻水要求时，绝缘屏蔽层与径向金属防水层之间应有纵向阻水层。纵向阻水层应由半导电性的阻水膨胀带绕包而成。阻水膨胀带应绕包紧密、平整，其可膨胀面应面向铜丝屏蔽（如果有）。
当采有与绝缘半导电屏蔽直接粘结的铅箔复合套时，可免去额外的纵向阻水层。
如对电缆导体也有纵向阻水要求时，导体绞合时应绞入阻水绳等材料</td></tr>
<tr><td rowspan="2">5</td><td rowspan="2">金属屏蔽</td><td>铜丝屏蔽</td><td>铜丝屏蔽应由同心疏绕的软铜线组成，铜丝屏蔽层的表面上应有铜丝或铜带反向扎紧，相邻屏蔽铜丝的平均间隙 G 应不大于 4mm。G 由下式定义：
$$G=[\pi(D+d)-nd]/n$$
式中　D——铜丝屏蔽下的缆芯直径，mm；
d——铜丝的直径，mm；
n——铜丝的根数。
铜丝屏蔽的截面积应能满足短路容量的要求。
适用时，铜丝屏蔽的电阻测量值应符合《电缆的导体》（GB/T 3956）规定；或者不大于制造厂标称值（当铜丝屏蔽的截面积与《电缆的导体》（GB/T 3956）推荐的系列截面积不同时）</td></tr>
<tr><td>金属套屏蔽</td><td>电缆采用铅套或铝套时，金属套可作为金属屏蔽。如铅套或铝套的厚度不能满足用户对短路容量的要求时，应采取增加金属套厚度或增加铜丝屏蔽的措施</td></tr>
<tr><td rowspan="3">6</td><td rowspan="3">金属套</td><td>材料</td><td>皱纹铝套应采用纯度不小于 99.6％的铝材制造；铝带的伸长率应不小于 16％</td></tr>
<tr><td>金属套的厚度</td><td>金属套的标称厚度由表 3-38 规定。
铅套的最小厚度应符合《额定电压 110kV 交联聚乙烯绝缘电力电缆及其附件　第 1 部分：试验方法和要求》（GB/T 11017.1—2002）中 10.7.1 规定。
铅套的最小厚度应符合《额定电压 110kV 交联聚乙烯绝缘电力电缆及其附件　第 1 部分：试验方法和要求》（GB/T 11017.1—2002）中 10.7.2 规定</td></tr>
<tr><td>金属套的防蚀层</td><td>金属套表面应有电缆沥青或热溶胶防蚀层。电缆沥青可采用符合 SH 0001 要求的沥青。
铅套上允许绕包自粘性橡胶带作为防蚀层</td></tr>
<tr><td rowspan="3">7</td><td rowspan="3">非金属外护套</td><td>材料</td><td>本部分包括的非金属外护套的类型和代号应符合《额定电压 110kV 交联聚乙烯绝缘电力电缆及其附件　第 1 部分：试验方法和要求》（GB/T 11017.1—2002）中 4.3 规定。
电缆外护套的性能应符合《额定电压 110kV 交联聚乙烯绝缘电力电缆及其附件　第 1 部分：试验方法和要求》（GB/T 11017.1—2002）中相应内容规定</td></tr>
<tr><td>非金属外护层</td><td>非金属外护套的标称厚度由表 3-39 规定。非金属外护套的最小厚度和平均厚度应符合《额定电压 110kV 交联聚乙烯绝缘电力电缆及其附件　第 1 部分：试验方法和要求》（GB/T 11017.1—2002）中相关规定</td></tr>
<tr><td>导电层</td><td>非金属外护套的表面应施以均匀牢固的导电层</td></tr>
</table>

表 3-35　　交联聚乙烯料的性能

序号	项　　目	单　位	性能指标
1	密度(23℃)		0.922±0.002
2	老化前抗张强度(250±50mm/min)		≥17.0
3	老化前断裂伸长率(250±50mm/min)	MPa	≥500
4	热延伸试验(200℃,0.20MPa)		
	负荷伸长率	%	≤100
	永久变形率	%	≤10
5	凝胶含量	%	≥82
6	介电常数		≤2.35
7	介质损失角正切 $\tan\delta$		$\leqslant 5.0\times10^{-4}$
8	短时工频击穿强度	kV/mm	≥22
9	[较小的平板电极直径 25mm,升压速率 500V/s, 体积电阻率(23℃)]	Ω·mm	$\geqslant 1.0\times10^{15}$
10	杂质最大尺寸(1000g 样片中)	mm	

表 3-36　　绝缘层的标称厚度

导体标称截面积/mm^2	绝缘标称厚度/mm	导体标称截面积/mm^2	绝缘标称厚度/mm
240	19.0	800	16.0
300	18.5	1000	16.0
400	17.5	1200	16.0
500	17.0	1400	16.0
630	16.5	1600	16.0

表 3-37　　半导电屏蔽料的性能

序号	项　　目	单位	性能指标
1	密度(23℃)		≤1.15
2	老化前抗张强度(250±50mm/min)		≥12.0
3	老化前断裂伸长率(250±50mm/min)	MPa	≥150
4	热延伸试验(200℃,0.20MPa)		
	负荷伸长率	%	≤100
	永久变形率	%	≤10
5	凝胶含量	%	≥65
6	直流电阻率	Ω·cm	
	23℃		<100
	90℃		<350

表 3-38 金属套的标称厚度

导体标称截面积/mm²	铅套/mm	铝套/mm
240	2.6	2.0
300	2.6	2.0
400	2.7	2.0
500	2.7	2.0
630	2.8	2.0
800	2.9	2.0
1000	3.0	2.3
1200	3.1	2.3
1400	3.2	2.3
1600	3.3	2.3

表 3-39 非金属外护套的标称厚度

导体标称截面积/mm²	非金属外护套的标称厚度/mm
240	4.0
300	4.0
400	4.0
500	4.0
630	4.5
800	4.5
1000	4.5
1200	5.0
1400	5.0
1600	5.0

4. 成品电缆的标志

成品电缆的外护套表面应有制造方名称、产品型号、导体规格、额定电压的连续标志和长度标志。标志应字迹清楚，容易辨认，耐擦。

成品电缆应符合《电线电缆识别标志》(GB 6995)规定。

5. 包装、运输和贮存

(1)电缆应卷绕在符合《电线电缆交货盘》(JB/T 8137)的电缆盘上交货，电缆盘的筒径应考虑使电缆不受到过度弯曲。电缆的两个端头应有可靠的防水或防潮密封，并牢靠地固定在电缆盘上。

(2)在每盘出厂的电缆上，应附有产品检验合格证，产品检验合格证应放在不透水的塑料带内，并固定在电缆盘上的侧板上。

(3)每个电缆盘上应标明：

1)制造方名称；

2)电缆型号；

3)额定电压，kV；

4)标称截面，mm²；

5)装盘长度，m；

6)毛重，kg；

7)电缆盘包装尺寸(长×宽×高)，m；

8)电缆盘工厂编号；

9)制造日期，年月；

10)表示电缆盘搬运时正确滚动方向的箭头；

11)标准编号。

(4)运输和贮存。

1)电缆应尽量避免露天存放。电缆盘不允许平放。

2)搬运中严禁从高处扔下装有电缆的电缆盘，严禁机械损伤电缆。吊装包装件时，严禁几盘同时吊装。

3)在车辆、船舶等运输工具上，电缆盘必须放稳，并用合适的方法固定，防止运输中相互碰撞、滚动或翻倒。

6. 选用指南提示

额定电压110kV交联聚乙烯绝缘电力电缆适用于通常安装和运行条件下使用的单芯电力电缆，但不适用于特殊条件下使用的电缆，如海底电缆。

六、额定电压110kV交联聚乙烯电力电缆附件(GB/T 11017.3—2002)

1. 使用特性

电缆附件使用特性见表3-40。

表3-40 电缆附件使用特性

序号	项目	内容	
1	额定电压与导体工作温度	额定电压及导体工作温度与《额定电压110kV交联聚乙烯绝缘电力电缆及其附件 第2部分：额定电压110kV交联聚乙烯绝缘电力电缆》(GB/T 11017.2—2002)内容中对电缆的规定相一致	
2	使用条件	标准参考大气压条件	标准参考大气压条件为： ——温度 $t_0=20℃$ ——压力 $p_0=101.3kPa$ ——绝对温度 $h_0=11g/m^3$
		正常使用条件	标准规定的试验电压，适用于下列使用条件下运行的设备； (1)周围环境最高空气温度不超过40℃； (2)安装地点的海拔高度不超过1000m
		空气温度高于40℃设备	对周围环境空气温度高于40℃处的设备，其外绝缘在干燥状态下的试验电压应取标准规定的试验电压值乘以温度校正系数K_t $K_t=1+0.0033(T-40)$ 式中 T——环境空气温度，℃
		规定范围海拔内的设备外绝缘	对用于海拔高于1000m，但不超过4000m处的设备的外绝缘，海拔每升高100m，绝缘强度约降低1%，在海拔高度不高于1000m的地点试验时，其试验电压应按规定的试验电压值乘以海拔校正系数K_a。 $K_a=\frac{1}{11-H\times10^{-4}}$ 式中 H——设备安装地点的海拔高度，m
		污秽环境	外绝缘污秽等级应符合《高压电力设备外绝缘污秽等级》(GB/T 5582—1993)规定

（续）

<table>
<tr><th>序号</th><th>项　目</th><th>内　　容</th></tr>
<tr><td rowspan="2">3</td><td>终端工作压力</td><td>GIS终端外绝缘的 SF_6 气体在 20℃温度下设计工作压力（表压）最大为 0.70MPa，最小为 0.20MPa</td></tr>
<tr><td>系统类别</td><td>标准包括的附件适合运行的系统类别与《额定电压 110kV 交联聚乙烯绝缘电力电缆及其附件　第 2 部分：额定电压 110kV 交联聚乙烯绝缘电力电缆》（GB/T 11017.2—2002）中相关的规定相一致，为 A 类系统</td></tr>
</table>

2. 产品命名

产品命名见表 3-41。

表 3-41　　产品命名

<table>
<tr><th>序号</th><th>项目</th><th colspan="3">内　　容</th></tr>
<tr><td rowspan="3">1</td><td rowspan="3">代号</td><td>系列代号</td><td>交联聚乙烯绝缘电缆</td><td>YJ</td></tr>
<tr><td>附件代号</td><td>户外终端
GIS终端
油浸终端
直通接头
绝缘接头</td><td>ZW
ZG
ZY
JT
JJ</td></tr>
<tr><td>内绝缘代号</td><td>（1）终端内绝缘
含液体绝缘填充剂
干式绝缘
六氟化硫（SF_6）气体绝缘
（2）接头内绝缘
组合预制绝缘件
整体预制绝缘件
（3）户外终端外绝缘污秽等级代号
Ⅰ级（最小爬电比距 16mm/kV）
Ⅱ级（最小爬电比距 20mm/kV）
Ⅲ级（最小爬电比距 25mm/kV）
Ⅳ级（最小爬电比距 31mm/kV）
（4）接头保护盒及外保护层
无保护盒
玻璃钢保护盒含防水浇注剂
绝缘铜壳</td><td>
C
G
Q

Z
I

1
2
3
4

0
1
2</td></tr>
<tr><td>2</td><td>产品型号及命名</td><td colspan="3">型号组成见图 3-4。
附件产品型号与名称见表 3-42</td></tr>
</table>

（续）

序号	项目	内　　容
3	产品表示方法	产品用型号、规格（额定电压、相数、适用电缆截面）及标准号表示。 示例：（1）额定电压　64/110kV、导体标称截面 630mm²、交联聚乙烯绝缘电缆用含绝缘填充剂户外终端，外缘绝污秽等级Ⅲ级，表示为： YJZWC3 64/1101×630 GB/T 11017.3—2002 （2）额定电压　64/110kV、导体标称截面 630mm²、交联聚乙烯绝缘电缆用干式绝缘单相 GIS 终端，表示为： YJZGG 64/1101×630 GB/T 11017.3—2002 （3）额定电压　643×110kV、导体标称截面 630mm²、交联聚乙烯绝缘电缆用整体预制绝缘件绝缘接头，绝缘铜壳作外保护盒，表示为： YJJJI2 64/110×630 GB/T 11017.3—2002
4	附件规格	附件规格应与电缆导体截面相适配

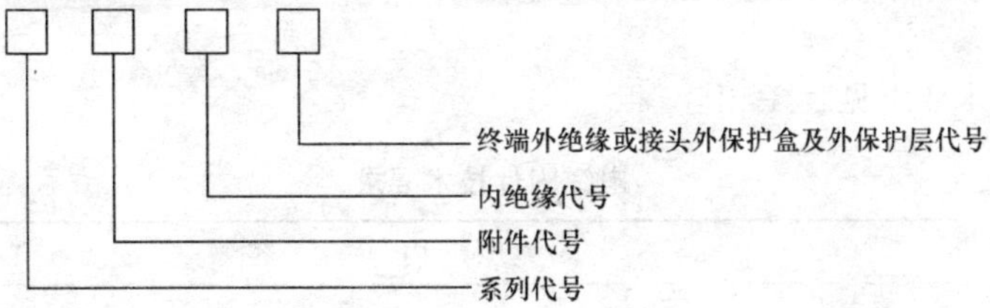

图 3-4　型号组成

表 3-42　产品型号及名称

型号		产品名称
主型号	副型号	
YJZWC	YJZWC1	交联聚乙烯绝缘电力电缆含绝缘填充剂户外终端，外绝缘污秽等级Ⅰ级
	YJZWC2	交联聚乙烯绝缘电力电缆含绝缘填充剂户外终端，外绝缘污秽等级Ⅱ级
	YJZWC3	交联聚乙烯绝缘电力电缆含绝缘填充剂户外终端，外绝缘污秽等级Ⅲ级
	YJZWC4	交联聚乙烯绝缘电力电缆含绝缘填充剂户外终端，外绝缘污秽等级Ⅳ级
YJZWQ	YJZWQ1	交联聚乙烯绝缘电力电缆 SF_6 充气绝缘户外终端，外绝缘污秽等级Ⅰ级
	YJZWQ2	交联聚乙烯绝缘电力电缆 SF_6 充气绝缘户外终端，外绝缘污秽等级Ⅱ级
	YJZWQ3	交联聚乙烯绝缘电力电缆 SF_6 充气绝缘户外终端，外绝缘污秽等级Ⅲ级
	YJZWQ4	交联聚乙烯绝缘电力电缆 SF_6 充气绝缘户外终端，外绝缘污秽等级Ⅳ级
YJZGC	—	交联聚乙烯绝缘电力电缆含绝缘填充剂 GIS 终端
YJZGG	—	交联聚乙烯绝缘电力电缆干式绝缘 GIS 终端
YJZYC	—	交联聚乙烯绝缘电力电缆含绝缘填充剂油浸终端
YJZYG	—	交联聚乙烯绝缘电力电缆干式绝缘油浸终端
YJJT1	YJJTI0	交联聚乙烯绝缘电缆整体预制橡胶绝缘件直通接头，无保护盒
	YJJTI1	交联聚乙烯绝缘电缆整体预制橡胶绝缘件直通接头，玻璃钢保护盒含防水浇注剂
	YJJTI2	交联聚乙烯绝缘电缆整体预制橡胶绝缘件直通接头，绝缘铜壳保护盒

（续）

型号		产品名称
主型号	副型号	
YJJTZ	YJJTZ0	交联聚乙烯绝缘电缆组合预制绝缘件直通接头，无保护盒
	YJJTZ1	交联聚乙烯绝缘电缆组合预制绝缘件直通接头，玻璃钢保护盒含防水浇注剂
	YJJTZ2	交联聚乙烯绝缘电缆组合预制绝缘件直通接头，无保护盒
YJJJI	YJJJI0	交联聚乙烯绝缘电缆整体预制橡胶绝缘件绝缘接头，无保护盒
	YJJJI1	交联聚乙烯绝缘电缆整体预制橡胶绝缘件绝缘接头，玻璃钢保护盒含防水浇注剂
	YJJI2	交联聚乙烯绝缘电缆整体预制橡胶绝缘件绝缘接头，绝缘铜壳保护盒
YJJJZ	YJJJZ0	交联聚乙烯绝缘电缆组合预制绝缘件绝缘接头，无保护盒
	YJJJZ1	交联聚乙烯绝缘电缆组合预制绝缘件绝缘接头，玻璃钢保护盒含防水浇注剂
	YJJJZ2	交联聚乙烯绝缘电缆组合预制绝缘件绝缘接头，绝缘铜壳保护盒

3. 技术要求

电缆附件的技术要求见表3-43。

表3-43 电缆附件技术要求

序号	项目	内容
1	导体连接杆和导体连接管	（1）导体连接杆和导体连接管应采用符合规定的铜材制造，并经退火处理。 （2）导体连接杆和导体连接管表面应光滑、清洁、不允许有损伤和毛刺。 （3）导体连接杆和导体连接管应符合导体压接和机械连接件的试验规定的试验要求
2	金具	（1）附件金具应采用非磁性金属材料。 （2）所有密封金具应有良好的组装密封性和配合性，不应有造成后泄露的缺陷，如划伤、凹痕等。密封性能应符合密封金具和套管装置的密封试验规定的试验要求
3	密封圈	附件用密封圈应与周围绝缘介质相容并能在额定负荷下长期使用
4	橡胶应力锥及预制橡胶胶绝缘件	（1）橡胶应力锥及预制橡胶绝缘件的绝缘料与半导电料的性能见表3-45。 （2）橡胶应力锥及预制橡胶绝缘件应无气泡、烧焦物及其他有害杂质，内外表面应光滑，无伤痕、裂痕、突起物。绝缘与半导电的界面应结合良好，无裂纹和剥离现象，半导电屏蔽内应无有害杂质
5	环氧预制件及环氧套管	（1）环氧树脂固化体性能的表3-46。 （2）环氧预制件及环氧套管应无有害杂质、气孔，内外表面应光滑无缺陷。绝缘件与预埋金属件结合良好、无裂纹、变形等异常现象。 （3）环氧套管的密封性能应符合密封金具和套管装置的密封试验规定的试验要求
6	瓷套	瓷套应符合《高压绝缘子瓷件　技术条件》(GB/T 772)的要求
7	支柱绝缘子	支柱绝缘子应符合《高压绝缘子瓷件　技术条件》(GB/T 772)和《标称高压高子100kV系统用户内和户外支柱绝缘子　第1部分：瓷或玻璃绝缘子的试验》(GB/T 8287.1)的要求
8	液体绝缘填充剂	液体绝缘填充剂应与相接触的绝缘材料及结构材料相容。 对乙丙橡胶应力锥推荐采用硅油作为绝缘填充剂，对硅橡胶应力锥推荐采用聚异丁烯或高黏度硅油作为绝缘填充剂

（续）

序号	项目	内容
9	防水浇注剂	防水浇注剂推荐采用聚氨酯混合物。浇注剂应具有良好的防水密封性能，并对周围材料无有害作用。浇注剂应对环境无污染。 对需要随外界机械压力的防水浇注剂（如玻璃钢保护盒用于直埋时），应具有满足使用条件所要求的机械强度
10	弹簧压紧装置	弹簧压紧装置应与橡胶应力锥紧密配合，配合面应光滑无突起，能在设计寿命内提供规定的设计压力
11	GIS终端连接尺寸	GIS终端与GIS开关的安装连接尺寸应符合IEC 60859的规定。当终端制造方与GIS开关制造方协商同意时，可以采用其他配合尺寸

表 3-44　　三元丙橡胶料的性能

序号	项　目	单　位	绝缘料	半导电料
	老化前机械性能			
1	抗张强度	MPa	≥5.0	≥10.0
2	断裂伸长率	%	≥350	≥250
3	抗撕强度	N/mm	在考虑中	在考虑中
4	硬度	邵氏A	≤70	≤75
5	压缩永久变形	%	在考虑中	在考虑中
	空气箱老化后机械性能 老化条件：135℃±3℃，7d			
1	抗张强度变化率	%	≤±30	≤±30
2	伸长率的变化率	%	≤±30	≤±30
	电气性能（室温下）			
1	体积电阻率（23℃）	Ω·cm	$\geq 1.0\times10^{15}$	$\leq 1.0\times10^{3}$
2	$\tan\delta$	—	$\leq 5.0\times10^{-3}$	—
3	介电常数	—	2.5～3.5	—
4	短时工频击穿电场强度	kV/mm	≥25	—

表 3-45　　硅橡胶料的性能

序号	项　目	单　位	绝缘料	半导电料
	老化前机械性能			
1	抗张强度	MPa	≥5.0	≥5.5
2	断裂伸长率	%	≥450	≥300
3	抗撕强度	N/mm	在考虑中	在考虑中
4	硬度	邵氏A	≤30	≤55
5	压缩永久变形	%	在考虑中	在考虑中
	空气箱老化后机械性能 老化条件：135℃±3℃，7d			

（续）

序号	项　　目	单　位	绝缘料	半导电料
1	抗张强度变化率	%	≤±30	≤±30
2	伸长率的变化率	%	≤±30	≤±30
	电气性能（室温下）			
1	体积电阻率（23℃）	Ω·cm	$\geqslant 1.0\times10^{15}$	$\leqslant 1.0\times10^{3}$
2	tanδ	—	$\leqslant 5.0\times10^{-3}$	—
3	介电常数	—	2.8～3.5	—
4	短时工频击穿电场强度	kV/mm	≥23	—

表 3-46　　环氧树脂固化体的性能

序号	项　　目	单　　位	性能指标
	电气性能（室温下）		
1	体积电阻率（23℃）	Ω·cm	$\geqslant 1.0\times10^{15}$
2	tanδ	—	$\leqslant 5.0\times10^{-3}$
3	介电常数	—	3.5～4.5
4	短时工频击穿电场强度	kV/mm	≥20
	电气性能（100℃时）		
1	体积电阻率	Ω·cm	$\geqslant 1.0\times10^{15}$
2	tanδ	—	$\leqslant 5.0\times10^{-3}$
3	介电常数	—	3.5～4.5
	热变形温度	℃	105～125

4. 试验和要求

产品试验和要求见表 3-47。

表 3-47　　试验和要求

序号	项目	内　　容	
1	密封金具和套管装置的密封试验	压力泄漏试验	在室温下对试品施加表压为（0.20±0.01）MPa 的气压，保持 1h。任选浸水检验或密封封面上涂肥皂水检验，观察是否有气体逸出。随气压的试品应有防爆安装措施。或施加相同水压，保持 1h。在密封面上涂白垩粉，观察是否有水渗出迹象。试验期间应无漏气或渗水迹象
		真空漏增试验	在室温下将试样抽真空至残压 A 为（67±3）Pa，然后关闭试件与真空泵间的真空阀门，经 0.5h，测量试品的压力值 13。试验结束时，压力漏增值（$B-A$）应不超过 67Pa
		预制橡胶绝缘件的局部放电试验	试验电压应逐渐升到 112kV（1.75U_0）并保持 10s，然后慢慢地降到 1.75U_0。 如采用安装在专供试验的装置或模拟附件上试验项的装置进行试验，允许降低试验电压，但要求试验的电场强度应达到成品附件在上述规定试验电压下试验时所经受的电场强度

（续）

序号	项目		内容
1	密封金具和套管装置的密封试验	预制橡胶绝缘件的电压试验	电压试验应在环境温度下使用工频交流电压进行。试验电压应逐渐升到 $2.5U_0$，然后保持 30min。试品应不击穿。如采用安装在专供试验的装置或模拟附件上试验项的装置进行试验，允许降低试验电压，但要求试验的电场强度应达到成品附件在上述规定试验电压下试验时所经受的电场强度
2	附件的型式试验	附件组装后的密封试验	附件试验应按实际安装要求进行组装；组装附件内允许不含绝缘件
		支柱绝缘子电压试验	(1)直流电压试验应按照《电力电缆电性能试验方法第 14 部分：直流电压试验》(GB/T 3048.14)规定的试验程序在终端上支柱绝缘子两端的法兰上施加 20kV 直流电压，持续 1min。绝缘子应不闪络或击穿。 (2)冲击电压试验应按照《电线电缆电性能试验方法第 13 部分：冲击电压试验》(GB/T 3048.13)规定的试验程度在终端上支柱绝缘子两端的法兰上施加 37.5kV 冲击电压，正负极性各 10 次。绝缘子应不闪络或击穿。 如果试验系统的电缆还要求进行《额定电压 110kV 交联聚乙烯绝缘电力电缆及其附件　第 1 部分：试验方法和要求》(GB/T 11017.1—2002)中 12.3.1 的 f)项试验，终端支柱绝缘子的
		户外终端短时(1min)工频电压试验	经制造方和买方同意，户外终端应在淋雨状态下，施加工频电压 185kV，历时 1min。淋雨条件按《高电压试验技术　第一部分：一般试验要求》(GB/T 16927.1—1997)规定。终端不击穿或闪络
		户外终端无线电干扰试验	买方要求时，户外终端应进行无线电干扰试验。试验步骤和方法应按高压电器设备无线电干扰测试方法《高压电器设备无线电干扰测试方法》(GB/T 11604—1989)规定。 户外终端在 81kV($1.1\times1.15U_0$)工频试验电压下，产生的 1MHz 干扰电压应不大于 450μV
		导体压接和机械连接件的试验	经制造方和买方同意，导体压接和机械连接件应进行电气热循环试验和机械试验。试验要求和方法在考虑中
3	附件产品的试验方法		附件产品的试验要求和试验方法如表 3-48 所示

表 3-48　　试验分类、要求及试验方法

序号	试 验 项 目	试验类型	试 验 方 法
1	密封金具和套管装置的密封试验	R	本部分相关内容
2	预制橡胶绝缘件的局部放电试验	R	GB/T 8354，IEC60885－2
3	预制橡胶绝缘件的电压试验	R	GB/T 3048.8
4	环境温度下的局部放电试验	T	
	热循环电压试验	T	IEC 60885－2
5	环境温度下和高温下的局部放电试验	T	GB/T 11017.1—2002 中 12.5

（续）

序号	试验项目	试验类型	试验方法
6	冲击电压试验及随后的工频电压试验	T	IEC 60885－2
7	埋地接头的外保护层试验	T	GB/T 3048.13，GB/T 3048.8
8	附件组装后的密封试验	T	GB/T 11017.1—2002 附录 D
9	支柱绝缘子的电压试验	T	本部分相关内容
10	户外终端短时(1min)工频电压试验(湿试)	T	GB/T 3048.14，GB/T 3048.13
11*	户外终端无线电干扰试验	T	GB/T 3048.8
12*	导体压接和机械连接件的试验	T	GB/T 11604
13*			（考虑中）

*仅在要求时进行。

5. 包装、运输和贮存

(1)电缆附件产品的包装方式可根据产品特点而定，附件的零部件可分开包装。对各种预制绝缘件、带材等应有相应的防水、防潮等密封措施；对易碎、怕压部件或材料应有相应的防压、防撞击的包装措施，并在包装物外部明显位置标出相应的字样或标记；易燃部件或材料应有防火标志。

(2)包装箱可采用木箱或纸箱。木箱应符合《普通木箱》(GB/T 12464)要求。装箱时在箱内应装入装箱清单。包装箱侧面应标明附件(部件)名称、规格。包装箱的两端面应标示：

1)轻放；

2)防雨；

3)不得倒置。

(3)运输和贮存。

1)产品运输过程中不得将包装箱倒置及碰撞。

2)产品应贮存在清洁干燥和阴凉处，不得在户外或阳光下存放。

6. 选用指南提示

GB/T 11017.3—2002 适用于额定电压 110kV(U_n＝126kV)交联聚乙烯绝缘电力电缆的户外终端、气体绝缘终端(GIS 终端)、油浸终端、直通接头及绝缘接头。

七、额定电压 1kV 及以下架空绝缘电缆(GB/T 12527—2008)

1. 使用特性

(1)额定电压 U 为 1kV 及以下。

(2)电缆导体的长期允许工作温度：聚氯乙烯绝缘、聚乙烯绝缘应不超过 70℃；交联聚乙烯绝缘应不超过 90℃。

(3)电缆的敷设温度应不低于－20℃。

(4)电缆外径(D)小于 25mm 的电缆，弯曲半径不小于 $4D$。电缆外径(D)大于或等于 25mm 的电缆，弯曲半径应不小于 $6D$。

2. 符号和代号

电缆符号和代号见表 3-49。

表 3-49　符号和代号

<table>
<tr><th>序号</th><th>项目</th><th colspan="3">内　　容</th></tr>
<tr><td>1</td><td>系列代号</td><td colspan="2">架空绝缘电缆代号</td><td>JK</td></tr>
<tr><td rowspan="6">2</td><td rowspan="6">材料代号</td><td rowspan="3">导体材料代号</td><td>铜导体</td><td>省略</td></tr>
<tr><td>铝导体</td><td>L</td></tr>
<tr><td>铝合金导体</td><td>LH</td></tr>
<tr><td rowspan="3">绝缘材料代号</td><td>聚氯乙烯绝缘</td><td>V</td></tr>
<tr><td>聚乙烯绝缘</td><td>Y</td></tr>
<tr><td>交联聚乙烯绝缘</td><td>YJ</td></tr>
<tr><td>3</td><td>产品表示方法</td><td colspan="3">(1)产品用型号、规格及标准编号表示。
(2)产品表示方法举例：
1)额定电压 1kV 铜芯聚氯乙烯绝缘架空电缆，单芯，标称截面为 70mm²，表示为：JKVJ－1　1×70　GB/T 12527—2008；
2)额定电压 1kV 铝合金芯交联聚乙烯绝缘架空电缆，4 芯，标称截面为 16mm²，表示为：JKLHJY-1　4×16　GB/T 12527—2008；
3)额定电压 1kV 铝芯聚乙烯绝缘架空电缆，4 芯，其中主线芯为 3 芯，其标称截面为 35mm²，承载中性导体为铝合金芯，其标称截面为 50mm²，表示为：
JKLY-1　3×35＋1×50(B)GB/T 12527—2008</td></tr>
</table>

3. 型号和规格

(1)架空绝缘电缆的型号见表 3-50。

表 3-50　架空绝缘电缆型号

型号	名　　称	用　　途
JKV	额定电压 1kV 铜芯聚氯乙烯绝缘架空电缆	架空固定敷设、引户线
JKY	额定电压 1kV 铜芯聚乙烯绝缘架空电缆	
JKYJ	额定电压 1kV 铜芯交联聚乙烯绝缘架空电缆	
JKLV	额定电压 1kV 铝芯聚氯乙烯绝缘架空电缆	
JKLYJ	额定电压 1kV 铝芯交联聚乙烯绝缘架空电缆	
JKLY	额定电压 1kV 铝芯聚乙烯绝缘架空电缆	
JKLHY	额定电压 1kV 铝合金芯聚乙烯绝缘架空电缆	
JKLHV	额定电压 1kV 铝合金芯聚氯乙烯绝缘架空电缆	
JKLHYJ	额定电压 1kV 铝合金芯聚乙烯绝缘架空电缆	

(2)架空绝缘电缆的规格见表 3-51。

表 3-51　架空绝缘电缆规格

型　　号	芯数	主线芯标称截面/mm²
JKV、JKLV、JKLHV、JKY、JKLY、JKLHY、JKYJ、JKLYJ、JKLHYJ	1	10～400
	2、4	10～120
JKLV、JKLY、JKLYJ	3＋K①	10～120

注：①辅助线芯 k 为承载线芯或带承载的中线线芯。根据工程需求，任选其中截面与主线芯搭配。(A)表示钢承载绞线，(B)为铝合金承载绞线。

4. 技术要求

架空绝缘电缆的技术要求见表 3-52。

表 3-52 架空绝缘电缆的技术要求

<table>
<tr><th>序号</th><th>项目</th><th colspan="2">内容</th></tr>
<tr><td rowspan="3">1</td><td rowspan="3">导体</td><td>材料</td><td>铜导电线芯应采用《电工圆铜线》(GB/T 3953—2009)中的 TY 型圆铜线。多芯电缆的铜导电线芯允许采用 TR 型软圆铜线。铝导电线芯应采用《架空绞线用硬铝线》(GB/T 17048—2009)中的 LY9 型 H9 状态硬圆铝线。铝合金导电线芯应采用《架空绞线用铝—镁—硅导合金圆线》(JB/T 8134—1997)的 LHA1 型或 LHA2 型铝合金圆线</td></tr>
<tr><td>要求</td><td>导体应采用紧压圆形绞合的铜、铝线或铝合金导线。导体中的单线在 7 根及以下不允许有接头。7 根以上的绞线中单线允许有接头,但成品绞线上两接头间的距离不小于 15m。
导体表面应光洁、无油污、无损伤绝缘的毛刺、锐边以及凸起或断裂的单线</td></tr>
<tr><td>结构</td><td>铜芯导体架空绝缘电缆的结构应符合表 3-53 的规定。铝芯、铝合金芯架空绝缘电缆的结构应符合表 3-54 规定</td></tr>
<tr><td rowspan="3">2</td><td rowspan="3">绝缘</td><td>材料</td><td>绝缘应采用耐候型的聚氯乙烯、聚乙烯、交联聚乙烯为基的混合料。材料的机构物理性能应符合表 3-55 的规定</td></tr>
<tr><td>结构</td><td>绝缘厚度的标称值应符合表 3-53 和表 3-54 的规定。绝缘厚度的平均值应不小于标称值,最薄处厚度应不小于标称值的 90%减去 0.1mm 后的结果。
绝缘应紧密挤包在导体上,绝缘表面应平整、色泽均匀。
两芯及两芯以上电缆的绝缘上应有识别相序的标志,且容易识别。A 相为一根凸脊,B 相为二根凸脊,C 相为三根凸脊。根据供需双方协议,也可采用其他耐久易区分的标示方法</td></tr>
<tr><td>中间检验</td><td>绝缘线芯应按《电火花电缆性能试验方法　第 9 部分:绝缘线芯火花试验》(GB/T 3048.9—2007)的规定,进行火花试验,作为生产过程中的中间检验</td></tr>
<tr><td>3</td><td>绞合电缆线缆</td><td colspan="2">两芯及两芯以上电缆的绝缘线芯应按 A、B、C 顺向序绞合成束,绞合方向为右向,绞合节距不大于绝缘线芯计算绞合外径的 25 倍</td></tr>
<tr><td>4</td><td>成品电缆</td><td colspan="2">(1)电缆的外径和结构尺寸应符合表 3-53 和表 3-54 的规定。导体的单线直径不做考核。
(2)电缆的拉断力应符合表 3-53 和表 3-54 的规定。软铜线芯多芯电缆的拉断力由承载线芯决定,视具体工程配套用辅助线芯而定。
(3)电缆的导体电阻应符合表 3-53 和表 3-54 的规定。
(4)电缆应能承受 3.5kV、1min 电压试验。
单芯电缆应浸在室温水(附加电极)中 1h 后进行。
注:单芯电缆的火花试验正在考虑中。
(5)电缆的绝缘电阻应符合表 3-53 和表 3-54 的规定。试样应在通过(4)规定的电压试验后的电缆上截取,其长度不小于 10m,浸入为电压额定工作温度±2℃中,2h 后进行试验。
(6)电缆绝缘的机械物理特性应符合表 3-55 的规定。
(7)电缆的燃烧性能应符合《电缆和光缆在火焰条件下的燃烧试验第 11 部分净根绝缘》(GB/T 18380.11—2008)的规定。
(8)电缆应按《额定电压 1kV 及以下架空绝缘电缆》(GB/T 12527—2008)附录 B 规定的方法进行耐磨性试验,电缆的耐磨次数应不少于 20000 次。
试验时试样端部悬挂的负荷应符合下述规定:
——导体标称截面 16mm² 及以上电缆:50N;
——导体标称截面 16mm² 以下电缆:30N。
(9)成品电缆的表面应有制造厂名、型号或制造厂名、型号、截面和电压的连续标志。标志应字迹清楚、容易辨认、耐擦。标志可以印刷,也可以采用凹模压印在电缆表面上,一个完整标志的末端与下一个标志的始端之间的距离应不超过 500mm。
(10)电缆交货长度按双方协议规定。长度计量误差应不超过±0.5%</td></tr>
</table>

表 3-53 铜芯架空绝缘电缆技术要求

导体标称截面/mm^2	导体中最少单线根数	导体外径（参考值）/mm	绝缘标称厚度/mm	电缆平均外径最大值/mm	20℃时最大导体电阻/(Ω/km)		额定工作温度时最小绝缘电阻/(MΩ·km)		单芯电缆拉断力/N
					硬铜	软铜	70℃	90℃	硬铜
10	6	3.8	1.0	6.5	1.906	1.83	0.0067	0.67	3471
16	6	4.8	1.2	8.0	1.198	1.15	0.0065	0.65	5486
25	6	6.0	1.2	9.4	0.749	0.727	0.0054	0.54	8465
35	6	7.0	1.4	11.0	0.540	0.524	0.0054	0.54	11731
50	6	8.4	1.4	12.3	0.399	0.387	0.0046	0.46	16502
70	12	10.0	1.4	14.1	0.276	0.268	0.0040	0.40	23461
95	15	11.6	1.6	16.5	0.199	0.193	0.0039	0.39	31759
120	18	13.0	1.6	18.1	0.158	0.153	0.0035	0.35	39911
150	18	14.6	1.8	20.2	0.128	0.124	0.0035	0.35	49505
185	30	16.2	2.0	22.5	0.1021	0.0991	0.0035	0.35	61846
240	34	18.4	2.2	25.6	0.0777	0.0754	0.0034	0.34	79823

表 3-54 铝芯、铝合金芯架空绝缘电缆技术要求

导体标称截面/mm^2	导体中最少单线根数	导体外径（参考值）/mm	绝缘标称厚度/mm	单根线芯标称平均外径最大值/mm	20℃时最大导体电阻/(Ω/km)		额定工作温度时最小绝缘电阻/(MΩ·km)		单芯电缆拉断力/N	
					硬铜	软铜	70℃	90℃	硬铜	铝合金芯
10	6	3.8	1.0	6.5	3.08	3.574	0.0067	0.67	1650	2514
16	6	4.8	1.2	8.0	1.91	2.217	0.0065	0.65	2517	4022
25	6	6.0	1.2	9.4	1.20	1.393	0.0054	0.54	3762	6284
35	6	7.0	1.4	11.0	0.868	1.007	0.0054	0.54	5177	8800
50	6	8.4	1.4	12.3	0.641	0.744	0.0046	0.46	7011	12569
70	12	10.0	1.4	14.1	0.443	0.514	0.0040	0.40	10354	17596
95	15	11.6	1.6	16.5	0.320	0.371	0.0039	0.39	13727	23880
120	15	13.0	1.6	18.1	0.253	0.294	0.0035	0.35	17339	30164
150	15	14.6	1.8	20.2	0.206	0.239	0.0035	0.35	21033	37706
185	30	16.2	2.0	22.5	0.164	0.190	0.0035	0.35	26732	46503
240	30	18.4	2.2	25.6	0.125	0.145	0.0034	0.34	34679	60329
300	30	20.8	2.2	27.2	0.100	0.116	0.0033	0.33	43349	75411
400	53	23.2	2.2	30.7	0.0778	0.0904	0.0032	0.32	55707	100548

表 3-55 绝缘材料技术要求

序号		项 目		单位	性能要求		
					聚氯乙烯	聚乙烯	交联聚乙烯
1	抗张强度和断裂伸长率	原始性能					
		抗张强度	最小	MPa	12.5	10	12.5
		断裂伸长率	最小	%	150	300	200
2	空气烘箱老化试验	老化温度		℃	80±2	100±2	135±2
		老化时间		h	168	240	168
		抗张强度	最小	MPa	12.5	—	—
		变化率	最大	%	±20	—	±25
		断裂伸长率	最小	%	150	300	
		变化率	最大	%	±20	—	±25
3	人工气候老化试验	老化时间		h	1008	1008	1008
		试验结果：					
		a） 0～1008h					
		抗张强度变化率	最大	%	±30	±30	±30
		断裂伸长率变化率	最大	%	±30	±30	±30
		b） 504～1008h					
		抗张强度变化率	最大	%	±15	±15	±15
		断裂伸长率变化率	最大	%	±15	±15	±15
4	热失重试验	温度		℃	80±2	—	—
		时间		h	168	—	—
		失重	最大	mg/cm^2	2.0	—	—
5	抗开裂试验	温度		℃	150±3	—	—
		时间		h	1	—	—
		试验结果			不开裂	—	—
6	高温压力试验	温度		℃	80±3	—	—
		时间		h	4(6)	—	—
		试验结果		%	50	—	—
7	低温卷绕试验	温度		℃	−35	—	—
		试验结果			不开裂	—	—
8	低温拉伸试验	温度		℃	−35	—	—
		试验结果		%	20	—	—
9	低温冲击试验	温度		℃	−35	—	—
		试验结果			不开裂	—	—

（续）

序号	项　目		单位	性能要求		
				聚氯乙烯	聚乙烯	交联聚乙烯
10	吸水试验	电压法				
		温度	℃	70±2	—	—
		时间	h	240	—	—
		试验结果		不开裂	—	—
		重量法				
		温度	℃	—	85±2	85±2
		时间	h	—	336	336
		吸水量　　最大量	%	—	1	1
11	收缩试验	温度	℃	—	100±2	130±2
		时间	h	—	1	1
		收缩率　　最大值	%	—	4	4
12	热延伸试验	温度	℃	—	—	200±3
		载荷时间	min	—	—	15
		机械应力	N/cm^2	—	—	20
		载荷下伸长率	%	—	—	175
		冷却后永久伸长率	%	—	—	15
13	熔融指数	老化前允许值	g/10min		0.4	—

5. 包装、运输及贮存

(1)电缆应妥善包装在符合《电线电缆交货盘》(JB/T 8137—1999)规定要求的电缆盘上交货。

(2)电缆端头应可靠密封、伸出盘外的电缆端头应钉保护罩，伸头的长度应不小于300mm。

(3)成盘电缆的电缆盘外侧及成圈电缆的附加标签应标明：

1)制造厂名或商标；

2)电缆型号及规格；

3)长度(单位为m)；

4)毛重(单位为kg)；

5)制造日期：　年　月；

6)表示电缆盘正确旋转方向的符号；

7)标准编号。

(4)运输和贮存应按照下列要求进行：

1)电缆应避免在露天存放，电缆盘不允许平放；

2)运输中禁止从高处扔下装有电缆的电缆盘，严禁机械损伤电缆；

3)吊装包装件时，严禁几盘同时吊装。在车辆船舶等运输工具上，电缆盘必须放稳，并用合适方法固定，防止互撞或翻倒。

6. 选用指南提示

《额定电压 1kV 及以下架空绝缘电缆》(GB/T 12527—2008)是对 GB 12527—1990 的代替。

与 GB 12527—1990 相比主要变化如下：

(1)修改了额定电压的定义与产品表示方法；

(2)增加了单芯电缆铝及铝合金导体规格 $300mm^2$、$400mm^2$ 和线芯的标志方法；

(3)取消了对导体绞合节径比和绞向的规定；

《额定电压 1kV 及以下架空绝缘电缆》(GB 12527—2008)适用于交流额定电压 U 为 1kV 及以下架空电力线路用铜芯、铝芯、铝合金芯耐候型聚氯乙烯、聚乙烯和交联聚乙烯绝缘架空电缆。

八、额定电压 10kV 架空绝缘电缆(GB/T 14049—2008)

1. 使用特性

(1)额定电压为 10kV。

(2)电缆敷设温度应不低于－20℃。

(3)短路时(最长持续时间不超过 5s)电缆的最高温度：

交联聚乙烯绝缘 250℃；高密度聚乙烯绝缘 150℃。

(4)电缆导体的最高长期允许工作温度：

1)有承载线结构电缆。由绝缘的最高长期允许工作温度决定：

交联聚乙烯绝缘 90℃；高密度聚乙烯绝缘 75℃。

2)无承载线结构电缆(在考虑中)。

(5)电缆的允许弯曲半径应不小于电缆弯曲试验用圆柱体直径。

2. 符号和代号

额定电压 10kV 架空绝缘电缆符号和代号见表 3-56。

表 3-56 符号和代号

序号	项目	内容	
1	系列代号	架空电缆系列	JK
2	材料和结构特征代号	铜导体	省略
		软铜导体	TR
		铝导体	L
		铝合金导体	LH
		交联聚乙烯绝缘	YJ
		高密度聚乙烯绝缘	Y
		本色绝缘	/B
		耐候黑色绝缘	省略
		轻型薄绝缘结构	/Q
		普通绝缘结构	省略

（续）

序号	项 目	内 容
3	产品的表示方法	(1)产品用型号、规格及标准编号表示。 (2)示例： 1)铝芯交联聚乙烯轻型薄绝缘架空电缆，额定电压10kV，单芯，标称截面为120mm²，表示为：JKLYJ/Q-10 1×120 GB/T 14049—2008。 2)铝芯本色交联聚乙烯绝缘架空电缆，额定电压10kV，4芯，其中主线芯为3芯，标称截面为240mm²；承载绞线为镀锌钢丝，标称截面为95mm²，表示为： JKLYJ/B-10 8×240+95(A) GB/T 14049—2008。 3)铝合金线芯聚乙烯绝缘架空电缆，额定电压10kV，单芯，标称截面为185mm²，表示为： JKLHY-10 1×185 GB/T 14049—2008

3. 型号和规格

(1)架空绝缘电缆的型号见表3-57。

表3-57 架空绝缘电缆的型号

型 号	名 称	主要用途
JKYJ JKTRYJ JKLYJ JKLHYJ JKY JKTRY JKLY JKLHY	铜芯交联聚乙烯绝缘架空电缆 软铜芯交联聚乙烯绝缘架空电缆 铝芯交联聚乙烯绝缘架空电缆 铝合金芯交联聚乙烯绝缘架空电缆 铜芯聚乙烯绝缘架空电缆 软铜芯聚乙烯绝缘架空电缆 铝芯聚乙烯绝缘架空电缆 铝合金芯聚乙烯绝缘架空电缆	架空固定敷设，软铜芯产品用于变压器引下线。 电缆架设时，应考虑电缆和树木保持一定距离，电缆运行时，允许电缆和树木频繁接触
JKLYJ/B JKLHYJ/B	铝芯本色交联聚乙烯绝缘架空电缆 铝合金芯本色交联聚乙烯绝缘架空电缆	架空固定敷设 电缆架设时，应考虑电缆和树木保持一定距离，电缆运行时，允许电缆和树木频繁接触
JKLYJ/Q JKLHYJ/Q JKLY/Q JKLHY/Q	铝芯轻型交联聚乙烯薄绝缘架空电缆 铝合金芯轻型交联聚乙烯绝缘架空电缆 铝芯轻型聚乙烯绝缘架空电缆 铝合金芯轻型聚乙烯绝缘架空电缆	架空固定敷设用 电缆架设时，应考虑电缆和树木保持一定距离，电缆运行时，只允许电缆和树木作短时接触

(2)架空绝缘电缆的规格见表3-58。

表3-58 架空绝缘电缆的规格

型 号	芯 数	标称截面/mm²
JKYJ JKTRYJ JKLYJ JKLHYJ	1	10～400
	3	25～400
	3+K(A) 或3+K(B)	25～400 其中K25～120

（续）

型号	芯数	标称截面/mm²
JKY,JKTRY JKLY,JKLHY JKLYJ/Q,JKLHYJ/Q JKLY/Q,JKLHY/Q	1	10～400
JKLYJ/B JKLHYJ/B	3	25～400
	3+K(A) 或 3+K(B)	25～400 其中 K25～120

注：1. 其中K为承载绞线，按工程设计要求，可任选表3-58中规定截面与相应导体截面相匹配，如杆塔跨距更大采用外加承载索时，该承载索不包括在电缆结构内。

2. 其中(A)表示钢承载绞线，(B)为铝合金承载绞线。

4. 技术要求

架空绝缘电缆的技术要求见表3-59。

表3-59　　架空绝缘电缆技术要求

序号	项目	内容
1	架空绝缘电缆结构和技术参数	架空绝缘电缆的结构和技术参数见表3-60，承载绞线拉断力要求见表3-61
2	导体及承载绞线	(1)导体应采用紧压圆形绞合硬铜硬铝或铝合金导体或钢芯铝绞线导体，其中铜导体应采用TY型硬铜圆线，并符合《电工圆铜线》(GB/T 3953—2009)规定；铝导体应采用L8或LY9型硬铝圆线，并符合《电工圆铝线》(GB/T 3955—2009)规定；铝合金导体应采用LHA或LHB型铝合金圆线。导体的结构尺寸、机械拉断力及导体电阻应符合表3-60规定。 (2)作为变压器引下线用的架宽电缆导体应采用TR型软铜圆线，并符合《电工圆铜线》(GB/T 3953—2009)规定。 (3)承载绞线材料和结构应符合《圆线同心绞架空导线》(GB/T 1179—2008)相应规定，其拉断力应符合表3-61规定。 (4)导体表面应光洁，无油污，无损伤屏蔽及绝缘的毛刺，锐边以及凸起或断裂的单线。 (5)导体中的单线为7根及以下时，所有单线均不允许有接头；7根以上时，单线允许有接头，但成绞线上两单线接头间的距离应不小于15m
3	绝缘	(1)绝缘应采用交联聚乙烯(XLPE)或高密度聚乙烯(HDPE)混合料，如绝缘层无半导电屏蔽层，材料应采用黑色耐候料。 (2)绝缘应紧密地挤包在导体或导体屏蔽层上，绝缘表面应平整，色泽均匀。 (3)绝缘标称厚度应符合表3-60规定，绝缘厚度的平均值应不小于标称值，其最薄处厚度应不小于标称值的90%减去0.1mm。 (4)3芯电缆绝缘表面推荐采用标有可识别相序的凸出标志，A相为1根凸脊，B相为2根凸脊，C相为3根凸脊，也可采用其他耐久的标志方法。中性线芯应采用区别于上述标志方法的其他标志

（续一）

<table>
<tr><th>序号</th><th colspan="2">项目</th><th>内　　容</th></tr>
<tr><td rowspan="2">4</td><td rowspan="2">屏　蔽</td><td>导体屏蔽</td><td>导体表面除轻型薄绝缘结构外，均应有半导电屏蔽层，导体屏蔽用半导电料可以是交联型的或者是非交联型的，半导电屏蔽层应均匀地包覆在导体上，表面应光滑，无明显绞线凸纹，不应有尖角，颗粒，烧焦或擦伤的痕迹。半导电屏蔽层厚度可参照表 3-60 规定</td></tr>
<tr><td>绝缘屏蔽</td><td>3 芯绞合成缆的绝缘线芯，应有挤包的半导电层作为绝缘屏蔽，不允许采用轻型薄绝缘结构。单芯电缆均采用耐候黑色绝缘，可不包覆半导电屏蔽层。
绝缘屏蔽层应采用可剥离半导电交联料，并应均匀地包覆在绝缘表面，表面应光滑，不应有尖角、颗粒、烧焦或擦伤的痕迹。
绝缘屏蔽层厚度的平均值应不小于表 3-60 规定的标称值，最薄处厚度应不小于标称值的 90%减去 0.1mm</td></tr>
<tr><td>5</td><td colspan="2">成品电缆</td><td>3 芯电缆应绞合成缆，成缆节径比应小于 25，绞合方向为右向。
如具有承载绞线时，承载绞线应处于中心位置</td></tr>
<tr><td>6</td><td colspan="2">试验条件</td><td>(1)除非另有规定，电压试验的环境温度为(20±15)℃，其他项目试验的环境温度为(20±5)℃。
(2)交流电压试验的频率为 49～60Hz，电压波形基本上是正弦波形。
(3)冲击电压试验波形规定波前时间为 1～5μs，半峰值时间为 40～60μs</td></tr>
<tr><td rowspan="3">7</td><td rowspan="3">例行试验
(代号 R)</td><td>导体直流电阻试验</td><td>导体直流电阻应符合表 3-60 规定</td></tr>
<tr><td>绝缘电阻试验</td><td>无绝缘屏蔽电缆，应进行绝缘电阻试验。
试验在成盘电缆上进行，在室温下，将电缆浸于水中不少于 1h，施加电压 80～500V 直流电压，稳定时间应不小于 1min，且不大于 5min。普通绝缘结构电缆的绝缘电阻应不小于 1500MΩ·km，轻型薄绝缘结构电缆的绝缘电阻应不小于 1000MΩ·km</td></tr>
<tr><td>交流电压试验</td><td>试验在成盘电缆上进行。在室温下，将电缆浸于水中不少于 1h 后施加试验电压，维持时间为 1min，电缆应不击穿，对应各额定电压电缆的试验电压值如表 3-62 规定</td></tr>
<tr><td rowspan="4">8</td><td rowspan="4">抽样试验</td><td>抽样试验的数量</td><td>(1)结构尺寸检查应在每批同一型号及规格的电缆上进行，其数量应不超过交货批电缆段数量的 10%。
(2)交货批中 3 芯电缆总长度超过 2km，单芯电缆总长度超过 4km，可根据表 3-63 确定抽取的试样数</td></tr>
<tr><td>结构和尺寸检查</td><td>导体结构应符合导体及承载绞线规定。
承载绞线结构应符合导体及承载绞线规定。
绝缘结构应符合绝缘规定。
屏蔽结构应符合屏蔽规定</td></tr>
<tr><td>4h 交流电压试验</td><td>除终端外，成品电缆试样应不少于 5m，将电缆浸入水中按表 3-63 规定施加交流电压，持续时间 4h，试验过程中，绝缘应不发生击穿</td></tr>
<tr><td>热延伸试验</td><td>交联聚乙烯绝缘应进行热延伸试验，试验条件及要求应符合表 3-64 规定</td></tr>
</table>

（续二）

序号	项目	内容	
9	型式试验	局部放电试验	在10kV电缆试样上施加9kV交流电压，电缆的放电量应不大于20pC
		弯曲试验及随后的局部放电试验	(1)弯曲试验按弯曲试验规定试验。 (2)局部放电试验按局部放电试验规定试验
		tanδ与电压关系试验	在10kV电缆试样上进行，在室温下分别施加3kV、6kV、12kV交流电压，6kV时测得的tanδ应不大于40×10^{-4}，在3kV和12kV时测得的tanδ应不大于20×10^{-4}
		tanδ与温度关系试验	在10kV电缆试样上进行，分别在室温和90℃温度下测量，施加交流电压2kV，室温时测得的tanδ值应不大于40×40^{-4}，90℃时测得的tanδ应不大于80×10^{-4}
		热循环试验后的局部放电试验	在10kV电缆试样导体上通以电流，使导体达到并稳定在100℃，多芯电缆试样的加热电流应通过所有导体。加热循环应持续至少8h，在每一加热过程中，导体在达到规定温度后至少应维持2h，并随即在空气中自然冷却至少3h。如此重复循环3次，随后进行局部放电试验，试验结果应符合局部放电试验规定
		弯曲试验	电缆应在室温下，按《电线电缆机械和理化性能试验方法　第3部分：弯曲试验》(JB/T 10696.3—2007)规定进行弯曲试验。 弯曲试验用圆柱体直径按下列规定确定： (1)单芯电缆。$20(D+d)\pm5\%$(mm)； (2)多芯电缆。$15(D+d)\pm5\%$(mm)； 注：D——试样的实际外径(mm)； d——试样导体的实际外径(mm)
		冲击电压试验及交流电压试验	(1)冲击电压试验。在经过弯曲试验后电缆试样上进行，试样长度应不小于5m，在室温下浸水中1h，按表3-65中规定施加冲击电压，正负极各10次，试样不击穿。 (2)交流电压试验。试验应在经过冲击电压试验试样上进行。在室温下，按表3-63规定对电缆试样施加交流电压15min，电缆试样应不击穿
		伏交流电压试验	按表3-63规定，对电缆试样施加交流电压4h，电缆试样应不击穿，该项试验也可以另取试样进行，但对有绝缘屏蔽的10kV电缆试样必须先经过弯曲试验及随后的局部放电试验和热循环试验后的局部放电试验规定的试验，对无绝缘屏蔽的电缆试样必须先经过相应规定的试验
		绝缘耐漏电痕迹试验	无绝缘屏蔽的电缆应进行此项试验。 在4kV电压下，经101次喷水后，表面应无烧焦，泄漏电流应不超过0.5A

（续三）

序号	项目	内容	
9	型式检验	导体承载绞线拉力试验	导体拉力试验应在电缆试样上进行，拉断力应不小于表 3-60 规定。承载绞线拉断力应符合表 3-61 规定
		绝缘机械物理性能试验	(1)老化前后绝缘机械性能试验要求应符合表 3-66 规定。 (2)高密度聚乙烯绝缘断裂温度试验结果应符合表 3-67 的规定
		绝缘耐候试验	在大气和光老化作用下，试样经 42d 老化后，绝缘的抗张强度和伸长率的变化率应不超过±30%范围，经过 21d 老化后试样与经 42d 老化后试样对比，抗张强度和伸长率的变化率应不超过±15%范围
		外半导电层剥离试验	可剥离外半导电层应经受剥离试验。 取带有外半导电层的绝缘芯 0.5m，沿轴向将半导电层平行切割成两条至绝缘的深痕，间距 10mm。用力拉已切割成条的外半导电层，力的方向应垂直于轴心，力的大小应不小于 8N 且不大于 40N，绝缘应不拉坏，且无半导电层残留在表面上
		印刷标志耐擦试验	按《电线电缆识别标志方法 第 3 部分：电线电缆识别标志》(GB/T 6995.3—2008)规定的试验方法和要求进行
10	成品电缆标志	成品电缆的表面应有制造厂名、产品型号及额定电压的连续标志，标志应字迹应清楚，容易辨认，耐擦。成品电缆标志应符合《电线电缆识别标志方法 第 3 部分：电线电缆识别标志》(GB/T 6995.3—2008)规定	

表 3-60　　架空绝缘电缆结构和技术参考

导体标称截面/mm²	导体最少单线根数	导体直径(参考值)/mm	导体屏蔽层最小厚度①(近似值)②/mm	绝缘标称厚度/mm		绝缘屏蔽层标称厚度/mm	20℃时导体电阻不大于/(Ω/km)				导体拉断力不小于/N		
				薄绝缘	普通绝缘		硬铜芯	软铜芯	铝芯	铝合金芯	硬铜芯	铝芯	铝合金芯
10	6	3.8	0.5	—	3.4	—	—	1.830	3.080	3.574	—	—	—
16	6	4.8	0.5	—	3.4	—	—	1.150	1.910	2.217	—	—	—
25	6	6.0	0.5	2.5	3.4	1.0	0.749	0.727	1.200	1.393	8465	3762	6284
35	6	7.0	0.5	2.5	3.4	1.0	0.540	0.524	0.868	1.007	11731	5177	8800
50	6	8.3	0.5	2.5	3.4	1.0	0.399	0.387	0.641	0.744	16502	7011	12569
70	12	10.0	0.5	2.5	3.4	1.0	0.276	0.268	0.443	0.514	23461	10354	17596
95	15	11.6	0.6	2.5	3.4	1.0	0.199	0.193	0.320	0.371	31759	13727	23880
120	18	13.0	0.6	2.5	3.4	1.0	0.158	0.153	0.253	0.294	39911	17339	30164
150	18	14.6	0.6	2.5	3.4	1.0	0.128	—	0.206	0.239	49505	21033	37706

（续）

导体标称截面/mm²	导体最少单线根数	导体直径（参考值）/mm	导体屏蔽层最小厚度①（近似值）②/mm	绝缘标称厚度/mm		绝缘屏蔽层标称厚度/mm	20℃时导体电阻不大于/(Ω/km)				导体拉断力不小于/N		
				薄绝缘	普通绝缘		硬铜芯	软铜芯	铝芯	铝合金芯	硬铜芯	铝芯	铝合金芯
185	30	16.2	0.6	2.5	3.4	1.0	0.1021	—	0.164	0.190	61846	26732	46503
240	34	18.4	0.6	2.5	3.4	1.0	0.0777	—	0.125	0.145	79823	34679	60329
300	34	20.6	0.6	2.5	3.4	1.0	0.0619	—	0.100	0.116	99788	43349	75411
400	53	23.8	0.6	2.5	3.4	1.0	0.0484	—	0.0778	0.0904	133040	55707	100548

① 轻型薄绝缘结构架空电缆无内半导电屏蔽层；

② 近似值是既不要验证又不要检查的数值，但在设计与工艺制造上需予充分考虑。

表 3-61 承载绞线拉断力要求

承载绞线截面/mm²	钢承载绞线拉断力不小于/N	铝合金承载绞线拉断力不小于/N
25	30000	6284
35	42000	8800
50	56550	12569
70	81150	17596
95	110150	23880
120	—	30164

表 3-62 额定电压电缆的试验电压值

额定电压 U/kV	10	
	普通绝缘结构电缆	轻型薄绝缘结构电缆
试验电压/kV	18	12

表 3-63 抽样试验数

电缆交货长度 L/km		试样数
3 芯电缆	单芯电缆	
$2<L\leqslant10$	$4<L\leqslant20$	1
$10<L\leqslant20$	$20<L\leqslant40$	2
$20<L\leqslant30$	$40<L\leqslant60$	3
其余类推	其余类推	其余类推

表 3-64 热延伸试验条件及要求

序 号	试 验 项 目		指 标
1	试验条件		
	温度(偏差±3℃)/℃		200
	荷载时间/min		15
	机械应力/MPa		0.2
2	负载下伸长率(%)	最大	175
3	冷却后永久伸长率(%)	最大	15

表 3-65 冲击电压的试验电压值

额定电压U/kV	10	
	普通绝缘结构电缆	轻型薄绝缘结构电缆
试验电压/kV	95	75

表 3-66 老化前后绝缘机械性能试验

序 号	试 验 项 目		XLPE	HDPE
1	老化前机械性能			
1.1	抗张强度/MPa	最小	12.5	10.0
1.2	断裂伸长率(%)	最小	200	300
2	空气老化后机械性能			
	温度/℃		135	100
	温度偏差/℃		±3	±2
	持续时间/d		7	10
2.1	抗张强度变化率(%)	最大	±25	—
2.2	断裂伸长率变化率(%)	最大	±25	—
2.3	断裂伸长率(%)	最小	—	300

表 3-67 高密度聚乙烯断裂温度

试 验 项 目		指 标
老化前熔体指数	最大	0.4

5. 包装、运输及贮存

(1)电缆应妥善包装在符合《电线电缆交货盘》(JB/T 8137—1999)规定要求的电缆盘上交货。

(2)电缆端头应可靠密封、伸出盘外的电缆端头应钉保护罩,伸出的长度应不小于300mm。

(3)成盘电缆的电缆盘外侧及成圈电缆的附加标签应标明:

1)制造厂名或商标；

2)电缆型号及规格；

3)长度(m)；

4)毛重(kg)；

5)制造日期：　　　年　　月；

6)表示电缆盘正确旋转方向的符号；

7)标准编号。

(4)运输和贮存

1)电缆应避免在露天存放,电缆盘不允许平放；

2)运输中禁从高处扔下装有电缆的电缆盘,严禁机械损伤电缆；

3)吊装包装件时,严禁几盘同时吊装。在车辆船舶等运输工具上,电缆盘必须放稳,并用合适方法固定,防止互撞或翻倒。

6. 选用指南提示

《额定电压10kV架空绝缘电缆》(GB/T 14049—2008)是对GB 14049—1993的代替。

与GB 14049—1993相比,主要变化体现在以下几方面：

(1)标准名称改为《额定电压10kV架空绝缘电缆》；

删除了关于额定电压35kV架空绝缘电缆的条目及对导体绞合节片比和绞向的规定；

(2)增加导体标称截面400mm^2；

(3)增加了线芯的标志方法；

(4)删除对有绝缘屏蔽电缆的局部放电作为例行试验项目；

(5)修改了10kV架空电缆的冲击电压试验值。

《额定电压10kV架空绝缘电缆》(GB/T 14049—2008)适用于交流额定电压$U(U_m)$为10(12)kV的架空电力线路用铜芯、铝芯、铝合金芯交联聚乙烯(XLPE)和高密度聚乙烯(HDPE)绝缘架空电缆。

九、电力电缆导体用压接型铜、铝接线端子和连接管(GB/T 14315—2008)

1. 相关术语和定义

相关术语和定义见表3-68。

表3-68　　　　术语及定义

序号	项　目	内　　容
1	压接型接线端子	用压接方式使电缆末端导体与用电装置接线端相连接的导电金具,通常它与电缆导体连接一端为管状,与用电装置连接的另一端为特定形状的平板
2	压接型连接管	用压接方式将邻近两根及以上的电缆导体在线路中间相互连接用的管状导电金具
3	铜铝过渡接线端子	由铜铝两种金属用焊接或其他工艺加工而成的接线端子,用于连接由这两种金属组成的导电部件

2. 产品代号和表示方法

产品代号和表示方法见表3-69。

表 3-69 产品代号和表示方法

序号	项目	内容		
1	代号	按类型分	压接型接线端子	D
			压接型连接管	G
		按材料特征分	铜	T
			铝	L
			铜铝过渡	TL
		按结构特征分	堵油、密封式	M
			直通式或非堵油式、非密封式	（省略）
2	产品表示方法	（1）产品型号由产品类型、材料特征及结构特征的代号组成。产品用型号、导体标称截面积、螺栓直径（若有）表示，其构成示意图 3-5 和图 3-6： （2）产品表示方法示例如下： 1）用于导体标称截面积 120mm² 电缆，堵油式铝连接管，表示为 GLM-120。 2）用于电器设备端子板与截面积 185mm² 铝电缆连接的铜铝接线端子，表示为 DTL-185		

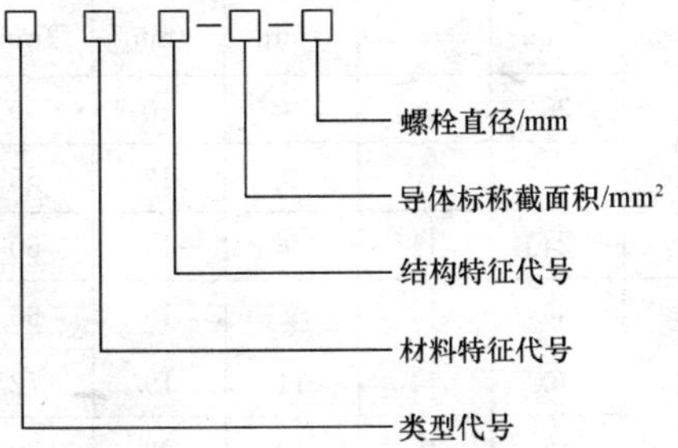

图 3-5 接线端子

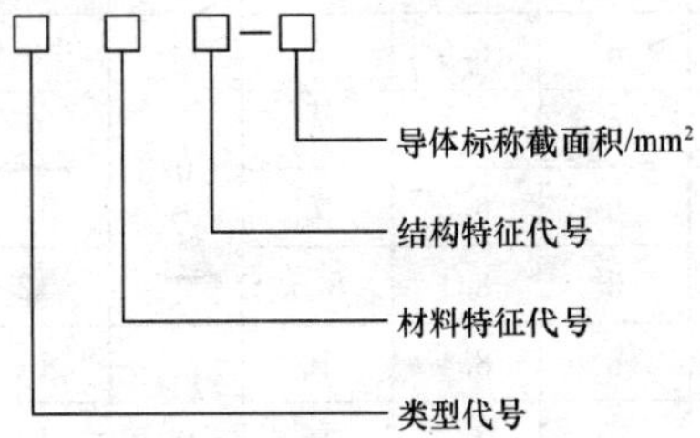

图 3-6 连接管

3. 技术要求

（1）产品用材料的化学成分应符合以下要求：

1）铝材应不低于《变形铝及铝合金化学成分》（GB/T 3190—2008）二号工业纯铝（L_2）的规定；

2）铜材应不低于《加工铜及铜合金化学成分和产品形状》（GB/T 5231—2001）三号铜（T_3）的规定；

3）铜、铝挤压棒材和拉制铜管尺寸应分别按《铜及铜合金拉制棒》（GB/T 4423—2007）、《变形铝及铝合金化学成分》（GB/T 3190—2008）及《铜及铜合金拉制管》（GB/T 1527—2006）规定的相应规格选用。

（2）尺寸

1）铜接线端子（DT）型。

①形状如图 3-7。

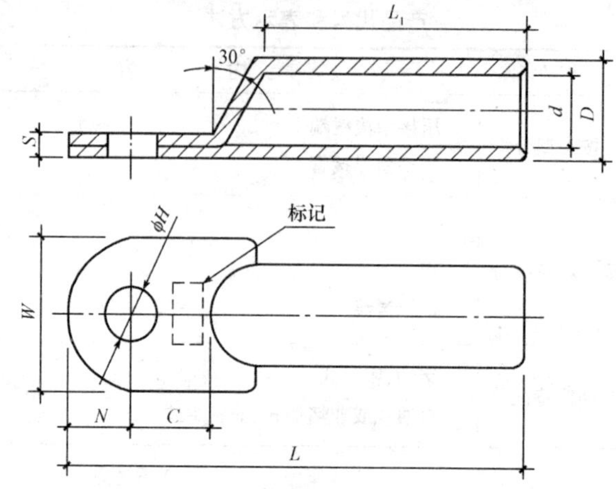

图 3-7　铜接线端子(DT 型)

②铜接线端子(DT 型)尺寸应符合表 3-70 的规定。

表 3-70　　铜接线端子(DT 型)尺寸

导体标称截面积/mm^2	螺栓直径/mm	ϕH H12/mm	d		D		L_1	O①	N①	W	L	
			标称值/mm	偏差/mm	标称值/mm	值差/mm	最小值/mm	标称值/mm	标称值/mm	参考值/mm	标称值/mm	偏差/mm
10	6	6.5	5	±0.30	8	0 −0.12	30	9	9	10	50	±1.50
16	6	6.5	6		9		31	10	9	12	55	
25	6	6.5	7		10		34	11	9	14	60	
35	8	8.4	8.5		12	0 −0.16	36	14	9	16	66	
50	8	8.4	10	±0.40	14		40	14	11	19	72	
70	10	10.5	12		16		42	15	12	22	80	
95	10	10.5	13		18		46	17	14	25	87	
120	12	13	15	±0.50	20	0 −0.24	48	19	16	28	96	
150	12	13	16		22		52	20	17	32	103	
185	16	16.5	18		25		55	23	19	36	115	
240	16	16.5	20		27		60	23	20	40	120	
300	16	17	24	±0.60	31	0 −0.30	65	25	20	45	135	±2.0
400	16	17	26		34		70	31	20	50	150	
500②			30		38		75	35	24	56	170	
630②			35		45		85	44	24	65	210	

注:①表中 C、N 的偏差为《产品几何技术规范(GPS)　极限与配合　第 1 部分:公差、偏差和配合的基础》(GB/T 1800.1—2009)规定的标准公差等级 IT14 级。

②螺栓直径和数量由供需双方商定。

2)密封式铜或铝接线端子(DTM 型或 DLM 型)。

①形状如图 3-8。

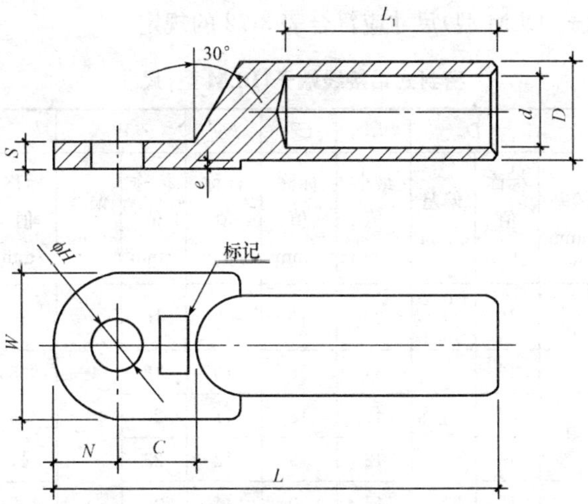

图 3-8 密封式铜或铝接线端子(DTM 型或 DLM 型)

②密封式铜接线端子(DTM 型)尺寸应符合表 3-71 的规定。

表 3-71 密封式铜接线端子(DTM 型)尺寸

导体标称截面积/mm²	螺栓直径/mm	φH H12/mm	d		D		L_3	C①	N①	W		S		L		e
			标称值/mm	偏差/mm	标称值/mm	偏差/mm	最小值/mm	标称值/mm	标称值/mm	标称值/mm	偏差/mm	标称值/mm	偏差/mm	标称值/mm	偏差/mm	最小值/mm
10	8	8.4	5.5		9		30	12	7	16		2.2		66		1
16	8	8.4	6	+0.36 0	10	+0.2 −0.12	31	13	8	16		2.5	+0.6 0	67		1
25	8	8.4	7		11		34	14	10	18		3		70		1
35	10	10.5	8.5		12		36	16	11	20		3		79		1
50	10	10.5	9.6		14	+0.3 −0.17	40	17	12	23		3.5		87		1
70	12	12.5	12		16		44	18	13	26	±0.3	4	+0.8 0	95	±1.5	1
95	12	12.5	13	+0.43 0	18		47	20	15	28		4.5		105		1.5
120	14	14.5	15		20		50	22	16	30		5		112		1.5
150	14	14.5	16		22	+0.3 −0.20	54	23	17	34		5.5		118		1.5
185	16	16.4	18		25		56	24	18	38		6		125		2
240	16	16.5	20	+0.52 0	27		60	28	20	42		7		136		2
300	20	21	23		30		65	32	25	48		8		160		2
400	20	21	26		34	+0.4 −0.20	70	33	25	54		9	+0.9 0	165		2
500②			29		38		75	38	30	64	±0.5	9.5		190	±2.0	2
630②			34	+0.62 0	45		85	45	40	78		10		220		2

注:①表中 C、N 的偏差为《产品几何技术规范(GPS) 极限与配合 第 1 部分:公差、偏差和配合的基础》(GB/T 1800.1—2009)规定的标准公差等级 IT14 级。

②螺栓直径和数量由供需双方商定。

③密封式铝接线端子(DLM 型)尺寸应符合表 3-72 的规定。

表 3-72　　密封式铝接线端子(DLM 型)尺寸

导体标称截面积/mm²	螺栓直径/mm	ϕH H12/mm	d 标称值/mm	d 偏差/mm	D 标称值/mm	D 偏差/mm	L_3 最小值/mm	C① 标称值/mm	N① 标称值/mm	W 标称值/mm	W 偏差/mm	S 标称值/mm	S 偏差/mm	L 标称值/mm	L 偏差/mm	e 最小值/mm
16	8	8.4	5.5	+0.30 0	10	+0.20 −0.12	32	13	9	16	±0.3	3	+0.6 0	70	±1.5	1.5
25	8	8.4	7	+0.36 0	12	+0.30 −0.17	34	15	10	18		3.5	+0.8 0	75		1.5
35	10	10.5	8.5		14		40	18	11	20		3.5		85		1.5
50	10	10.5	9.5		16		42	19	12	23		4		90		1.5
70	12	12.5	12	+0.43 0	18		47	20	14	26		4.5		102		1.5
95	12	12.5	13		21	+0.30 −0.20	50	21	15	28		5		112		2
120	14	14.5	15		23		53	24	16	30		5.5		120		2
150	14	14.5	16		25		55	25	17	34		6		126		2
185	16	16.5	18	+0.52 0	27		58	29	18	37		6.5	+0.9 0	133		2
240	16	16.5	20		30	+0.40 −0.20	60	30	20	40		7.5		140		2
300	20	21	23		34		65	37	25	45		8.5		165	±2.0	2
400	20	21	26		38		70	37	25	52	±0.5	9.5		170		2
500②			29		42		75	37	30	60		10	+1.1 0	190		2
630②			34	+0.62 0	54		80	45	40	78		10.5		225		2

注:①表中 C、N 的偏差为《产品几何技术规范(GPS)　极限与配合　第 1 部分:公差、偏差和配合的基础》(GB/T 1800.1—2009)规定的标准公差等级 IT14 级。

②螺栓直径和数量由供需双方商定。

3)铜铝过渡接线端子(DTL 型)。

①铜铝过渡接线端子(DTL 型)形状见图 3-9。

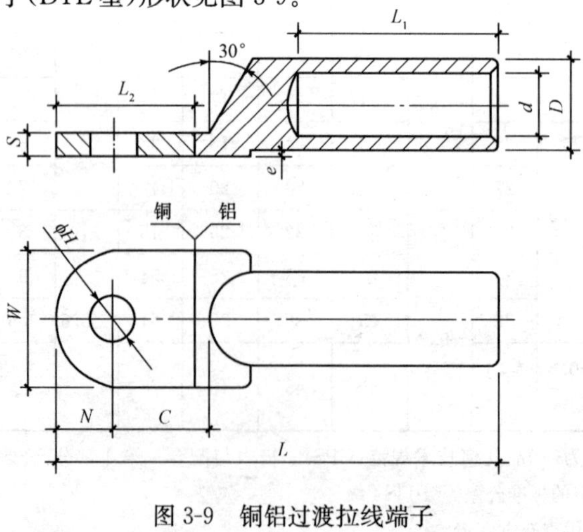

图 3-9　铜铝过渡拉线端子

②铜铝过渡接线端子的尺寸应符合表 3-73 的规定。

表 3-73 铜铝过渡接线端子

<table>
<tr><th rowspan="2">导体标称截面积/mm²</th><th rowspan="2">螺栓直径/mm</th><th rowspan="2">φH H12/mm</th><th colspan="2">d</th><th colspan="2">D</th><th>L₃</th><th>C①</th><th>N①</th><th colspan="2">W</th><th colspan="2">S</th><th colspan="2">L</th><th>e</th></tr>
<tr><th>标称值/mm</th><th>偏差/mm</th><th>标称值/mm</th><th>偏差/mm</th><th>最小值/mm</th><th>标称值/mm</th><th>标称值/mm</th><th>标称值/mm</th><th>偏差/mm</th><th>标称值/mm</th><th>偏差/mm</th><th>标称值/mm</th><th>偏差/mm</th><th>最小值/mm</th></tr>
<tr><td>16</td><td>8</td><td>8.4</td><td>5.5</td><td>+0.30
0</td><td>10</td><td>+0.20
−0.12</td><td>32</td><td>13</td><td>9</td><td>16</td><td rowspan="11">±0.3</td><td>3</td><td>+0.6
0</td><td>70</td><td rowspan="10">±1.5</td><td>1.5</td></tr>
<tr><td>25</td><td>8</td><td>8.4</td><td>7</td><td rowspan="3">+0.36
0</td><td>12</td><td rowspan="4">+0.30
−0.17</td><td>34</td><td>15</td><td>10</td><td>18</td><td>3.5</td><td rowspan="7">+0.8
0</td><td>75</td><td>1.5</td></tr>
<tr><td>35</td><td>10</td><td>10.5</td><td>8.5</td><td>14</td><td>40</td><td>18</td><td>11</td><td>20</td><td>3.5</td><td>85</td><td>1.5</td></tr>
<tr><td>50</td><td>10</td><td>10.5</td><td>9.5</td><td>16</td><td>42</td><td>19</td><td>12</td><td>23</td><td>4</td><td>90</td><td>1.5</td></tr>
<tr><td>70</td><td>12</td><td>12.5</td><td>12</td><td rowspan="4">+0.43
0</td><td>18</td><td>47</td><td>20</td><td>14</td><td>26</td><td>4.5</td><td>102</td><td>1.5</td></tr>
<tr><td>95</td><td>12</td><td>12.5</td><td>13</td><td>21</td><td rowspan="4">+0.30
−0.20</td><td>50</td><td>21</td><td>15</td><td>28</td><td>5</td><td>112</td><td>2</td></tr>
<tr><td>120</td><td>14</td><td>14.5</td><td>15</td><td>23</td><td>53</td><td>24</td><td>16</td><td>30</td><td>5.5</td><td>120</td><td>2</td></tr>
<tr><td>150</td><td>14</td><td>14.5</td><td>16</td><td>25</td><td>55</td><td>25</td><td>17</td><td>34</td><td>6</td><td>126</td><td>2</td></tr>
<tr><td>185</td><td>16</td><td>16.5</td><td>18</td><td rowspan="5">+0.52
0</td><td>27</td><td>58</td><td>29</td><td>18</td><td>37</td><td>6.5</td><td rowspan="4">+0.9
0</td><td>133</td><td>2</td></tr>
<tr><td>240</td><td>16</td><td>16.5</td><td>20</td><td>30</td><td rowspan="5">+0.40
−0.20</td><td>60</td><td>30</td><td>20</td><td>40</td><td>7.5</td><td>140</td><td>2</td></tr>
<tr><td>300</td><td>20</td><td>21</td><td>23</td><td>34</td><td>65</td><td>37</td><td>25</td><td>45</td><td>8.5</td><td>165</td><td rowspan="4">±2.0</td><td>2</td></tr>
<tr><td>400</td><td>20</td><td>21</td><td>26</td><td>38</td><td>70</td><td>37</td><td>25</td><td>52</td><td rowspan="3">±0.5</td><td>9.5</td><td>170</td><td>2</td></tr>
<tr><td>500②</td><td></td><td></td><td>29</td><td>42</td><td>75</td><td>37</td><td>30</td><td>60</td><td>10</td><td rowspan="2">+1.1
0</td><td>190</td><td>2</td></tr>
<tr><td>630②</td><td></td><td></td><td>34</td><td>+0.62
0</td><td>54</td><td>80</td><td>45</td><td>40</td><td>78</td><td>10.5</td><td>225</td><td>2</td></tr>
</table>

注：①表中 C、N 的偏差为《产品几何技术规范(GPS) 极限与配合 第 1 部分：公差、偏差和配合的基础》(GB/T 1800.1—2009)规定的标准公差等级 IT14 级。

②螺栓直径和数量由供需双方商定。

4)铜或铝连接管(GT 型或 GL 型)。

①形状见图 3-10。

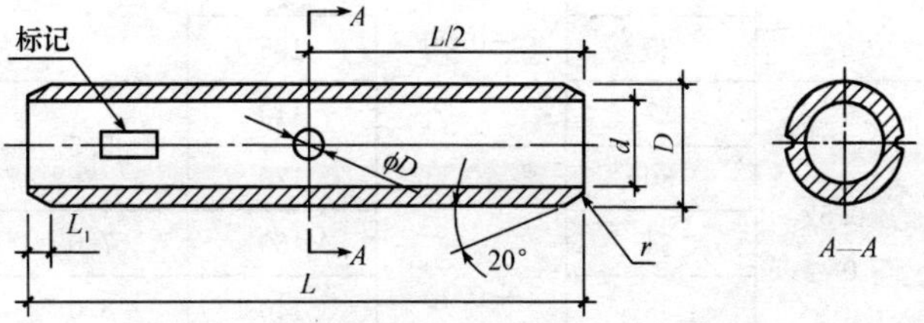

图 3-10 铜或铝连接管(GT 型或 GL 型)

②铜连接管(GT 型)尺寸应符合表 3-74 的规定。

③铝连接管(GL 型)尺寸应符合表 3-75 的规定。

表 3-74　　　　铜连接管(GT 型)尺寸

导体标称截面积/mm²	d 标称值/mm	d 偏差/mm	D 标称值/mm	D 偏差/mm	L 最小值/mm	L_1 参考值/mm	ϕD① 参考值/mm	r 最小值/mm
10	5	±0.30	8	0 −0.12	50	2.0	2.0	0.5
16	6		9		56			
25	7		10		60			
35	8.5		12	0 −0.16	64		4.0	
50	10	±0.40	14		72	3.0		0.6
70	12		16		78			
95	13		18		85		5.0	
120	15	±0.50	20	0 −0.24	90	3.5		0.8
150	16		22		94	4.0	6.0	0.9
185	18		25		100			
240	20		27		110		7.0	
300	24	±0.60	31	0 −0.30	120			1.2
400	26		34		135	5.0	8.0	1.3
500	30		38		150			1.5
630	35		45		170			

注：①ϕD 坑深度应略大于导体外径与压接圆筒内径两者配合间隙的 1/2。

表 3-75　　　　铝连接管(GL 型)尺寸

导体标称截面积/mm²	d 标称值/mm	d 偏差/mm	D 标称值/mm	D 偏差/mm	L 最小值/mm	L_1 参考值/mm	ϕD① 参考值/mm	r 不小于/mm
16	5.5	+0.30 0	10	+0.20 −0.12	65	3.0	2.0	0.7
25	7	+0.36 0	12	+0.30 −0.17	70	3.5	4.0	0.8
35	8.5		14		75	4.0		1.0
50	9.5		16		80			
70	12	+0.27 0	18		90		4.5	
95	13		21	+0.30 −0.20	95	4.5		1.2
120	15		23		100		5.5	
150	16		25		105			
185	18	+0.52 0	27		110	5.5	7.0	1.7
240	20		30	+0.40 −0.20	120			
300	23		34		130	7.0	8.0	1.8
400	26		38		140	8.0		2.2
500	29		42		150	10.0		2.5
630	34	+0.62 0	54		170			

注：①ϕD 坑深度应略大于导体外径与压接圆筒内径两者配合间隙的 1/2。

5)堵油式铜或铝连接管(GTM、GLM 型)。

①形状见图 3-11。

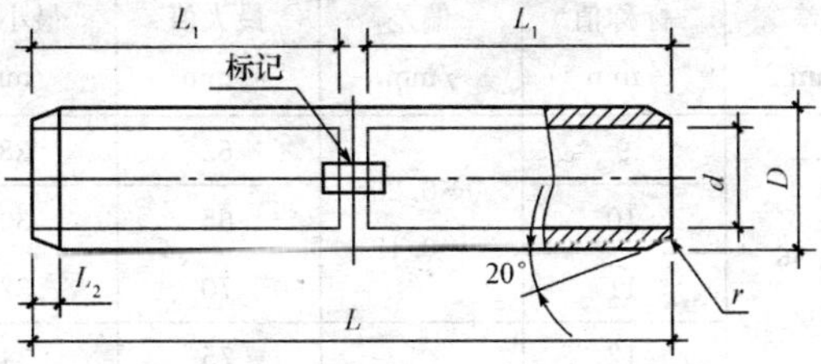

图 3-11　堵油式铝或铜连接管(GLM 型或 GTM)

②堵油式铝连接管(GLM)尺寸应符合表 3-76 的规定。

表 3-76　堵油式铝连接管(GLM 型)尺寸

<table>
<tr><th rowspan="2">导体标称截面积/mm²</th><th colspan="2">d</th><th colspan="2">D</th><th>L</th><th>L_1</th><th>L_2</th><th>r</th></tr>
<tr><th>标称值/mm</th><th>偏差/mm</th><th>标称值/mm</th><th>偏差/mm</th><th>最大值/mm</th><th>最小值/mm</th><th>参考值/mm</th><th>不小于/mm</th></tr>
<tr><td>16</td><td>5.5</td><td>+0.30
0</td><td>10</td><td>+0.20
−0.12</td><td>70</td><td>31</td><td>3.0</td><td>0.7</td></tr>
<tr><td>25</td><td>7</td><td rowspan="3">+0.36
0</td><td>12</td><td rowspan="4">+0.30
−0.17</td><td>75</td><td>32</td><td>3.5</td><td>0.8</td></tr>
<tr><td>35</td><td>8.5</td><td>14</td><td>85</td><td>37</td><td rowspan="3">4.0</td><td rowspan="3">1.0</td></tr>
<tr><td>50</td><td>9.5</td><td>16</td><td>95</td><td>42</td></tr>
<tr><td>70</td><td>12</td><td rowspan="3">+0.43
0</td><td>18</td><td>105</td><td>46</td></tr>
<tr><td>95</td><td>13</td><td>21</td><td rowspan="4">+0.30
−0.20</td><td>110</td><td>50</td><td rowspan="3">4.5</td><td rowspan="3">1.2</td></tr>
<tr><td>120</td><td>15</td><td>23</td><td>115</td><td>52</td></tr>
<tr><td>150</td><td>16</td><td>25</td><td>120</td><td>55</td></tr>
<tr><td>185</td><td>18</td><td rowspan="5">+0.52
0</td><td>27</td><td>125</td><td>57</td><td rowspan="2">5.5</td><td rowspan="2">1.7</td></tr>
<tr><td>240</td><td>20</td><td>30</td><td rowspan="5">+0.40
−0.20</td><td>130</td><td>61</td></tr>
<tr><td>300</td><td>23</td><td>34</td><td>140</td><td>65</td><td>7.0</td><td>1.8</td></tr>
<tr><td>400</td><td>26</td><td>38</td><td>150</td><td>70</td><td rowspan="3">8.0</td><td>2.2</td></tr>
<tr><td>500</td><td>29</td><td>42</td><td>160</td><td>75</td><td rowspan="2">2.5</td></tr>
<tr><td>630</td><td>34</td><td>+0.62
0</td><td>54</td><td>170</td><td>80</td></tr>
</table>

③堵油式铜连接管(GTM 式)的尺寸应符合表 3-77 的规定。

表 3-77　　　　堵油式铜连接管(GTM 式)尺寸

<table>
<tr><th rowspan="2">导体标称截面积/mm²</th><th colspan="2">d</th><th colspan="2">D</th><th>L</th><th>L₁</th><th>L₂</th><th>r</th></tr>
<tr><th>标称值/mm</th><th>偏差/mm</th><th>标称值/mm</th><th>偏差/mm</th><th>最大值/mm</th><th>最小值/mm</th><th>参考值/mm</th><th>不小于/mm</th></tr>
<tr><td>10</td><td>5</td><td rowspan="5">+0.36
0</td><td>9</td><td rowspan="3">+0.20
−0.12</td><td>62</td><td>28</td><td rowspan="3">3.0</td><td rowspan="3">0.7</td></tr>
<tr><td>16</td><td>6</td><td>10</td><td>65</td><td>30</td></tr>
<tr><td>25</td><td>7</td><td>11</td><td>70</td><td>32</td></tr>
<tr><td>35</td><td>8.5</td><td>12</td><td rowspan="4">+0.30
−0.17</td><td>75</td><td>34</td><td>3.5</td><td>0.8</td></tr>
<tr><td>50</td><td>9.6</td><td>14</td><td>80</td><td>35</td><td rowspan="3">4.0</td><td rowspan="3">1.0</td></tr>
<tr><td>70</td><td>12</td><td rowspan="4">+0.43
0</td><td>16</td><td>90</td><td>41</td></tr>
<tr><td>95</td><td>13</td><td>18</td><td>95</td><td>43</td></tr>
<tr><td>120</td><td>15</td><td>20</td><td rowspan="4">+0.30
−0.20</td><td>100</td><td>46</td><td rowspan="3">4.5</td><td rowspan="3">1.2</td></tr>
<tr><td>150</td><td>16</td><td>22</td><td>105</td><td>48</td></tr>
<tr><td>185</td><td>18</td><td rowspan="4">+0.52
0</td><td>25</td><td>110</td><td>50</td></tr>
<tr><td>240</td><td>20</td><td>27</td><td>120</td><td>55</td><td rowspan="2">5.5</td><td rowspan="2">1.7</td></tr>
<tr><td>300</td><td>23</td><td>30</td><td rowspan="4">+0.40
−0.20</td><td>130</td><td>60</td></tr>
<tr><td>400</td><td>26</td><td>34</td><td>140</td><td>64</td><td>7.0</td><td>1.8</td></tr>
<tr><td>500</td><td>29</td><td>38</td><td>155</td><td>70</td><td rowspan="2">8.0</td><td rowspan="2">2.0</td></tr>
<tr><td>630</td><td>34</td><td>+0.62
0</td><td>45</td><td>170</td><td>80</td></tr>
</table>

(3)产品应按标准规定的形状、主要尺寸的图样(表 3-70～表 3-77)制造，其主要尺寸及加工精度应符合尺寸及产品外表面光滑程度规定。

(4)产品经压接与导体连接做成接头后，其电气、机械性能应满足由表 3-78 规定的技术要求。

表 3-78　　　　电气、机械性能要求

序号	试验项目	要　　求
1	热循环试验	初始离散度：$\delta \leqslant 0.30$ 平均离散度：$\beta \leqslant 0.30$ 电阻比率的变化：$D \leqslant 0.15$ 电阻比率增长率①：$\lambda \leqslant 2.0$ 最高温度：$\theta_{max} \leqslant \theta_{ref}$
2	机械试验	拉力负荷：铝 $40 \times A$②；最大 20000N 铜 $60 \times A$②；最大 20000N 接头承受上述的拉力负荷，于一分钟内压接处应不发生滑移

注：①仅对 A 类连接接头。

②A 为标称横截面面积(mm^2)。

(5)经冷轧、冷挤的铜、铝半成品在表面处理前，应退火，退火后的硬度，铜 HB 应不大于 62，铝 HB 应不大于 25。

(6)产品内外表面应光洁平滑，不允许在毛刺、裂纹、锐边、折叠；端子板部应平整。

(7)铜产品表面可酸洗或镀锡,镀层应均匀,色泽一致,无脱皮;铝产品表面应经化学方法处理或抛光。

(8)压接圆管管口加工时应采取措施,不应有尖角、卷边。

4. 标志、包装

(1)产品上应有符合规定的型号、规格标志,字迹应清晰可辨。

(2)包装产品前应清除其内外表面油污或金属屑末,铝产品应在压接圆筒内表面涂上导电油脂,套上塑料帽盖后,用合适的包装物包装。

(3)包装物外表面应具有以下标志:

1)制造厂名;

2)产品型号、规格;

3)标准编号。

(4)包装袋内应附有产品检验合格证,合格证上应注明:

1)产品出厂年月;

2)检验者代号。

5. 选用指南提示

《电力电缆导体用压接型铜、铝接线端子和连接管》(GB/T 14315—2008)是对 GB/T 14315—1993 的代替。

与 GB/T 14315—1993 相比,主要变化体现在以下几方面:

(1)截面范围增加到 $630mm^2$ 及相应的尺寸;

(2)增加了铜铝过渡接线端子产品及相应的尺寸与堵油式铜连接管产品及相应的尺寸;

(3)删除了"紧压导体"、"非紧压导体"、"压接圆筒短型"、"压接圆筒长型和产品型号"及"名称、用途"表;

(4)修改、合并紧压导体、非紧压导体内径尺寸系列,删除了压接圆筒短型尺寸系列;

(5)修改所用的铜材为三号铜;

(6)"电气、机械性能要求"按《额定电压 35kV(U_m=40.5kV)及以下电力电缆导体用压接式和机械式连接金具　试验方法和要求》(GB/T 9327—2008)的内容作修改。

《电力电缆导体用压接型铜、铝接线端子和连接管》(GB/T 14315—2008)适用于 35kV(U_m=40.5kV)及以下电力电缆导体用压接型铜、铝及铜铝过渡接线端子和铜、铝连接管。适用铜导体截面范围为 10～$630mm^2$、铝导体截面范围为 16～$630mm^2$,对固定敷设用的其他电线电缆亦可参照采用。

十、额定电压 220kV(U_m=252kV)交联聚乙烯绝缘电力电缆(GB/Z 18890.2—2002)

1. 材料特性

(1)应按《额定电压 220kV(U_m=252kV)交联聚乙烯绝缘电力电缆及其附件　第 1 部分:额定电压 220kV(U_m=252kV)交联聚乙烯绝缘电力电缆及其附件的电力电缆系统——试验方法和要求》(GB/Z 18890.1—2002)第 6 章要求确知并申明《额定电压 220kV(U_m=252kV)交联聚乙烯绝缘电力电缆及其附件　第 1 部分:额定电压 220kV(U_m=252kV)交联聚乙烯绝缘电力电缆及其附件的电力电缆系统——试验方法和要求》(GB/Z 18890.1—2002)中明确的各项电缆特性,其中电缆的额定电压为:U_0=127kV;U=220kV;U_m=252kV。

(2)电缆导体最高允许温度:正常运行时为 90℃;短路时(最长 5s)为 250℃。

(3)电缆的安装最小弯曲半径推荐为 20 倍电缆外径。

(4)电缆使用环境参照表 3-79。

表 3-79　　电缆使用环境

序号	项　目	内　容
1	金属套	(1)铅套电缆:腐蚀较严重但无硝酸、醋酸、有机质(如泥煤)及强碱性腐蚀质,且受机械力(拉力、压力、振动等)不大的场所。 (2)铅套电压:腐蚀不严重和要求承受一定机械力的场所(如直接与变压器连接,敷设在桥梁上和竖井中等)
2	塑料外套	(1)02 型(聚氯乙燃)外护套电缆主要适用于有一般防火要求和对外护套有一定绝缘要求的高压电缆线路; (2)03 型(聚乙烯)外护套电缆主要适用于对外护套绝缘要求较高的直埋敷设的高压电缆线路。如有必要用于隧道或竖井中时应采取一定的阻燃防火措施

2. 型号和命名

电缆的型号和命名见表 3-80。

表 3-80　　型号和命名

<table>
<tr><th>序号</th><th>项　目</th><th colspan="3">内　容</th></tr>
<tr><td rowspan="8">1</td><td rowspan="8">代号</td><td>产品系列代号</td><td>交联聚乙烯绝缘电缆</td><td>YJ</td></tr>
<tr><td rowspan="6">材料特征代号</td><td>铜导体</td><td>省略</td></tr>
<tr><td>铅套</td><td>Q</td></tr>
<tr><td>皱纹铝套</td><td>LW</td></tr>
<tr><td>聚氯乙烯外护套</td><td>02</td></tr>
<tr><td>聚乙烯外护套</td><td>03</td></tr>
<tr><td colspan="2">注:皱纹铝套包括挤包皱纹铝套和焊接皱纹铝套,两种不同皱纹铝套的代号均为 LW 不作区分,但焊接皱纹铝套应在产品名称中明确,名称中未说明焊接皱纹铝套的即为挤包皱纹铝套</td></tr>
<tr><td>阻水结构代号</td><td>纵向阻水</td><td>Z</td></tr>
<tr><td>2</td><td>型号</td><td colspan="3">型号依次由产品系列代号、导体、金属套和外护套特征代号以及阻水结构代号构成。
本技术文件包括的电缆型号和名称见表 3-81</td></tr>
<tr><td>3</td><td>规格</td><td colspan="3">标准技术文件适用电缆的导体标称截面(mm^2)为 400、500、630、800、1000、1200、(1400)、1600、(1800)、2000、(2200)、2500。
其中括号内为非优选导体截面</td></tr>
<tr><td>4</td><td>产品表示方法</td><td colspan="3">产品用型号、规格和本指导性技术文件编号表示。
示例 1:产品表示方法举例如下:
①铜芯、单芯、导体截面 630mm^2、220kV 交联聚乙烯绝缘皱纹铝套聚乙烯护套电力电缆。
YJLW 03 127/220 1×630 GB/Z 18890. 2—2002
示例 2:
②铜芯、单芯、导体截面 1000mm^2、220kV 交联聚乙烯绝缘铅套聚氯乙烯护套纵向阻水电力电缆。
YJQ02－Z 127/220 1×1 000 GB/Z 18890. 2—2002</td></tr>
</table>

表 3-81　电缆的型号和名称

型　号	名　称
YJLW02	交联聚乙烯绝缘皱纹铝套或焊接皱纹铝套聚氯乙烯护套电力电缆
YJLW03	交联聚乙烯绝缘皱纹铝套或焊接皱纹铝套聚乙烯护套电力电缆
YJLW02-Z	交联聚乙烯绝缘皱纹铝套或焊接皱纹铝套聚氯乙烯护套纵向阻水电力电缆
YJLW03-Z	交联聚乙烯绝缘皱纹铝套或焊接皱纹铝套聚乙烯护套纵向阻水电力电缆
YJQ02	交联聚乙烯绝缘铅套聚氯乙烯护套电力电缆
YJQ03	交联聚乙烯绝缘铅套聚乙烯护套电力电缆
YJQ02-Z	交联聚乙烯绝缘铅套聚氯乙烯护套纵向阻水电力电缆
YJQ03-Z	交联聚乙烯绝缘铅套聚乙烯护套纵向阻水电力电缆

3. 材料要求

材料要求见表 3-82。

表 3-82　材料要求

序号	项　目	内　容
1	导体用铜	导体用铜单线应采用《电工圆铜线》(GB/T 3953)中 TR 型圆铜线
2	绝缘材料	绝缘材料推荐采用超净的可交联聚乙烯料。其性能要求见表 3-83
3	屏蔽用半导电料	屏蔽用半导电料推荐采用超光滑可交联半导电料,其性能要求见表 3-83
4	铅套	铅套应采用符合《电缆金属套　第 2 部分:铅套》(JB 5268.2)规定的铅合金
5	皱纹铝套	皱纹铝套用铝的纯度一般不低于 99.6%
6	外护套	外护套应为符合《额定电压 220kV(U_m=252kV)交联聚乙烯绝缘电力电缆及其附件　第 1 部分:额定电压 220kV(U_m=252kV)交联聚烯绝缘电力电缆及其附件的电力电缆系统——试验方法和要求》(GB/Z 18890.1—2002)中规定的以聚氯乙烯为基料的代号为 ST_2 外护套混合料和以聚乙烯为基料的代号为 ST_7 外护套混合料

表 3-83　绝缘料和半导电料性能

序号	项　目	单位	绝缘料	半导电料
1	抗张强度	N/mm²	≥17.0	≥12.0
2	断裂伸长率	%	≥500	≥150
3	热延伸试验(200℃,0.20N/mm²,15min) 负荷下伸长率 永久变形	 % %	 ≤100 ≤10	 ≤100 ≤10
4	$\tan\delta$		$\leqslant 5.0\times10^{-4}$	—

4. 技术要求

技术要求见表 3-84。

表 3-84　　技术要求

序号	项　目	内　　容	
1	导　　体	(1)应采用紧压绞合圆形铜导体，截面为 $800mm^2$ 导体可任选紧压导体或分割导体结构； $1000mm^2$ 及以上导体应采用分割导体结构。 导体的结构和直流电阻应符合《电缆的导体》(GB/T 3956)和表 3-85 规定。 (2)导体表面应光洁、无油污、无损伤屏蔽及绝缘的毛刺、锐边以及凸起或断裂的导线	
2	绝　　缘	(1)绝缘层的标称厚度应符合表 3-86。 (2)绝缘最小测量厚度和绝缘偏心度要求应符合《额定电压 220kV(U_m=252kV)交联聚乙烯绝缘电力电缆及其附件　第 1 部分：额定电压 220kV(U_m=252kV)交联聚乙烯绝缘电力电缆及其附件的电力电缆系统——试验方法和要求》(GB/Z 18890.1—2002)中相关要求	
3	屏　　蔽	导体屏蔽	导体屏蔽由半导电包带和挤包的半导电层组成，其厚度近似值为 2.0mm，其中挤包半导电层厚度近似值 1.5mm。挤包半导电层应均匀地包覆在半导电包带外，并牢固地粘在绝缘层上。在与绝缘层的交界面上应光滑，无明显绞线凸纹、尖角、颗粒、烧焦或擦伤痕迹
		绝缘屏蔽	绝缘屏蔽为挤包半导电层，其厚度近似值为 1.0mm，绝缘屏蔽应与导体挤包屏蔽层和绝缘层一起三层共挤。绝缘屏蔽应均匀地包覆在绝缘表面，并牢固地粘附在绝缘层上。在绝缘屏蔽的表面以及与绝缘层的交界面上应光滑，无尖角、颗粒、烧焦或擦伤的痕迹
4	缓冲层纵向阻水结构，和径向不透水阻隔层	缓冲层	在绝缘半导电屏蔽层外应有缓冲层，可采用半导电弹性材料或具有纵向阻水功能的半导电阻水膨胀带绕包而成。绕包要求平整、紧实、无皱褶
		纵向阻水结构	对电缆的金属套内间隙有纵向阻水要求时，绝缘屏蔽与金属套间应有纵向阻水结构。纵向阻水结构应由半导电阻水膨胀带绕包而成，半导电阻水带应绕包紧密、平整、无擦伤。如对电缆导体亦有纵向阻水要求时，导体绞合时应缢入阻水绳等材料
		径向不透水阻隔层	(1)金属套的标称厚度应符合表 3-87 规定。如不能满足用户对短路容量的要求时应采取增加金属套厚度或在金属套下增加疏绕铜丝(在疏绕铜丝外用反向绕包的铜丝或铜带扎紧)等措施。 (2)铅套的最小厚度应符合《额定电压 220kV(U_m=252kV)交联聚乙烯绝缘电力电缆及其附件　第 1 部分：额定电压 220kV(U_m=252kV)交联聚乙烯绝缘电力电缆及其附件的电力电缆系统——试验方法和要求》(GB/Z 18890.1—2002)中 10.7.1 要求。 (3)皱纹铝套的最小厚度应符合《额定电压 220kV(U_m=252kV)交联聚乙烯绝缘电力电缆及其附件　第 1 部分：额定电压 220kV(U_m=252kV)交联聚乙烯绝缘电力电缆及其附件的电力电缆系统——试验方法和要求》(GB/Z 18890.1—2002)中 10.7.2 对皱纹铝套的要求

（续）

序号	项 目	内 容
5	外护套	(1)金属套的外护套应采用绝缘型的聚氯乙烯或聚乙烯护套。金属套表面应有电缆沥青(或热熔胶)防腐涂层。防腐涂层与外护套间允许加绕塑料带或相当带材。铅套上允许绕包自粘性橡胶带代替防腐涂层 (2)外护套的性能应符合《额定电压 220kV(U_m=252kV)交联聚乙烯绝缘电力电缆及其附件 第 1 部分:额定电压 220kV(U_m=252kV)交联聚乙烯绝缘电力电缆及其附件的电力电缆系统——试验方法和要求》(GB/Z 18890.1—2002)中相关要求。外护套的颜色一般为黑色,但为了适应电缆的某种特殊使用条件,经供需双方协商也可采用其他颜色。 (3)外护套的标称厚度为 5.0mm。最小厚度为 4.2mm。 (4)对于铅套外护套,厚度测量值的平均值(以 mm 为单位)修约至一位小数后,不应小于标称厚度;对皱纹铝套外护套则无此要求。 (5)在外护套表面应有均匀牢固的导电层作为外护套耐压试验时的外电极
6	成品电缆	成品电缆的检验应遵守相关内容规定

表 3-85　　铜导体的结构和直流电阻

导体标称截面/mm²	导体中单线最小根数	20℃时导体直流电阻最大值/(Ω/km)
400	53	0.0470
500	53	0.0366
630	53	0.0283
800	53	0.0221
1000	170	0.0176
1200	170	0.0151
1400	170	0.0129
1600	170	0.0113
1800	265	0.0101
2000	265	0.0090
2200	265	0.0083
2500	265	0.0073

表 3-86　　绝缘层标称厚度

导体标称截面/mm²	绝缘层标称厚度/mm
400 和 500	27
630	26
800	25
1000 及以上	24

表 3-87 金属套的标称厚度

导体标称截面/mm²	铅套厚度/mm	皱纹铝套厚度/mm
400	2.7	2.4
500	2.7	2.4
630	2.8	2.4
800	2.8	2.4
1000	2.8	2.6
1200	2.9	2.6
1400	3.0	2.6
1600	3.1	2.6
1800	3.1	2.8
2000	3.2	2.8
2200	3.3	2.8
2500	3.4	2.8

5. 包装、运输和贮存

(1)电缆应卷绕在符合《电线电缆交货盘》(JB/T 8137)的电缆盘上交货。考虑使电缆不受到过度弯曲,电缆盘的筒径不小于型式试验的电缆弯曲直径。电缆的两上端头应有可靠防水、防潮密封,在外侧端头上应装有供敷设用的牵引头。

(2)每盘出厂的电缆,应附有产品检验合格证,合格证应放在不透水的塑料袋内,该袋固定在电缆盘侧板上。每个电缆盘上应标明:

1)制造厂名称;

2)电缆型号;

3)定额电压,kV;

4)标称截面,mm²

5)装盘长度,m;

6)毛重,kg;

7)电缆盘的尺寸,m;

8)工厂电缆盘编号;

9)制造日期,年 月;

10)表示电缆盘在搬运时放线方向的箭头;

11)指导性技术文件编号。

(3)运输及贮存。

1)电缆盘不允许平放;

2)运输中严禁从高处扔下装有电缆的电缆盘,严禁机械损伤电缆;

3)吊装包装件时,严禁几盘同时吊装。在车辆、船舶等运输工具上,电缆盘必须放稳、并用合适方法固定,防止相互碰撞或翻倒。

6. 选用指南提示

《额定电压 220kV(U_m=252kV 交联聚乙烯绝缘电力电缆及其附件　第 2 部分:额定电压

220kV(U_m=220kV)交联聚乙烯绝缘电力电缆》(GB/Z 18890.2—2002)适用于通常安装和运行条件下的单芯电缆,但不适用于如支底电缆等特殊用途电缆。

十一、额定电压220kV(U_m=252kV)交联聚乙烯绝缘电力电缆附件(GB/Z 18890.3—2002)

1. 附件特性

(1)附件的确定电压和正常运行时最高温度、短路温度与《额定电压220kV(U_m=252kV)交联聚乙烯绝缘电力电缆及其附件　第2部分:额定电压220kV(U_m=220kV)交联聚乙烯绝缘电力电缆》(GB/Z 18890.2—2002)相关内容对电缆的规定相一致。

(2)本指导性技术文件适用的户外终端的正常使用条件为海拔高度不超高1000m。对于海拔高度超高1000m,但不超过4000m安装使用的户外终端,在海拔不高于1000m地点试验时,其试验电压应按相应的规定将本指导性技术文件规定的试验电压乘以海拔校正因数K_a,并按此要求相应提高户外终端的外绝缘的绝缘水平。

(3)GIS终端工作气压。GIS终端外绝缘的SF_6气体在20℃下的设计工作压力(表压)最大为0.70MPa,最小为0.25MPa。

2. 型号和命名

附件的型号和命名见表3-88。

表3-88　附件的型号和命名

序号	项　目			
1	代号	系列代号	交联聚乙烯绝缘电缆	YJ
		附件代号	户外终端	ZW
			GIS终端	ZG
			油浸终端	ZY
			直通接头	JT
			绝缘接头	JJ
		内绝缘代号	(1)预制终端内绝缘	
			含液体绝缘填充剂	C
			干式绝缘	G
			六氟化硫(SF_6)充气绝缘	Q
			(2)预制接头绝缘	
			组合预制橡胶绝缘料	Z
			整体预制橡胶绝缘料	I
2	分类	终端外绝缘污秽等级	外绝缘污秽等级符合GB/T 5582规定。本指导性技术文件采用以下代号:	
			Ⅰ级(最小爬电比距16mm/kV)	1
			Ⅱ级(最小爬电比距20mm/kV)	2
			Ⅲ级(最小爬电比距25mm/kV)	3
			Ⅳ级(最小爬电比距31mm/kV)	4
		接头保护盒和外保护层	无保护盒	0
			玻璃钢保护盒含防水浇注剂	1
			绝缘铜壳	2

（续）

序号	项　目	
3	型号组成	(1)附件型号组成见图 3-12。 (2)附件型号和名称见表 3-89
4	产品表示方法	产品用型号、规格(额定电压、相数、适用电缆截面)及本指导性技术文件编号表示。 产品表示方法举例如下： 示例 1：导体标称截面 800mm²、220kV 交联聚乙烯绝缘电缆含绝缘填充剂单相户外终端，外绝缘污秽等级Ⅰ级，表示为： YJZWC1　127/220　1×800　GB/Z 18890.3—2002 示例 2：导体标称截面 1000mm²、220kV 交联聚乙烯绝缘电缆干式绝缘单相 GIS 终端表示为： YJZGG　127/220　1×1000　GB/Z 18890.3—2002 示例 3：导体标称截面 1200mm²、220kV 交联聚乙烯绝缘电缆整体预制橡胶绝缘件绝缘接头，玻璃钢外壳内含防水浇注剂，表示为： YJJJI1　127/220　1×1200　GB/Z 18890.3—2002

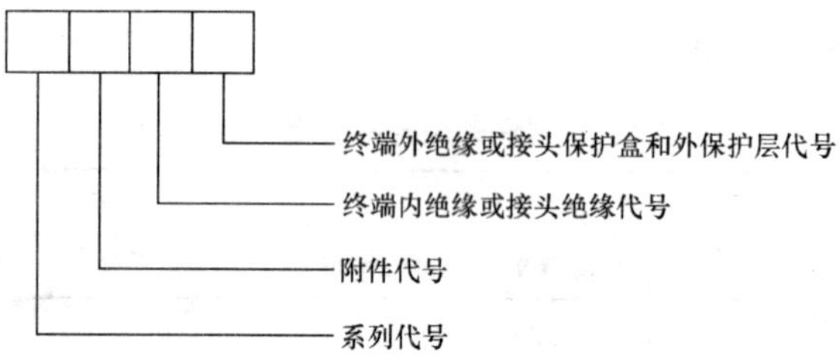

图 3-12　附件型号组成

表 3-89　　附件型号及名称

型号		产品名称
主型号	含副型号	
YJZWC	YJZWC1	交联聚乙烯绝缘电力电缆含绝缘填充剂户外终端，外绝缘污秽等Ⅰ级
	YJZWC2	交联聚乙烯绝缘电力电缆含绝缘填充剂户外终端，外绝缘污秽等Ⅱ级
	YJZWC3	交联聚乙烯绝缘电力电缆含绝缘填充剂户外终端，外绝缘污秽等Ⅳ级
	YJZWC4	交联聚乙烯绝缘电力电缆含绝缘填充剂户外终端，外绝缘污秽等Ⅲ级
YJZWQ	YJZWQ1	交联聚乙烯绝缘电力电缆 SF_6 充气绝缘户外终端，外绝缘污秽等Ⅰ级
	YJZWQ2	交联聚乙烯绝缘电力电缆 SF_6 充气绝缘户外终端，外绝缘污秽等Ⅱ级
	YJZWQ3	交联聚乙烯绝缘电力电缆 SF_6 充气绝缘户外终端，外绝缘污秽等Ⅳ级
	YJZWQ4	交联聚乙烯绝缘电力电缆 SF_6 充气绝缘户外终端，外绝缘污秽等Ⅲ级
YJZGC	—	交联聚乙烯绝缘电力电缆含绝缘填充剂 GIS 终端
YJZGG	—	交联聚乙烯绝缘电力电缆干式绝缘 GIS 终端
YJZYC	—	交联聚乙烯绝缘电力电缆含绝缘填充剂油浸终端

（续）

型号		产品名称
主型号	含副型号	
YJZYG	—	交联聚乙烯绝缘电力电缆干式绝缘油浸终端
YJJTI	YJJTI0 YJJTI1 YJJTI2	交联聚乙烯绝缘绝缘电缆整体预制橡胶绝缘件直通接头，无保护盒 交联聚乙烯绝缘绝缘电缆整体预制橡胶绝缘件直通接头，玻璃钢保护盒防水浇注剂 交联聚乙烯绝缘绝缘电缆整体预制橡胶绝缘件直通接头，绝缘铜壳保护盒
YJJTZ	YJJTZ0 YJJTZ1 YJJTZ2	交联聚乙烯绝缘绝缘电缆整体预制橡胶绝缘件直通接头，无保护盒 交联聚乙烯绝缘绝缘电缆整体预制橡胶绝缘件直通接头，玻璃钢保护盒防水浇注剂 交联聚乙烯绝缘绝缘电缆整体预制橡胶绝缘件直通接头，绝缘铜壳保护盒
YJJTI	YJJTI0 YJJTI1 YJJTI2	交联聚乙烯绝缘绝缘电缆整体预制橡胶绝缘件直通接头，无保护盒 交联聚乙烯绝缘绝缘电缆整体预制橡胶绝缘件直通接头，玻璃钢保护盒防水浇注剂 交联聚乙烯绝缘绝缘电缆整体预制橡胶绝缘件直通接头，绝缘铜壳保护盒
YJJTZ	YJJTZ0 YJJTZ1 YJJTZ2	交联聚乙烯绝缘绝缘电缆整体预制橡胶绝缘件直通接头，无保护盒 交联聚乙烯绝缘绝缘电缆整体预制橡胶绝缘件直通接头，玻璃钢保护盒防水浇注剂 交联聚乙烯绝缘绝缘电缆整体预制橡胶绝缘件直通接头，绝缘铜壳保护盒

3. 技术要求

附件的技术要求见表 3-90。

表 3-90　　附件的技术要求

序号	项目	内容
1	导体连接杆和导体连接管	(1)导体连接杆和导体连接管应采用相关内容规定的铜材制造，并经退火处理。 (2)导体连接杆和导体连接管表面应光滑、清洁，应无损伤和毛刺。 (3)导体连接杆和导体连接管的压接连接件性能应符合导体连接杆和导体连接管和压接连接性能试验规定的试验要求
2	金具	(1)附件金具应采用非磁性金属材料。 (2)附件的密封金具应具有良好的组装密封性和配合性，不应有组装后赞成泄漏的缺陷，如划伤、凹痕等。密封性能应符合相关规定的要求
3	密封圈	附件用密封圈应与相接触的材料相容，并能在附件正常运行的最高温度下长期使用
4	橡胶应力锥和橡胶绝缘件	(1)橡胶应力锥和橡胶绝缘件的绝缘料和半导电料推荐采用符合表 3-91、表3-92的材料。 (2)橡胶应力锥和橡胶绝缘件应无气泡、焦烧物和其他有害杂质，其内外表面应光滑，应无伤痕、裂痕和突起物。绝缘与半导电屏蔽的界面应结合良好，应无裂纹和剥离现象。半导电屏蔽应无有害杂质
5	环氧预制件和环氧套管	(1)环氧树脂混合料推荐采用符合表 3-93 的材料。 (2)环氧预制件和环氧套管内外表面应光滑，有无害杂质、气孔。绝缘与预埋金属嵌件结合良好，无裂纹、变形等异常情况。 (3)环氧套管的密封性能应符合相关规定的要求

（续）

序号	项　目	内　　容
6	液体绝缘填充剂	液体绝缘填充剂应与绝缘材料相容。由于220kV终端的工作电场强度较高，对乙丙橡胶应力锥终端推荐采用经真空去气的低粘底硅油作为液体绝缘填充剂，但对220kV乙丙橡胶应力锥户外终端，除购买方另有要求外，制造方可以采用不经真空去气处理的低黏度硅油或高黏度硅油或聚异丁烯作为液体绝缘填充剂。对220kV硅橡胶应力锥终端推荐采用聚异丁烯作为液体绝缘填充剂，亦可采用高黏度硅油作为液体绝缘填充剂
7	防水浇注剂	推荐聚氨酯混合物作为接头保护盒的防水浇注剂。浇注剂应具有良好的防水密封性能，并对周围材料无有害作用。浇注剂应对环境无污染
8	GIS终端与GIS连接配合要求	GISX终端与GIS的安装连接尺寸配合要求应符合IEC 60859的规定

表3-91　　三元乙丙橡胶料的性能

序号	项　目	单位	绝缘料	半导电料
1	老化前机械性能		≥6.0	≥10.0
1.1	抗张强度	N/mm²	≥400	≥250
1.2	断裂伸长率	%	在考虑中	在考虑中
1.3	抗撕强度	N/mm	≤65	≤75
1.4	硬度	邵氏A	在考虑中	在考虑中
1.5	压缩永外变形	%		
2	空气箱老化后机械性能 老化条件：135℃±3℃，7d			
2.1	抗张强度变化率	%	≤±30	≤±30
2.2	伸长率的变化率	%	≤±30	≤±30
3	电气性能(室温下)			
3.1	体积电阻率(23℃)	Ω·cm	$\geqslant 1.0\times10^{15}$	$\leqslant 1.0\times10^{3}$
3.2	$\tan\delta$	—	$\leqslant 5.0\times10^{-3}$	—
3.3	介电常数	—	2.5～3.5	—
3.4	短时工频击穿电场强度	MV/m	≥22	—

表3-92　　硅橡胶料的性能

序号	项　目	单位	绝缘料	半导电料
1	老化前机械性能			
1.1	抗张强度	N/mm²	≥5.0	≥5.5
1.2	断裂伸长率	%	≥450	≥300
1.3	抗撕强度	N/mm	在考虑中	在考虑中
1.4	硬度	邵氏A	≤30	≤55
1.5	压缩水外变形	%	在考虑中	在考虑中

（续）

序号	项　目	单位	绝缘料	半导电料
2	空气箱老化后机械性能 老化条件：135℃±3℃，7d			
2.1	抗张强度变化率	%	≤±30	≤±30
2.2	伸长率的变化率	%	≤±30	≤±30
3	电气性能（室温下）			
3.1	体积电阻率（23℃）	Ω·cm	$\geqslant 1.0\times10^{15}$	$\leqslant 1.0\times10^{3}$
3.2	tanδ	—	$\leqslant 4.0\times10^{-3}$	—
3.3	介电常数	—	2.5～3.5	—
3.4	短时工频击穿电场强度	MV/m	≥22	—

表 3-93　环氧树脂固化体的性能

序号	项　目	单位	绝缘料
1	电气性能（室温下）		
1.1	体积电阻率（23℃）	Ω·cm	$\geqslant 1.0\times10^{15}$
1.2	tanδ	—	$\leqslant 5.0\times10^{-3}$
1.3	介电常数	—	3.5～4.5
1.4	短时工频击穿电场强度	MV/m	≥20
2	电气性能（100℃时）		
2.1	体积电阻率	Ω·cm	$\geqslant 1.0\times10^{15}$
2.2	tanδ	—	$\leqslant 5.0\times10^{-3}$
2.3	介电常数	—	3.5～4.5
3	热变形温度	℃	105～125

4. 试验

（1）附件例行试验见表 3-94。

表 3-94　附件例行试验

序号	项目	内　容
1	密封金具、瓷套和环氧套管的压力泄漏和真空漏增试验	试验装置应将密封金具、瓷套和环氧套管两端密封。 制造方可根据适用条件任选压力泄漏试验或真空漏增试验规定的一种方法进行试验
2	压力泄漏试验	室温下对试件加以（0.20±0.01）MPa 表压气压，保持 1h。任选浸水检验或密封面上涂肥皂水检验，应无气体逸出迹象。试验装置应有防爆安全措施。亦可施加相同水压，保持 1h，在密封面上涂白垩粉，应无水渗出迹象
3	真空漏增试验	在室温下，将试件抽真空至残压约 67Pa，然后关闭试件与真空泵间的阀门，经 0.5h 压力漏增应

（续）

序号	项　目	内　　容
4	局部放电试验	橡胶应力锥和整体预制橡胶绝缘件的局部放电试验应符合《额定电压220kV(U_m＝252kV)交联聚乙烯绝缘电力电缆及其附件　第1部分：额定电压220kV(U_m＝252kV)交联聚乙烯绝缘电力电缆及其附件的电力电缆系统——试验方法和要求》(GB/Z 18890.1—2002)中相关的要求
5	电压试验	橡胶应力锥和整体预制橡胶绝缘件的电压试验应符合《额定电压220kV(U_m＝252kV)交联聚乙烯绝缘电力电缆及其附件　第1部分：额定电压220kV(U_m＝252kV)交联聚乙烯绝缘电力电缆及其附件的电力电缆系统——试验方法和要求》(GB/Z 18890.1—2002)中相关的要求

(2)附件的型式试验见表3-95。

表3-95　附件的型式试验

序号	项　目	内　　容
1	附件和电缆组成系统的电压型式试验	参照表3-96安装附件电缆系统。应按《额定电压220kV(U_m＝252kV)交联聚乙烯绝缘电力电缆及其附件　第1部分：额定电压220kV(U_m＝252kV)交联聚烯绝缘电力电缆及其附件的电力电缆系统——试验方法和要求》(GB/Z 18890.1—2002)中相关规定进行电气型式试验，并应符合规定要求
2	直埋接头外保护层浸水热循环和电压试验	直埋接头外保护层热循环和电压试验应按《额定电压220kV(U_m＝252kV)交联聚乙烯绝缘电力电缆及其附件　第1部分：额定电压220kV(U_m＝252kV)交联聚乙烯绝缘电力电缆及其附件的电力电缆系统——试验方法和要求》(GB/Z 18890.1—2002)中相应内容要求进行试验，并符合规定要求
3	附加试验	(1)户外终端淋雨工频电压试验。户外终端度样在淋雨状态下，施加工频电压460kV经1min，终端应不闪络或击穿。淋雨条件采用《高电压试验技术　第一部分：一般试验要求》(GB/T 16927.1—1997)的规定。 (2)户外终端无线电干扰试验。户外终端试样在140kV(1.1U_0)工频电压下，其1MHz的无线电干扰电压应不超过500μV
4	组装附件压力泄漏试验和真空漏增试验	(1)压力泄漏试验。附件试样组装后，在室温下充以(0.20±0.01)MPa表压气压保持1h。在密封面上涂肥皂水检验，应无气体逸出迹象。试验装置应有防爆安全措施。试验说可加以相同水压，保持1h，在密封面上涂白垩粉，应无水渗出迹象。 (2)真空漏增试验。附近试样组装后在室温下抽真空至残压约67Pa，然后关闭试样和真空泵网阀门，经0.5h，压力漏增应不超过67Pa

表3-96　硅油的性能指标

序号	项　　目		单位	性能指标
1	外观			无色透明、无杂质
2	运动黏度(25℃)	低黏度硅油	mm^2/s	40～1000
		高黏度硅油		7000～13000

（续）

序号	项　　目	单位	性能指标
3	黏度最大变化率	%	±5
4	闪点	℃	>300
5	折光指数(25℃)		1.42～1.47
6	击穿电压(电极间距 2.5mm)	kV	>35
7	体积电阻率(25℃)	Ω·cm	$>8\times10^{12}$
8	挥发度(150℃,3h)	%	<0.5

5. 包装、运输和贮存

(1)电缆附件的包装。电缆附件产品的包装方式可根据各种零部件特点而定。对各种预制绝缘件、带材等应有相应的防水、防潮等密封措施;对易碎、防压的部分和材料应有相应的防压、防冲击的包装措施,并在包装物外部明显位置标出相应的字样或标记;易燃部件或材料应有防火标志。

(2)包装箱可采用木箱或纸箱。本箱应符合《普通木箱》(GB/T 12464—2002)要求。纸箱时重箱内应装入装箱清单。零部件可分开包装。包装箱侧面应注部件名称、规格。两端面应注明:

1)轻放;

2)防雨;

3)不得倒置。

(3)运输和贮存。

1)产品运输过程中不得将包装箱倒置及碰撞。

2)产品应贮存在清洁干燥和阻凉处。不得在户外或阳光下存放。

6. 选用指南提示

《额定电压 220kV(U_m=252kV)交联聚乙烯绝缘电力电缆及其附件　第 3 部分:额定电压 220kV(U_m=252kV)交联聚乙烯绝缘电力电缆附件》(GB/Z 18890.3—2002)适用于额定电压 220kV 交联聚乙烯绝缘电力电缆的户外终端、气体绝缘终端(GIS 终端)、油浸终端、直通接头和绝缘接头。

十二、额定电压 500kV(U_m=550kV)交联聚乙烯绝缘电力电缆(GB/T 22078.2—2008)

1. 电缆特性

(1)应按《额定电压 500kV(U_m=550kV)交联聚乙烯绝缘电力电缆及其附件　第 1 部分:额定电压 500kV(U_m=550kV)交联聚乙烯绝缘电力电缆及其附件——试验方法和要求》(GB/T 22078.1—2008)第 6 章要求确知并申明《额定电压 500kV(U_m=550kV)交联聚乙烯绝缘电力电缆及其附件　第 1 部分:额定电压 500kV(U_m=550kV)交联聚乙烯绝缘电力电缆及其附件——试验方法和要求》(GB/T 22078.1—2008)中 6.1 明确的各项电缆特性,其中电缆的额定电压为:U_0=290kV;U=500kV;U_m=550kV。

(2)电缆导体最高允许温度;正常运行时为 90℃;短路时(最长 5s)为 250℃。

(3)电缆安装时最小弯曲半径推荐为 20 倍电缆外径;电缆安装后最小弯曲半径推荐为 15 倍电缆外径。

(4)电缆使用环境参照表 3-97。

表 3-97　　电缆使用环境参照表

序号	项目	内　　容
1	金属套	铅套和皱纹铝套除适用于一般场所外，特别适用于下列场合： ——铅套电缆：腐蚀较严重但无硝酸、醋酸、有机质(如泥煤)及强碱性腐蚀质，且受机械力(拉力、压力、振动等)不大的场所。 ——皱纹铝套电缆：腐蚀不严重和要求承受一定机械力的场所(如直接与变压器连接，敷设在桥梁上和竖井中等)
2	塑料外护套	——02 型(聚氯乙烯)外护套电缆主要适用于有一般防火要求和对外护套有一定绝缘要求的高压电缆线路； ——03 型(聚乙烯)外护套电缆主要适用于对外护套绝缘要求较高的直埋敷设的高压电缆线路。如有必要用于隧道或竖井中时应采用一定的阻燃防火措施。 注：隧道内安装的电缆应具有阻燃外护套

2. 代号和命名

电缆的代号和命名见表 3-98。

表 3-98　　电缆的代号和命名

序号	项　目	内　　容	
1	代号	产品系列代号	交联聚乙烯绝缘电缆
		材料特征代号	铜导体　　省略 铅套　　Q 皱纹铝套　　LW 聚氯乙烯外护套　　02 聚乙烯外护套　　03 注：皱纹铝套包括挤包皱纹铝套和焊接皱纹铝套，两种不同皱纹铝套的代号均为 LW 不作区分，但焊接皱纹铝套应在产品名称中明确，名称中未说明焊接皱纹铝套的即为挤包皱纹铝套。
		阻水结构代号	纵向阻水　　Z 注：纵向阻水包括绝缘屏蔽与金属套间阻水和导体阻水。其代号均为 Z
2	型号	型号依次由产品系列代号、导体、金属套和外护套特征代号以及阻水结构代号构成。 本部分包括的电缆型号和名称见表 3-99	
3	规格	本部分适用电缆的导体标称截面(mm^2)为 800、1000、1200、(1400)、1600、(1800)、2000。(2200)、2500。其中括号内为非优选导体截面	
4	产品表示方法	产品用型号、规格和标准编号表示。 产品表示方法举例如下： 示例 1：铜芯、单芯、导体截面 1000mm^2、500kV 交联聚乙烯绝缘皱纹铝套聚乙烯护套电力电缆表示为： YJLW03　290/500　1×1000　GB/T 22078.2—2008 示例 2：铜芯、单芯、导体截面 1600mm^2、500kV 交联聚乙烯绝缘皱纹铝套聚氯乙烯护套纵向阻水电力电缆表示为： YJLW02-Z　290/500　1×1600　GB/T 22078.2—2008	

表 3-99 电缆的型号和名称

型 号	名 称
YJLW02	交联聚乙烯绝缘皱纹铝套或焊接皱纹铝套聚氯乙烯护套电力电缆
YJLW03	交联聚乙烯绝缘皱纹铝套或焊接皱纹铝套聚乙烯护套电力电缆
YJLW02-Z	交联聚乙烯绝缘皱纹铝套或焊接皱纹铝套聚氯乙烯护套纵向阻水电力电缆
YJLW03-Z	交联聚乙烯绝缘皱纹铝套或焊接皱纹铝套聚乙烯护套纵向阻水电力电缆
YJQ02	交联聚乙烯绝缘铅套聚氯乙烯护套电力电缆
YJQ03	交联聚乙烯绝缘铅套聚乙烯护套电力电缆
YJQ02-Z	交联聚乙烯绝缘铅套聚氯乙烯护套纵向阻水电力电缆
YJQ03-Z	交联聚乙烯绝缘铅套聚乙烯护套纵向阻水电力电缆

3. 材料要求

所有材料要求应符合表 3-100 规定。

表 3-100 材料要求

序号	项 目	
1	铜单线	导体用铜单线应采用《电工圆铜线》(GB/T 3953—2008)中 TR 型圆铜线
2	绝缘料	绝缘料推荐采用超净的可交联聚乙烯料。其性能要求参见表 3-101
3	屏蔽用半导电料	屏蔽用半导电料推荐采用超光滑可交联半导电料，其性能要求参见表 3-101
4	皱纹铝套	皱纹铝套用铝的纯度一般不低于 99.6%
5	铅套	铅套应采用符合《电缆金属套 第 2 部分：铅套》(JB 5268.2—1991)规定的铅合金
6	外护套	外护套应为符合《额定电压 500kV(U_m=550kV)交联聚乙烯绝缘电力电缆及附件 第 1 部分：额定电压 500kV(U_m=550kV)交联聚乙烯绝缘电力电缆及其附件——试验方法和要求》(GB/T 22078.1—2008)中规定的以聚氯乙烯为基料的代号为 ST_7 外护套混合料和以聚乙烯为基料的代号为 ST_2 外护套混合料

表 3-101 绝缘料和半导电料性能

序号	项 目	单位	绝缘料	半导电料
1	抗张强度	N/mm^2	≥20.0	≥12.0
2	断裂伸长率	%	≥500	≥180
3	热延伸试验(200℃，0，20N/mm^2，15min) 负荷下伸长率 永久变形	 % %	 ≤100 ≤10	 — —
4	$\tan\delta$		≤5.0×10^{-4}	—
5	体积电阻率 23℃	Ω·cm	≥1.0×10^{16}	<35
6	短时工频击穿强度	MV/m	≥35	—
7	凝胶含量	%	≥82	≥65
8	绝缘料杂质含量(1000g 样带) 杂质颗粒尺寸>0.075mm	个	0	—

4. 技术要求

额定电压 500kV(U_m=550kV)交联聚乙烯绝缘电力电缆的技术要求见表 3-102。

表 3-102 技术要求

<table>
<tr><th>序号</th><th>项 目</th><th colspan="2">内 容</th></tr>
<tr><td>1</td><td>导体</td><td colspan="2">(1)应采用紧压绞合圆形铜导体,截面为 800mm² 导体可任选紧压导体或分割导体结构;1000mm² 及以上导体应采用分割导体结构。
导体结构和直流电阻应符合《电缆的导体》(GB/T 3956—2008)和表 3-103 规定。
(2)导体表面应光洁;无油污;无损伤屏蔽及绝缘的毛刺、钻边等</td></tr>
<tr><td>2</td><td>绝缘</td><td colspan="2">(1)绝缘层的标称厚度应符合表 3-104 规定。
(2)绝缘最小测量厚度和绝缘偏心度要求应符合《额定电压 500kV(U_m=550kV)交联聚乙烯绝缘电力电缆及附件 第 1 部分:额定电压 500kV(U_m=550kV)交联聚乙烯绝缘电力电缆及其附件——试验方法和要求》(GB/T 22078.1—2009)中相关要求</td></tr>
<tr><td rowspan="2">3</td><td rowspan="2">屏蔽</td><td>导体屏蔽</td><td>导体屏蔽由半导电包带和挤包的半导电层组成,其厚度近似值为 2.5mm,其中挤包半导电层厚度近似值为 2.0mm。挤包半导电层应均匀地包覆在半导电包带外,并牢固地粘在绝缘层上。在与绝缘层的交界面上应光滑,无明显绞线凸纹、尖角、颗粒、烧焦或擦伤痕迹</td></tr>
<tr><td>绝缘屏蔽</td><td>绝缘屏蔽为挤包半导电层,其厚度近似值为 1.0mm,绝缘屏蔽应与导体挤包屏蔽层和绝缘层一起三层共挤。绝缘屏蔽应均匀地包覆在绝缘表面,并牢固地粘附在绝缘层上。在绝缘屏蔽的表面以及与绝缘层的交界面上应光滑,无尖角、颗粒、烧焦或擦伤的痕迹</td></tr>
<tr><td rowspan="3">4</td><td rowspan="3">缓冲层纵面阻水结构和径向不透水隔水层</td><td>缓冲层</td><td>在绝缘半导电屏蔽层外应有缓冲层,可采用半导电弹性材料或具有纵向阻水功能的半导电阻水膨胀带绕包而成。绕包应平整、紧实、无皱褶</td></tr>
<tr><td>纵向阻水结构</td><td>对电缆的金属套内间隙有纵向阻水要求时,绝缘屏蔽与金属套间应有纵向阻水结构。纵向阻水结构可采用半导电阻水膨胀带绕包而成,半导电阻水带应绕包紧密、平整、无擦伤;亦可采用具有纵向阻水性能的金属丝屏蔽布带绕包结构。如对电缆导体亦有纵向阻水要求时,导体绞合时应绞入阻水绳等材料</td></tr>
<tr><td>径向不透水隔水层</td><td>(1)应采用铅套或皱纹铝套等金属套作为径向不透水阻隔层。
(2)金属套的标称厚度应符合表 3-106 规定。如不能满足用户对短路容量的要求时应采取增加金属套厚度或在金属套内或外增加疏绕铜丝(在疏绕铜丝外用反向绕包的铜丝或铜带扎紧)等措施</td></tr>
<tr><td>5</td><td>金属丝屏蔽布带</td><td colspan="2">金属套下允许绕包金属丝屏蔽布带</td></tr>
</table>

(续)

序号	项 目	内 容
6	外护套	(1)金属套的外护套应采用绝缘型的聚氯乙烯或聚乙烯护套。金属套表面应有电缆沥青(或热熔胶)防腐涂层,铅套上允许绕包自粘性橡胶带代替防腐涂层。防腐涂层与外护套间允许加绕塑料带或相当带材。 (2)外护套的性能应符合《额定电压500kV(U_m=550kV)交联聚乙烯绝缘电力电缆及附件 第1部分:额定电压500kV(U_m-550kV)交联聚乙烯绝缘电力电缆及其附件——试验方法和要求》(GB/T 22078.1—2008)中相应内容。外护套的颜色一般为黑色,但为了适应电缆的某种特殊使用条件,经供需双方协商也可采用其他颜色。 (3)外护套的标称厚度为6.0mm。最小厚度为5.0mm。 (4)在外护套表面应有均匀牢固的导电层作为外护套耐压试验时的外电极

表 3-103 铜导体的结构和直流电阻

导体标称截面/mm²	导体中单线最少根数	20℃时导体直流电阻最大值/(Ω/km)
800	53	0.0221
1000	170	0.0176
1200	170	0.0151
1400	170	0.0129
1600	170	0.0113
1800	265	0.0101
2000	265	0.0090
2200	265	0.0083
2500	265	0.0073

表 3-104 绝缘层标称厚度

导体标称截面/mm²	绝缘层标称厚度/mm
800	34
1000,1200	33
1400,1600	32
1800,2000,2200,2500	31

表 3-105 金属套的标称厚度

导体标称截面/mm²	铅套厚度/mm	皱纹铝套厚度/mm
800	3.3	2.9
1000	3.4	3.0
1200	3.5	3.0
1400	3.5	3.0
1600	3.6	3.1
1800	3.6	3.2
2000	3.7	3.2
2200	3.7	3.2
2500	3.8	3.3

表 3-106 电缆的检验分类、要求和试验方法

序号	试验项目	试验要求	试验类型	试验方法
1	局部放电试验	GB/T 22078.1—2008 中 9.2	R	GB/T 3048.12—2007
2	工频电压试验	GB/T 22078.1—2008 中 9.3	R	GB/T 3048.8—2007
3	金属套外护套直流耐压试验	GB/T 22078.1—2008 中 9.4	R	GB/T 3048.14—2007
4	导体结构检查	GB/T 22078.1—2008 中 10.4 和 12.5.1	S、T	目测
5	导体直流电阻测量	GB/T 22078.1—2008 中 10.5	S	GB/T 3048.4—2007
6	绝缘厚度测量	GB/T 22078.1—2008 中 10.6 和 12.4.1	S、T	GB/T 2951.11—2008
7	金属套厚度测量	GB/T 22078.1—2008 中 10.7 和 12.5.1	S、T	GB/T 2951.11—2008 和 GB/T 22078.1—2008 中 10.7
8	金属套外护套厚度测量	GB/T 22078.1—2008 中 10.6 和 12.5.1	S、T	GB/T 2951.11—2008
9	交联聚乙烯绝缘热延伸试验	GB/T 22078.1—2008 中 10.9 和 12.5.9	S、T	GB/T 2951.21—2008
10	电容测量	GB/T 22078.1—2008 中 10.10	S	GB/T 3048.11—2007
11	雷电冲击电压试验及随后的工频电压试验	GB/T 22078.1—2008 中 10.11	S	GB/T 3048.13—2007 和 GB/T 3048.8—2007
12	绝缘厚度检查	GB/T 22078.1—2008 中 12.4.1	T	GB/T 2951.11—2008
13	弯曲试验及随后的局部放电试验	GB/T 22078.1—2008 中 12.4.4 和 12.4.5	T	GB/T 3048.12—2007
14	$\tan\delta$ 试验	GB/T 22078.1—2008 中 12.4.6	T	GB/T 3048.11—2007
15	热循环电压试验及随后的局部放电试验	GB/T 22078.1—2008 中 12.4.7 和 12.4.5	T	GB/T 3048.8—2007 和 GB/T 3048.12—2007
16	操作冲击电压试验	GB/T 22078.1—2008 中 12.4.8	T	GB/T 3048.13—2007
17	雷电冲击电压试验及随后的工频电压试验	GB/T 22078.1—2008 中 12.4.9	T	GB/T 3048.13—2007 GB/T 3048.8—2007
18	电气型式试验结束后电缆系统的检验	GB/T 22078.1—2008 中 12.4.10	T	目测检验
19	半导电屏蔽电阻率测量	GB/T 22078.1—2008 中 12.4.11	T	GB/T 22078.1—2008 中附录 B
20	绝缘和护套机械性能试验	GB/T 22078.1—2008 中 12.5.2 和 12.5.3	T	GB/T 2951.11—2008 GB/T 2951.12—2008
21	成品电缆样段材料相容性试验	GB/T 22078.1—2008 中 12.5.4	T	GB/T 22078.1—2008 中 12.5.4

（续）

序号	试验项目	试验要求	试验类型	试验方法
22	聚氯乙烯护套热失重试验	GB/T 22078.1—2008 中 12.5.5	T	GB/T 2951.32—2008
23	护套高温压力试验	GB/T 22078.1—2008 中 12.5.6	T	GB/T 2951.31—2008
24	聚氯乙烯外护套低温性能试验	GB/T 22078.1—2008 中 12.5.7	T	GB/T 2951.14—2008
25	聚氯乙烯外护套热冲击试验	GB/T 22078.1—2008 中 12.5.8	T	GB/T 2951.31—2008
26	黑色聚乙烯外护套炭黑含量测量	GB/T 22078.1—2008 中 12.5.10	T	GB/T 2951.41—2008
27	燃烧试验	GB/T 22078.1—2008 中 12.5.11	T	GB/T 18380.1—2001
28	纵向透水试验	GB/T 22078.1—2008 中 12.5.12	T	GB/T 22078.1—2008 中附录 C
29	绝缘层杂质、微孔和半导电层与绝缘界面微孔、突起检查	GB/T 22078.1—2008 中 12.5.13	T	GB/T 22078.1—2008 中附录 E
30	外护套刮磨试验	GB/T 22078.1—2008 中 12.5.14	T	JB/T 10696.6—2007
31	皱纹铝套腐蚀扩展试验	GB/T 22078.1—2008 中 12.5.15	T	JB/T 10696.5—2007
32	成品电缆标志检查	第 9 章	T	目测
33	成品电缆标志耐擦试验	第 9 章	T	GB 6995.1—1986 中 5.2
34	绝缘厚度检查	GB/T 22078.1—2008 中 13.2.1	P	GB/T 2951.11—2008
35	热循环电压试验	GB/T 22078.1—2008 中 13.2.3	P	GB/T 3048.8—2007
36	雷电冲击电压试验	GB/T 22078.1—2008 中 13.2.4	P	GB/T 3048.13—2007
37	预鉴定试验结束后电缆系统的检验	GB/T 22078.1—2008 中 13.2.5	P	目测检验

5. 包装、贮存和运输

电缆应卷绕在符合电缆弯曲盘径的电缆盘上交货。考虑使电缆不受到过度弯曲，电缆盘的筒径应不小于型式试验的电缆弯曲直径。对于大规格电缆如果按此规定电缆盘筒径过大，无法运输，可按制造方和购买方协议，采用筒径较小的电缆盘运输。电缆的两个端头应有可靠防水、防潮密封，在外侧端头上应装有供敷设用的牵引头。

6. 选用指南提示

《额定电压 500kV(U_m＝550kV)交联聚乙烯绝缘电力电缆及其附件　第 2 部分：额定电压 500kV(U_m＝550kV)交联聚乙烯绝缘电力电缆》(GB/T 22078.2—2008)适用于通常安装和运行条件下的单芯电缆，但不适用于如海底电缆等特殊用途电缆。

十三、额定电压 500kV(U_m＝550kV)交联聚乙烯绝缘电力电缆附件(GB/T 22078.3—2008)

1. 定义

本部分相关定义见表 3-107。

表 3-107　相关定义

序号	项　目	定　　义
1	户外终端	在受阳光直接照射或暴露在气候环境下或二者都存在的情况下使用的终端
2	气体绝缘终端（GIS 终端）	安装在气体绝缘封闭开关设备（GIS）内部以六氟化硫（SF_6）气体为外绝缘的气体绝缘部分的电缆终端（以下简称 GIS 终端）
3	油浸终端	安装在油浸变压器油箱内以绝缘油为外绝缘的液体绝缘部分的电缆终端
4	复合终端（复合套管终端）	以玻璃纤维增强环氧管为衬芯，外覆耐候、抗污秽弹性材料（如硅橡胶）制成的复合套管为外绝缘的户外终端
5	直通接头	连接两根电缆形成连续电路的附件。在本部分中特指接头的金属外壳以及接头两边电缆的金属屏蔽和绝缘屏蔽在电气上连续的接头
6	绝缘接头	将电缆的金属套、金属屏蔽和绝缘屏蔽在电气上断开的接头
7	预制附件	以具有电场应力控制作用的预制橡胶元件作为主要绝缘件的电缆附件
8	组合预制绝缘件接头	采用预制橡胶应力锥及预制环氧绝缘件现场组装的接头
9	整体预制橡胶绝缘件接头	采用单一预制橡胶绝缘件的接头

2. 附件特性

附件特性见表 3-108。

表 3-108　附件特性

序号	项　目	内　　容
1	额定电压和正常运行条件	附件的额定电压和正常运行时最高温度、短路温度应与《额定电压 500kV（U_m=550kV）交联聚乙烯绝缘电力电缆及其附件　第 2 部分：额定电压 500kV（U_m=550kV）交联聚乙烯绝缘电力电缆》（GB/T 22078.2—2008）中 4.1 和 4.2 对电缆的规定相一致
2	试验电压的海拔高度修正	本部分适用的户外终端的正常使用条件为海拔高度不超过 1000m。对于海拔高度超过 1000m，但不超过 4000m 安装使用的户外终端，在海拔不高于 1000m 地点试验时，其试验电压应按相关内容规定将本部分规定的试验电压乘以海拔校正因数 K_a，并按此要求相应提高户外终端外绝缘的绝缘水平。 $$K_a=\frac{1}{1.1-H\times10^{-4}}$$ 式中　H——户外终端安装地点的海拔高度，单位为米（m）
3	GIS 终端工作气压	GIS 终端外绝缘的 SF_6 气体在 20℃下的设计工作压力（表压）最大为 0.75MPa，最小为 0.30MPa。 注：GIS 终端推荐最大设计工作气压值采用 IEC 62271-209：2007 给出的数值

3. 型号和命名

附件的型号和命名见表 3-109。

表 3-109　　附件的型号和命名

序号	项目	内容		
1	代号	系列代号	交联聚乙烯绝缘电缆	YJ
		附件代号	户外终端	ZW
			GIS 终端	ZG
			油浸终端	ZY
			复合终端(复合套管终端)	ZF
			直通接头	JT
			绝缘接头	JJ
		内绝缘代号	(1)终端内绝缘	
			液体绝缘橡胶应力锥	Y
			干式绝缘橡胶应力锥	G
			六氟化硫(SF_6)充气绝缘橡胶应力锥	Q
			硅油浸渍电容锥	R
			(2)接头绝缘	
			组合预制橡胶绝缘件	Z
			整体预制橡胶绝缘件	I
		终端外绝缘污秽等级	外绝缘污秽等级符合 GB/T 5582—1993 规定。本部分采用以下代号:	
			Ⅰ级(最小爬电比距　16mm/kV)	1
			Ⅱ级(最小爬电比距　20mm/kV)	2
			Ⅲ级(最小爬电比距　25mm/kV)	3
			Ⅳ级(最小爬电比距　31mm/kV)	4
		接头保护盒和外保护层	无保护盒	0
			保护盒含防水浇注剂	1
			绝缘铜壳	2
2	型号组成	(1)材料型号组成见图 3-13。 (2)附件型号和名称见表 3-110		
3	产品表示方法	产品用型号、规格(额定电压、相数、适用电缆截面)及本部分编号表示。 产品表示方法举例如下: 示例 1:导体标称截面 1000mm²、500kV 交联聚乙烯绝缘电缆液体绝缘橡胶应力锥单相户外终端,外绝缘污秽等级Ⅰ级,表示为: YJZWYI　290/500　1×1000　GB/T 22078.3—2008 示例 2:导体标称截面 1600mm²、500kV 交联聚乙烯绝缘电缆干式绝缘橡胶应力锥单相 GIS 终端表示为: YJZGG　290/500　1×1600　GB/T 22078.3—2008		

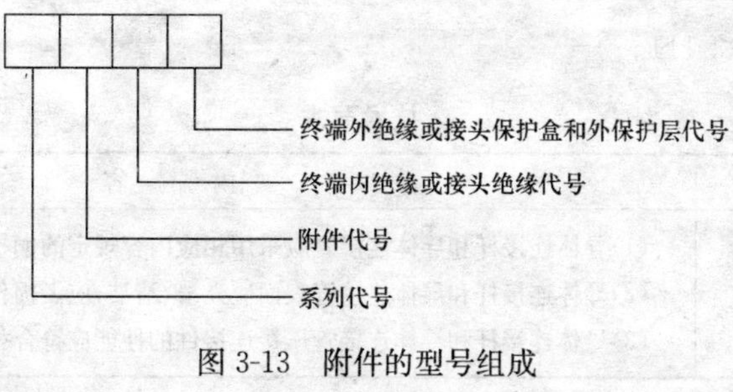

图 3-13　附件的型号组成

表 3-110 附件的型号及名称

型号		产品名称
主型号	含副型号	
YJZWY	YJZWY1	液体绝缘橡胶应力锥户外终端,外绝缘污秽等级Ⅰ级
	YJZWY2	液体绝缘橡胶应力锥户外终端,外绝缘污秽等级Ⅱ级
	YJZWY3	液体绝缘橡胶应力锥户外终端,外绝缘污秽等级Ⅲ级
	YJZWY4	液体绝缘橡胶应力锥户外终端,外绝缘污秽等级Ⅳ级
YJZWQ	YJZWQ1	SF_6 充气绝缘橡胶应力锥户外终端,外绝缘污秽等级Ⅰ级
	YJZWQ2	SF_6 充气绝缘橡胶应力锥户外终端,外绝缘污秽等级Ⅱ级
	YJZWQ3	SF_6 充气绝缘橡胶应力锥户外终端,外绝缘污秽等级Ⅲ级
	YJZWQ4	SF_6 充气绝缘橡胶应力锥户外终端,外绝缘污秽等级Ⅳ级
YJZWR	YJZWR1	硅油浸渍电容锥户外终端,外绝缘污秽等级Ⅰ级
	YJZWR2	硅油浸渍电容锥户外终端,外绝缘污秽等级Ⅱ级
	YJZWR3	硅油浸渍电容锥户外终端,外绝缘污秽等级Ⅲ级
	YJZWR4	硅油浸渍电容锥户外终端,外绝缘污秽等级Ⅳ级
YJZFY		液体绝缘橡胶应力锥复合终端
YJZFQ		SF_6 充气绝缘橡胶应力锥复合终端
YJZFR		硅油浸渍电容锥复合终端
YJZGY		液体绝缘橡胶应力锥 GIS 终端
YJZGG		干式绝缘橡胶应力锥 GIS 终端
YJZGR		硅油浸渍电容锥 GIS 终端
YJZYY		液体绝缘橡胶应力锥油浸终端
YJZYG		干式绝缘橡胶应力锥油浸终端
YJZYR		硅油浸渍电容锥油浸终端
YJJTI	YJJTI0	整体预制橡胶绝缘件直通接头,无保护盒
	YJJTI1	整体预制橡胶绝缘件直通接头,保护盒含防水浇注剂
	YJJTI2	整体预制橡胶绝缘件直通接头,绝缘铜壳保护盒
YJJTZ	YJJTZ0	组合预制橡胶绝缘件直通接头,无保护盒
	YJJTZ1	组合预制橡胶绝缘件直通接头,保护盒含防水浇注剂
	YJJTZ2	组合预制橡胶绝缘件直通接头,绝缘铜壳保护盒

4. 技术要求

材料技术要求见表 3-111。

表 3-111 技术要求

序号	项目	内容
1	导体连接杆和导体连接管	(1)导体连接杆和导体连接管应采用相应内容规定的铜材制造,并经退火处理。 (2)导体连接杆和导体连接管表面应光滑、清洁,应无损伤和毛刺。 (3)导体连接杆和导体连接管压接连接件的性能应符合相关规定的试验要求

（续）

序号	项 目	内 容
2	金具	(1)附件金具应采用非磁性金属材料。 (2)附件的密封金具应具有良好的组装密封性和配合性，不应有组装后造成泄漏的缺陷，如划伤、凹痕等。密封性能应符合相关规定的要求
3	密封圈	附件用密封圈应与相接触的材料相容，并能在附件正常运行的最高温度下长期使用
4	橡胶应力锥和橡胶绝缘体	(1)橡胶应力锥和橡胶绝缘件的绝缘料和半导电料推荐采用符合表3-112、表3-113的材料。 (2)橡胶应力锥和橡胶绝缘件应无气泡、焦烧物和其他有害杂质，其内外表面应光滑，应无伤痕、裂痕和突起物。绝缘与半导电屏蔽的界面应结合良好，应无裂纹和剥离现象。半导电屏蔽应无有害杂质
5	环氧预制件和环氧套管	(1)环氧树脂混合料推荐采用符合3-114的材料。 (2)环氧预制作和环氧套管内外表面应光滑，无有害杂质，气孔。绝缘与预埋金属嵌件结合良好，无裂纹、变形等异常情况。 (3)环氧套管的密封性能应符合相关规定的要求
6	瓷套	应按终端外绝缘污秽等级要求选用瓷套。瓷套应符合《电压绝缘承瓷件 技术条件》(GB/T 772—2005)的要求
7	复合套管	复合终端用复合套管的污秽等级应为Ⅲ级或以上(最小爬电比距不小于25mm/kV)
8	液体绝缘填充剂	液体绝缘填充剂应与绝缘材料相容。由于500kV终端的工作电场强度较高，对500kV终端推荐采用经真空脱气的硅油作为液体绝缘填充剂
9	防水浇注剂	推荐采用聚氨酯混合物作为接头保护盒的防水浇注剂。浇注剂应具有良好的防水密封性能，并对周围材料无有害作用。浇注剂应对环境无污染
10	GIS终端与GIS连接配合要求	GIS终端与GIS的安装连接尺寸配合要求应符合IEC 62271-209:2007的规定

表3-112 **三元乙丙橡胶料的性能**

序号	项 目	单 位	绝缘料	半导电料
1.0	老化前机械性能			
1.1	抗张强度	N/mm^2	≥7.0	≥8.0
1.2	断裂伸长率	%	≥300	≥260
1.3	抗撕裂强度	N/mm	≥22	≥22
1.4	硬度	邵氏A	≤70	≤80
1.5	压缩永久变形	%	≤40	≤40
2.0	空气箱老化后机械性能 老化条件：135℃±3℃，7d			
2.1	抗张强度最大变化率	%	±30	±30
2.2	伸长率最大变化率	%	±30	±30
3.0	电气性能(室温下)			
3.1	体积电阻率(23℃)	Ω·cm	$\geqslant 1.5\times10^{11}$	$<1.0\times10^{3}$
3.2	$\tan\delta$	—	$\leqslant 5.0\times10^{-3}$	—
3.3	介电常数	—	2.5～4.0	—
3.4	短时工频击穿电场强度	MV/m	≥25	—

表 3-113　硅橡胶料的性能

序号	项　目	单　位	绝缘料	半导电料
1.0	老化前机械性能			
1.1	抗张强度	N/mm^2	≥6.0	≥6.0
1.2	断裂伸长率	%	≥450	≥350
1.3	抗撕裂强度	N/mm	≥20	≥18
1.4	硬度	邵氏 A	≤50	≤55
1.5	压缩永久变形	%	在考虑中	在考虑中
2.0	空气箱老化后机械性能 老化条件:135℃±3℃,7d			
2.1	抗张强度最大变化率	%	±20	±20
2.2	伸长率最大变化率	%	±20	±20
3.0	电气性能(室温下)			
3.1	体积电阻率(23℃)	Ω·cm	$\geq 1.0\times10^{15}$	$<1.0\times10^{4}$
3.2	$\tan\delta$	—	$\leq 4.0\times10^{-3}$	—
3.3	介电常数	—	2.8~3.5	—
3.4	短时工频击穿电场强度	MV/m	≥25	—

表 3-114　环氧树脂固化体的性能

序　号	项　目	单　位	性能指标
1.0	电气性能(室温下)		
1.1	体积电阻率(23℃)	Ω·cm	$\geq 1.5\times10^{15}$
1.2	$\tan\delta$	—	$\leq 5.0\times10^{-2}$
1.3	介电常数	—	3.5~6.0
1.4	短时工频击穿电场强度	MV/m	≥25
2.0	电气性能(100℃时)		
2.1	体积电阻率	Ω·cm	$\geq 1.0\times10^{15}$
2.2	$\tan\delta$	—	$\leq 5.0\times10^{-2}$
2.3	介电常数	—	3.5~6.0
3.0	热变形温度	℃	>105

5. 试验

(1)附件的例行试验见表 3-115。

表 3-115　附件例行试验

序号	项　目	内　容
1	密封金具、瓷套、复合套管和环氧套管的压力泄漏和真空漏增试验	试验装置应将密封金具、瓷套或环氧套管两端密封。 制造方可根据适用条件任选压力泄漏试验或真空漏增试验规定的一种方法进行试验

（续）

序号	项　目	内　容
2	压力泄漏试验	室温下对试件加以(0.20±0.01)MPa表压气压，保持1h。任选浸水检验或密封面上涂肥皂水检验，应无气体逸出迹象。试验装置应有防爆安全措施。亦可施加相同水压，保持1h，在密封面上涂白垩粉，应无水渗出迹象
3	真空漏增试验	在室温下，将试件抽真空至残压约67Pa，然后关闭试件与真空泵间的阀门，经0.5h压力漏增应不超过67Pa
4	局部放电试验	橡胶应力锥和整体预制橡胶绝缘件的局部放电试验应符合《额定电压500kV(U_m=550kV)交联聚乙烯绝缘电力电缆及附件　第1部分：额定电压500kV(U_m=550kV)交联聚乙烯绝缘电力电缆及其附件的电力电缆系统——试验方法和要求》(GB/T 22078.1—2008)中相关的要求
5	电压试验	橡胶应力锥和整体预制橡胶绝缘件的电压试验应符合《额定电压500kV(U_m=550kV)交联聚乙烯绝缘电力电缆及附件　第1部分：额定电压500kV(U_m=550kV)交联聚乙烯绝缘电力电缆及其附件的电力电缆系统——试验方法和要求》(GB/T 22078.1—2008)中相关的要求

(2)附件的型式试验见表3-116。

表3-116　　附件的型式试验

<table>
<tr><th>序号</th><th>项　目</th><th colspan="2">内　容</th></tr>
<tr><td>1</td><td>直埋接头外保护层浸水热循环和电压试验</td><td colspan="2">直埋接头外保护层浸水热循环和电压试验应按《额定电压500kV(U_m=550kV)交联聚乙烯绝缘电力电缆及附件　第1部分：额定电压500kV(U_m=550kV)交联聚乙烯绝缘电力电缆及其附件的电力电缆系统——试验方法和要求》(GB/T 22078.1—2008)中相关内容进行，并符合规定要求</td></tr>
<tr><td>2</td><td>户外终端无线电干扰试验</td><td colspan="2">户外终端试样在319kV(1.1U_0)工频电压下，其1MHz的无线电干扰电压应不超过500μV。试验方法按照《高压电器设备无线电干扰测试方法》(GB/T 11604—1989)的规定</td></tr>
<tr><td rowspan="2">3</td><td rowspan="2">组装附件泄漏试验和真空漏增试验</td><td>压力泄漏试验</td><td>附件试样组装后，在室温下充以(0.20±0.01)MPa表压气压保持1h。在密封面上涂肥皂水检验，应无气体逸出迹象。试验装置应有防爆安全措施。试验亦可加以相同水压，保持1h，在密封面上涂白垩粉，应无水渗出迹象</td></tr>
<tr><td>真空漏增试验</td><td>附件试样组装后在室温下抽真空至残至约67Pa，然后关闭试样和真空泵间阀门，经0.5h，压力漏增应不超过67Pa</td></tr>
<tr><td>4</td><td>导体连接杆和导体连接管的压接连接件性能试验</td><td colspan="2">试验方法和试验要求在考虑中</td></tr>
</table>

6. 包装、运输和贮存

(1)电缆附件的包装。

1)电缆附件产品的包装方式可根据各种零部件特点而定。对各种预制绝缘件、带材等应有相应的防水、防潮等密封措施；对易碎、防压的部件和材料应有相应的防压、防冲击的包装措施，并在包装物外部明显位置标出相应的字样或标记；易燃部件或材料应有防火标志。

2)包装箱可采用木箱或纸箱。木箱应符合《普通木箱》(GB/T 12461—2002)要求。装箱时箱内应装入装箱单。零部件可分开包装。包装箱侧面应注部件名称、规格。两端面应注明：

①轻放；

②防雨；

③不得倒置。

(2)运输和贮存。

1)产品运输过程中不得将包装箱倒置及碰撞。

2)产品应贮存在清洁干燥和阴凉处。不得在户外或阳光下存放。

7. 选用指南提示

《额定电压 500kV(U_m=550kV)交联聚乙烯绝缘电力电缆及其附件 第3部分：额定电压 500kV(U_m=550kV)交联聚乙烯绝缘电力电缆附件》(GB 22078.3—2008)适用于额定电压 500kV 交联聚乙烯绝缘电力电缆的户外终端、气体绝缘终端(G2S终端)、油浸终端、复合终端、直接接头和绝缘接头。

十四、电缆的导体(GB/T 3956—2008)

1. 分类

导体分为以下几种：

(1)第1种：实心导体；

(2)第2种：绞合导体；

(3)第5种：软导体；

(4)第6种：比第5种更柔软的导体。

其中第1种、第2种、第5种和第6种。第1种和第2种导体用于固定敷设的电缆中。第5种和第6种导体用于软电缆的软线中，也可用于固定敷设。

2. 实心导体和绞合导体

实心导体和绞合导体相关要求应符合表3-117规定。

表 3-117 相关要求

序号	项 目		内 容
1	实心导体	结构	(1)实心铜导体应为圆形截面； 注：标称截面积 25mm² 及以上的实心铜导体用于特殊类型的电缆，如矿物绝缘电缆，而非一般用途。 (2)截面积 10～35mm² 的实心铝导体和实心铝合金导体应是圆形截面。对于单芯电缆，更大尺寸的导体应是圆形截面；而对多芯电缆，可以是圆形或成型截面
		电阻	按相关要求测量时，每根导体 20℃时的电阻值不应超过表3-118中规定的最大值。 注：对于具有与铝导体相同标称截面积的实心铝合金导体，表3-118中给出的电阻值可乘以1.162的系数，除非制造方和买方另有规定
		抗拉强度	圆形或成型实心铝导体应由铝制成，且成品的抗拉强度满足表3-119要求

（续）

<table>
<tr><th>序号</th><th>项 目</th><th colspan="2">内 容</th></tr>
<tr><td rowspan="3">2</td><td rowspan="3">非紧压绞合圆形导体(第2种)</td><td>结构</td><td>(1)非紧压绞合圆形导体(第2种)应由规定的材料构成；
(2)绞合铝导体或铝合金导体的截面积不应小于10mm²；
(3)每根导体的单线应具有相同的标称直径；
(4)每根导体的单线数量不应小于表3-120规定的相应的最小值</td></tr>
<tr><td>电阻</td><td>按相关内容要求测定的20℃时每种导体的电阻值不应超过表3-120规定的最大值</td></tr>
<tr><td>抗拉强度</td><td>绞合铝导体应由铝材制成，且单线的抗拉强度满足表3-121要求</td></tr>
<tr><td rowspan="2">3</td><td rowspan="2">紧压圆形导体和绞合成型导体(第2种)</td><td>结构</td><td>(1)紧压绞合圆形铝导体或铝合金导体的标称截面积不应小于10mm²。绞合成型的铜导体、铝导体或铝合金导体的标称截面积不应小于25mm²。
(2)同一导体内不同单线的直径之比应不大于2。
(3)每种导体内的单线数量应不少于表3-120给出的相应最小值。
注：这一要求适用于紧压前由圆形单线组成的导体，而非预制成型的单线组成的导体</td></tr>
<tr><td>电阻</td><td>按相应内容要求测定的20℃时每种导体的电阻值不应超过表3-120规定的对应值</td></tr>
</table>

表3-118　　圆形或成型铝铝导体抗拉强度

标称截面积/mm^2	抗拉强度/(N/mm^2)
10,16	100～165
25,35	60～130
50	60～110
≥70	60～90

注：以上数值不适用于铝合金导体。

表3-119　　绞合圆形和绞合成型导体

标称截面积/mm^2	抗拉强度/(N/mm^2)
10	≤200
≥16	125～205

注：1. 以上数值不适用于铝合金导体。

2. 这一数据只是对绞合前单线的检验结果，而不是来自绞合导体的单线。

3. 软导体

(1)结构。

1)软导体(第5种和第6种)应由不镀金属或镀金属的退火铜线构成；

2)每根导体中的单线应具有相同的标称直径；

3)每种导体中的单线直径不应超过表3-122或表3-123规定的相应的最大值。

(2)电阻。

按相应内容要求测定的20℃时每种导体的电阻值不应超过表3-122或表3-123规定的相应的最大值。

表3-120　　单芯和多芯电缆用第1种实心导体

标称截面积/mm^2	20℃时导体最大电阻/(Ω/km)		
	圆形退火铜导体		铝导体和铝合金导体，圆形或成型③
	不镀金属	镀金属	
0.5	36.0	36.7	—
0.75	24.5	24.8	—
1.0	18.1	18.2	—
1.5	12.1	12.2	—
2.5	7.41	7.56	—
4	4.61	4.70	—
6	3.08	3.11	—
10	1.83	1.84	3.08①
16	1.15	1.16	1.91①
25	0.727②	—	1.20①
35	0.524②	—	0.868①
50	0.387②	—	0.641
70	0.268②	—	0.443
95	0.193②	—	0.320②
120	0.153②	—	0.253②
150	0.124②	—	0.206②
185	0.101②	—	0.164②
240	0.0775②	—	0.125②
300	0.0620②	—	0.100②
400	0.0465	—	0.0778
500	—	—	0.0605
630	—	—	0.0469
800	—	—	0.0367
1000	—	—	0.0291
1200	—	—	0.0247

注：①仅适用于截面积10～35mm^2的圆形铝导体。

②标称截面积25mm^2及以上的实心铜导体用于特殊类型的电缆，如矿物绝缘电缆，而非一般用途。

③对于具有与铝导体相同标称截面积的实心铝合金导体，表3-121中给出的电阻可以乘以1.162的系数，除非制造方和买方另有规定。

④对于单芯电缆，四根扇形成型导体可以组合成一根圆形导体。该组合导体的最大电阻值应为单根构件导体的25%。

表 3-121 单芯和多芯电缆用第 2 种绞合导体

标称截面积/mm^2	导体的最少单线数量						20℃时导体最大电阻/(Ω/km)		
	圆形		紧压圆形		成型		退火铜导体		铝或铝合金导体③
	铜	铝	铜	铝	铜	铝	不镀金属单线	镀金属单线	
0.5	7	—	—	—	—	—	36.0	36.7	—
0.75	7	—	—	—	—	—	24.5	24.8	—
1.0	7	—	—	—	—	—	18.1	18.2	—
1.5	7	—	6	—	—	—	12.1	12.	—
2.5	7	—	6	—	—	—	7.41	7.56	—
4	7	—	6	—	—	—	4.61	4.70	—
6	7	—	6	—	—	—	3.08	3.11	—
10	7	7	6	6	—	—	1.83	1.84	3.08
16	7	7	6	6	—	—	1.15	1.16	1.91
25	7	7	6	6	6	6	0.727	0.734	1.20
35	7	7	6	6	6	6	0.524	0.529	0.868
50	19	19	6	6	6	6	0.387	0.391	0.641
70	19	19	12	12	12	12	0.268	0.270	0.443
95	19	19	15	15	15	15	0.193	0.195	0.320
120	37	37	18	15	18	15	0.153	0.154	0.253
150	37	37	18	15	18	15	0.124	0.126	0.206
185	37	37	30	30	30	30	0.0991	0.100	0.164
240	37	37	34	30	34	30	0.0754	0.0762	0.125
300	61	61	34	30	34	30	0.0601	0.0607	0.100
400	61	61	53	53	53	53	0.0470	0.0475	0.0778
500	61	61	53	53	53	53	0.0366	0.0369	0.0605
630	91	91	53	53	53	53	0.0283	0.0286	0.0469
800	91	91	53	53	—	—	0.0221	0.0224	0.0367
1000	91	91	53	53	—	—	0.0176	0.0177	0.0291
1200			②				0.0151	0.0151	0.0247
1400①			②				0.0129	0.0129	0.0212
1600			②				0.0113	0.0113	0.0186
1800①			②				0.0101	0.0101	0.0165
2000			②				0.0090	0.0090	0.0149
2500			②				0.0072	0.0072	0.0127

注：①这些尺寸不推荐。其他不推荐的尺寸针对某些特定应用，但未包含进标准范围内。

②这些尺寸的最小单线数量未作规定。这些尺寸可以由 4、5 或 6 个均等部分(Milliken)构成。

③对于具有与铝导体标称截面积的相同的绞合铝合金导体，其电阻值宜由制造方与买方商定。

表 3-122 单芯和多芯电缆用第 5 种软铜导体

标称截面积/mm²	导体内最大单线直径/mm	20℃时导体最大电阻/(Ω/km)	
		不镀金属单线	镀金属单线
0.5	0.21	39.0	40.1
0.75	0.21	26.0	26.7
1.0	0.21	19.5	20.0
1.5	0.26	13.3	13.7
2.5	0.26	7.98	8.21
4	0.31	4.95	5.09
6	0.31	3.30	3.39
10	0.41	1.91	1.95
16	0.41	1.21	1.24
25	0.41	0.780	0.795
35	0.41	0.554	0.565
50	0.41	0.386	0.393
70	0.51	0.272	0.277
95	0.51	0.206	0.210
120	0.51	0.161	0.164
150	0.51	0.129	0.132
185	0.51	0.106	0.108
240	0.51	0.0801	0.0817
300	0.51	0.0641	0.0654
400	0.51	0.0486	0.0495
500	0.61	0.0384	0.0391
630	0.61	0.0287	0.0292

表 3-123 单芯和多芯电缆用第 6 种软铜导体

标称截面积/mm²	导体内最大单线直径/mm	20℃时导体最大电阻/(Ω/km)	
		不镀金属单线	镀金属单线
0.5	0.16	39.0	40.1
0.75	0.16	26.0	26.7
1.0	0.16	19.5	20.0
1.5	0.16	13.3	13.7
2.5	0.16	7.98	8.21
4	0.16	4.95	5.09
6	0.21	3.30	3.39
10	0.21	1.91	1.95
16	0.21	1.21	1.24
25	0.21	0.780	0.795
35	0.21	0.554	0.565

（续）

标称截面积/mm^2	导体内最大单线直径/mm	20℃时导体最大电阻/(Ω/km)	
		不镀金属单线	镀金属单线
50	0.31	0.386	0.393
70	0.31	0.272	0.277
95	0.31	0.206	0.210
120	0.31	0.161	0.164
150	0.31	0.129	0.132
185	0.41	0.106	0.108
240	0.41	0.0801	0.0817
300	0.41	0.0641	0.0654

4. 选用指南提示

《电缆的导体》(GB/T 3956—2008)是对 GB/T 3956—1997 的代替。

与 GB/T 3956—1997 相比，主要差异体现在以下几方面：

(1)导体截面范围由 2000mm^2 向上扩展至 2500mm^2；

(2)增加了实心铝导体和绞合铝导体单线的抗拉强度要求；

(3)单芯和多芯电缆用第 1 种实心导体和第 2 种绞合导体的截面范围分别向上扩展至 1000mm^2 和 2500mm^2；

(4)增加了实心铝合金导体的电阻要求；

(5)非紧压绞合铝导体截面范围要求变化；

(6)增加了紧压绞合圆形和成型铝合金导体截面范围要求；

《电缆的导体》(GB/T 3956—2008)适用于特定设计的电缆，不适用于通信用途的导体。

第二节 通信电缆

一、1.2/4.4mm 同轴综合通信电缆(GB/T 4011—1983)

1. 型号与规格

1.2/4.4mm 同轴综合通信电缆型号与规格见表 3-124。

表 3-124 型号与规格

序号	项目	内 容
1	电缆型号	电缆的型号如表 3-125
2	表示方法	电缆用型号规格及标准编号表示。例如：铅套聚乙烯套小同轴综合通信电缆包含有 4 个同轴对、4 个高频四线组、9 个低频四线组、4 个信号四线组和 5 个信号线，表示为： HOL 02－6 4×1.2/4.4＋4×4×0.9(高)＋9×4×0.9(低)＋4×4×0.6(信)＋5×1×0.9(信)
3	规格	电缆规格见表 3-126

表 3-125　电缆型号

型号	名称	主要用途
HOL　02 HOL　03	铝套聚氯乙烯套同轴综合通信电缆 铝套聚乙烯套同轴综合通信电缆	陆上固定敷设，用于架空、管道、隧道等场合，并可埋地
HOL　22 HOL　23	铝套钢带铠装聚氯乙烯套同轴综合通信电缆 铝套钢带铠装聚乙烯套同轴综合通信电缆	同上，用于电气化铁道和强电干扰场合
HOL　32	铝套细圆钢丝铠装聚氯乙烯套同轴综合通信电缆	陆上固定敷设，用于水线
HOQ	裸铅套同轴综合通信电缆	陆上固定敷设，用于架空、管道、隧道等场合
HOQ　02 HOQ　03	铅套聚氯乙烯套同轴综合通信电缆 铅套聚乙烯套同轴综合通信电缆	同 HOL　02，HOL　03
HOQ　22 HOQ　23	铅套钢带铠装聚氯乙烯同轴综合通信电缆 铅套钢带铠装聚乙烯同轴综合通信电缆	同 HOL　22
HOQ　33 HOQ　41 （HOQ　42） （HOQ　43）	铅套细圆钢丝铠装聚乙烯套同轴综合通信电缆 铅套粗圆钢丝铠装纤维外被同轴综合通信电缆 铅套粗圆钢丝铠装聚氯乙烯套同轴综合通信电缆 铅套粗圆钢丝铠装聚乙烯套同轴综合通信电缆	同 HOL　32

注：1. 括号内型号为不推荐产品。

2. 根据协议可提供其他类型外护层电缆。

表 3-126　电缆规格

序号 \ 元件个数	同轴对 1.2/4.4mm	高频四线组 4×0.9mm	高频对绞组 2×0.7mm	低频四线组 4×0.9mm	低频四线组 4×0.6mm
1	4	3	—	—	—
2	4	4	—	9	—
3	4	4	—	9	4
4	4	3	—	12	—
5	4	4	—	13	—
6	4	4	—	13	—
7	6	—	4	1	—
8	6	—	4	1	—
9	6	4	—	11	—
10	6	1	—	1	—

序号 \ 元件个数	低频对绞组 2×0.7mm	低频对绞组 2×0.6mm	信号四线组 4×0.6mm	信号对绞组 2×0.6mm	信号线 1×0.9mm	信号线 1×0.6mm
1	—	—	—	—	—	6
2	—	—	4	—	5	—
3	—	5	—	—	—	—
4	—	—	—	—	4	6
5	—	—	—	10	—	—
6	—	10	—	—	—	—
7	2	—	—	—	—	4
8	—	—	—	—	—	4
9	—	15	—	—	—	—
10	—	—	2	8	—	—

注：经供需双方协商可以生产其他规格的电缆。

2. 同轴对

同轴对的要求见表 3-127。

表 3-127　同轴对

序号	项　目	内　容
1	内导体	内导体为标称直径 1.2mm 的半硬铜线
2	绝缘	绝缘由高频塑料和空气组成
3	外导体	外导体由标称厚度为 0.15mm 的软铜带纵包而成。外导体标称内径为 4.4mm
4	外导体外面包层厚度	外导体外面反向绕包两层标称厚度为 0.1mm 的镀锡钢带，内层间隙绕包，外层重叠绕包。钢带外面再重叠绕包一层厚度为 0.2～0.3mm 的聚乙烯带。 注：如果用户需要，钢带外面的包装也可以采用其他材料
5	电性能	电性能应符合表 3-128 规定

表 3-128　同轴对电性能

序号	项　目		指　标	换算公式
1	内导体直流电阻/(Ω/km)　20℃	不大于	16.0	1/1000
2	特性阻抗实部/Ω 标称值　1MHz 偏差　1MHz 在各频半点上测得的平均值		 75 ±0.75 见(GB/T 4011—1983)附录 A	
3	端阻抗/Ω　1MHz 标称值 偏差 用于 0.06～6MHz 传输系统 用于 0.3～22MHz 传输系统 或 34Mbit/s 传输系统 A、B 端阻抗差 用于 0.06～6MHz 传输系统 用于 0.3～22MHz 传输系统 或 34Mbit/s 传输系统	 不大于 不大于	 75 ±0.75 ±0.50 0.70 0.50	
4	阻抗不均匀性 用于 0.06～6MHz 传输系统 100% 80% 用于 0.3～22MHz 传输系统 或 34Mbit/s 传输系统 100% 95% 三个最大不均匀性的平均值 用于 0.06～6MHz 传输系统 用于 0.3～22MHz 传输系统 或 34Mbit/s 传输系统	 不大于 不大于 不大于 不大于 不大于 不大于	 4.0‰ (不小于 48dB) 2.5‰ (不小于 52dB) 3.0‰ (不小于 50dB) 2.0‰ (不小于 54dB) 3.5‰ (不小于 49dB) 2.8‰ (不小于 51dB)	

（续）

序号	项目	指标				换算公式
		频率/MHz	标称值/(dB/km)	偏差/(dB/km)	温度系数/($\times10^{-3}$)	
5	衰减常数 20℃	0.06	1.54	±0.1	2.52	
		0.1	1.84	±0.1	2.35	
		0.3	2.96	±0.1	2.10	
		0.5	3.77	±0.1	2.00	
		1.0	5.41	±0.1	2.00	
		1.3	6.12	±0.2	2.00	
		4.5	11.22	±0.2	2.00	
		12	18.36	±0.2	2.00	
		18	22.44	±0.2	2.00	
		22	24.80	±0.2	2.00	

注：1. 衰减常数标称值是作为频率函数的一般变化趋势，在4MHz以上应由制造厂给出一个公式。
2. 钢丝铠装类电缆的阻抗不均匀性允许降低1‰。

3. 高频四线组

高频四线组一般要求见表3-129。

表3-129 高频四线组

序号	项目	内容
1	导电线芯	导电线芯为标称直径0.9mm的软铜线
2	绝缘	绝缘为泡沫聚乙烯
3	红、绿、白、蓝色的绝缘线芯	红、绿、白、蓝颜色的四根绝缘线芯绞合成四线组，其A端色谱排列应符合相关规定。白红绝缘线芯组成一个工作对，绿蓝绝缘线芯组成另一个工作对。 绞合节距应不大于300mm，且同一电缆中所有高频四线组应有不同的绞合节距，并螺旋疏绕不同颜色的聚乙烯丝
4	电性能	电性能应符合表3-130

表3-130 高频四线组电性能

序号	项目	指标	换算公式
1	直流电阻 20℃ 每根导电线芯/(Ω/km) 不大于 工作对直流电阻差(%) 不大于环阻	 28.5 1.0	1/1000
2	工作电容/(nF/km) 0.8～1kHz 标称值 Ⅰ型 Ⅱ型 偏差 Ⅰ型 Ⅱ型	 24.4 23.0 ±1.6 ±1.5	1/1000

（续）

序号	项　　目	指　标	换算公式
3	衰减常数/(dB/km) 20℃ 156kHz 标称值 Ⅰ型 不大于 Ⅱ型 不大于 偏差 Ⅰ型 Ⅱ型	 2.65 2.60 ±0.20 ±0.20	

注：Ⅰ型四线组外径为5.3mm；Ⅱ型四线组外径为6.5mm。

4. 高频对绞组

高频对绞组相关要求见表3-131。

表3-131 高频对绞组

序号	项　目	内　　容
1	导电线芯	导电线芯为标称直径0.7mm的软铜线
2	绝缘	绝缘为实心聚乙烯
3	不同颜色的绝缘线芯	两根不同颜色的绝缘线芯绞合成对校组，其绞合节距应不大于150mm，且同一电缆中所有高频对绞组应有不同的绞合节距
4	电性能	电性能应符合表3-132规定

表3-132 高频对绞组电性能

序号	项　　目	指标	换算公式
1	直流电阻 20℃ 每根导电线芯/(Ω/km) 不大于 工作对直流电阻差/(%) 不大于环阻	 48 1.0	 $l/1000$
2	工作电容/(nF/km) 0.8～1kHz 标称值 不大于 偏差	 44 ±3	 $l/1000$
3	衰减常数 dB/km 20℃ 123kHz 不大于	5.0	

5. 低频四线组

低频四线组的相关要求见表3-133。

表3-133 低频四线组

序号	项　目	内　　容
1	导电线芯	(1)导电线芯为标称直径0.9mm的软铜线。绝缘为泡沫聚乙烯。 (2)导电线芯为标称直径0.6 mm的软铜线，绝缘为实心聚乙烯
2	不同颜色绝缘线芯	红、绿、白、蓝颜色的四根绝缘线芯绞合成四线组，白红绝缘线芯组成另一个工作对，绿蓝绝缘线芯组成一个工作对
3	电性能	电性能应符合表3-134规定

表 3-134 低频四组线电性能

序号	项目	指标		换算公式
		0.9mm 线芯	0.6mm 线芯	
1	直流电阻 20℃ 每根导电线芯/(Ω/km) 不大于 工作对直流电阻差(%) 不大于环组	 28.5 1.0	 65.8 —	$l/1000$
2	工作电容/(nf/km) 0.8～1kHz 不大于	27	50	$l/1000$

6. 低频对绞组

低频对绞组要求见表 3-135。

表 3-135 低频对绞组

序号	项目	内容
1	导电线	导电线芯为 0.7mm,0.6mm 的软铜线
2	绝缘	绝缘为实心聚乙烯
3	绝缘线芯绞合	两根不同颜色的绝缘线芯绞合成对绞组,其绞合节距应不大于 150mm,且同一电缆中所有相邻低频对绞相应有不同的绞合节距
4	电性能	电性能应符合表 3-136 规定

表 3-136 低频对绞组电性能

序号	项目	指标		换算公式
		0.7mm 线芯	0.6mm 线芯	
1	直流电阻 20℃ 每根导电线芯/(Ω/km) 不大于	48	65.8	$l/1000$
2	工作电容/(nF/km) 0.8～1kHz 不大于	55	55	$l/1000$

7. 信号四组线、信号对绞组、信号线

信号四组线、信号对绞组、信号线相关要求见表 3-137。

表 3-137 相关要求

序号	项目	内容
1	信号四组线	(1)导电线芯为标称直径 0.6mm 的软铜线。 (2)绝缘为实心聚乙烯。 (3)红、绿、白、蓝颜色的四根绝缘线芯绞合成四线组,并螺旋疏绕不同颜色的聚乙烯丝,其 A 端色谱排列符合相关内容。 (4)导电线芯在 20℃时的直流电阻应不大于 65.8Ω/km
2	信号对绞组	(1)导电线芯为标称直径 0.6mm 的软铜线。 (2)绝缘为实心聚乙烯。 (3)两根不同颜色的绝缘线芯绞合成对绞组。 (4)导电线芯在 20℃时的直流电阻应不大于 65.8Ω/km

（续）

序号	项 目	内 容
3	信号线	(1)导线线芯为标称直径 0.9mm 的软铜线。绝缘为泡沫聚乙烯。导电线芯在20℃时的直流电阻应不大于 28.5Ω/km。 (2)导电线芯为标称直径 0.6mm 的软铜线。绝缘为实心聚乙烯。导电线芯在20℃时的直流电阻应不大于 65.8Ω/km

8. 缆芯

(1)缆芯按同心式绞合、外层为右向。缆芯中同轴对的绞合常数应符合表 3-138 规定。

表 3-138　　同轴对的绞合常数

缆芯中同轴对数目		绞 合 常 数
4 或者 6	不小于	1.002
8	不小于	1.003

(2)缆芯 A 端色谱排列符合相关要求规定。

1)每层中各线组或线对以红(或白/红)作为第一组，绿(或白/绿)作为第二组。线序按顺时针方向计数。

2)缆芯中没有标志元件时，Ⅰ及Ⅱ同轴对上应有线序红、绿颜色。

(3)缆芯包带：

1)铝套电缆缆芯应先重叠绕包一层厚度为 0.05mm 的聚酯带和一层 0.2～0.3mm 的聚乙烯带，外面再绕包四层皱纹纸带或具有更好隔热性能的包带。

2)铅套电缆缆芯应先绕包两层 TLZ-17 电缆纸带，外面再绕包两层皱纹纸带或具有更好隔热性能的包带。

3)沿整根缆芯长度上应放置印有厂名、尺码、制造年份的标志带、也可以采用其他标志方法。

9. 金属套

(1)铝套用铝纯度应不低于 99.6%，铅套用铅合金应含 0.4～0.8%的锑和 0.08%以下的铜。

(2)铝套的厚度应符合表 3-139 规定，铅套的厚度应符合表 3-140 规定。

(3)金属套应密封不漏气。

(4)内径 15mm 以上的铝套应经受扩张试验。

表 3-139　　铝套的厚度　　mm

铝套前计算直径	平铝套最小厚度	皱纹铝套最小厚度
20.00 及以下	1.30	—
20.01～25.00	1.40	—
25.01～30.00	1.50	—
25.01～30.00	1.50	—
30.01～35.00	1.60	—
35.01～40.00	1.70	1.40
40.01～50.00	—	1.50

表 3-140 铅套厚度 mm

铅套前计算直径	铅套厚度					
	HOQ		HOQ02 HOQ03 HOQ22 HOQ23		HOQ33 HOQ41 HOQ42 HOQ43	
	最小	标称	最小	标称	最小	标称
13.00 及以下	1.20	1.40	1.10	1.25	1.80	2.05
13.01～16.00	1.30	1.50	1.20	1.40	1.80	2.05
16.01～20.00	1.40	1.60	1.30	1.50	1.90	2.15
20.01～23.00	1.50	1.70	1.30	1.50	2.00	2.30
23.01～26.00	1.60	1.80	1.40	1.60	2.00	2.30
26.01～30.00	1.70	1.95	1.50	1.70	2.10	2.40
30.01～33.00	1.80	2.05	1.60	1.80	2.10	2.40
33.01～36.00	1.90	2.15	1.60	1.80	2.20	2.50
36.01～40.00	2.00	2.30	1.80	2.05	2.20	2.50
40.01～43.00	2.10	2.40	1.80	2.05	2.30	2.60
43.01～46.00	2.20	2.50	1.90	2.15	2.40	2.70
46.01～50.00	2.30	2.60	2.00	2.30	2.50	2.80

10. 包装及标志

(1)电缆盘应符合《电线电缆交货盘　第 1 部分:一般规定》(JB/T 8137.1—1999)规定。

电缆盘筒体直径应符合下列规定:

1)铝套电缆应不小于铝套外径的 40 倍。

2)铅套电缆应不小于铅套外径的 30 倍。

每个电缆盘上只允许绕一个交货长度的电缆。电缆两端应封焊,内端可拉出 1m 以上,并应焊有一个气门嘴,两个端头应固定在电缆盘内,盘上应钉保护铁板或密排的坚固板材,也可使用具有同等保护作用的其他材料。

(2)装盘的电缆内应充有干燥的空气或氮气,其压力应符合下列规定:

1)铝套电缆:5～20N/cm^2。

2)铅套电缆:3～8N/cm^2。

(3)电缆盘上应标明:

1)制造厂名称;

2)电缆型号、规格;

3)电缆长度　m;

4)毛重　kg;

5)出厂盘号;

6)制造日期　年　月;

7)表示电缆盘正确旋转的箭头；

8)电缆内端的端别及位置；

9)标准编号。

11. 选用指南提示

《1.2/1.4mm同轴综合通信电缆》(GB 4011—1983)适用于1.2/4.4mm同轴综合通信电缆。

同轴对用于22MHz及以下模拟干线通信系统或34Mbit/s及以下数字通信系统。

高频四线组和高频对绞组用于156kHz及以下模拟通信系统。

低频四线组和低频对绞组用于音频通信系统。

二、2.6/9.5mm同轴综合通信电缆(GB/T 4012—1983)

1. 型号与规格

2.6/9.5mm同轴综合通信电缆型号与规格见表3-141。

表3-141 型号与规格

序号	项 目	内 容
1	型号	电缆的型号见表3-142
2	表示方法	电缆用型号、规格及标准编号表示。例如:铝套聚乙烯套中同轴综合通信电缆包含有4个同轴对、4个高/低频四线组、1个低频四线组、4根信号线,表示为4: HOL03 4×2.6/9.5+4×4×0.9(高/低)+1×4×0.9(低)+4×1×0.6(信) GB 4012—83
3	规格	电缆的规格如表3-142规定

表3-142 电缆的型号

型 号	名 称	主 要 用 途
HOL	裸铅套同轴综合通信电缆	陆上固定敷设,用于架空、管道、隧道等场合
HOL02 HOL03	铅套聚氯乙烯套同轴综合通信电缆 铅套聚乙烯套同轴综合通信电缆	同HOL,并可埋地
HOL22 HOL23	铅套钢带铠装聚氯乙烯套同轴综合通信电缆 铅套钢带铠装聚乙烯套同轴综合通信电缆	同HOL02,用于电气化铁道和强电干扰场合
HOL 32 HOL 33	铅套细圆锡丝铠装聚氯乙烯套同轴综合通信电缆 铅套细圆钢丝铠装聚乙烯套同轴综合通信电缆	陆上固定敷设,用于水线
HOQ	裸铅套同轴综合通信电缆	同HOL
HOQ02 HOQ03	铅套聚氯乙烯套同轴综合通信电缆 铅套聚乙烯套同轴综合通信电缆	同HOL02,HOL03
(HOQ21) HOQ22 HOQ23	铅套钢带铠装纤维外被同轴综合通信电缆 铅套钢带铠装聚氯乙烯套同轴综合通信电缆 铅套钢带铠装聚乙烯套同轴综合通信电缆	同HOL22,HOL23

(续)

型号	名称	主要用途
(HQQ31)	铅套细圆钢丝铠装纤维外被同轴综合通信电缆	同 HOL32,HOL33
HOQ32	铅套细圆钢丝铠装聚氯乙烯套同轴综合通信电缆	
HOQ33	铅套细圆钢丝铠装聚乙烯套同轴综合通信电缆	
HOQ41	铅套粗圆钢丝铠装纤维外被同轴综合通信电缆	
(HOQ42)	铅套粗圆钢丝铠装聚氯乙烯套同轴综合通信电缆	
(HOQ43)	铅套粗圆钢丝铠装聚乙烯套同轴综合通信电缆	

注:1. 括号内型号为不推荐产品。

2. 根据协议可提供其他类型外护层电缆。

表 3-143　电缆规格

同轴对 2.6/9.5mm	高/低频四线组① 4×0.9mm	高频对绞组 2×0.9mm	低频四线组 4×0.9mm	信号线 1×0.6mm
4	4	—	1	—
				2
				4
8	—	—	7	—
				2
		4		4
		8		6

注:①绿蓝色绝缘线芯为高频工作对;白红色缘线芯为低频工作对。

2. 材料要求

2.6/9.5mm 同轴综合通信电缆材料要求见表 3-144。

表 3-144　材料要求

序号	项目	内容
1	同轴对	(1)内导体为标称直径 2.6mm 的半硬圆铜线。 (2)绝缘由聚乙烯垫片和空气组成。 (3)外导体由标称厚度为 0.25mm 的软铜带纵包而成。外导体标称内径为 9.5mm。 (4)外导体外面应间隙绕包两层标称厚度为 0.15mm 的镀锡钢带和两层绝缘纸带。 (5)电性能应符合表 3-145 规定
2	高低频四线组	(1)导电线芯为标称直径 0.9mm 的软铜线。 (2)绝缘为泡沫聚乙烯或由其他塑料与空气组成。 (3)红、绿、白、蓝颜色的四根绝缘线芯绞合成四线组,其 A 端色谱排列符合相关要求,白红色缘线芯组成低频工作对,绿蓝绝缘线芯组成高频工作对。 绞合节距应不大于 300mm,且同一电缆中的所有高/低频四线组应有不同的绞合节距,并螺旋疏绕不同颜色的棉纱、塑料丝或带。 (4)电性能应符合表 3-146 规定

（续）

序号	项 目	内 容
3	高频对绞组	(1)导电线芯为标称直径0.9mm的软铜线。 (2)绝缘为泡沫聚乙烯或其他塑料与空气组成。 (3)两根不同颜色的绝缘线芯绞合成对绞组，其绞合节距应不大于150mm，且同一电缆中所有高频对绞组应有不同的绞合节距。 (4)电性能应符合表3-147规定
4	低频四线组	(1)导电线芯为标称直径0.9mm的软铜线。 (2)绝缘为泡沫聚乙烯或其他塑料与空气组成。 (3)红、绿、白、蓝颜色的四根绝缘线芯绞合成四线组，其A端色谱排列符合相关要求规定，白红绝缘线芯组成一个工作对，绿蓝绝缘线芯组成另一个工作对。 绞合节距应不大于300mm，且同一电缆中相邻低频四线组的绞合节距应不相同，并螺旋疏绕不同颜色的棉纱、塑料丝或带。 (4)电性能应符合表3-148规定。
5	信号线	(1)导电线芯为标称直径0.6mm的软铜线。 (2)绝缘为实心聚乙烯，其颜色应符合表3-149规定。 (3)导电线芯在20℃时的直流电阻应不大于65.8Ω/km
6	缆芯	(1)缆芯按同心式绞合，外层为右向。缆芯中同轴对的绞合节距应符合下列规定： 1)四同轴对电缆：不大于800mm； 2)八同轴对电缆：不大于1050mm，八同轴对缆芯内外层之间应绕包绝缘纸带。 (2)缆芯A端色谱排列应符合相关内容规定： 1)每层中各线组或线对以红（或白/红）作为第一组，绿（或白/绿）作为第二组。线序按顺时针方向计数。 2)缆芯中没有高频对绞组时，Ⅰ及Ⅱ同轴对上应有上线序红、绿颜色。 3)高频对绞组为4组时，应为1，2，5，6组。 缆芯外应间隙绕包不少于5层的K－17纸带或总厚度相等的其他电缆纸带，沿整个缆芯长度上应放尺码带，最外一层纸带或尺码带上应印有厂名及制造年份。 注：成缆前同轴对上车端的端阻抗实测值应在0.2Ω范围内配盘。
7	金属套	(1)铝套用铝纯度应不低于99.6%。铅套用铅合金应含0.4%～0.8%的锑和0.08%以下的铜。 (2)铝套的厚度应符合表3-150规定。铅套的厚度应符合表3-151规定。 (3)金属套应密封不漏气。 (4)内径15mm以上的铅套应经受扩张试验。
8	外护层	电缆外护层应符合《电缆外护层》(GB/T 2952)规定

表 3-145 **同轴对电性能**

序号	项 目	指 标	换算公式
1	内导体直流电阻/(Ω/km) 20℃ 不大于	3.5	$l/1000$
2	端阻抗/(Ω) 2.5MHz 标称值 偏差 100% 80% A、B端阻抗差 100% 不大于 90% 不大于	 75 ±0.30 ±0.15 0.25 0.15	—

（续）

<table>
<tr><th>序号</th><th colspan="2">项　　目</th><th colspan="3">指　　标</th><th>换算公式</th></tr>
<tr><td>3</td><td colspan="2">阻抗不均匀性　‰
100%
80%</td><td colspan="3">不大于　1.6(不小于 56dB)
不大于　1.0(不小于 60dB)</td><td>—</td></tr>
<tr><td rowspan="3">4</td><td rowspan="3">衰减常数　13℃</td><td rowspan="2">频率/MHz</td><td>最大标称值</td><td>偏差</td><td rowspan="3"></td><td rowspan="3"></td></tr>
<tr><td colspan="2">dB/km</td></tr>
<tr><td>0.3
1
2.5
4
9
12
20
24</td><td>1.32
2.37
3.74
4.73
7.09
8.19
10.59
11.60</td><td>±0.1</td></tr>
</table>

注：1. 表中端阻抗以同轴对两端计算。

2. 表中阻抗不均匀性以两端测试数值中的最大值计算。

3. 衰减常数最大标称值，为在不少于 60km 电缆中随机抽取二十个 3km 左右的单同轴对，进行全频带测试，取其平均值。

4. 钢丝铠装类电缆的阻抗不均匀性允许降低 1‰。

表 3-146　　**高低频四线组电性能**

序号	项　　目		指标	换算公式
1	直流电阻　20℃			
	每根导电线芯/(Ω/km)	不大于	28.5	$l/1000$
	工作对直流电阻差(%)	不大于环阻	1.0	—
2	工作电容/(nF/km)　0.8kHz			
	标称值		29.5	$l/1000$
	偏差		±2.2	
3	衰减常数/(dB/km)　13℃　123kHz	不大于	3.4	—

表 3-147　　**高频对绞组电性能**

序号	项　　目		指标	换算公式
1	直流电阻　20℃			
	每根导电线芯/(Ω/km)	不大于	28.5	$l/1000$
	工作对直流电阻差(%)	不大于环阻	1.0	—
2	工作电容/(nF/km)　0.8kHz			
	标称值	不大于	34	$l/1000$
	偏差		±2.5	
3	衰减常数/(dB/km)　13℃　123kHz	不大于	3.4	—

表 3-148 低频四线组电性能

序号	项目		指标	换算公式
1	直流电阻 20℃			
	每根导电线芯/(Ω/km)	不大于	28.5	l/1000
	工作对直流电阻差(%)	不大于环阻	1.0	—
2	工作电容/(nF/km) 0.8kHz			
	在四同轴对电缆中	不大于	32	l/1000
	在八同轴对电缆中	不大于	26	l/1000

表 3-149 信号线颜色

同轴对数	根数 \ 线序	1	2	3	4	5	6
	颜色	红	绿	白	蓝	白	蓝
4	2	√	—	√	—	—	—
	4	√	√	√	√	—	—
8	2	√	—	—	√	—	—
	4	√	√	—	√	√	—
	6	√	√	√	√	√	√

表 3-150 铝套厚度 mm

铝套前计算直径	铝套最小厚度		
	平铝套	皱纹铝套	
		屏蔽系数不重要时	具有平铝套相等屏蔽要求时
20.00 及以下	1.30	—	—
20.01～25.00	1.40	—	—
25.01～30.00	1.50	—	—
30.01～35.00	1.60	—	—
35.01～40.00	1.70	1.40	1.70
40.01～45.00	1.80	1.50	1.80
45.01～50.00	1.90	1.50	1.90
50.01～55.00	—	1.60	1.90
55.01～60.00	—	1.60	1.90
60.01～70.00	—	1.70	2.00
70.01 及以上	—	1.80	2.10

表 3-151 铅套的厚度 mm

铅套前计算直径	铅套厚度					
	HOQ		HOQ02 HOQ03 HOQ21 HOQ22 HOQ23		HOQ31 HOQ41 HOQ32 HOQ33 HOQ42 HOQ43	
	最小	标称	最小	标称	最小	标称
13.00及以下	1.20	1.40	1.10	1.25	1.80	2.05
13.01～16.00	1.30	1.50	1.20	1.40	1.80	2.05
16.01～20.00	1.40	1.60	1.30	1.50	1.90	2.15
20.01～23.00	1.50	1.70	1.30	1.50	2.00	2.30
23.01～26.00	1.60	1.80	1.40	1.60	2.00	2.30
26.01～30.00	1.70	1.95	1.50	1.70	2.10	2.40
30.01～33.00	1.80	2.05	1.60	1.80	2.10	2.40
33.01～36.00	1.90	2.15	1.60	1.80	2.20	2.50
36.01～40.00	2.00	2.30	1.80	2.05	2.20	2.50
40.01～43.00	2.10	2.40	1.80	2.05	2.30	2.60
43.01～46.00	2.20	2.50	1.90	2.15	2.40	2.70
46.01～50.00	2.30	2.60	2.00	2.30	2.50	2.80

3. 交货长度

电缆的交货长度为 250^{+20}_{-10}m 或 500^{+40}_{-20}m。允许长度不小于 100m 的短长度电缆交货，其数量应不超过交货总长度的 20%。

长度计量误差应不大于 1%。

注：长度为 101～239m 的电缆，按实际长度计算比例；长度超过 270m 者，每盘按 150m 计算比例。

4. 包装及标志

(1)电缆盘应符合《电线电缆交货盘　第 1 部分：一般规定》(JB/T 8137.1—1999)规定。

电缆盘筒体直径应符合下列规定：

1)铝套电缆应不小于铝套外径的 40 倍；

2)铅套电缆应不小于铅套外径的 30 倍。

每个电缆盘上只允许绕一个交货长度的电缆。电缆两端应封焊，内端可拉出 1m 以上，并应焊有一个气门嘴，两个端头应固定在电缆盘内。盘上应钉保护板或密排的坚固板材，也可用具有同等保护作用的其他材料。

(2)装盘的电缆内应充有干燥空气或氮气，其压力应符合下列规定：

1)铝套电缆：5～20N/cm^2；

2)铅套电缆：3～8N/cm^2。

(3)电缆盘上应标明：

1)制造厂名称；

2)电缆型号、规格；

3)电缆长度　m；

4)毛重 kg；

5)出厂盘号；

6)制造日期 年 月；

7)表示电缆盘正确旋转方向的箭头；

8)电缆内端的端别及位置；

9)标准编号 GB 4012—83。

5. 选用指南提示

《2.6/9.5mm 同轴综合通信电缆》(GB 4012—1983)适用于 2.6/9.5mm 同轴综合通信电缆。

同轴对用于 24MHz 及以下模拟干线通信系统或高速数据、图像传真、电视等数字或模拟宽带信息传输通信系统。

高频四线组和高频对绞组用于 123kHz 及以下模拟通信系统。低频四线组用于音频通信系统。

三、铜芯、实心或泡沫(带皮泡沫)聚烯烃绝缘、非填充式、挡潮层聚乙烯护套市内通信电缆(GB/T 13849.2—1993)

1. 型号与规格

(1)铜芯、实心或泡沫(带皮泡沫)聚烯烃绝缘、非填充式、挡潮层聚乙烯护套市内通信电缆型号见表 3-152。

表 3-152 电缆型号

序号	名 称	主要使用场合
HYA	铜芯实心聚烯烃绝缘挡潮层聚乙烯护套市内通信电缆	管道
HYFA	铜芯泡沫聚烯烃绝缘挡潮层聚乙烯护套市内通信电缆	管道
HYPA	铜芯带皮泡沫聚烯烃绝缘挡潮层聚乙烯护套市内通信电缆	管道
HYA23	铜芯实心聚烯烃绝缘挡潮层聚乙烯护套双钢带铠装聚乙烯套市内通信电缆	直埋
HYA53	铜芯实心聚烯烃绝缘挡潮层聚乙烯护套单层纵包轧纹钢带铠装聚乙烯套市内通信电缆	直埋
HYA533	铜芯实心聚烯烃绝缘挡潮层聚乙烯护套双层纵包轧纹钢带铠装聚乙烯套市内通信电缆	直埋

注：1. 表中所列电缆，建议使用时用气压维护。

2. 小容量 HYA、HYFA、HYPA 电缆可架空安装于悬挂线上。

3. HYA23、HYA53、HYA553 型号电缆只限于特殊情况下使用，使用时必须进行气压维护。

(2)铜芯、实心或泡沫(带皮泡沫)聚烯烃绝缘、非填充式、挡潮层聚乙烯护套市内通信电缆的规格见表 3-153。

表 3-153 电缆规格

型 号	标 称 对 数				
	导体标称直径 0.32mm	导体标称直径 0.4mm	导体标称直径 0.5mm	导体标称直径 0.6mm	导体标称直径 0.8mm
全部型号	2000～3600	10～2400	10～1600	10～1000	10～600

(3)电缆标称对数系列为:10,20,30,50,100,200,300,400,600,800,900,1000,1200,1600,1800,2000,2400,2700,3000,3300,3600。

2. 聚乙烯套最小厚度

非填充实心聚烯烃绝缘电缆聚乙烯套最小厚度见表3-154规定;非填充泡沫(带皮泡沫)聚烯烃绝缘电缆聚乙烯套最小厚度见表3-155规定。

3. 电缆最大外径

非填充实心聚烯烃绝缘电缆最大外径(限无外护层的电缆)见表3-154规定;非填充泡沫(带皮泡沫)聚烯烃绝缘电缆最大外径(限无外护层的电缆)见表3-155规定;具有外护层的电缆不规定电缆最大外径。

表3-154　聚乙烯套最小厚度和电缆最大外径(一)　mm

标称对数	导体标称直径									
	0.32		0.4		0.5		0.6		0.8	
	最小厚度	最大外径	最小厚度	最大外径	最小厚度	最大外径	最小厚度	最大外径	最小厚度	最大外径
10	—	—	1.4	11.5	1.4	12.5	1.4	14.0	1.4	17.0
20	—	—	1.4	13.5	1.4	15.0	1.4	17.0	1.4	21.0
30	—	—	1.4	15.0	1.4	17.0	1.4	19.5	1.4	24.5
50	—	—	1.4	17.0	1.4	20.0	1.4	23.0	1.6	29.0
100	—	—	1.4	22.5	1.4	25.5	1.6	29.0	1.8	38.5
200	—	—	1.6	28.0	1.6	32.5	1.8	38.5	2.0	52.5
300	—	—	1.6	32.5	1.6	38.0	1.8	46.0	2.2	62.0
400	—	—	1.6	36.5	1.8	43.5	2.0	52.5	2.2	70.0
600	—	—	1.8	42.5	2.0	51.5	2.2	62.5	2.4	82.0
800	—	—	1.8	49.0	2.0	58.5	2.2	70.5	—	—
900	—	—	2.0	51.5	2.2	61.5	2.4	74.0	—	—
1000	—	—	2.0	53.5	2.2	64.5	2.4	77.0	—	—
1200	—	—	2.0	58.0	2.2	69.5	—	—	—	—
1600	—	—	2.2	65.5	2.4	78.5	—	—	—	—
1800	—	—	2.2	69.0	—	—	—	—	—	—
2000	2.0	59.0	2.4	72.0	—	—	—	—	—	—
2400	2.2	64.0	2.4	77.5	—	—	—	—	—	—
2700	2.2	67.0	—	—	—	—	—	—	—	—
3000	2.2	70.0	—	—	—	—	—	—	—	—
3000	2.4	72.5	—	—	—	—	—	—	—	—
3600	2.4	75.5	—	—	—	—	—	—	—	—

注:对于管道敷设电缆,最大外径值超过75mm时,外径值可由用户与制造厂协商确定。

表 3-155　　聚乙烯套最小厚度和电缆最大外径(二)　　mm

标称对数	导体标称直径									
	0.32		0.4		0.5		0.6		0.8	
	最小厚度	最大外径	最小厚度	最大外径	最小厚度	最大外径	最小厚度	最大外径	最小厚度	最大外径
10	—	—	1.4	11.5	1.4	12.5	1.4	13.0	1.4	15.5
20	—	—	1.4	13.0	1.4	14.5	1.4	15.5	1.4	19.0
30	—	—	1.4	14.5	1.4	16.5	1.4	17.5	1.4	21.5
50	—	—	1.4	17.0	1.4	19.5	1.4	21.0	1.4	25.5
100	—	—	1.4	22.0	1.4	24.5	1.6	26.0	1.6	34.0
200	—	—	1.6	26.0	1.6	32.0	1.6	34.5	1.8	45.5
300	—	—	1.6	30.0	1.6	37.0	1.8	41.5	2.0	54.5
400	—	—	1.6	33.5	1.8	41.5	1.8	46.5	2.2	61.5
600	—	—	1.8	39.0	2.0	49.5	2.0	56.0	2.4	73.0
800	—	—	1.8	44.5	2.0	55.5	2.2	63.0	—	—
900	—	—	1.8	47.0	2.0	58.5	2.2	66.5	—	—
1000	—	—	1.8	49.0	2.2	61.0	2.4	69.5	—	—
1200	—	—	2.0	52.5	2.2	66.0	—	—	—	—
1600	—	—	2.0	59.5	2.4	74.5	—	—	—	—
1800	—	—	2.2	62.0	—	—	—	—	—	—
2000	2.0	52.5	2.2	65.5	—	—	—	—	—	—
2400	2.0	56.5	2.2	70.5	—	—	—	—	—	—
2700	2.0	60.0	—	—	—	—	—	—	—	—
3000	2.2	63.0	—	—	—	—	—	—	—	—
3300	2.2	65.5	—	—	—	—	—	—	—	—
3600	2.2	68.0	—	—	—	—	—	—	—	—

注:对于管道敷设电缆,最大外径值超过 75mm 时,外径值可由用户与制造厂协商确定。

4. 选用指南指示

《聚烯烃绝缘聚烯烃护套市内通信电缆　第 1 部分:一般规定》(GB/T 13849.2—1993)适用于铜芯、实心或泡沫(带皮泡沫)聚烯烃绝缘非填充式挡潮层聚乙烯护套绝缘市内通信电缆。电缆除应符合上述相关规定外,还应符合 GB/T 13849.1—1993 的规定。

四、铜芯、实心或泡沫(带皮泡沫)聚烯烃绝缘、填充式、挡潮层聚乙烯护套市内通信电缆(GB/T 13849.3—1993)

1. 电缆型号

铜芯、实心或泡沫(带皮泡沫)聚烯烃绝缘、填充式、挡潮层聚乙烯护套市内通信电缆型号见表 3-156。

表 3-156 电缆型号

型号	名称	主要使用场所
HYAT	铜芯实心聚烯烃绝缘填充式挡潮层聚乙烯护套市内通信电缆	管道
HYFAT	铜芯泡沫聚烯烃绝缘填充式挡潮层聚乙烯护套市内通信电缆	管道
HYPAT	铜芯带皮泡沫聚烯烃绝缘填充式挡潮层聚乙烯护套市内通信电缆	管道
HYAT23	铜芯实心聚烯烃绝缘填充式挡潮层聚乙烯护套双钢带铠装聚乙烯套市内通信电缆	直埋
HYFAT23	铜芯泡沫聚烯烃绝缘填充式挡潮层聚乙烯护套双钢带铠装聚乙烯套市内通信电缆	直埋
HYPAT23	铜芯带皮泡沫聚烯烃绝缘填充式挡潮层聚乙烯护套双钢带铠装聚乙烯套市内通信电缆	直埋
HYAT53	铜芯实心聚烯烃绝缘填充式挡潮层聚乙烯护套单层纵包轧纹钢带铠装聚乙烯套市内通信电缆	直埋
HYFAT53	铜芯泡沫聚烯烃绝缘填充式挡潮层聚乙烯护套单层纵包轧纹钢带铠装聚乙烯套市内通信电缆	直埋
HYPAT53	铜芯带皮泡沫聚烯烃绝缘填充式挡潮层聚乙烯护套单层纵包轧纹钢带铠装聚乙烯套市内通信电缆	直埋
HYAT553	铜芯实心聚烯烃绝缘填充式挡潮层聚乙烯护套双层纵包轧纹钢带铠装聚乙烯套市内通信电缆	直埋
HYFAT553	铜芯泡沫聚烯烃绝缘填充式挡潮层聚乙烯护套双层纵包轧纹钢带铠装聚乙烯套市内通信电缆	直埋
HYPAT553	铜芯带皮泡沫聚烯烃绝缘填充式挡潮层聚乙烯护套双层纵包轧纹钢带铠装聚乙烯套市内通信电缆	直埋
HYAT33	铜芯实心聚烯烃绝缘填充式挡潮层聚乙烯护套单细钢丝铠装聚乙烯套市内通信电缆	水下
HYAT43	铜芯实心聚烯烃绝缘填充式挡潮层聚乙烯护套单粗钢丝铠装聚乙烯套市内通信电缆	水下

注：小容量 HYAT、HYFAT、HYPAT 电缆可架空安装于悬挂线上。

2. 电缆规格及标称对数系列

(1)铜芯、实心或泡沫(带皮泡沫)聚烯烃绝缘、填充式、挡潮层聚乙烯护套市内通信电缆规格见表 3-157。

表 3-157 电缆规格

型号	标称对数				
	导体标称直径 0.32mm	导体标称直径 0.4mm	导体标称直径 0.5mm	导体标称直径 0.6mm	导体标称直径 0.8mm
实心绝缘全部型号	2000～3000	10～1600	10～1000	10～800	10～400
泡沫(带皮泡沫)绝缘全部型号	2000～3300	10～2000	10～1600	10～1000	10～600

(2)电缆标称对数系列如下：

10，20，30，50，100，200，300，400，600，800，900，1000，1200，1600，1800，2000，2400，2700，3000，3300。

3. 聚乙烯套最小厚度

填充式实心聚烯烃绝缘电缆聚乙烯套最小厚度见表 3-158 规定。

填充式泡沫(带皮泡沫)聚烯烃绝缘电缆聚乙烯套最小厚度见表 3-159 规定。

4. 电缆最大外径

填充式实心聚烯烃绝缘电缆最大外径(限无外防护层的电缆)见表 3-158 规定。

填充式泡沫(带皮泡沫)聚烯烃绝缘电缆最大外径(限无外护层的电缆)见表 3-159 规定。

具有外护层的电缆不规定电缆最大外径。

表 3-158　　聚乙烯套最小厚度与绝缘电缆最大外径(一)　　mm

标称对数	导体标称直径									
	0.32		0.4		0.5		0.6		0.8	
	最小厚度	最大外径	最小厚度	最大外径	最小厚度	最大外径	最小厚度	最大外径	最小厚度	最大外径
10	—	—	1.4	12.5	1.4	14.0	1.4	15.0	1.4	19.0
20	—	—	1.4	15.0	1.4	17.0	1.4	19.0	1.4	23.5
30	—	—	1.4	17.0	1.4	19.5	1.4	21.5	1.6	27.0
50	—	—	1.4	20.0	1.4	23.0	1.4	25.0	1.6	32.5
100	—	—	1.4	25.5	1.6	29.0	1.6	33.0	1.8	44.0
200	—	—	1.6	32.5	1.8	38.5	1.8	44.5	2.0	59.5
300	—	—	1.6	38.0	1.8	45.5	2.0	53.5	2.2	70.5
400	—	—	1.8	42.5	2.0	52.0	2.2	60.5	2.4	79.5
600	—	—	2.0	50.0	2.2	61.0	2.4	72.0	—	—
800	—	—	2.0	57.5	2.2	69.5	2.4	81.0	—	—
900	—	—	2.2	60.5	2.4	73.0	—	—	—	—
1000	—	—	2.2	62.5	2.4	76.0	—	—	—	—
1200	—	—	2.2	67.0	—	—	—	—	—	—
1600	—	—	2.4	76.5	—	—	—	—	—	—
1800	—	—	—	—	—	—	—	—	—	—
2000	2.2	66.5	—	—	—	—	—	—	—	—
2400	2.4	72.0	—	—	—	—	—	—	—	—
2700	2.4	76.0	—	—	—	—	—	—	—	—
3000	2.4	79.5	—	—	—	—	—	—	—	—

表 3-159　　聚乙烯套最小厚度与绝缘电缆最大外径(二)　　mm

标称对数	导体标称直径									
	0.32		0.4		0.5		0.6		0.8	
	最小厚度	最大外径	最小厚度	最大外径	最小厚度	最大外径	最小厚度	最大外径	最小厚度	最大外径
10	—	—	1.4	11.5	1.4	12.5	1.4	14.0	1.4	17.0
20	—	—	1.4	13.5	1.4	15.0	1.4	17.0	1.4	20.5
30	—	—	1.4	15.0	1.4	17.0	1.4	19.5	1.4	24.0
50	—	—	1.4	17.5	1.4	20.0	1.4	23.0	1.6	28.5
100	—	—	1.4	23.0	1.4	25.5	1.6	29.5	1.8	38.5
200	—	—	1.6	28.5	1.6	33.5	1.8	39.5	2.0	52.0

（续）

标称对数	导体标称直径									
	0.32		0.4		0.5		0.6		0.8	
	最小厚度	最大外径	最小厚度	最大外径	最小厚度	最大外径	最小厚度	最大外径	最小厚度	最大外径
300	—	—	1.6	34.0	1.8	39.5	1.8	46.5	2.2	61.5
400	—	—	1.8	38.5	1.8	45.0	2.0	53.5	2.2	69.0
600	—	—	1.8	45.5	2.0	53.0	2.2	63.5	2.4	82.0
800	—	—	2.0	52.0	2.2	60.5	2.4	71.5	—	—
900	—	—	2.0	54.5	2.2	63.5	2.4	75.0	—	—
1000	—	—	2.0	57.0	2.2	66.0	2.4	78.0	—	—
1200	—	—	2.2	61.5	2.4	71.5	—	—	—	—
1600	—	—	2.2	69.0	2.4	81.0	—	—	—	—
1800	—	—	2.4	73.0	—	—	—	—	—	—
2000	2.0	60.0	2.4	76.0	—	—	—	—	—	—
2400	2.2	65.0	—	—	—	—	—	—	—	—
2700	2.2	69.0	—	—	—	—	—	—	—	—
3000	2.4	72.5	—	—	—	—	—	—	—	—
3300	2.4	75.5	—	—	—	—	—	—	—	—

注：对于管道敷设电缆，最大外径值超过 75mm 时，外径值可由用户与制造厂协商确定。

5. 技术要求

材料的技术要求见表 3-160。

表 3-160 技术要求

序号	项目	内容
1	电缆抗水性	在电缆缆芯的间隙中及缆芯包带外表面应均匀连续地填满填充混合物，在缆芯包带外也可采用其他阻水材料，缆芯包带应与填充混合物及其他阻水材料相容。 电缆经渗水性试验后应不渗水
2	绝缘与填充混合物之间的相容性	(1)绝缘线芯(在填充混合物中)预处理后耐卷绕性。 绝缘线芯经规定试验后应不开裂。 (2)绝缘线芯(浸于填充混合物后)增重。 绝缘线芯经规定的增重试验后，重量增加应不大于原重量的 15%
3	电缆的滴溶性能	电缆经规定的滴溶性能试验应填充混合物的电缆中滴流出滴流试验，温度为 65℃
4	填充物电缆的内护套	对于水下敷设的电缆，可在缆芯包带外加内护套。内护套最小厚度为电缆聚乙烯套最小厚度的 1/2。内护套材料应与聚乙烯套相同

6. 选用指南提示

GB/T 13849.3—1993 适用于铜芯、实心或泡沫聚烯烃绝缘、填充式、挡潮层聚乙烯护套市内通信电缆。

五、铜芯、实心聚烯烃绝缘(非填充)、自承式、挡潮层聚乙烯护套市内通信电缆(GB/T 13849.4—1993)

1. 型号与规格

(1)铜芯、实心聚烯烃绝缘(非填充)、自承式、挡潮层聚乙烯护套市内通信电缆型号见表 3-161。

表 3-161 电缆的型号

型号	名　　称	主要使用场合
HYAC	铜芯、实心聚烯烃绝缘(非填充)、自承式、挡潮层聚乙烯护套市内通信电缆	架空

(2)铜芯、实心聚烯烃绝缘(非填充)、自承式、挡潮层聚乙烯护套市内通信电缆的规格见表 3-162。

表 3-162

型　号	标　称　对　数			
	导体标称直径 0.40mm	导体标称直径 0.50mm	导体标称直径 0.60mm	导体标称直径 0.80mm
HYAC	10～300	10～300	10～200	10～200

(3)电缆标称对数系列为:10,20,30,50,100,200,300。

2. 聚乙烯套最小厚度

聚乙烯套最小厚度见表 3-163。

3. 电缆(有护套电缆芯)最大外径

有护套电缆芯的最大外径见表 3-163。

表 3-163 聚乙烯套最小厚度及电缆最大外径

标称对数	导体标称直径/mm											
	0.4			0.5			0.6			0.8		
	缆芯外的最小护套厚度/mm	有护套缆芯外径最大/mm	悬挂绞线拉断力最小/kN	缆芯外的最小护套厚度/mm	有护套缆芯外径最大/mm	悬挂绞线拉断力最小/kN	缆芯外的最小护套厚度/mm	有护套缆芯外径最大/mm	悬挂绞线拉断力最小/kN	缆芯外的最小护套厚度/mm	有护套缆芯外径最大/mm	悬挂绞线拉断力最小/kN
10	1.4	11.5	16.0	1.4	12.5	16.0	1.4	14.0	16.0	1.4	17.5	16.0
20	1.4	13.5	16.0	1.4	15.0	16.0	1.4	17.0	16.0	1.4	21.0	16.0
30	1.4	15.0	16.0	1.4	17.0	16.0	1.4	19.5	16.0	1.4	24.5	16.0
50	1.4	17.5	16.0	1.4	20.0	16.0	1.4	23.0	16.0	1.6	29.0	25.0
100	1.4	22.5	16.0	1.4	25.5	16.0	1.6	29.0	25.0	1.8	38.5	25.0
200	1.6	28.0	25.0	1.6	32.5	25.0	1.8	38.5	25.0	—	—	—
300	1.6	32.5	25.0	1.6	38.0	25.0	—	—	—	—	—	—

4. 技术要求

电缆技术要求见表3-164。

表3-164 技术要求

序号	项　目	内　　容
1	悬挂绞线的护套结构	带有整体式(与电缆成一体的)悬挂绞线的护套结构，聚乙烯外护套应包复在悬挂绞线和电缆芯外使电缆的横截面呈"8"字形结构，悬挂绞线与缆芯平行且保持一定距离。
2	悬挂绞线和颈脖	(1)电缆的悬挂绞线由镀锌钢线在无扭绞力矩情况下绞合而成，悬挂绞线的拉断力应符合表3-163的规定。 (2)悬挂绞线护套最小厚度为1.0mm，颈脖高为(3.1±0.5)mm、宽为(2.5±0.6)mm。悬挂绞线护套和颈脖尺寸也可由用户和制造厂协议规定

5. 选用指南提示

GB/T 13849.4—1993适用于铜芯、实心聚烯烃绝缘(非填充)、自承式、挡潮层聚乙烯护套市内通信电缆。

六、聚氯乙烯绝缘电话软线(GB/T 11016.2—2009)

1. 型号与规格

(1)聚氯乙烯绝缘电话软线的型号见表3-165。该电话软线适宜在－10～40℃室内条件下使用。

表3-165 聚氯乙烯绝缘电话软线的型号

型　号	名　称	用　途
HRV	聚氯乙烯绝缘聚氯乙烯护套电话软线	连接电话机机座与接线盒
HRVB	聚氯乙烯绝缘聚氯乙烯护套扁形电话软线	连接电话机机座与接线盒
HRVT	聚氯乙烯绝缘聚氯乙烯护套弹簧形电话软线	连接电话机机座与电话机手柄

(2)聚氯乙烯绝缘电话软线的规格见表3-166。

表3-166 聚氯乙烯绝缘电话软线的规格

型　号	HRV	HRVB	HRVT
芯数	2,3,4	2	3,4,5

2. 绝缘、绞合及护套

对绝缘、绞合及护套的要求见表3-167。

表3-167 绝缘、绞合和护套的要求

序号	项目	内　　容
1	绝缘	(1)绝缘应采用符合表3-170规定的软聚氯乙烯塑料。 (2)绝缘标称厚度为0.25mm，绝缘最薄点的厚度应不小于0.15mm。 (3)绝缘线芯的颜色应符合表3-168规定

（续）

序号	项目	内 容
2	绞合	(1)HRV 及 HRVF 型电话软线的电缆线芯应绞合，绞合节径比值不大于 8。 (2)绞合时允许采用棉纱或其他合成纤维填充回整
3	护套	(1)护套应采用符合表 3-169 规定的软聚氯乙烯塑料。 (2)护套标称厚度应符合表 3-170 规定

表 3-168　　绝缘线芯的颜色

芯 数	绝缘线芯颜色
2	红、白
3	红、白、绿
4	红、白、绿、黑
5	红、白、绿、黑、蓝

表 3-169　　聚氯乙烯绝缘电话软线用软聚氯乙烯料技术要求

序 号	项 目	单 位	指 标
1	拉伸强度(不小于)	MPa	15
2	断裂伸长率(不小于)	%	300
3	空气烘箱老化 试验温度 试验时间	 ℃ h	 110±2 48
3.1	断裂伸长率(不小于)	%	80
3.2	质量损失(不大于)	%	7.0
4	低温冲击压缩温度(不高于)	℃	−25
5	200℃热稳定时间(不小于)	min	60
6	软化温度	℃	165～185
7	20℃时体积电阻率(不小于)	Ω·m	1×10^8
8	介电强度(不小于)	MV/m	18

表 3-170　　护套标称厚度　　mm

芯 数	2	3	4	5
护套标称厚度			0.90	1.00

3. 成品软线

成品软线的要求见表 3-171。

表 3-171 成品软线

序号	项　目	内　容
1	外径或外形	成品软线的外径或外形尺寸应符合表 3-172 规定
2	电压试验	成品软线应经受表 3-175 规定的交流 50Hz、1kV 的电压试验，施加电压时间应不少于 5min。电压试验的试样为一根 5m 长的成品软线或 5 根装配线，试验前试样应浸入 20℃±2℃的水中不少于 3h
3	绝缘电阻	按表 3-175 规定测试，成品软线绝缘线芯间的绝缘电阻应不小于 200MΩ·m。绝缘电阻试验的试样为一根 5m 长的成品软线或 5 根装配线，试验前试样应浸入 20℃±2℃的水中不少丁 3h
4	抗开裂试验	HRV 及 HRVB 型成品软线应经受表 3-175 规定的抗开裂试验，试验温度为 120℃±2℃
5	低温卷绕试验	HRV 及 HRVB 型成品软线应经受表 3-175 规定的低温卷绕试验。试验温度为－5℃±2℃。卷绕试验的试棒直径见表 3-173
6	弯曲度试验	HRV 及 HRVB 型成品软线应经受表 3-175 规定弯曲度试验，试验结果应符合表 3-174 规定
7	疲劳弯曲强度试验	HRV 及 HRVB 型成品软线应经受表 3-175 规定的疲劳弯曲强度试验，软线在 80000 次交变弯曲后绝缘线芯应不断芯
8	伸缩试验	HRVT 型成品软线应经受表 3-175 规定的伸缩试验，经 20000 个伸缩周期试验后，试样仍应符合《塑料绝缘和橡皮绝缘电话软线　第 1 部分：一般规定》(GB/T 11016.1—2009) 中 8.3 的要求
9	载荷试验	(1)成品装配软线应经受表 3-175 规定的终端夹与绝缘线芯间的载荷试验。 (2)成品装配软线应经受护线管或限位紧固件与软线间的载荷试验

表 3-172 成品软线的外径或外形尺寸 mm

型　号	外径或外形尺寸			
	2 芯	3 芯	4 芯	5 芯
HRV	4.3±0.2	4.5±0.2	5.1±0.3	—
HRVB	(3.0±0.2)×(4.3±0.2)	—	—	—
HRVT	—	4.5±0.2	5.1±0.3	5.6±0.3

表 3-173 卷绕试验的试棒直径 mm

试 样 外 径	试 棒 直 径
$2.0<d\leqslant2.5$	12.5
$2.5<d\leqslant3.0$	15
$3.0<d\leqslant4.0$	20
$4.0<d\leqslant6.0$	30

表 3-174 弯曲度试验 mm

芯　　数	2	3	4
最大弯曲度 S	28	34	40

4. 试验方法

材料试验方法见表 3-175。

表 3-175　　试验方法

序号	项　目	内	容
1	弯曲度试验方法	试验设备	(1)试样支承板,尺寸如图 3-14 所示。 (2)滚轮形重物:质量为 200g,尺寸如图 3-15 所示
		试样	从成品软线上截取一段试样,试样长度约为 1.5m
		试验步骤	(1)试验应在 23℃±2℃条件下至少放置 16h。 (2)如图 3-14 将试样固定在支承板上,如图所示试样固定处的距离为 20mm。 (3)如图 3-14 所示,将滚轮形重物放在试样下端,悬挂时间不少于 30min,测量试样弯曲度 S
		试验结果	试验结果应符合表 3-174 的规定
2	疲劳弯曲强度试验方法	试验设备	(1)弯曲装置如图 3-16 所示; (2)砝码,质量为 200g
		试样	从成品软线上截取一段试样,试样长度约 1m
		试验步骤	(1)试验应在 23℃±2℃下进行。按图 3-16 所示将试样固定在弯曲装置上,试样下端挂上砝码; (2)将试样每个绝缘线芯都接入直流试验回路中,直流电压为 2～4V,电流为 50mA; (3)弯曲试样,每分钟应完成 60 次交弯弯曲。从竖直位置(起始位置)开始向一个方向弯曲 90°,然后回到起始位置,再向反方向弯曲 90°后回到起始位置,计作 1 次交变弯曲
		试验结果	试验结果应符合表 3-171 中第 7 项的规定

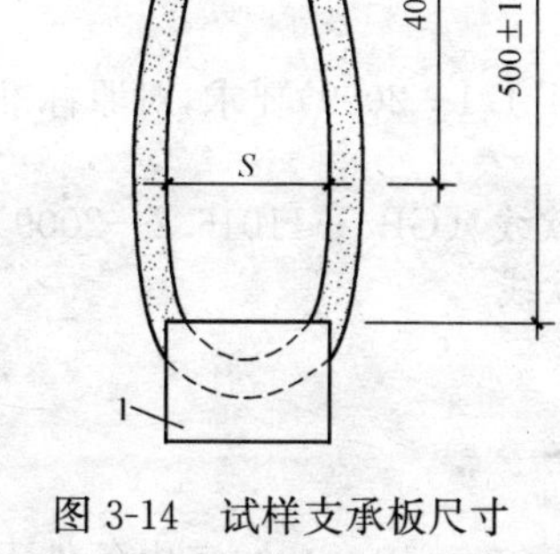

图 3-14　试样支承板尺寸

1—滚轮形重物;2—试样支承板

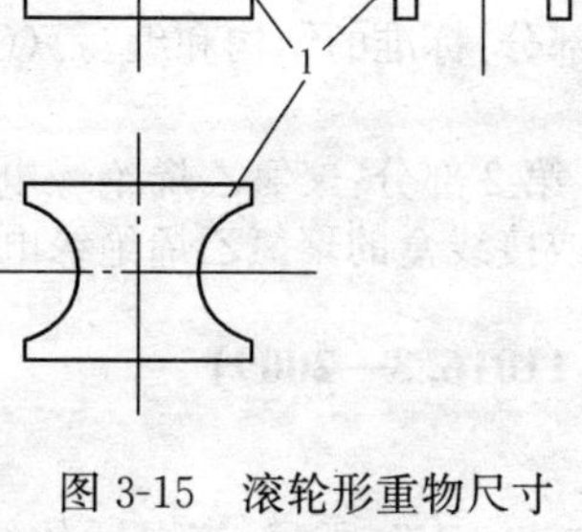

图 3-15　滚轮形重物尺寸

1—滚轮形重物

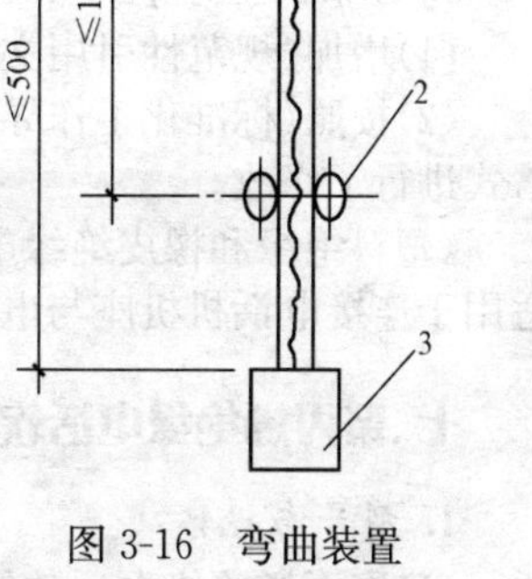

图 3-16　弯曲装置

1—摆动轴;2—可高速支承导轮(直径不大于 10mm);3—砝码

5. 检验

聚氯乙烯绝缘电话软线应按3-176的规定检验。

表3-176 检验项目表

序号	试验项目	要求	试验类型		试验方法
			HRV HRVB	HRVT	
1	结构尺寸检查				
1.1	导体结构	GB/T 11016.1—2009 第5章	T、S	T、S	GB/T 4909.2—2009
1.2	绝缘厚度	GB/T 11016.1—2009 第6章及本部分中相关内容	T、S	T、S	GB/T 2951.11—2008
1.3	护套厚度	GB/T 11016.1—2009 第7章及本部分中相关内容	T、S	T、S	GB/T 2951.11—2008
1.4	外径、外形尺寸	本部分中相关内容	T、S	T、S	GB/T 2951.11—2008
2	导体直流电阻试验	GB/T 11016.1—2009 中8.2	T、S	T、S	GB/T 3048.4—2007
3	通电试验	GB/T 11016.1—2009 中8.3	R	R	GB/T 11016.1—2009 中8.3
4	电压试验	本部分的相关内容	T、S_t	T、S_t	GB/T 3048.8—2007
5	绝缘电阻试验	本部分的相关内容	T、S_t	T、S_t	GB/T 3048.5—2007
6	抗开裂试验	本部分的相关内容	T、S_t	—	GB/T 2951.31—2008
7	低温卷绕试验	本部分的相关内容	T、S_t	—	GB/T 2591.14—2008
8	弯曲度试验	本部分的相关内容	T	—	本部分的10.1
9	疲劳弯曲强度试验	本部分的相关内容	T	—	本部分的10.2
10	伸缩试验	本部分的相关内容	—	T、S_t	GB/T 11016.1—2009 中10.1
11	终端夹与绝缘线芯间载荷试验	本部分的相关内容	T、S_t	T、S_t	GB/T 11016.1—2009 中10.2
12	护线管或限位紧固件与软线间载荷试验	本部分的相关内容	T、S_t	T、S_t	GB/T 11016.1—2009 中10.3

注:序号11、12只适用于成品装配软线。

6. 选用指南提示

《塑料绝缘和橡皮绝缘电话软线 第2部分:聚氯乙烯绝缘电话软线》(GB/T 11016.2—2009)是对GB/T 11016.2—1989代替。

与GB/T 11016.2—1989相比主要变化体现在以下几方面:

(1)增加"规范性引用文件";

(2)按照《标准化工作导则 第1部分:标准的结构和编写》(GB/T 1.1—2009)要求,对原标准格式进行了修改。

《塑料绝缘和橡皮绝缘电话软线 第2部分:聚氯乙烯绝缘电话软线》(GB/T 11016.2—2009)适用于连接电话机机座与电话机手柄或接线盒的聚氯乙烯绝缘电话软线。

七、聚丙烯绝缘电话软线(GB/T 11016.3—2009)

1. 型号与规格

(1)聚丙烯绝缘电话软线的型号如表3-177所示,该电话软线适宜在−10~40℃室内条件下使用。

表 3-177　　聚丙烯绝缘电话软线的型号

型 号	名 称	用 途
HRBBT	聚丙烯绝缘聚氯乙烯护套扁形弹簧形电话软线	连接电话机机座与电话机手柄
HRBB	聚丙烯绝缘聚氯乙烯护套扁形电话软线	连接电话机机座与接线盒(或盒式插座)

(2)聚丙烯绝缘电话软线的规格见表 3-178。

表 3-178　　聚丙烯绝缘电话软线的规格

型 号	HRBBT	HRBB
芯数	2,3,4	2,3,4,6

2. 导体、绝缘、护套

导体、绝缘、护套的相关要求见表 3-179。

表 3-179　　导体、绝缘及护套

序号	项目	内 容
1	导体	(1)导体应符合《塑料绝缘和橡皮绝缘电话软线　第 1 部分:一般规定》(GB/T 11016.1—2009)第 5 章的要求。 (2)导体的拉断力应不小于 45N,试验时拉伸速度为 50mm/min
2	绝缘	(1)绝缘由聚丙烯或类似材料组成,绝缘材料主要性能应符合表 3-180 的规定。 (2)绝缘标称厚度为 0.15mm,绝缘最薄点的厚度应不小于 0.10mm。 (3)绝缘线芯的颜色和色序应符合表 3-181 规定。 (4)绝缘线芯的拉断力应不小于 65N。试验时拉伸速度为 50mm/min
3	护套	护套应采用符合表 3-170 规定的软聚氯乙烯塑料

表 3-180　　聚丙烯绝缘电话软线用聚丙烯绝缘料技术要求

序 号	项 目	单 位	指 标
1	拉伸强度(不小于)	MPa	15
2	断裂伸长率(不小于)	%	200
3	脆化温度(不高于)	℃	0
4	灰分(不大于)	%	0.2
5	氧化诱导期(不少于)	min	15
6	热应力开裂(失效数)		0/9
7	环境应力开裂(24h 失效数)		0/10
8	介电常数(100kHz 或 1MHz)		2.2～2.3
9	20℃时体积电阻率(不小于)	Ω·m	1×10^{13}

表 3-181　　绝缘线芯的颜色和色序

芯　　数	绝缘线芯颜色
2	红、绿
3	红、绿、黄
4	黑、红、绿、黄
6	白、黑、红、绿、黄、蓝

3. 成品软线

成品软线的相关要求见表 3-182。

表 3-182　　成品软线

序号	项　　目	内　　容
1	外形尺寸	成品软线的外形尺寸应符合表 3-183 的规定，如有标记线凸出部分应不包括在内
2	电压试验	成品软线应经受表 3-184 规定的交流 50Hz、1kV 的电压试验，施加电压时间应不少于 5min。电压试验的试样为一根 5m 长的成品软线或 5 根装配线，试验前试样应浸入 20℃±2℃的水中不少于 3h
3	绝阻电阻	按表 3-184 规定测试，成品软线绝缘线芯间的绝缘电阻应不小于 100MΩ・m。绝缘电阻试验的试样为一根 5m 长的成品软线或 5 根装配线，试验前试样应浸入 20℃±2℃的水中不少于 3h
4	低温卷绕试验	HRBB 成品软线应经受表 3-184 规定的低温卷绕试验。试验温度为－15℃±2℃。卷绕试验的试棒直径应不大于 13mm。卷绕前试样在规定温度低温箱中的冷却时间应不少于 2h。试样的护套和绝缘应均无裂纹
5	开裂试验	HRBB 成品软线应经受表 3-184 规定的抗开裂试验，试验温度为 120℃±2℃，试棒直径应不大于 9mm
6	伸缩试验	HRBBT 型成品软线应经受表 3-184 规定的伸缩试验，经 20000 个伸缩周期试验后，试样仍应符合《塑料绝缘和橡皮绝缘电话软线　第 1 部分：一般规定》(GB/T 11016.1—2009)中 8.3 的要求
7	荷载试验	(1)成品装配软线应经受表 3-186 规定的终端夹与绝缘线芯间的荷载试验。 (2)成品装配线应经受表 3-186 规定的护线管或限位紧固件与软件线间的荷载试验
8	电话表插头	成品装配软线的电话机插头应符合《室内电话机插头座》(YD/T 577—1992)的规定

表 3-183　　成品软线外形尺寸

芯　　数	外形尺寸/mm
2	(2.60±0.20)×(4.00±0.20)；(2.50±0.20)×(5.00±0.20)
4	(2.60±0.20)×(5.00±0.20)
6	(2.7±0.20)×(6.80±0.20)

表 3-184 检验项目表

序号	试验项目	要　求	试验类型		试验方法
			HRBBT	HRBB	
1	结构尺寸检验				
1.1	导体结构	GB/T 11016.1—2009 第 5 章	T、S	T、S	GB/T 4909.2—2009
1.2	绝缘厚度	GB/T 11016.1—2009 第 6 章及本部分的 6.2	T、S	T、S	GB/T 2951.11—2008
1.3	护套厚度	GB/T 11016.1—2009 第 7 章及本部分的 7.2	T、S	T、S	GB/T 2951.11—2008
1.4	外形尺寸	本部分的相关内容	T、S	T、S	GB/T 2951.11—2008
2	导体直流电阻试验	GB/T 11016.1—2009 中 8.2	T、S	T、S	GB/T 3048.4—2007
3	通电试验	GB/T 11016.1—2009 中 8.3	R	R	GB/T 11016.1—2009 中 8.3
4	电压试验	本部分的相关内容	T、S_t	T、S_t	GB/T 3048.8—2007
5	绝缘电阻试验	本部分的相关内容	T、S_t	T、S_t	GB/T 3048.5—2007
6	导体拉断力试验	本部分的相关内容	T、S_t	T、S_t	GB/T 4909.3—2009
7	绝缘线芯拉断力试验	本部分的相关内容	T、S_t	T、S_t	GB/T 4909.3—2009
8	低温卷绕试验	本部分的相关内容	—	T、S_t	GB/T 2941.14—2008
9	抗开裂试验	本部分的相关内容	—	T、S_t	GB/T 2951.31—2008
10	伸缩试验	本部分的相关内容	T、S_t	—	GB/T 11016.1—2009 中 10.1
11	终端夹与绝缘线芯间载荷试验	本部分的相关内容	T、S_t	T、S_t	GB/T 11016.1—2009 中 10.2
12	护线管或限位紧固件与软线间载荷试验	本部分的相关内容	T、S_t	T、S_t	GB/T 11016.1—2009 中 10.3

注：序号 11、12 只适用于成品装配软线。

4. 选用指南提示

《塑料绝缘和橡皮绝缘电话软线　第 3 部分：聚丙烯绝缘电话软线》(GB/T 11016.3—2009)是 GB/T 11016.3—1989 的代替。

与 GB/T 11016.3—1989 相比主要变化体现在以下几方面：

(1)增加“规范性引用文件”；

(2)前版标准引用《室内电话机插头座》(GB/T 10753)现更改为《室内电话机插头座》(YD/T 577)；

(3)按照《标准化工作导则　第 1 部分：标准的结构和编写》(GB/T 1.1—2009)要求，对原标准格式进行修改。

《塑料绝缘和橡皮绝缘电话软线　第 3 部分：聚丙烯绝缘电话软线》(GB/T 11016.3—2009)适用于连接电话机座与电话机手柄或接线盒的聚丙烯绝缘电话软线。

八、橡皮绝缘电话软线(GB/T 11016.4—2009)

1. 型号与规格

(1)橡皮绝缘电话软线的型号见表 3-185。该电话软线适宜在－10～40℃室内条件下使用。

表 3-185 橡皮绝缘电话软线的型号

型号	名称	用途
HR	橡皮绝缘纤维编织电话软线	连接电话机机座与电话机手柄或接线盒
HRH	橡皮绝缘橡皮护套电话软线	连接电话机机座与电话机手柄，防水、防爆
HRE	橡皮绝缘纤维编织耳机软线	连接话务员耳机

(2)电话软线的规格见表 3-186。

表 3-186 橡皮绝缘电话软线的规格

型号	HR	HRH	HRE	HRJ
芯数	2,3,4,5	2,3,4	2,4	2,3

2. 材料要求

橡皮绝缘电话软线的材料要求见表 3-187。

表 3-187 材料要求

序号	项目	内容
1	绝缘	(1)绝缘材料应是 IE4 型乙丙橡皮混合物。 (2)IE4 型乙丙橡皮绝缘的机械物理性能试验要求应符合表 3-188 规定。 (3)绝缘标称厚度为 0.35mm，绝缘最薄点的厚度应不小于 0.20mm。 (4)绝缘线芯的颜色应符合表 3-189 规定
2	绞合	(1)电话软线的绝缘线芯应绞合，绞合节径比应不大于 5。 (2)绞合时允许采用棉纱或其他合成纤维填充圆整
3	编织护理	(1)HR、HRE、HRJ 型电话软线应有编织护层，编织层由长丝再生纤维、腊光棉纱或其他类似材料组成。 (2)编织覆盖率应不小于 98%。编织层应紧密均匀无显著不平的突起。 (3)编织层和颜色应符合表 3-190 规定
4	护套	(1)护套材料应是 SE3 型橡皮混合物。 (2)SE3 型橡皮护套的机械物理性能试验要求应符合表 3-191 规定。 (3)护套标称厚度应为 1.0mm。 (4)护套颜色为黑色
5	成品软线	(1)成品软线的外径应符合表 3-192 规定。 (2)成品软线应经受表 3-193 规定的交流 50Hz、1kV 的电压试验，施加电压时间应不少于 5min。 (3)按表 3-193 规定测试，成品软线绝缘线芯间的绝缘电阻应不小于 1000MΩ·m，试验前试样应浸入 20℃±2℃的水中不少于 3h。 (4)成品软线绝缘应经受表 3-188 规定的非电性试验并符合其要求。 (5)HRH 型成品软线护套应经受表 3-191 规定的非电性试验并符合其要求

表 3-188 IE4 型乙丙橡皮绝缘机械物理性能试验要求

序号	试验项目	单位	性能指标	试验方法
1	抗张强度和断裂绅长率			GB/T 2951.11—2008 中 9.1
1.1	交货状态原始性能			
1.1.1	抗张强度原始值			
	——最小中间值	N/mm^2	5.0	
1.1.2	断裂绅长率原始值			
	…最小中间值	%	200	
1.2	空气烘箱老化后的性能②			GB/T 2951.11—2008 中 9.1 和 GB/T 2951.12—2008 中 8.1
1.2.1	老化条件①			
	——温度	℃	100±2	
	——处理时间	h	7×24	
1.2.2	老化后抗张强度			
	——最小中间值	N/mm^2	4.2	
	——最大交化率	%	±25	
1.2.3	老化后断裂绅长率			
	——最小中间值	%	200	
	——最大变化率①	%	±25	
1.3	省略			
1.4	空气弹老化后的性道			GB/T 2951.12 2008 中 8.2
1.4.1	老化条件			
	——温度	℃	127±2	
	——处理时间	h	40	
1.4.2	老化后抗张强度			
	——最小中间值	N/mm^2	—	
	——最大变化率③	%	±30	
1.4.3	老化后断裂伸长率			
	——最大变化率①	%	±30	
2	热延伸试验			GB/T 2951.21—2008 中第 9 章
2.1	试验条件			
	——温度	℃	200±3	
	——处理时间	min	15	
	——机械应力	N/mm^2	0.20	
2.2	试验结果			
	——载荷下的伸长率,最大值	%	100	
	——冷却后的伸长率,最大值	%	25	
3	耐臭氧试验			GB/T 2951.21—2008 中第 8 章
3.1	试验条件			
	——试验温度	℃	25±2	
	——试验时间	h	24	
	——臭氧浓度	%	0.025～0.030	
3.2	试验结果		无裂纹	

注:①IE4 绝缘应带导体或取走不超过 30%的钢丝进行老化。

②除非产品标准中另有规定:橡皮混合物的老化不采用强迫鼓风烘箱。仲裁试验时,必须采用自然壁风老化箱。

③变化率:老化后中间值与老化前中间值之差与老化前中间值这比,以百分比表示。

表 3-189 绝缘线芯的颜色

芯　　数	绝缘线芯颜色
2	红、白
3	红、白、绿
4	红、白、绿、黑
5	红、白、绿、黑、蓝

表 3-190 编织层的颜色

型　　号	编织层颜色
HR、HRE	黑
HRJ	红、白、绿、浅灰、蓝、黑

表 3-191 SE3 型橡皮护套机械物理性能试验要求

序号	试验项目	单位	性能指标	试验方法
1	抗张强度和断裂伸长率			GB/T 2951.11—2008 中 9.2
1.1	交货状态原始性能			
1.1.1	抗张强度原始值			
	——最小中间值	N/mm	7.0	
1.1.2	断裂伸长率原始值			
	——最小中间值	%	300	
1.2	空气烘箱老化后的性能			GB/T 2951.12—2008 中 8.1.3.1
1.2.1	老化条件			
	——温度	℃	70±2	
	——处理时间	h	10×24	
1.2.2	老化后抗张强度			
	——最小中间值	N/mm^2	—	
	——最大变化率	%	±20	
1.2.3	老化后断裂伸长率			
	——最小中间值	%	250	
	——最大变化率①	%	±20	
2	热延伸试验			GB/T 2951.21—2008 中第 9 章
2.1	试验条件			
	——温度	℃	200±3	
	——处理时间	min	15	
	——机械应力	N/mm^2	0.20	
2.2	试验结果			
	——载荷下的伸长率，最大值	%	175	
	——冷却后的伸长率，最大值	%	25	

注：①变化率：老化后中间值与老化前中间值之差与老化前中间值之比，以百分比表示。

表 3-192 成品软线的外径 mm

型 号	2芯	3芯	4芯	5芯
	最大外径			
HR	5.8	6.1	6.7	7.4
HRH	7.4	7.8	8.3	—
HRE	5.8	—	6.7	—
HRJ	5.8	6.1	—	—

表 3-193 检验项目

序号	试验项目	条文号	试验类型		试验方法
			HR、HRE、HRJ	HRH	
1	结构尺寸检查				
1.1	导体结构	GB/T 11016.1—2009 第5章	T、S	T、S	GB/T 4909.2—2009
1.2	绝缘厚度	GB/T 11016.1—2009 第6章及本部分的相关内容	T、S	T、S	GB/T 2951.11—2008
1.3	护套厚度	GB/T 11016.1—2009 第7章及本部分的相关内容	—	T、S	GB/T 2951.11—2008
1.4	外径	本部分的相关内容	T、S	T、S	GB/T 2951.11—2008
2	导体直流电阻试验	GB/T 11016.1—2009 中 8.2	T、S	T、S	GB/T 3048.4—2007
3	通电试验	GB/T 11016.1—2009 中 8.3	R	R	GB/T 11016.1—2009 中 8.3
4	电压试验	本部分的相关内容	T、S	T、S	GB/T 3048.8—2007
5	绝缘电阻试验	本部分的相关内容	T、S	T、S	GB/T 3048.5—2007
6	绝缘机械物理性能试验	本部分的相关内容			
6.1	老化前后抗张强度		T、S_t	T、S_t	GB/T 2951.11—2008 GB/T 2951.12—2008
6.2	老化前后断裂伸长率		T、S_t	T、S_t	GB/T 2951.11—2008 GB/T 2951.12—2008
6.3	空气弹老化		T、S_t	T、S_t	GB/T 2951.12—2008
6.4	热延伸		T、S_t	T、S_t	GB/T 2951.21—2008
6.5	耐臭氧试验		T、S_t	T、S_t	GB/T 2951.21—2008
7	护套机械物理性能试验	本部分的相关内容			
7.1	老化前后抗张强度		T、S_t	T、S_t	GB/T 2951.11—2008 GB/T 2951.12—2008
7.2	老化前后断裂伸长率		T、S_t	T、S_t	GB/T 2951.11—2008 GB/T 2951.12—2008
7.3	热延伸		T、S_t	T、S_t	GB/T 2951.21—2008

3. 选用指南提示

《塑料绝缘和橡皮绝缘电话软线　第4部分:橡皮绝缘电话软线》(GB/T 11016.4—2009)是对GB/T 11016.4—1989代替。

与GB/T 11016.4—1989相比主要变化体现在:

(1)增加"规范性引用文件";

(2)按照《标准化工作导则　第1部分:标准的结构和编写》(GB/T 1.1—2009)要求,对原标准格式进行修改。

《塑料绝缘和橡皮绝缘电话软线　第4部分:橡皮绝缘电话软线》(GB/T 11016.4—2009)适用于连接电话机机座与电话机手柄或接线盒以及连接交换机与插座用的橡皮绝缘电话软线。

第三节　控制电缆

一、聚氯乙烯绝缘和护套控制电缆(GB/T 9330.2—2008)

1. 使用特性

聚氯乙烯绝缘和护套控制电缆的使用特性见表3-194。

表3-194　聚氯乙烯绝缘和护套控制电缆的使用特性

序号	项　目	内　容
1	额定电压	额定电压U_0/U为450/750V
2	电缆工作温度	电缆导体长期允许工作温度为70℃
3	电缆的敷设温度	电缆的敷设温度应不低于0℃
4	电缆的允许弯曲半径	(1)无铠装层的电缆,应不小于电缆外径的6倍; (2)有铠装或铜带屏蔽结构的电缆,应不小于电缆外径的12倍; (3)有屏蔽层结构的软电缆,应不小于电缆外径的6倍。

2. 型号规格

(1)聚氯乙烯绝缘和护套控制电缆型号见表3-195。

表3-195　聚氯乙烯绝缘和护套控制电缆型号

型　号	名　称
KVV	聚氯乙烯绝缘聚氯乙烯护套控制电缆
KVVP	聚氯乙烯绝缘聚氯乙烯护套编织屏蔽控制电缆
KVVP2	聚氯乙烯绝缘聚氯乙烯护套铜带屏蔽控制电缆
KVVP3	聚氯乙烯绝缘聚氯乙烯护套铝塑复合带屏蔽控制电缆
KVV22	聚氯乙烯绝缘聚氯乙烯护套钢带铠装控制电缆
KVVP2-22	聚氯乙烯绝缘聚氯乙烯护套铜带屏蔽钢带铠装控制电缆
KVV32	聚氯乙烯绝缘聚氯乙烯护套细钢丝铠装控制电缆
KVVR	聚氯乙烯绝缘聚氯氯乙烯护套控制软电缆
KVVRP	聚氯乙烯绝缘聚氯乙烯护套编织屏蔽控制软电缆

(2)聚氯乙烯绝缘和护套控制电缆规格见表 3-196。

表 3-196　　聚氯乙烯绝缘和护套控制电缆规格

<table>
<tr><th rowspan="3">型　号</th><th colspan="8">导体标称截面/mm</th></tr>
<tr><th>0.5</th><th>0.75</th><th>1.0</th><th>1.5</th><th>2.5</th><th>4</th><th>6</th><th>10</th></tr>
<tr><th colspan="8">芯　数</th></tr>
<tr><td>KVV,KVVP</td><td>—</td><td colspan="4">2～61</td><td colspan="2">2～14</td><td>2～10</td></tr>
<tr><td>KVVP2,KVVP3</td><td>—</td><td colspan="4">4～61</td><td colspan="2">4～14</td><td>4～10</td></tr>
<tr><td>KVV22</td><td>—</td><td colspan="2">7～61</td><td colspan="2">4～61</td><td colspan="2">4～14</td><td>4～10</td></tr>
<tr><td>KVVP2-22</td><td>—</td><td colspan="2">7～61</td><td colspan="2">4～61</td><td colspan="2">4～14</td><td>4～10</td></tr>
<tr><td>KVV32</td><td>—</td><td colspan="2">19～61</td><td colspan="2">7～61</td><td colspan="2">4～14</td><td>4～10</td></tr>
<tr><td>KVVP</td><td colspan="5">2～61</td><td colspan="2">—</td><td>—</td></tr>
<tr><td>KVVRP</td><td colspan="3">2～61</td><td colspan="2">2～48</td><td colspan="2">—</td><td>—</td></tr>
</table>

注:推荐的芯数系列为:2、3、4、5、7、8、10、12、14、16、19、24、27、30、37、44、48、52 和 61 芯。

3. 技术要求

聚氯乙烯绝缘和护套控制电缆的技术要求见表 3-197。

表 3-197　　技术要求

序号	项目	内　　容
1	导体	导体应符合《塑料绝缘控制电缆　第 1 部分:一般规定》(GB/T 9330.1—2008)中 6.1 规定
2	绝缘	绝缘应选用: (1)固定敷设用硬结构电缆:PVC/A; (2)移动场合用软结构电缆:PVC/D。 (3)绝缘的挤包和绝缘厚度应符合《塑料绝缘控制电缆　第 1 部分:一般规定》(GB/T 9330.1—2008)中 6.6.2 的规定。 (4)绝缘的机械性能应符合表 3-198 规定
3	成缆和填充物	成缆和填充物应符合《塑料绝缘控制电缆　第 1 部分:一般规定》(GB/T 9330.1—2008)中 6.3 的规定
4	金属屏蔽	对电缆有金属屏蔽要求时,应符合《塑料绝缘控制电缆　第 1 部分:一般规定》(GB/T 9330.1—2008)中 6.4 的规定。 编织密度应符合《塑料绝缘控制电缆　第 1 部分:一般规定》(GB/T 9330.1—2008)中 7.4 的规定
5	内衬层	对电缆有内衬层要求时,应符合《塑料绝缘控制电缆　第 1 部分:一般规定》(GB/T 9330.1—2008)中 6.5 的规定
6	金属铠装	对电缆有金属铠装要求时,应符合《塑料绝缘控制电缆　第 1 部分:一般规定》(GB/T 9330.1—2008)中 6.6 的规定。
7	护套	固定敷设用硬结构聚氯乙烯护套电缆:ST1; 移动场合用软结构聚氯乙烯护套电缆:ST5。 护套的挤包和护套厚度应符合《塑料绝缘控制电缆　第 1 部分:一般规定》(GB/T 9330.1—2008)中 6.7.2 的规定。 护套的机械性能应符合表 3-199 规定

（续）

序号	项目	内容
8	外形尺寸	电缆的平均外径应符合表3-200～表3-207规定。 电缆外径的 f 值应符合《塑料绝缘控制电缆　第1部分：一般规定》(GB/T 9330.1—2008)中7.1的规定

表3-198　绝缘机械性试验要求

序号	试验项目	单位	混合物的型号		试验方法
			PVC/A	PVC/D	
1	抗张强度和断裂伸长率				
1.1	交货状态原始性能				GB/T 2951.11—2008
1.1.1	抗张强度原始值：				
	——最小中间值	N/mm²	12.5	10.0	
1.1.2	断裂伸长率原始值：				
	——最小中间值	%	150	150	
1.2	空气烘箱老化后的性能				GB/T 2951.12—2008
1.2.1	老化条件：				
	——温度	℃	100±2	80±2	
	——时间	h	7×24	7×24	
1.2.2	老化后抗张强度：				
	——最小中间值	N/mm²	12.5	10.0	
	——最大变化率①	%	±25	±20	
1.2.3	老化后断裂伸长率：				
	——最小中间值	%	150	150	
	——最大变化率①	%	±25	±20	
2	失重试验				GB/T 2951.32—2008
2.1	老化条件：				
	——温度	℃	80±2	80±2	
	——时间	h	7×24	7×24	
2.2	失重				
	——最大值	mg/cm²	2.0	2.0	
3	热冲击试验				GB/T 2951.31—2008
3.1	试验条件：				
	——温度	℃	150±3	150±3	
	——时间	h	1	1	
3.2	试验结果		不开裂		
4	高温压力试验				GB/T 2951.31—2008
4.1	试验条件：				
	——刀口上施加的压力		见GB/T 2951.31—2008中8.1.4		

（续）

序号	试验项目	单位	混合物的型号		试验方法
			PVC/A	PVC/D	
	——载荷下加热时间		见 GB/T 2951.31—2008 中 8.1.5		
	——温度	℃	80±2	70±2	
4.2	试验结果：				
	——压痕深度，最大中间值	%	50	50	
5	低温弯曲试验				GB/T 2951.14—2008
5.1	试验条件：				
	——温度②	℃	−15±2	−15±2	
	——施加低温时间		见 GB/T 2951.14—2008 中 8.14 和 8.15		
5.2	试验结果		不开裂		
6	低温拉伸试验				GB/T 2951.14—2008
6.1	试验条件：				
	——温度	℃	−15±2	−15±2	
	——施加低温时间		见 GB/T 2951.14——2008 中 8.3.4 和 8.3.5		
6.2	试验结果：				
	——最小伸长率	%	20	20	
7	低温冲击试验				GB/T 2951.14—2008
7.1	试验条件：				
	——温度②	℃	−15±2	−15±2	
	——施加低温时间		见 GB/T 2951.14—2008 中 8.5.5		
	——落锤重量		见 GB/T 2951.14—2008 中 8.5.4		
7.2	试验结果		见 GB/T 2951.14—2008 中 8.5.5		

注：①变化率：老化后的中间值与老化前的中间值之差与老化前中间值之比，以百分比表示。

②因气候条件，购买方可以要求采用更低的温度。

表 3-199　　护套机械性试验要求

序号	试验项目	单位	混合物的型号		试验方法
			ST1	ST5	
1	抗张强度和断裂伸长率				GB/T 2951.11—2008
1.1	交货状态原始性能				
1.1.1	抗张强度原始值：				
	——最小中间值	N/mm^2	12.5	10.0	
1.1.2	断裂伸长率原始值：				
	——最小中间值	%	150	150	
1.2	空气烘箱老化后的性能				GB/T 2951.12—2008

（续一）

序号	试验项目	单位	混合物的型号		试验方法
			ST1	ST5	
1.2.1	老化条件：				
	——温度	℃	100±2	80±2	
	——时间	h	7×24	7×24	
1.2.2	老化后抗张强度：				
	——最小中间值	N/mm²	12.5	10.0	
	——最大变化率①	%	±25	±20	
1.2.3	老化后断裂伸长率：				
	——最小中间值	%	150	150	
	——最大变化率①	%	±25	±20	
2	失重试验				GB/T 2951.32—2008
2.1	老化条件：				
	——温度	℃	80±2	80±2	
	——时间	h	7×24	7×24	
2.2	失重：				
	——最大值	mg/cm²	2.0	2.0	
3	热冲击试验				GB/T 2951.31—2008
3.1	试验条件：				
	——温度	℃	150±3	150±3	
	——时间	h	1	1	
3.2	试验结果		不开裂		
4	高温压力试验				GB/T 2951.31—2008
4.1	试验条件：				
	——刀口上施加的压力		见 GB/T 2951.31—2008 中 8.2.4		
	——载荷下加热时间		见 GB/T 2951.31—2008 中 8.2.5		
	——温度	℃	80±2	70±2	
4.2	试验结果：				
	——压痕深度，最大中间值	%	50	50	
5	低温弯曲试验				GB/T 2951.14—2008
5.1	试验条件：				
	——温度②	℃	−15±2	−15±2	
	——施加低温时间		见 GB/T 2951.14—2008 中 8.2.3		
5.2	试验结果		不开裂		
6	低温拉伸试验				GB/T 2951.14—2008
6.1	试验条件：				
	——温度②	℃	−15±2	−15±2	

（续）

序号	试验项目	单位	混合物的型号		试验方法
			ST1	ST5	
	——施加低温时间		见 GB/T 2951.14—2008 中 8.4.4		
6.2	试验结果：				
	——最小伸长率	%	20	20	
7	低温冲击试验				GB/T 2951.14—2008
7.1	试验条件：				
	——温度②	℃	−15±2	−15±2	
	——施加低温时间		见 GB/T 2951.14—2008 中 8.5.5		
	——落锤重量		见 GB/T 2951.14—2008 中 8.5.4		
7.2	试验结果		见 GB/T 2951.14—2008 中 8.5.6		

注：①变化率：老化后的中间值与老化前的中间值之差与老化前中间值之比，以百分比表示。

②因气候条件，购买方可以要求采用更低的温度。

表 3-200　　KVV 型电缆

芯数×标称截面/mm^2	第 1 种导体 平均外径/mm		第 2 种导体 平均外径/mm	
	下限	上限	下限	上限
2×0.75	6.7	8.1	6.9	8.4
2×1.0	7.0	8.5	7.2	8.7
2×1.5	7.9	9.5	8.1	9.7
2×2.5	9.0	10.9	9.2	11.1
2×4	9.9	11.9	10.2	12.3
2×6	10.8	13.1	11.2	13.6
2×10	—	—	14.3	17.3
3×0.75	7.1	8.5	7.3	8.8
3×1.0	7.4	8.9	7.6	9.1
3×1.5	8.3	10.0	8.5	10.3
3×2.5	9.5	11.5	9.7	11.8
3×4	10.5	12.7	10.8	13.0
3×6	11.5	13.9	11.9	14.4
3×10	—	—	15.2	18.4
4×0.75	7.6	9.2	7.8	9.4
4×1.0	7.9	9.6	8.2	9.9
4×1.5	9.0	10.9	9.2	11.1
4×2.5	10.4	12.5	10.6	12.8
4×4	11.4	13.8	11.8	14.2
4×6	13.2	15.9	13.6	16.5
4×10	—	—	16.6	20.1

（续一）

芯数×标称截面/mm²	第1种导体 平均外径/mm		第2种导体 平均外径/mm	
	下限	上限	下限	上限
5×0.75	8.2	9.9	8.4	10.2
5×1.0	8.6	10.3	8.8	10.6
5×1.5	9.7	11.7	10.0	12.1
5×2.5	11.3	13.6	11.5	13.9
5×4	13.0	15.7	13.4	16.2
5×6	14.3	17.3	14.8	17.9
5×10	—	—	18.2	22.0
7×0.75	8.8	10.6	9.1	11.0
7×1.0	9.2	11.1	9.5	11.5
7×1.5	10.5	12.7	10.8	13.1
7×2.5	12.8	15.5	13.1	15.8
7×4	14.1	17.1	14.5	17.6
7×6	15.6	18.8	16.1	19.5
7×10	—	—	20.3	24.5
8×0.75	9.7	11.7	10.0	12.1
8×1.0	10.2	12.3	10.5	12.7
8×1.5	11.7	14.1	12.6	15.2
8×2.5	14.3	17.2	14.6	17.6
8×4	15.8	19.0	16.3	19.6
8×6	17.4	21.0	18.1	21.8
8×10	—	—	22.8	27.5
10×0.75	10.8	13.1	11.2	13.6
10×1.0	11.4	13.8	11.8	14.3
10×1.5	13.7	16.6	14.1	17.1
10×2.5	16.0	19.4	16.4	19.8
10×4	17.8	21.5	18.7	22.6
10×6	20.1	24.2	20.8	25.2
10×10	—	—	25.8	31.2
12×0.75	11.2	13.5	11.6	14.0
12×1.0	11.8	14.2	12.8	15.4
12×1.5	14.2	17.1	14.5	17.6
12×2.5	16.5	20.0	16.9	20.5
12×4	18.7	22.6	19.3	23.4
12×6	20.7	25.0	21.5	26.0
14×0.75	11.7	14.1	12.7	15.3
14×1.0	12.9	15.6	13.3	16.1
14×1.5	14.8	17.9	15.2	18.4
14×2.5	17.4	21.0	17.8	21.5
14×4	19.6	23.7	20.3	24.5
14×6	21.8	26.3	22.6	27.3

（续二）

芯数×标称截面/mm²	第1种导体 平均外径/mm		第2种导体 平均外径/mm	
	下限	上限	下限	上限
16×0.75	12.9	15.5	13.3	16.1
16×1.0	13.5	16.4	14.0	16.9
16×1.5	15.6	18.8	16.0	19.4
16×2.5	18.3	22.1	19.1	23.1
19×0.75	13.5	16.3	14.0	16.9
19×1.0	14.2	17.2	14.7	17.7
19×1.5	16.4	19.8	16.8	20.4
19×2.5	19.6	23.7	20.1	24.3
24×0.75	15.6	18.8	16.1	19.5
24×1.0	16.4	19.8	17.0	20.5
24×1.5	19.4	23.4	20.0	24.1
24×2.5	22.8	27.6	23.4	28.3
27×0.75	15.9	19.2	16.5	19.9
27×1.0	16.7	20.2	17.3	20.9
27×1.5	19.8	23.9	20.4	24.6
27×2.5	23.3	28.2	23.9	28.9
30×0.75	16.4	19.8	17.0	20.6
37×1.0	19.0	23.0	19.7	23.8
37×1.5	22.0	26.6	22.7	27.4
37×2.5	26.1	31.5	26.7	32.3
44×0.75	20.1	24.2	20.8	25.2
44×1.0	21.2	25.6	22.0	26.6
44×1.5	24.7	29.8	25.4	30.7
44×2.5	29.9	36.1	30.6	37.0
48×0.75	20.4	24.6	21.2	25.6
48×1.0	21.5	26.0	22.3	27.0
48×1.5	25.1	30.3	25.9	31.2
48×2.5	30.3	36.7	31.1	37.6
52×0.75	20.9	25.3	21.7	26.2
52×1.0	22.1	26.7	22.9	27.7
52×1.5	25.8	31.1	26.6	32.1
52×2.5	31.2	37.7	32.0	38.6
61×0.75	21.9	26.5	22.8	27.5
61×1.0	23.2	28.0	24.1	29.1
61×1.5	27.0	32.7	28.5	34.4
61×2.5	33.1	40.0	34.0	41.1

表 3-201　　KVVP 型电缆

芯数×标称截面/mm²	第1种导体 平均外径/mm		第2种导体 平均外径/mm	
	下限	上限	下限	上限
2×0.75	7.7	9.3	7.9	9.6
2×1.0	8.0	9.7	8.2	9.9
2×1.5	8.9	10.7	9.1	11.0
2×2.5	10.0	12.1	10.2	12.4
2×4	10.9	13.2	11.2	13.5
2×6	11.9	14.3	12.8	15.5
2×10	—	—	15.6	18.8
3×0.75	8.1	9.7	8.3	10.0
3×1.0	8.4	10.1	8.6	10.4
3×1.5	9.3	11.2	9.5	11.5
3×2.5	10.5	12.7	10.8	15
3×4	11.5	13.9	11.8	11.2
3×6	13.1	15.8	13.8	16.6
3×10	—	—	15.4	19.9
4×0.75	8.6	10.4		10.7
4×1.0	8.9	10.8		11.1
4×1.5	10.0	12.1		12.4
4×2.5	11.4	13.8		14.0
4×4	13.0	15.7		16.4
4×6	14.4	17.4		18.0
4×10	—		17.9	21.6
5×0.75	9.2	11.1	9.4	11.4
5×1.0	9.6	11.6	9.8	11.9
5×1.5	10.7	13.0	11.0	13.3
5×2.5	12.9		13.1	15.9
5×4	14.3	17.6	14.7	17.7
5×6	15.6	16.8	16.1	19.4
5×10	—	—	19.8	24.0
7×0.75		11.8	10.1	12.2
7×1.0		12.4	10.5	12.7
7×1.5		13.9	11.8	14.3
7×2.5		17.0	14.4	17.3
7×4		18.6	15.8	19.1
7×6		20.3	17.4	21.0
7×10		—	21.5	26.0

（续一）

芯数×标称截面/mm^2	第1种导体		第2种导体	
	平均外径/mm		平均外径/mm	
	下限	上限	下限	上限
8×0.75	10.7	13.0	11.1	13.4
8×1.0	11.2	13.6	11.5	14.0
8×1.5	13.5	16.3	13.9	16.7
8×2.5	15.5	18.7	15.8	19.1
8×4	17.0	20.5	17.5	21.1
8×6	19.0	23.0	19.7	23.8
8×10	—	—	24.2	29.3
10×0.75	11.9	14.3	12.8	15.5
10×1.0	13.0	15.7	13.6	16.5
10×1.5	15.0	18.1	15.4	18.6
10×2.5	17.3	20.9	17.7	21.3
10×4	19.4	23.4	20.0	24.1
10×6	21.3	25.8	22.1	26.7
10×10	—	—	27.9	33.7
12×0.75	12.8	15.4	13.2	15.9
12×1.0	13.6	16.4	14.0	16.9
12×1.5	15.4	18.6	15.8	19.1
12×2.5	17.8	21.5	18.2	22.0
12×4	20.0	24.1	20.6	24.9
12×6	22.0	26.6	22.8	27.5
14×0.75	13.5	16.3	13.9	16.8
14×1.0	14.2	17.1	14.6	17.6
14×1.5	16.1	19.4	16.5	19.9
14×2.5	19.0	22.9	19.4	23.4
14×4	20.9	25.2	21.5	26.0
14×6	23.0	27.8	24.1	29.1
16×0.75	14.1	17.1	14.6	17.6
16×1.0	14.8	17.9	15.2	18.4
16×1.5	16.8	20.3	17.3	20.9
16×2.5	19.9	24.1	20.4	24.6
19×0.75	14.7	17.8	15.2	18.4
19×1.0	15.5	18.7	15.9	19.3
19×1.5	17.6	21.3	18.1	21.9
19×2.5	20.9	25.2	21.4	25.8
24×0.75	16.8	20.3	17.4	21.0
24×1.0	17.7	21.3	18.2	22.0
24×1.5	20.6	24.9	21.2	25.6
24×2.5	24.3	29.4	24.6	30.1

（续二）

芯数×标称截面/mm²	第1种导体		第2种导体	
	平均外径/mm		平均外径/mm	
	下限	上限	下限	上限
27×0.75	17.1	20.7	17.7	21.4
27×1.0	18.0	21.7	19.0	22.9
27×1.5	21.0	25.4	21.6	26.1
27×2.5	24.8	30.0	25.4	30.7
30×0.75	17.6	21.3	18.3	22.1
30×1.0	19.0	22.9	19.6	23.6
30×1.5	21.7	26.2	22.3	27.0
30×2.5	25.7	31.0	26.3	31.7
37×0.75	19.2	23.3	19.9	24.1
37×1.0	20.3	24.5	20.9	25.3
37×1.5	23.3	28.1	24.2	29.2
37×2.5	28.1	34.0	28.8	34.8
44×0.75	21.3	25.8	22.1	26.7
44×1.0	22.5	27.1	23.2	28.1

表 3-202　　KVVP2，KVVP3 型电缆

芯数×标称截面/mm²	导体种类	平均外径/mm	
		下限	上限
4×0.75	1	8.1	9.7
4×1.0	1	8.4	10.2
4×1.5	1	9.5	11.4
4×2.5	1	10.9	13.1
4×4	1	12.5	15.1
4×6	1	13.6	16.5
4×10	2	17.1	20.7
5×0.75	1	8.6	10.4
5×1.0	1	9.0	10.9
5×1.5	1	10.2	12.3
5×2.5	1	11.8	14.2
5×4	1	13.5	16.3
5×6	1	14.8	17.9
5×10	2	19.1	23.0
7×0.7	1	9.3	11.2
7×1.0	1	9.7	11.7
7×1.5	1	11.0	13.3
7×2.5	1	13.3	16.1
7×4	1	14.6	17.6
7×6	1	16.0	19.4
7×10	2	20.7	25.1

（续一）

芯数×标称截面/mm²	导体种类	平均外径/mm	
		下限	上限
8×0.75	1	10.2	12.3
8×1.0	1	10.7	12.9
8×1.5	1	12.8	15.4
8×2.5	1	14.7	17.8
8×4	1	16.2	19.6
8×6	1	17.9	21.6
8×10	2	23.2	28.1
10×0.75	1	11.3	13.7
10×1.0	1	12.5	15.1
10×1.5	1	14.2	17.2
10×2.5	1	16.5	20.0
10×4	1	18.6	22.5
10×6	1	20.5	24.8
10×10	2	26.3	31.8
12×0.75	1	11.7	14.1
12×1.0	1	12.8	15.5
12×1.5	1	14.6	17.7
12×2.5	1	17.0	20.6
12×4	1	19.2	23.2
12×6	1	21.2	25.6
14×0.75	1	12.2	14.7
14×1.0	1	13.4	16.2
14×1.5	1	15.3	18.5
14×2.5	1	17.8	21.5
14×4	1	20.1	24.3
14×6	1	22.2	26.9
16×0.75	1	13.3	16.1
16×1.0	1	14.0	16.9
16×1.5	1	16.1	19.4
16×2.5	1	19.1	23.1
19×0.75	1	14.0	16.9
19×1.0	1	14.7	17.7
19×1.5	1	16.8	20.4
19×2.5	1	20.1	24.3
24×0.75	1	16.0	19.4
24×1.0	1	16.9	20.4
24×1.5	1	19.9	24.0
24×2.5	1	23.3	28.2

（续二）

芯数×标称截面/mm²	导体种类	平均外径/mm	
		下限	上限
27×0.75	1	16.3	19.7
27×1.0	1	17.2	20.8
27×1.5	1	20.3	24.5
27×2.5	1	23.8	28.8
30×0.75	1	16.9	20.4
30×1.0	1	17.8	21.5
30×1.5	1	21.0	25.3
30×2.5	1	24.6	29.8
37×0.75	1	18.1	21.9
37×1.0	1	19.5	23.5
37×1.5	1	22.5	27.2
37×2.5	1	26.5	32.1
44×0.75	1	20.5	24.8
44×1.0	1	21.7	26.2
44×1.5	1	25.2	30.4
44×2.5	1	30.3	36.7
48×0.75	1	20.9	25.2
48×1.0	1	22.0	26.6
48×1.5	1	25.5	30.9
48×2.5	1	30.8	37.2
52×0.75	1	21.4	25.8
52×1.0	1	22.6	27.3
52×1.5	1	26.2	31.7
52×2.5	1	31.7	38.2
61×0.75	1	22.6	27.3
61×1.0	1	23.9	28.9
61×1.5	1	28.4	34.3
61×2.5	1	33.9	41.0

表 3-203　　KVV22 型电缆

芯数×标称截面/mm²	导体种类	平均外径/mm	
		下限	上限
4×1.5	1	12.0	14.4
4×2.5	1	13.4	16.1
4×4	1	14.4	17.4
4×6	1	15.6	18.8
4×10	2	19.4	23.5

（续一）

芯数×标称截面/mm²	导体种类	平均外径/mm	
		下限	上限
5×1.5	1	12.7	15.3
5×2.5	1	14.3	17.2
5×4	1	15.4	18.6
5×6	1	16.7	20.2
5×10	2	21.0	25.4
7×0.75	1	11.8	14.2
7×1.0	1	12.2	14.7
7×1.5	1	13.5	16.3
7×2.5	1	15.2	18.4
7×4	1	16.5	20.0
7×6	1	18.0	21.7
7×10	2	22.7	27.4
8×0.75	1	12.7	15.3
8×1.0	1	13.2	15.9
8×1.5	1	14.7	17.7
8×2.5	1	16.7	20.1
8×4	1	18.2	21.9
8×6	1	20.2	24.4
8×10	2	25.2	30.4
10×0.75	1	13.8	16.7
10×1.0	1	14.4	17.4
10×1.5	1	16.1	19.5
10×2.5	1	18.8	22.7
10×4	1	20.5	24.8
10×6	1	22.5	27.1
10×10	2	29.2	35.3
12×0.75	1	14.1	17.1
12×1.0	1	14.8	17.8
12×1.5	1	16.6	20.0
12×2.5	1	19.3	23.4
12×4	1	21.1	25.5
12×6	1	23.1	27.9
14×0.75	1	14.7	17.7
14×1.0	1	15.3	18.5
14×1.5	1	17.2	20.8
14×2.5	1	20.1	24.3
14×4	1	22.0	26.6
14×6	1	24.2	29.2

（续二）

芯数×标称截面/mm²	导体种类	平均外径/mm	
		下限	上限
16×0.75	1	15.3	18.5
16×1.0	1	16.0	19.3
16×1.5	1	18.0	21.7
16×2.5	1	21.1	25.5
19×0.75	1	15.9	19.2
19×1.0	1	16.6	20.1
19×1.5	1	19.2	23.1
19×2.5	1	22.0	26.6
24×0.75	1	18.0	21.7
24×1.0	1	19.2	23.2
24×1.5	1	21.8	26.3
24×2.5	1	25.6	31.0
27×0.75	1	18.7	22.5
27×1.0	1	19.5	23.6
27×1.5	1	22.2	26.8
27×2.5	1	26.1	31.6
30×0.75	1	19.2	23.2
30×1.0	1	20.1	24.3
30×1.5	1	22.9	27.6
30×2.5	1	27.0	32.6
37×0.75	1	20.4	24.7
37×1.0	1	21.4	25.9
37×1.5	1	24.4	29.5
37×2.5	1	29.4	35.6
44×0.75	1	22.5	27.1
44×1.0	1	23.6	28.5
44×1.5	1	28.0	33.9
44×2.5	1	33.0	39.9
48×0.75	1	22.8	27.5
48×1.0	1	24.0	28.9
48×1.5	1	28.4	34.4
48×2.5	1	33.5	40.5
52×0.75	1	23.3	28.2
52×1.0	1	24.5	29.6
52×1.5	1	29.1	35.2
52×2.5	1	35.5	42.9
61×0.75	1	24.5	29.6
61×1.0	1	26.2	31.7
61×1.5	1	30.7	37.1
61×2.5	1	37.4	45.2

表 3-204 KVVP2-22 型电缆

芯数×标称截面/mm^2	导体种类	平均外径/mm	
		下限	上限
4×1.5	1	12.7	15.4
4×2.5	1	14.1	17.1
4×4	1	15.2	18.3
4×6	1	16.3	19.7
4×10	2	20.2	24.4
5×1.5	1	13.5	16.3
5×2.5	1	15.0	18.1
5×4	1	16.2	19.6
5×6	1	17.5	21.1
5×10	2	21.8	26.3
	1		
7×0.75		12.5	15.1
	1		
7×1.0		13.0	15.7
	1		
7×1.5		14.3	17.2
	1		
7×2.5		16.0	19.3
	1		
7×4		17.3	20.9
	1		
7×6		19.1	23.1
	1		
7×10		23.4	28.3
	2		
8×0.75	1	13.5	16.3
8×1.0	1	14.0	16.9
8×1.5	1	15.4	18.7
8×2.5	1	17.4	21.1
8×4	1	19.3	23.3
8×6	1	21.0	25.3
8×10	2	26.3	31.8
10×0.75	1	14.6	17.6
10×1.0	1	15.2	18.3
10×1.5	1	16.9	20.4
10×2.5	1	19.6	23.7
10×4	1	21.3	25.8
10×6	1	23.2	28.1
10×10	2	30.0	36.2
12×0.75	1	14.9	18.0
12×1.0	1	15.5	18.8
12×1.5	1	17.3	20.9
12×2.5	1	20.1	24.3
12×4	1	21.9	26.5
12×6	1	23.9	28.9

（续一）

芯数×标称截面/mm²	导体种类	平均外径/mm	
		下限	上限
14×0.75	1	15.4	18.7
14×1.0	1	16.1	19.4
14×1.5	1	18.4	22.2
14×2.5	1	20.9	25.3
14×4	1	22.8	27.6
14×6	1	24.9	30.1
16×0.75	1	16.0	19.4
16×1.0	1	16.7	20.2
16×1.5	1	19.1	23.1
16×2.5	1	21.8	26.4
19×0.75	1	16.7	20.1
19×1.0	1	17.4	21.0
19×1.5	1	19.9	24.1
19×2.5	1	22.8	27.6
24×0.75	1	19.1	23.1
24×1.0	1	20.0	24.1
24×1.5	1	22.6	27.3
24×2.5	1	26.4	31.9
27×0.75	1	19.4	23.5
27×1.0	1	20.3	24.5
27×1.5	1	23.0	27.7
27×2.5	1	26.9	32.5
30×0.75	1	20.0	24.1
30×1.0	1	20.9	25.2
30×1.5	1	23.6	28.6
30×2.5	1	28.3	34.2
37×0.75	1	21.2	25.6
37×1.0	1	22.2	26.8
37×1.5	1	25.6	30.9
37×2.5	1	30.2	36.5
44×0.75	1	23.2	28.1
44×1.0	1	24.4	29.5
44×1.5	1	28.8	34.8
44×2.5	1	33.8	40.8
48×0.75	1	23.5	28.4
48×1.0	1	24.7	29.9
48×1.5	1	29.2	35.3
48×2.5	1	35.4	42.8

（续二）

芯数×标称截面/mm²	导体种类	平均外径/mm	
		下限	上限
52×0.75	1	24.9	30.1
50×1.0	1	26.6	32.1
52×1.5	1	30.9	37.4
52×2.5	1	37.5	45.4
61×0.75	1	25.7	31.0
61×1.0	1	27.0	32.6
61×1.5	1	31.4	38.0
61×2.5	1	38.2	46.1

表 3-205　　KVV32 型电缆

芯数×标称截面/mm²	导体种类	平均外径/mm	
		下限	上限
4×4	1	16.0	19.4
4×6	1	17.2	20.8
4×10	2	21.7	26.3
5×4	1	17.0	20.6
5×6	1	18.7	22.6
5×10	2	23.3	28.1
7×1.5	1	15.1	18.3
7×2.5	1	16.8	20.4
7×4	1	18.1	21.9
7×6	1	20.0	24.1
7×10	2	25.0	30.2
8×1.5	1	16.3	19.7
8×2.5	1	18.7	22.6
8×4	1	20.8	25.2
8×6	1	22.5	27.2
8×10	2	27.5	33.2
10×1.5	1	17.8	21.5
10×2.5	1	21.1	25.5
10×4	1	22.8	27.6
10×6	1	24.8	29.9
10×10	2	32.3	39.0
12×1.5	1	18.2	22.0
12×2.5	1	21.6	26.1
12×4	1	23.4	28.3
12×6	1	28.4	30.7
14×1.5	1	19.2	23.2
14×2.5	1	22.4	27.1
14×4	1	24.3	29.4
14×6	1	25.5	32.0

（续）

芯数×标称截面/mm²	导体种类	平均外径/mm	
		下限	上限
16×1.5	1	20.0	24.2
16×2.5	1	23.4	28.2
19×0.75	1	17.5	21.2
19×1.0	1	18.2	22.0
19×1.5	1	21.5	25.9
19×2.5	1	24.3	29.4
24×0.75	1	20.0	24.1
24×1.0	1	21.5	26.0
24×1.5	1	24.1	29.1
24×2.5	1	28.5	34.5
27×0.75	1	20.9	25.3
27×1.0	1	21.8	26.4
27×1.5	1	24.5	29.6
27×2.5	1	29.0	35.0
30×0.75	1	21.5	26.0
30×1.0	1	22.4	27.1
30×1.5	1	25.2	30.4
30×2.5	1	29.8	36.0
37×0.75	1	22.7	27.4
37×1.0	1	23.7	28.7
37×1.5	1	26.7	32.3
37×2.5	1	32.5	39.3
44×0.75	1	24.8	29.9
44×1.0	1	25.9	31.3
44×1.5	1	30.3	36.7
44×2.5	1	36.1	43.6
48×0.75	1	25.1	30.3
48×1.0	1	26.3	31.7
48×1.5	1	30.7	37.1
48×2.5	1	36.6	44.2
52×0.75	1	25.1	30.3
52×1.0	1	26.3	31.7
52×1.5	1	30.7	37.1
52×2.5	1	36.6	44.2
61×0.75	1	26.8	32.4
61×1.0	1	29.1	35.1
61×1.5	1	34.1	41.2
61×2.5	1	39.3	47.5

表 3-206 KVVR 型电缆

芯数×标称截面/mm^2	导体种类	平均外径/mm	
		下限	上限
2×0.5	5	6.4	8.1
2×0.75	5	6.7	8.5
2×1.0	5	7.0	8.8
2×1.5	5	7.9	9.9
2×2.5	5	9.1	11.4
3×0.5	5	6.8	8.5
3×0.75	5	7.1	8.9
3×1.0	5	7.4	9.3
3×1.5	5	8.3	10.4
3×2.5	5	9.7	12.0
4×0.5	5	7.3	9.2
4×0.75	5	7.6	9.6
4×1.0	5	8.0	10.0
4×1.5	5	9.0	11.3
4×2.5	5	10.5	13.1
5×0.5	5	7.9	9.9
5×0.75	5	8.3	10.3
5×1.0	5	8.6	10.8
5×1.5	5	9.8	12.2
5×2.5	5	11.5	14.3
7×0.5	5	8.5	10.6
7×0.75	5	8.9	11.1
7×1.0	5	9.3	11.7
7×1.5	5	10.6	13.2
7×2.5	5	13.1	16.2
8×0.5	5	9.4	11.7
8×0.75	5	9.9	12.3
8×1.0	5	10.4	12.9
8×1.5	5	12.5	15.4
7×2.5	5	14.6	18.0
10×0.5	5	10.5	13.1
10×0.75	5	11.1	13.8
10×1.0	5	12.3	15.2
10×1.5	5	14.0	17.3
10×2.5	5	16.5	20.3
12×0.5	5	10.9	13.5
12×0.75	5	11.5	14.2
12×1.0	5	12.7	15.7
12×1.5	5	14.4	17.8
12×2.5	5	17.0	21.0

（续一）

芯数×标称截面/mm²	导体种类	平均外径/mm	
		下限	上限
14×0.5	5	11.4	14.1
14×0.75	5	12.6	15.6
14×1.0	5	13.2	16.4
14×1.5	5	15.1	18.7
14×2.5	5	17.9	22.0
16×0.5	5	12.6	15.5
16×0.75	5	13.2	16.4
16×1.0	5	13.9	17.2
16×1.5	5	16.0	19.6
16×2.5	5	19.3	23.6
19×0.5	5	13.2	16.3
19×0.75	5	13.9	17.2
19×1.0	5	14.6	18.0
19×1.5	5	16.8	20.6
19×2.5	5	20.3	24.9
24×0.5	5	15.3	18.8
24×0.75	5	16.1	19.8
24×1.0	5	17.0	20.9
24×1.5	5	20.0	24.5
24×2.5	5	23.7	29.0
27×0.5	5	15.6	19.2
27×0.75	5	16.4	20.2
27×1.0	5	17.3	21.3
27×1.5	5	20.4	25.0
27×2.5	5	24.2	29.6
30×0.5	5	16.1	19.8
30×0.75	5	17.0	20.9
30×1.0	5	17.9	22.0
30×1.5	5	21.1	25.9
30×2.5	5	25.1	30.7
37×0.5	5	17.3	21.3
37×0.75	5	18.7	23.0
37×1.0	5	19.7	24.2
37×1.5	5	22.7	27.8
37×2.5	5	27.7	33.8
44×0.5	5	19.8	24.2
44×0.75	5	20.9	25.6
44×1.0	5	22.1	27.0
44×1.5	5	25.5	31.2
44×2.5	5	31.1	37.9

（续二）

芯数×标称截面/mm²	导体种类	平均外径/mm	
		下限	上限
48×0.5	5	20.1	24.6
48×0.75	5	21.2	26.0
48×1.0	5	22.4	27.5
48×1.5	5	25.9	31.7
48×2.5	5	31.6	38.5
52×0.5	5	20.6	25.3
52×0.75	5	21.8	26.7
52×1.0	5	23.0	28.2
52×1.5	5	26.7	32.6
52×2.5	5	32.9	40.1
61×0.5	5	21.8	26.7
61×0.75	5	23.1	28.3
61×1.0	5	24.4	29.9
61×1.5	5	28.9	35.3
61×2.5	5	34.9	42.5

表 3-207　　KVVRP 型电缆

芯数×标称截面/mm²	导体种类	平均外径/mm	
		下限	上限
2×0.5	5	7.4	9.3
2×0.75	5	7.7	9.7
2×1.0	5	8.0	10.0
2×1.5	5	8.9	11.1
2×2.5	5	10.1	12.6
3×0.5	5	7.8	9.7
3×0.75	5	8.1	10.1
3×1.0	5	8.4	10.5
3×1.5	5	9.3	11.6
3×2.5	5	10.7	13.2
4×0.5	5	8.3	10.4
4×0.75	5	8.6	10.8
4×1.0	5	9.0	11.2
4×1.5	5	10.0	12.5
4×2.5	5	11.5	14.3
5×0.5	5	8.9	11.1
5×0.75	5	9.3	11.6
5×1.0	5	9.7	12.0
5×1.5	5	10.8	13.4
5×2.5	5	13.3	16.5

（续一）

芯数×标称截面/mm²	导体种类	平均外径/mm	
		下限	上限
7×0.5	5	9.5	11.8
7×0.75	5	9.9	12.4
7×1.0	5	10.4	12.9
7×1.5	5	12.2	15.1
7×2.5	5	14.3	17.7
8×0.5	5	10.4	13.0
8×0.75	5	10.9	13.6
8×1.0	5	11.4	14.2
8×1.5	5	13.7	16.9
8×2.5	5	15.9	19.5
10×0.5	5	11.6	14.3
10×0.75	5	12.7	15.7
10×1.0	5	13.5	16.7
10×1.5	5	15.3	18.8
10×2.5	5	17.7	21.8
12×0.5	5	12.5	15.4
12×0.75	5	13.3	16.4
12×1.0	5	13.9	17.2
12×1.5	5	15.7	19.3
12×2.5	5	18.7	22.9
14×0.5	5	13.2	16.3
14×0.75	5	13.9	17.1
14×1.0	5	14.5	17.9
14×1.5	5	16.4	20.2
14×2.5	5	19.5	24.0
16×0.5	5	13.8	17.1
16×0.75	5	14.5	17.9
16×1.0	5	15.2	18.7
16×1.5	5	17.2	21.1
16×2.5	5	20.5	25.2
19×0.5	5	14.4	17.8
19×0.75	5	15.2	18.7
19×1.0	5	15.9	19.5
19×1.5	5	18.4	22.6
19×2.5	5	21.5	26.4

（续二）

芯数×标称截面/mm²	导体种类	平均外径/mm	
		下限	上限
24×0.5	5	16.5	20.3
24×0.75	5	17.4	21.3
24×1.0	5	18.6	22.9
24×1.5	5	21.2	26.0
24×2.5	5	25.2	30.8
27×0.5	5	16.8	20.7
27×0.75	5	17.7	21.7
27×1.0	5	19.0	23.3
27×1.5	5	21.6	26.5
27×2.5	5	25.7	31.4
30×0.5	5	17.3	21.3
30×0.75	5	18.7	22.9
30×1.0	5	19.6	24.0
30×1.5	5	22.3	27.4
30×2.5	5	26.6	32.5
37×0.5	5	18.9	23.3
37×0.75	5	20.0	24.5
37×1.0	5	21.0	25.7
37×1.5	5	24.2	29.6
37×2.5	5	29.2	35.6
44×0.5	5	21.0	25.8
44×0.75	5	22.2	27.1
44×1.0	5	23.6	28.8
44×1.5	5	27.6	33.7
44×2.5	5	33.0	40.2
48×0.5	5	21.3	26.1
48×0.75	5	22.5	27.5
48×1.0	5	23.9	29.3
48×1.5	5	28.0	34.2
48×2.5	5	33.5	40.8
52×0.5	5	21.9	26.8
52×0.75	5	23.1	28.2
52×1.0	5	24.5	30.0
61×0.5	5	23.1	28.2
61×0.75	5	24.6	30.1
61×1.0	5	25.9	31.7

4. 选用指南提示

《塑料绝缘控制电缆　第2部分：聚氯乙烯绝缘和护套控制电缆》(GB/T 9330.2—2008)是对GB 9330.2—1998的代替。

与GB 9330.2—1988相比，主要变化体现在以下几方面。

(1)增加了对《阻燃和耐火电线电缆通则》(GB/T 19666—2005)的引用；KVVP2-22型电缆内容；KVV22型4～5芯1.5mm^{2}规格的电缆内容；KVVR型、KVVRP型2～3芯规格的电缆内容；KVVP型中第1种导体结构的电缆内容；KVVP3型铝/塑复合带屏蔽结构的电缆内容；

(2)电缆低温试验的试验温度，增加可以根据客户的要求调整试验温度规定；

(3)调整了电缆平均外径的下限值和上限值；

(4)对成品电缆性能试验类型中取消6个月的定期抽样试验，改为抽样试验。

《塑料绝缘控制电线　第2部分：聚氯乙烯绝缘和护套控制电缆》(GB/T 9330.2—2008)适用于额定电压450/750V及以下控制、监控回路及保护线路等场合使用的聚氯乙烯绝缘和聚氯乙烯护套控制电缆。所有电缆均应符合《塑料绝缘控制电缆　第1部分：一般规定塑料绝缘控制电缆》(GB/T 9330.1—2008)规定的相应要求，并且各种型号电缆应分别符合本部分规定的特殊要求。

二、交联聚乙烯绝缘控制电缆(GB/T 9330.3—2008)

1. 使用特性

交联聚乙烯绝缘控制电缆使用特性见表3-208。

表3-208　交联聚乙烯绝缘控制电缆使用特性

序号	项目	内　　容
1	额定电压	额定电压U_0/U为450/750V
2	电缆工作温度	电缆导体长期允许工作温度为90℃
3	电缆的敷设温度	电缆的敷设温度不应低于0℃
4	电缆的弯曲半径	(1)无铠装层的电缆，不应小于电缆外径的8倍； (2)有铠装或铜带屏蔽结构的电缆，不应小于电缆外径的12倍

2. 型号与规格

(1)交联聚乙烯绝缘控制电缆型号见表3-209。

表3-209　电缆型号

型　号	名　　称
KYJV	交联聚乙烯绝缘聚氯乙烯护套控制电缆
KYJVP	交联聚乙烯绝缘聚氯乙烯护套编织屏蔽控制电缆
KYJVP2	交联聚乙烯绝缘聚氯乙烯护套铜带屏蔽控制电缆
KYJVP3	交联聚乙烯绝缘聚氯乙烯护套铝塑复合带屏蔽控制电缆
KYJV22	交联聚乙烯绝缘聚氯乙烯护套钢带铠装控制电缆
KYJVP2-22	交联聚乙烯绝缘聚氯乙烯护套铜带屏蔽钢带铠装控制电缆
KYJV32	交联聚乙烯绝缘聚氯乙烯护套钢丝铠装控制电缆

（续）

型 号	名 称
KYJY	交联聚乙烯绝缘聚烯烃护套控制电缆
KYJYP	交联聚乙烯绝缘聚烯烃护套编织屏蔽控制电缆
KYJYP2	交联聚乙烯绝缘聚烯烃护套铜带屏蔽控制电缆
KYJYP3	交联聚乙烯绝缘聚烯烃护套铝塑复合带屏蔽控制电缆
KYJY23	交联聚乙烯绝缘聚烯烃护套钢带铠装控制电缆
KYJYP2-23	交联聚乙烯绝缘聚烯烃护套铜带屏蔽钢带铠装控制电缆
KYJY33	交联聚乙烯绝缘聚烯烃护套钢丝铠装控制电缆

注：本表中未列出的电缆型号可按《塑料绝缘控制电缆 第1部分：一般要求》(GB/T 9330.1—2008)中第4章的规定进行组合。

(2)交联聚乙烯绝缘控制电缆规格如表3-210。

表3-210　　交联聚乙烯绝缘控制电缆规格

<table>
<tr><td rowspan="3">型 号</td><td colspan="7">导体标称截面/mm²</td></tr>
<tr><td>0.75</td><td>1.0</td><td>1.5</td><td>2.5</td><td>4</td><td>6</td><td>10</td></tr>
<tr><td colspan="7">芯 数</td></tr>
<tr><td>KYJV KYJVP
KYJY KYJYP</td><td colspan="4">2～61</td><td colspan="2">2～14</td><td>2～10</td></tr>
<tr><td>KYJVP2 KYJVP3
KYJYP2 KYJYP3</td><td colspan="4">4～61</td><td colspan="2">4～14</td><td>4～10</td></tr>
<tr><td>KYJV22 KYJY23</td><td colspan="3">7～61</td><td>4～61</td><td colspan="2">4～14</td><td>4～10</td></tr>
<tr><td>KYJVP2-22 KYJYP2-23</td><td colspan="3">7～61</td><td>4～61</td><td colspan="2">4～14</td><td>4～10</td></tr>
<tr><td>KYJV32 KYJY33</td><td>19～61</td><td colspan="3">7～61</td><td colspan="2">4～14</td><td>4～10</td></tr>
</table>

注：本表中未列出的电缆规格可根据需求增加。

3. 技术要求

交联聚乙烯绝缘控制电缆的技术要求见表3-211。

表3-211　　技术要求

序号	项 目	内 容
1	导 体	导体应符合《塑料绝缘控制电缆 第1部分：一般规定》(GB/T 9330.1—2008)中6.1的规定
2	绝 缘	绝缘应采用《塑料绝缘控制电缆 第1部分：一般规定》(GB/T 9330.1—2008)中表1所列的XLPE型交联聚乙烯。 绝缘的挤包和绝缘厚度应符合《塑料绝缘控制电缆 第1部分：一般规定》(GB/T 9330.1—2008)中6.2.2的规定。 绝缘的机械性能应符合表3-212规定
3	成缆和填充物	成缆和填充物应符合《塑料绝缘控制电缆 第1部分：一般规定》(GB/T 9330.1—2008)中6.3的规定

（续）

序号	项 目	内 容
4	金属屏蔽	当电缆有金属屏蔽时，金属屏蔽应符合《塑料绝缘控制电缆 第1部分：一般规定》(GB/T 9330.1—2008)中6.4的规定
5	内衬层	当电缆有内衬层时，内衬层应符合《塑料绝缘控制电缆 第1部分：一般规定》(GB/T 9330.1—2008)中6.5的规定
6	金属铠装	当电缆有金属铠装时，金属铠装应符合《塑料绝缘控制电缆 第1部分：一般规定》(GB/T 9330.1—2008)中6.6的规定
7	护套	聚氯乙烯护套电缆的护套材料采用ST2①型。 无卤低烟热塑性聚烯烃护套电缆的护套材料采用SHF1②型。 其他阻燃电缆可采用符合相关燃烧试验类型的护套材料。 护套的挤包和护套厚度应符合《塑料绝缘控制电缆第1部分：一般规定》(GB/T 9330.1—2008)中6.7.2的规定。 聚氯乙烯护套的机械性能应符合表3-213规定。 无卤低烟热塑性聚烯烃护套的机械性能应符合表3-214规定
8	外形尺寸	KYJV、KYJVP、KYJVP2、KYJVP3、KYJV22、KYJVP2-22、KYJV32型电缆平均外径的上、下限值应符合表3-215～表3-220规定。 若成品电缆有其他燃烧特性要求，电缆的结构中须有隔离层(如挤包隔氧层、绕包云母带等)时，电缆外径上下限值允许重新计算，计算方法应按《塑料绝缘控制电缆 第1部分：一般规定》(GB/T 9330.1—2008)中护套前的假定值及表8规定的两倍护套标称厚度之和计算电缆平均外径 D_0，其中： 电缆平均外径的下限为 $0.96D_0$； 电缆平均外径的上限为 $1.16D_0$。 电缆外径的 f 值应符合《塑料绝缘控制电缆 第1部分：一般规定》(GB/T 9330.1—2008)中7.1的规定

注：①ST2见GB/T 12706.1—2008《额定电压1kV(U_m=1.2kV)到35kV(U_m=40.5kV)挤包绝缘电力电缆及其附件 第1部分：额定电压1kV(U_m=1.2kV)和3kV(U_m=3.6kV)电缆》。

②SHF1见IEC 60092-359:1999《船舶电气装置 船用电力电缆和通信电缆用护套材料》第1.2版(英文版)。

表3-212　绝缘机械性能试验要求

序号	试 验 项 目	单位	性能指标	试 验 方 法
1	抗张强度和断裂伸长率			GB/T 2951.11—2008
1.1	交货状态原始性能			
1.1.1	抗张强度原始值：			
	——最小中间值	N/mm²	12.5	
1.1.2	断裂伸长率原始值：			
	——最小中间值	%	200	
1.2	空气烘箱老化后的性能			GB/T 2951.12—2008
1.2.1	老化条件：			
	——温度	℃	135±3	
	——时间	h	7×24	

（续）

序号	试　验　项　目	单位	性能指标	试验方法
1.2.2	老化后抗张强度：			
	——最小中间值	N/mm²	—	
	——最大变化率	%	±25	
1.2.3	老化后断裂伸长率：			
	——最小中间值	%	—	
	——最大变化率	%	±25	
2	热延伸试验			GB/T 2951.21—2008
2.1	——温度	℃	200±3	
	——时间	min	15	
	——机械应力	N/cm²	20	
2.2	载荷下最大伸长率	%	175	
2.3	冷却后永久变形　最大值	%	15	

表 3-213　　聚氯乙烯护套机械性能试验要求

序号	试　验　项　目	单位	性能要求	试验方法
1	抗张强度和断裂伸长率			GB/T 2951.11—2008
1.1	交货状态原始性能			
1.1.1	抗张强度原始值：			
	——最小中间值	N/mm²	12.5	
1.1.2	断裂伸长率原始值：			
	——最小中间值	%	150	
1.2	空气烘箱老化后的性能			GB/T 2951.12—2008
1.2.1	老化条件：			
	——温度	℃	100±2	
	——时间	h	7×24	
1.2.2	老化后抗张强度：			
	——最小中间值	N/mm²	12.5	
	——最大变化率	%	±25	
1.2.3	老化后断裂伸长率：			
	——最小中间值	%	150	
	——最大变化率	%	±25	
2	失重试验			GB/T 2951.32—2008
2.1	老化条件：			
	——温度	℃	100±2	
	——时间	h	7×24	

（续）

序号	试验项目	单位	性能要求	试验方法
2.2	失重：			
	——最大值	mg/cm^2	1.5	
3	抗开裂试验			GB/T 2951.31—2008
3.1	试验条件：			
	——温度	℃	150±3	
	——时间	h	1	
3.2	试验结果		不开裂	
4	高温压力试验			GB/T 2951.31—2008
4.1	试验条件：			
	——刀口中施加的压力	N	见 GB/T 2951.31—2008 中 8.2.4	
	——载荷下加热时间	h	见 GB/T 2951.31—2008 中 8.2.5	
	——温度	℃	90±2	
4.2	试验结果：			
	——压痕深度最大中间值	%	50	
5	低温弯曲试验			GB/T 2951.14—2008
5.1	试验条件：			
	——温度①	℃	−15±2	
	——施加低温时间	h	见 GB/T 2951.14—2008 中 8.2.3	
5.2	试验结果		不开裂	
6	低温拉伸试验			GB/T 2951.14—2008
6.1	试验条件			
	——温度①	℃	−15±2	
	——施加低温时间	h	见 GB/T 2951.14—2008 中 8.4.4	
6.2	试验结果			
	——最小伸长率	%	20	
7	低温度冲击试验			GB/T 2951.14—2008
7.1	试验条件			
	——温度①	℃	−15±2	
	——施加低温时间	h	见 GB/T 2951.14—2008 中 8.5.5	
	——落锤重量	g	见 GB/T 2951.14—2008 中 8.5.4	
7.2	试验结果		见 GB/T 2951.14—2008 中 8.5.6	

注：① 因气候条件，购买方可以要求采用更低的温度。

表 3-214 无卤低烟聚烯烃护套机械性能试验要求

序号	试 验 项 目	单位	性能指标	试 验 方 法
1	抗张强度和断裂伸长率			GB/T 2951.11—2008
1.1	交货状态原始性能			
1.1.1	抗张强度原始值：			
	——最小中间值	N/mm^2	9.0	
1.2.2	断裂伸长率原始值：			
	——最小中间值	%	125	
2	空气烘箱老化后的性能			GB/T 2951.12—2008
2.1	老化条件：			
	——温度	℃	100±2	
	——时间	h	7×24	
2.2	老化后抗张强度：			
	——最小中间值	N/mm^2	7.0	
	——最大变化率	%	±30	
2.3	老化后断裂伸长率：			
	——最小中间值	%	110	
	——最大变化率	%	±30	
3	高温压力试验			GB/T 2951.31—2008
3.1	试验条件：			
	——刀口上施加的压力	N	见 GB/T 2951.31—2008 中 8.2.4	
	——载荷下加热时间			
	——电缆外径≤12.5mm	h	4	
	——电缆外径＞12.5mm	h	6	
	——温度	℃	80±2	
3.2	试验结果：			
	——压痕深度最大中间值	%	50	
4	抗开裂试验			GB/T 2951.31—2008
4.1	试验条件			
	——温度	℃	150±3	
	——持续时间	h	1	
4.2	试验结果		不开裂	
5	低温弯曲试验			GB/T 2951.14—2008
5.1	试验条件：			
	——温度	℃	−15±2	

（续）

序号	试验项目	单位	性能指标	试验方法
	——施加低温时间	h	见 GB/T 2951.14—2008 中 8.2.3	
5.2	试验结果		不开裂	
6	低温拉伸试验			GB/T 2951.14—2008
6.1	试验条件			
	——温度	℃	−15±2	
	——施加低温时间	h	见 GB/T 2951.14—2008 中 8.4.4	
6.2	试验结果			
	——最小伸长率	%	20	
7	低温度冲击试验			GB/T 2951.14—2008
7.1	试验条件			
	——温度	℃	−15±2	
	——施加低温时间	h	见 GB/T 2951.14—2008 中 8.5.5	
	——落锤重量	g	见 GB/T 2951.14—2008 中 8.5.4	
7.2	试验结果		见 GB/T 2951.14—2008 中 8.5.6	

表 3-215　　KYJV 型电缆

芯数×标称截面/mm^2	第1种导体		第2种导体	
	平均外径/mm		平均外径/mm	
	下限	上限	下限	上限
2×0.75	6.7	8.1	6.9	8.4
2×1.0	7.0	8.5	7.2	8.7
2×1.5	7.5	9.0	7.7	9.3
2×2.5	8.6	10.4	8.8	10.7
2×4	9.5	11.5	9.8	11.8
2×6	10.5	12.6	10.8	13.1
2×10	—	—	13.2	15.9
3×0.75	7.1	8.5	7.3	8.8
3×1.0	7.4	8.9	7.6	9.1
3×1.5	7.9	9.5	8.1	9.8
3×2.5	9.1	11.0	9.3	11.3
3×4	10.1	12.2	10.4	12.5
3×6	11.1	13.4	11.5	13.9
3×10	—	—	14.0	16.9

(续一)

芯数×标称截面/mm²	第1种导体 平均外径/mm		第2种导体 平均外径/mm	
	下限	上限	下限	上限
4×0.75	7.6	9.2	7.8	9.4
4×1.0	7.9	9.6	8.2	9.9
4×1.5	8.5	10.3	8.7	10.6
4×2.5	9.9	12.0	10.1	12.3
4×4	11.0	13.2	11.3	13.7
4×6	12.7	15.3	13.2	15.9
4×10	—	—	15.2	18.4
5×0.75	8.2	9.9	8.4	10.2
5×1.0	8.6	10.3	8.8	10.6
5×1.5	9.2	11.1	9.5	11.4
5×2.5	10.8	13.0	11.0	13.3
5×4	11.9	14.4	12.9	15.6
5×6	13.8	16.7	14.3	17.3
5×10	—	—	16.6	20.1
7×0.75	8.8	10.6	9.1	11.0
7×1.0	9.2	11.1	9.5	11.5
7×1.5	9.9	12.0	10.2	12.4
7×2.5	11.7	14.1	12.5	15.1
7×4	13.5	16.4	14.0	16.9
7×6	15.0	18.1	15.6	18.8
7×10	—	—	18.1	21.9
8×0.75	9.7	11.7	10.0	12.1
8×1.0	10.2	12.3	10.5	12.7
8×1.5	11.0	13.3	11.4	13.7
8×2.5	13.6	16.4	13.9	16.8
8×4	15.1	18.2	15.6	18.8
8×6	16.7	20.2	17.4	21.0
8×10	—	—	20.8	25.1
10×0.75	10.8	13.1	11.2	13.6
10×1.0	11.4	13.8	11.8	14.3
10×1.5	13.0	15.7	13.3	16.1
10×2.5	15.3	18.4	15.6	18.9
10×4	17.0	20.5	17.6	21.2
10×6	19.3	23.3	20.1	24.2
10×10	—	—	23.5	28.4

（续二）

芯数×标称截面/mm^2	第 1 种导体		第 2 种导体	
	平均外径/mm		平均外径/mm	
	下限	上限	下限	上限
12×0.75	11.2	13.5	11.6	14.0
12×1.0	11.8	14.2	12.8	15.4
12×1.5	13.4	16.1	13.8	16.6
12×2.5	15.7	19.0	16.1	19.5
12×4	17.5	21.2	18.1	21.9
12×6	19.9	24.1	20.7	25.0
14×0.75	11.7	14.1	12.7	15.3
14×1.0	12.9	15.6	13.3	16.1
14×1.5	14.0	16.9	14.4	17.4
14×2.5	16.5	19.9	16.9	20.5
14×4	18.8	22.7	19.4	23.5
14×6	20.9	25.3	21.8	26.3
16×0.75	12.9	15.5	13.3	16.1
16×1.0	13.5	16.4	14.0	16.9
16×1.5	14.7	17.7	15.1	18.3
16×2.5	17.4	21.0	17.8	21.5
19×0.75	13.5	16.3	14.0	16.9
19×1.0	14.2	17.2	14.7	17.7
19×1.5	15.4	18.6	15.9	19.2
19×2.5	18.7	22.6	19.2	23.1
24×0.75	15.6	18.8	16.1	19.5
24×1.0	16.4	19.8	17.0	20.5
24×1.5	17.9	21.6	18.8	22.7
24×2.5	21.7	26.2	22.3	26.9
27×0.75	15.9	19.2	16.5	19.9
27×1.0	16.7	20.2	17.3	20.9
27×1.5	18.2	22.0	19.2	23.2
27×2.5	22.1	26.8	22.7	27.5
30×0.75	16.4	19.8	17.0	20.6
30×1.0	17.3	20.9	17.9	21.7
30×1.5	19.2	23.3	19.9	24.0
30×2.5	22.9	27.7	23.6	28.5
37×0.75	17.6	21.3	18.7	22.6
37×1.0	19.0	23.0	19.7	23.8
37×1.5	20.7	25.0	21.4	25.8
37×2.5	24.7	29.9	25.4	30.7

（续三）

芯数×标称截面/mm²	第1种导体 平均外径/mm		第2种导体 平均外径/mm	
	下限	上限	下限	上限
44×0.75	20.1	24.2	20.8	25.2
44×1.0	21.2	25.6	22.0	26.6
44×1.5	23.1	28.0	23.9	28.9
44×2.5	28.3	34.2	29.1	35.1
48×0.75	20.4	24.6	21.2	25.6
48×1.0	21.5	26.0	22.3	27.0
48×1.5	23.5	28.4	24.3	29.3
48×2.5	28.8	34.8	29.6	35.7
52×0.75	20.9	25.3	21.7	26.2
52×1.0	22.1	26.7	22.9	27.7
52×1.5	24.1	29.2	24.9	30.1
52×2.5	29.6	35.7	30.4	36.7
61×0.75	21.9	26.5	22.8	27.5
61×1.0	23.2	28.0	24.1	29.1
61×1.5	25.3	30.6	26.2	31.7
61×2.5	31.0	37.5	31.9	38.5

表 3-216　　KYJVP 型电缆

芯数×标称截面/mm²	第1种导体 平均外径/mm		第2种导体 平均外径/mm	
	下限	上限	下限	上限
2×0.75	7.7	9.3	7.9	9.6
2×1.0	8.0	9.7	8.2	9.9
2×1.5	8.5	10.3	8.7	10.5
2×2.5	9.6	11.7	9.8	11.9
2×4	10.5	12.7	10.8	13.1
2×6	11.5	13.9	12.4	15.0
2×10	—	—	14.4	17.4
3×0.75	8.1	9.7	8.3	10.0
3×1.0	8.4	10.1	8.6	10.4
3×1.5	8.9	10.7	9.1	11.0
3×2.5	10.1	12.2	10.3	12.5
3×4	11.1	13.4	11.4	13.7
3×6	12.7	15.3	13.1	15.8
3×10	—	—	15.2	18.4

（续一）

芯数×标称截面/mm²	第1种导体 平均外径/mm		第2种导体 平均外径/mm	
	下限	上限	下限	上限
4×0.75	8.6	10.4	8.8	10.7
4×1.0	8.9	10.8	9.2	11.1
4×1.5	9.5	11.5	9.8	11.8
4×2.5	10.9	13.2	11.2	13.5
4×4	12.5	15.2	12.9	15.6
4×6	13.9	16.8	14.4	17.4
4×10	—	—	16.5	19.9
5×0.75	9.2	11.1	9.4	11.4
5×1.0	9.6	11.6	9.8	11.9
5×1.5	10.2	12.3	10.5	12.6
5×2.5	12.3	14.9	12.6	15.2
5×4	13.7	16.6	14.1	17.1
5×6	15.0	18.2	15.6	18.8
5×10	—	—	17.9	21.6
7×0.75	9.8	11.8	10.1	12.2
7×1.0	10.2	12.4	10.5	12.7
7×1.5	10.9	13.2	11.2	13.6
7×2.5	13.2	16.0	13.8	16.6
7×4	14.8	17.9	15.2	18.4
7×6	16.2	19.6	16.8	20.3
7×10	—	—	19.8	23.9
8×0.75	10.7	13.0	11.1	13.4
8×1.0	11.2	13.6	11.5	14.0
8×1.5	12.6	15.3	13.0	15.7
8×2.5	14.8	17.9	15.2	18.3
8×4	16.3	19.7	16.8	20.3
8×6	18.4	22.2	19.0	23.0
8×10	—	—	22.3	26.9
10×0.75	12.4	15.0	12.8	15.5
10×1.0	13.0	15.7	13.4	16.2
10×1.5	14.2	17.2	14.6	17.6
10×2.5	16.5	20.0	16.9	20.4
10×4	18.6	22.5	19.2	23.2
10×6	20.5	24.8	21.3	25.8
10×10	—	—	25.0	30.2

（续二）

芯数×标称截面/mm²	第1种导体 平均外径/mm		第2种导体 平均外径/mm	
	下限	上限	下限	上限
12×0.75	12.8	15.4	13.2	15.9
12×1.0	13.4	16.1	14.0	16.9
12×1.5	14.6	17.6	15.0	18.1
12×2.5	17.0	20.5	17.4	21.0
12×4	19.2	23.2	19.8	23.9
12×6	21.2	25.6	22.0	26.6
14×0.75	13.3	16.0	13.9	16.8
14×1.0	14.2	17.1	14.6	17.6
14×1.5	15.2	18.4	15.6	18.9
14×2.5	17.8	21.5	18.6	22.4
14×4	20.0	24.2	20.7	25.0
14×6	22.2	26.8	23.0	27.8
16×0.75	14.1	17.1	14.6	17.6
16×1.0	14.8	17.9	15.2	18.4
16×1.5	15.9	19.2	16.4	19.8
16×2.5	19.0	23.0	19.5	23.5
19×0.75	14.7	17.8	15.2	18.4
19×1.0	15.5	18.7	15.9	19.3
19×1.5	16.7	20.1	17.1	20.7
19×2.5	19.9	24.1	20.4	24.7
24×0.75	16.8	20.3	17.4	21.0
24×1.0	17.7	21.3	18.6	22.5
24×1.5	19.5	23.5	20.1	24.2
24×2.5	22.9	27.7	23.5	28.4
27×0.75	17.1	20.7	17.7	21.4
27×1.0	18.4	22.2	19.0	22.9
27×1.5	19.9	24.0	20.4	24.7
27×2.5	23.4	28.3	24.2	29.3
30×0.75	17.6	21.3	18.6	22.5
30×1.0	19.0	22.9	19.6	23.6
30×1.5	20.5	24.8	21.1	25.5
30×2.5	24.4	29.5	25.0	30.3
37×0.75	19.2	23.3	19.9	24.1
37×1.0	20.3	24.5	20.9	25.3
37×1.5	21.9	26.5	22.6	27.3
37×2.5	26.2	31.7	26.9	32.5

（续三）

芯数×标称截面/mm²	第1种导体		第2种导体	
	平均外径/mm		平均外径/mm	
	下限	上限	下限	上限
44×0.75	21.3	25.8	22.1	26.7
44×1.0	22.5	27.1	23.2	28.1
44×1.5	24.6	29.8	25.4	30.7
44×2.5	29.8	36.0	30.6	36.9
48×0.75	21.6	26.1	22.4	27.1
48×1.0	22.8	27.5	23.6	28.5
48×1.5	25.0	30.2	25.8	31.1
48×2.5	30.3	36.6	31.0	37.5
52×0.75	22.2	26.8	23.0	27.8
52×1.0	23.4	28.2	24.4	29.5
52×1.5	25.6	31.0	26.4	31.9
52×2.5	31.0	37.5	31.9	38.5
61×0.75	23.4	28.2	24.5	29.6
61×1.0	24.9	30.1	25.8	31.1
61×1.5	27.6	33.4	28.5	34.5
61×2.5	32.8	39.7	34.1	41.2

表 3-217　　KYJVP2，KYJVP3 型电缆

芯数×标称截面/mm²	导体种类	平均外径/mm	
		下限	上限
4×0.75	1	8.1	9.7
4×1.0	1	8.4	10.2
4×1.5	1	9.0	10.9
4×2.5	1	10.4	12.6
4×4	1	11.4	13.8
4×6	1	13.2	15.9
4×10	2	15.7	19.0
5×0.75	1	8.6	10.4
5×1.0	1	9.0	10.9
5×1.5	1	9.7	11.7
5×2.5	1	11.2	13.6
5×4	1	13.0	15.7
5×6	1	14.3	17.2
5×10	2	17.1	20.7

（续一）

芯数×标称截面/mm²	导体种类	平均外径/mm	
		下限	上限
7×0.75	1	9.3	11.2
7×1.0	1	9.7	11.7
7×1.5	1	10.4	12.6
7×2.5	1	12.7	15.4
7×4	1	14.0	16.9
7×6	1	15.5	18.7
7×10	2	19.0	23.0
8×0.75	1	10.2	12.3
8×1.0	1	10.7	12.9
8×1.5	1	11.5	13.9
8×2.5	1	14.1	17.0
8×4	1	15.6	18.8
8×6	1	17.2	20.8
8×10	2	21.3	25.7
10×0.75	1	11.3	13.7
10×1.0	1	12.5	15.1
10×1.5	1	13.4	16.2
10×2.5	1	15.7	19.0
10×4	1	17.5	21.1
10×6	1	19.8	23.9
10×10	2	24.0	29.0
12×0.75	1	12.2	14.8
12×1.0	1	12.8	15.5
12×1.5	1	13.8	16.7
12×2.5	1	16.2	19.6
12×4	1	18.4	22.2
12×6	1	20.4	24.7
14×0.75	1	12.8	15.4
14×1.0	1	13.4	16.2
14×1.5	1	14.4	17.5
14×2.5	1	17.0	20.5
14×4	1	19.3	23.3
14×6	1	21.4	25.8
16×0.75	1	13.3	16.1
16×1.0	1	14.0	16.9
16×1.5	1	15.2	18.3
16×2.5	1	17.9	21.6

（续二）

芯数×标称截面/mm²	导体种类	平均外径/mm	
		下限	上限
19×0.75	1	14.0	16.9
19×1.0	1	14.7	17.7
19×1.5	1	15.9	19.2
19×2.5	1	19.2	23.1
24×0.75	1	16.0	19.4
24×1.0	1	16.9	20.4
24×1.5	1	18.7	22.6
24×2.5	1	22.2	26.8
27×0.75	1	16.3	19.7
27×1.0	1	17.2	20.8
27×1.5	1	19.1	23.1
27×2.5	1	22.6	27.3
30×0.75	1	16.9	20.4
30×1.0	1	17.8	21.5
30×1.5	1	19.7	23.8
30×2.5	1	23.4	28.3
37×0.75	1	18.5	22.3
37×1.0	1	19.5	23.5
37×1.5	1	21.2	25.6
37×2.5	1	25.2	30.5
44×0.75	1	20.5	24.8
44×1.0	1	21.7	26.2
44×1.5	1	23.6	28.5
44×2.5	1	28.8	34.8
48×0.75	1	20.9	25.2
48×1.0	1	22.0	26.6
48×1.5	1	24.0	29.0
48×2.5	1	29.3	35.3
52×0.75	1	21.4	25.8
52×1.0	1	22.6	27.3
52×1.5	1	24.6	29.7
52×2.5	1	30.0	36.3
61×0.75	1	22.6	27.3
61×1.0	1	23.9	28.9
61×1.5	1	26.1	31.5
61×2.5	1	31.8	38.5

表 3-218 KYJV22 型电缆

芯数×标称截面/mm²	导体种类	平均外径/mm	
		下限	上限
4×2.5	1	12.9	15.6
4×4	1	13.9	16.8
4×6	1	15.1	18.2
4×10	2	17.6	21.3
5×2.5	1	13.7	16.6
5×4	1	14.9	18.0
5×6	1	16.2	19.6
5×10	2	19.4	23.5
7×0.75	1	11.2	13.5
7×1.0	1	11.6	14.0
7×1.5	1	12.9	15.6
7×2.5	1	14.6	17.7
7×4	1	15.9	19.3
7×6	1	17.4	21.0
7×10	2	20.9	25.3
8×0.75	1	12.7	15.3
8×1.0	1	13.2	15.9
8×1.5	1	14.0	16.9
8×2.5	1	16.0	19.3
8×4	1	17.5	21.1
8×6	1	19.5	23.6
8×10	2	23.2	28.0
10×0.75	1	13.8	16.7
10×1.0	1	14.4	17.4
10×1.5	1	15.4	18.6
10×2.5	1	17.7	21.3
10×4	1	19.8	23.9
10×6	1	21.7	26.2
10×10	2	26.3	31.8
12×0.75	1	14.2	17.1
12×1.0	1	14.8	17.8
12×1.5	1	15.8	19.0
12×2.5	1	18.1	21.9
12×4	1	20.3	24.6
12×6	1	22.3	27.0

（续一）

芯数×标称截面/mm²	导体种类	平均外径/mm	
		下限	上限
14×0.75	1	14.7	17.7
14×1.0	1	15.3	18.5
14×1.5	1	16.4	19.8
14×2.5	1	19.3	23.3
14×4	1	21.2	25.6
14×6	1	23.3	28.2
16×0.75	1	15.3	18.4
16×1.0	1	15.9	19.3
16×1.5	1	17.1	20.6
16×2.5	1	20.2	24.4
19×0.75	1	15.9	19.2
19×1.0	1	16.6	20.1
19×1.5	1	17.8	21.5
19×2.5	1	21.1	25.5
24×0.75	1	18.0	21.7
24×1.0	1	19.2	23.2
24×1.5	1	20.6	24.9
24×2.5	1	24.1	29.1
27×0.75	1	18.6	22.5
27×1.0	1	19.5	23.6
27×1.5	1	21.0	25.4
27×2.5	1	24.5	29.7
30×0.75	1	19.2	23.2
30×1.0	1	20.1	24.3
30×1.5	1	21.6	26.2
30×2.5	1	25.7	31.1
37×0.75	1	20.4	24.7
37×1.0	1	21.4	25.9
37×1.5	1	23.1	27.9
37×2.5	1	28.1	33.9
44×0.75	1	22.5	27.1
44×1.0	1	23.6	28.5
44×1.5	1	25.9	31.3
44×2.5	1	31.1	37.6
48×0.75	1	22.8	27.5
48×1.0	1	23.9	28.9
48×1.5	1	26.3	31.8
48×2.5	1	31.6	38.1

（续二）

芯数×标称截面/mm²	导体种类	平均外径/mm	
		下限	上限
52×0.75	1	23.3	28.2
52×1.0	1	24.5	29.6
52×1.5	1	26.9	32.5
52×2.5	1	32.7	39.5
61×0.75	1	24.5	29.6
61×1.0	1	26.2	31.7
61×1.5	1	28.9	35.0
61×2.5	1	35.7	43.1

表 3-219　KYJVP2-22 型电缆

芯数×标称截面/mm²	导体种类	平均外径/mm	
		下限	上限
4×2.5	1	13.7	16.5
4×4	1	14.7	17.8
4×6	1	15.9	19.2
4×10	2	18.8	22.7
5×2.5	1	14.5	17.5
5×4	1	15.7	18.9
5×6	1	17.0	20.5
5×10	2	20.2	24.4
7×0.75	1	12.5	15.1
7×1.0	1	13.0	15.7
7×1.5	1	13.7	16.5
7×2.5	1	15.4	18.6
7×4	1	16.7	20.2
7×6	1	18.1	21.9
7×10	2	21.7	26.2
8×0.75	1	13.5	16.3
8×1.0	1	14.0	16.9
8×1.5	1	14.8	17.9
8×2.5	1	16.8	20.3
8×4	1	18.6	22.5
8×6	1	20.3	24.5
8×10	2	23.9	28.9

（续一）

芯数×标称截面/mm^2	导体种类	平均外径/mm	
		下限	上限
10×0.75	1	14.6	17.6
10×1.0	1	15.2	18.3
10×1.5	1	16.1	19.5
10×2.5	1	18.8	22.7
10×4	1	20.5	24.8
10×6	1	22.5	27.1
10×10	2	27.1	32.7
12×0.75	1	14.9	18.0
12×1.0	1	15.5	18.8
12×1.5	1	16.5	20.0
12×2.5	1	19.3	23.3
12×4	1	21.1	25.5
12×6	1	23.1	27.9
14×0.75	1	15.4	18.7
14×1.0	1	16.1	19.4
14×1.5	1	17.1	20.7
14×2.5	1	20.1	24.2
14×4	1	22.0	26.5
14×6	1	24.1	29.1
16×0.75	1	16.0	19.4
16×1.0	1	16.7	20.2
16×1.5	1	17.8	21.6
16×2.5	1	20.9	25.3
19×0.75	1	16.7	20.1
19×1.0	1	17.4	21.0
19×1.5	1	19.0	22.9
19×2.5	1	21.8	26.4
24×0.75	1	19.1	23.1
24×1.0	1	20.0	24.1
24×1.5	1	21.4	25.9
24×2.5	1	24.9	30.0
27×0.75	1	19.4	23.5
27×1.0	1	20.3	24.5
27×1.5	1	21.8	26.3
27×2.5	1	25.7	31.1
30×0.75	1	20.0	24.1
30×1.0	1	20.9	25.2
30×1.5	1	22.4	27.1
30×2.5	1	26.5	32.0

（续二）

芯数×标称截面/mm²	导体种类	平均外径/mm	
		下限	上限
37×0.75	1	21.2	25.6
37×1.0	1	22.2	26.8
37×1.5	1	23.9	28.8
37×2.5	1	28.8	34.9
44×0.75	1	23.2	28.1
44×1.0	1	24.4	29.5
44×1.5	1	26.7	32.2
44×2.5	1	31.9	38.5
48×0.75	1	23.5	28.4
48×1.0	1	24.7	29.9
48×1.5	1	27.1	32.7
48×2.5	1	32.3	39.1
52×0.75	1	24.1	29.1
52×1.0	1	25.7	31.0
52×1.5	1	28.3	34.2
52×2.5	1	34.6	41.9
61×0.75	1	25.7	31.0
61×1.0	1	27.0	32.6
61×1.5	1	29.7	35.9
61×2.5	1	36.4	44.0

表 3-220　　**KYJV32 型电缆**

芯数×标称截面/mm²	导体种类	平均外径/mm	
		下限	上限
4×4	1	15.6	18.8
4×6	1	16.7	20.2
4×10	2	19.7	23.8
5×4	1	16.5	20.0
5×6	1	17.8	21.5
5×10	2	21.7	26.3
7×1.5	1	13.7	16.5
7×2.5	1	16.3	19.7
7×4	1	17.6	21.2
7×6	1	19.4	23.4
7×10	2	23.2	28.1

（续一）

芯数×标称截面/mm²	导体种类	平均外径/mm	
		下限	上限
8×1.5	1	15.6	18.9
8×2.5	1	17.6	21.3
8×4	1	19.5	23.6
8×6	1	21.8	26.4
8×10	2	25.5	30.8
10×1.5	1	17.0	20.5
10×2.5	1	19.7	23.8
10×4	1	22.1	26.7
10×6	1	24.0	29.0
10×10	2	29.2	35.3
12×1.5	1	17.4	21.0
12×2.5	1	20.8	25.2
12×4	1	22.6	27.3
12×6	1	24.6	29.8
14×1.5	1	18.0	21.7
14×2.5	1	21.6	26.1
14×4	1	23.5	28.4
14×6	1	25.6	30.9
16×1.5	1	19.1	23.1
16×2.5	1	22.5	27.1
19×0.75	1	17.5	21.2
19×1.0	1	18.2	22.0
19×1.5	1	19.8	24.0
19×2.5	1	23.4	28.2
24×0.75	1	20.0	24.1
24×1.0	1	21.5	26.0
24×1.5	1	22.9	27.7
24×2.5	1	26.4	31.9

4. 选用指南提示

《塑料绝缘控制电缆　第3部分：交联聚乙烯绝缘控制电缆》(GB/T 9330.3—2008)适用于额定电压450/750V及以下控制、监控回路及保护线路等固定敷设场合使用的交联聚乙烯绝缘控制电缆。本部分和《塑料绝缘控制电缆　第1部分：一般规定》(GB/T 9330.1—2008)一起使用。

第四章 高低压电器器材

第一节 绝缘子

一、交流系统用瓷或玻璃绝缘子(DL/T 1000.1—2006)

1. 相关术语

相关术语见表4-1。

表4-1 相关术语

序号	项　目	内　　容
1	绝缘件	单个绝缘零件或多个绝缘零件永久地连接在一起的装配物,但不带金属附件
2	绝缘子串	由一个或多个绝缘子串元件组成,作为架空线路导体的挠性支持,并主要承受张力
3	批	提交验收的由同一制造厂在相同生产条件下生产的同一结构的一批绝缘子。一批或多批绝缘子可以一起提交接收,提交的批可以是订货量的全部或部分
4	参照盘形悬式绝缘子	用来测量现场污秽严重程度的XP-70、XP-160盘形悬式绝缘子[根据《标称电压高于1000V的架空电路绝缘子　交流系统用瓷或玻璃绝缘子件　盘形悬式绝缘子件的特性》(GB/T 7253—2005)]
5	形状积污系数K_2	指参照绝缘子(又称形状积污系数绝缘子)所测ESDD/NSDD或SES值与某种运行绝缘子所测ESDD/NSDD或SES值的比值

2. 一般技术要求

交流系统用瓷或玻璃绝缘子的一般技术要求见表4-2。

表4-2 交流系统用瓷或玻璃绝缘子的技术要求

序号	项　目	内　　容
1	元件的特性	盘形悬式绝缘子元件的特性应符合《标称电压高于1000V的架空电路绝缘子　交流系统用瓷或玻璃绝缘子件　盘形悬式绝缘子件的特性》(GB/T 7253—2005)的规定
2	尺寸偏差	试验绝缘子的尺寸应符合相应的图样,特别注意任何有专门公差要求的尺寸(例如规定的结构高度)和影响互换性的细节[例如《绝缘子串元件的球窝连接尺寸》(GB/T 4056—2008)所规定的连接尺寸]。 (1)除非另有协议,对所有未标注专门偏差的尺寸,允许下列偏差(d为检查尺寸,单位:mm): $\pm(0.004d+1.5)$mm,当$d\leqslant 300$mm和所有长度的爬电距离时; $\pm(0.025d+6)$mm,当$d>300$mm时; 即使爬电距离规定为最小公称值,上述给出的偏差也适用。

（续一）

序号	项　目	内　　容
2	尺寸偏差	(2)绝缘子串的结构高度偏差为±0.024nH(n表示6只绝缘子)。对于330kV及以上线路使用的绝缘子,6个绝缘子串的结构高度偏差应不超过±19mm。 (3)轴向测量装置的变化量规定为绝缘子标称直径的4%; 径向测量装置的变化量规定为绝缘子标称直径的3%
3	绝缘子绝缘件	瓷件的外观质量应符合《高压绝缘子瓷件　技术条件》(GB/T 772—2005)中相关规定和《标称电压高于1000V的架空线路绝缘子　第1部分:交流系统用瓷或玻璃绝缘子元件　定义、试验方法和判定准则》(GB/T 1001.1—2003)第28章的规定。绝缘子瓷件表面应无翘缺、砂眼气泡、凸点、外物及其他缺陷。 玻璃件的外观质量应符合《盘形悬式玻璃绝缘子　玻璃件外观质量》(JB/T 9678—1999)第4章和《标称电压高于1000V的架空线路绝缘子　第1部分:交流系统用瓷或玻璃绝缘子元件　定义、试验方法和判制定准则》(GB/T 1001.1—2003)第28章的规定。绝缘子玻璃件不应有裂纹、折皱、气泡、杂质等缺陷,并应在其表面有均匀的钢化,所有外露的玻璃表面应是光滑的
4	铁帽和钢脚	绝缘子的铁帽应符合《悬式绝缘子铁帽　技术条件》(JB/T 8178—1999)的规定。绝缘子钢脚应符合《盘形悬式绝缘子钢脚》(JB/T 9677—1999)的规定。铁帽和钢脚不应采用连接、焊接、冷缩压接或其他任何多于一块材料的工艺来制造
5	锁紧销	锁紧销应符合《绝缘子串元件球窝联接用锁紧销》[JB/T 8181—1999(2009)]和《标称电压高于1000V的架空线路绝缘子　第1部分:交流系统用瓷或玻璃绝缘子元件　定义、试验方法和判定准则》(GB/T 1001.1—2003)的规定。绝缘子的额定机械拉伸负荷为160kN以下可采用W销和R销,160kN及以上应采用R销。锁紧销应能维持在锁紧及松开的位置上,R销应将两个销腿弯曲以防止它完全从碗头内脱出。锁紧销应采用锡青铜、黄铜或奥氏体不锈钢材料制造,并应与绝缘子成套供应
6	釉面	釉面的外观质量应符合《高压绝缘子瓷件　技术条件》(GB/T 772—2005)中相关规定和《标称电压高于1000V的架空线路绝缘子　第1部分:交流系统用瓷或玻璃绝缘子元件　定义、试验方法和判定准则》(GB/T 1001.1—2003)第28章的要求。在正常的使用条件下不应产生裂纹和碎裂,也不应因温度的突变、臭氧、酸、碱和灰尘等受影响
7	水泥和胶合剂	绝缘子应使用《绝缘子胶装用水泥胶合剂》(JB/T 4307—2004)规定的42.5级及以上的硅酸盐水泥,或特制的高强度低膨胀水泥配制成的胶合剂进行胶装。水泥胶合剂应满足《绝缘子胶装用水泥胶合剂》(JB/T 4307—2004)的要求,其压蒸膨胀率应小于0.10%。水泥应不引起金属部件的化学反应。外露水泥表面应平整,其平面度应不大于2mm,且无裂纹或破损
8	绝缘子的标志	每片绝缘子应按《标称电压高于1000V的架空线路绝缘子　第1部分:交流系统用瓷或玻璃绝缘子元件　定义、试验方法和判定准则》(GB/T 1001.1—2003)第5章规定,在绝缘件上或金属附件上标明制造厂名称或商标以及制造年份。此外,每片绝缘子还应标明其机电破坏负荷或机械破坏负荷额定值。这些标志应清晰牢固
9	温度循环试验	型式试验和抽样试验中的机电(械)破坏负荷试验、残留机机械强度试验、冲击过电压击穿耐受试验应在温度循环试验后进行

（续二）

序号	项 目	内 容
10	型式试验常数	型式试验中的机械破坏负荷试验、机电破坏负荷试验、热机械性能试验结果的判定应满足表 4-3 要求
11	内压力试验	160kN 及以上绝缘子的瓷件必须进行内压力试验。试验方法按《绝缘子试验方法 第 3 部分：机械试验方法》(GB/T 775.3—2006)的规定进行
12	可见电晕电压	单个绝缘子的铁帽和钢脚的电晕熄灭电压值应分别大于 22kV 和 18kV。绝缘子串的电晕熄灭电压值应高于最高运行相电压。试验方法按《绝缘子试验方法 第 2 部分：电气试验方法》(GB/T 775.2—2003)的规定进行
13	无线单干扰水平	单个绝缘子在 10kV 试验电压和 1MHz 测量频率下，无线电干扰水平应不大于 34dB。在规定 1.1 倍最高运行相电压下，绝缘子串的无线电干扰水平应不大于 58dB。试验方法按《高压绝缘子 无线电干扰试验方法》[JB/T 3567—1999(2009)]的规定进行
14	人工污秽耐受电压	绝缘子应满足人工污秽工频耐受电压试验要求。在给定等值附盐密度下的人工污秽耐受电压应满足运行对其要求
15	工频电弧	160kN 及以上等级的绝缘子应满足工频电弧的试验要求，其试验方法按《标称电压高于 1000V 架空电路绝缘子串工频电弧试验方法》(DL/T 812—2002)的规定进行
16	冲击过电压击穿	绝缘子应满足冲击过电压击穿耐受试验的要求，其试验的方法按《高压线路绝缘子空气中冲击击穿试验——定义、试验方法和判据》(DL/T 557—2005)的规定进行
17	机械振动	330kV 及以上线路使用的绝缘子应满足机械振动的试验要求，其试验方法按《标称高压高于 1000V 架空线路绝缘子使用导则 第 1 部分：交流系统用瓷或玻璃绝缘子》(DL/T 1000.1—2006)附录 A 的规定进行。此为协议项目
18	打击负荷试验	绝缘子应满足打击负荷试验的要求

表 4-3　　型式试验常数

样本容量(E_1)	5	10
常数(C_0)	1.4	1.58

3. 选用原则

交流系统用瓷或玻璃绝缘子的选用应按表 4-4 的要求。

表 4-4　　交流系统用瓷或玻璃绝缘子选用原则

序号	项 目	内 容
1	定型试验报告	输变电工程中使用的绝缘子必须具备经有资质的检测单位所提供的定型试验报告。其有效期为 5 年
2	挂网试运行	绝缘子的选择应遵循“技术成熟、工艺先进、质量可靠、有运行经验”的原则。新产品批量使用在 110kV 及以上电压等级的工程前，应有不少于 1 年试运行时间和不少于 2000 片试运行数量的成功的供货记录，该记录包括用户及工程项目名称、供货量、供货时间、瓷绝缘子的年(均)劣化率、玻璃绝缘子的年(均)自爆率等

（续）

序号	项　目	内　　容
3	伞裙形状	绝缘子伞裙形状应符合《污秽地区绝缘子使用导则》[JB/T 5895—1991(2009)]的要求
4	爬电距离的有效性	爬电距离的有效系数 K 应通过自然污秽试验和人工污秽试验确定。K 值确定的方法应按《污秽地区绝缘子使用导则》[JB/T 5895—1991(2009)]中第 6 章规定的方法进行。在防污设计时应选择 K 值大的绝缘子
5	耐污特性和自洁性	应结合自然环境、工程特点等具体情况选择相应的耐污特性和自洁性能优良的绝缘子
6	防污设计	在新建、扩建或改造输变电工程中，防污设计可按下面方法之一进行。推荐采用污耐压法。 (1)爬电比距法。由该法确定绝缘子片数时，应根据确定的污秽等级，按《交流电气装置的过电压保护和绝缘配合》(DL/T 620—1997)和《110～500kV 架空送电线路设计技术规程》(DL/T 5092—1999)的规定进行，并应考虑所选定型式绝缘子的积污特性、自洁性能和爬电距离有效系数。 (2)污耐压法。根据确定的污秽等级和绝缘子人工污秽交流耐受电压值确定绝缘子串的个数
7	机械特性	(1)额定机械拉伸负荷等级。绝缘子的额定机械拉伸负荷宜从下列等级中选取：70kN、100kN、120kN、160kN、210kN、240kN、300kN、400kN、420kN 和 530kN。绝缘子使用安全系数应符合《110～500kV 架空送电线路设计技术规程》(DL/T 5092—1999)的有关要求。 (2)机械特性判定准则的规定。对于用于新建、扩建和改建的 330kV 及以上电压等级的绝缘子，应按《标称电压高于 1000V 的架空线路绝缘子　第 1 部分：交流系统用瓷或玻璃绝缘子元件　定义、试验方法和判定准则》(GB/T 1001.1—2003)第 19 章～第 21 章所规定的程序进行试验。试验结果的判定准则规定为型式试验常数和抽样试验常数均为 3.0

4. 安装与维护

交流系统用瓷或玻璃绝缘子的安装与维护见表 4-5。

表 4-5　　交流系统用瓷或玻璃绝缘子的安装与维护

序号	项　目	内　　容	
1	安装	外观检查	安装前须按《标称电压高于 1000V 的架空线路绝缘子　第 1 部分：交流系统用瓷或玻璃绝缘子元件　定义、试验方法和判定准则》(GB/T 1001.1—2003)第 28 章和上述相关内容要求对绝缘子逐一进行外观检查，对不符合规定的绝缘子禁止使用
		绝缘子电阻测量	瓷绝缘子安装前应逐个测量绝缘电阻，不满足《劣化盘形悬式绝缘子检测规程》(DL/T 626—2005)要求的绝缘子禁止使用
		注意事项	绝缘子安装过程中应注意轻拿轻放，不应投掷，应避免与尖硬物碰撞、摩擦

（续）

序号	项　目	内	容
2	运行维护	建档	运行单位应按《劣化盘形悬式绝缘子检测规程》（DL/T 626—2005）的规定建立绝缘子档案
		维护	对绝缘子进行巡视和检查时，若发现锁紧销缺少、绝缘子零值时，应采用带电作业或停电补装，并按以下规定及时对绝缘子进行检查。 若出现以下情况之一，则可判定该绝缘子失效。 （1）铁帽出现裂纹和黄色锈斑（返酸）； （2）钢脚出现弯曲、开裂； （3）铁帽和钢脚电弧严重烧损； （4）铁帽、绝缘件、钢脚三者不在同一轴线上； （5）瓷件出现裂纹； （6）绝缘件局部放电灼伤严重，出现部分脱落； （7）钢脚处胶装水泥出现裂纹或歪斜； （8）钢脚腐蚀出现《劣化盘形悬式绝缘子检测规程》（DL/T 626—2005）中 5.5 所描述的现象

5. 试验方法

交流系统用瓷或玻璃绝缘子试验方法见表 4-6。

表 4-6　　交流系统用瓷或玻璃绝缘子试验方法

序号	项　目	内	容
1	瓷绝缘子绝缘检测	应按《劣化盘形悬式绝缘子检测规程》（DL/T 626—2005）中第 5 章相关内容进行	
2	抽样试验	运行绝缘子的抽样试验	运行绝缘子出现以下情况之一，应按抽样试验的抽样规则和程序的规定对该批绝缘子进行抽样试验： （1）釉面出现部分脱落或显著的色调不均匀现象； （2）绝缘件出现裂纹、变碎、部分脱落； （3）投运两年内年均劣化率大于 0.04%，或 2 年后检测周期内年均劣化率大于 0.02%，或年劣化率大于 0.1%； （4）铁帽和钢脚开裂，钢脚出现弯曲； （5）胶装水泥有裂纹、歪斜
		抽样试验的抽样规则和程序	按《标称电压高于 1000V 的架空线路绝缘子　第 1 部分：交流系统用瓷或玻璃绝缘子元件　定义、试验方法和判定准则》（GB/T 1001.1—2003）中相关的规定进行
		检验评定准则	温度循环试验中，若有绝缘子发生损坏，需补齐同等数量的绝缘子进行重复试验。 温度循环试验后进行的机电（械）破坏负荷试验中，每片绝缘子的机电（械）破坏负荷值应不小于 0.85SML

6. 包装和运输

（1）绝缘子的包装应符合以下规定：

1）应随合同所订购的绝缘子一起供给每种绝缘子供货数的 2%锁紧销作为备品（仅对 W 销）；

2）包装应具有良好的防震保护措施；

3)应使用大小适合坚固木箱、木质板条箱或其他适合于该产品的包装箱进行包装；

4)产品各部件的包装设计应便于装卸、运输。

(2)运输。运输应充分考虑运输途中可能受到的最大压力、冲撞等因素。

7. 选用指南提示

《标称高压高于1000V架空线路绝缘子使用导则　第1部分：交流系统用瓷或玻璃绝缘子》(DL/T 1000.1—2006)适用于标称电压高于1000V、频率50Hz的交流架空电力线路、发电厂及变电所用盘形悬式瓷、玻璃绝缘子(以下简称绝缘子)。安装地点的海拔为1000m以下，环境温度在－40～＋40℃之间。

二、直流系统用瓷或玻璃绝缘子(DL/T 1000.2—2006)

1. 相关术语

相关术语见表4-7。

表4-7　材料相关术语

序号	项　目	内　容
1	绝缘子串	由一个或多个绝缘子串元件组成，作为架空线路导体挠性支持，并主要承受张力
2	批	提交验收的由同一制造厂在相同生产条件下生产的同一结构的一批绝缘子。一批或多批绝缘子可以一起提交接收，提交的批可以是订货量的全部或部分
3	锌套	熔合在绝缘子钢脚根部的金属锌，作为消耗电极来保护钢脚免受电触腐蚀
4	冲击过电压击穿耐受电压	在规定的试验条件下，绝缘子能耐受的冲击电压峰值

2. 一般技术要求

直流系统用瓷或玻璃绝缘子的一般技术要求见表4-8。

表4-8　直流系统用瓷或玻璃绝缘子的一般技术要求

序号	项　目	内　容
1	元件的特性	盘形悬式绝缘子元件的特性应符合《标称电压高于1000V的架空线路用绝缘子——直流系统用瓷或玻璃绝缘子元件——定义、试验方法和接收准则》(GB/T 19443—2004)的规定
2	尺寸偏差	试验绝缘子的尺寸应符合相应的图样，特别注意任何有专门公差要求的尺寸(例如规定的结构高度)和影响互换性的细节[例如《绝缘子串元件的球窝连接尺寸》(GB/T 4056—2008)所规定的连接尺寸]。 (1)除非另有协议，对所有未标注专门偏差的尺寸，允许下列偏差(d为检查尺寸，单位：mm)： 1)±$(0.04d+1.5)$mm，当$d\leqslant300$mm和所有长度的爬电距离时； 2)±$(0.025d+6)$mm，当$d>300$mm时； 即使爬电距离规定为最小公称值，上述给出的偏差也适用。 (2)6个绝缘子串的结构高度偏差应不超过±19mm。 (3)轴向测量装置的变化量规定为绝缘子标称直径的4%； 径向测量装置的变化量规定为绝缘子标称直径的3%

(续一)

序号	项 目	内 容
3	绝缘子绝缘性	瓷件的外观质量应符合《高压绝缘子瓷件 技术条件》(GB/T 772—2005)中4.3和《标称电压高于1000V的架空线路用绝缘子——直流系统用瓷或玻璃绝缘子元件——定义、试验方法和接收准则》(GB/T 19443—2004)中34.1的规定。绝缘子瓷件表面应无翘缺、砂眼气泡、凸点、外物及其他缺陷。 玻璃件的外观质量应符合《盘形悬式绝缘子 玻璃件外观质量》(JB/T 9678—1999)中第4章和《标称电压高于1000V的架空线路用绝缘子——直流系统用瓷或玻璃绝缘子元件——定义、试验方法和接收准则》(GB/T 19443—2004)中34.2的规定。绝缘子玻璃件不应有裂纹、折皱、气泡、杂质等缺陷,并应在其表面有均匀的钢化,所有外露的玻璃表面应是光滑的
4	铁帽和钢脚	绝缘子的铁帽应符合《悬式绝缘子铁帽 技术条件》(JB/T 8178—1999)的规定。绝缘子钢脚应符合《盘形悬式绝缘子钢脚》(JB/T 9677—1999)的规定。铁帽和钢脚不应采用连接、焊接、冷缩压接或其他任何多于一块材料的工艺来制造
5	锌套	绝缘子的钢脚与水泥交界处应装有阳极保护锌套。锌套应采用纯度不低于99.95%的锌制造。锌套和钢脚之间不应有任何缝隙或松动现象。锌套外露部分质量应至少为5g,其总长度的50%应是外露的,锌套与钢脚的熔合面积不小于其界面的80%
6	锁紧装置	锁紧装置应符合《绝缘子串元件球窝联接用锁紧销》[JB/T 8181—1999(2009)]和《标称电压高于1000V的架空线路用绝缘子——直流系统用瓷或玻璃绝缘子元件——定义、试验方法和接收准则》(GB/T 19443—2004)的规定。160kN及以上应采用R销。锁紧装置应能维持在锁紧及松开的位置上,R销应将两个销腿弯曲以防止它完全从碗头内脱出。锁紧装置应采用锡青铜、黄铜或奥氏体不锈钢材料制造,并应与绝缘子成套供应
7	釉面	釉面的外观质量应符合《高压绝缘子瓷件 技术条件》(GB/T 772—2005)中4.3和《标称电压高于1000V的架空线路用绝缘子——直流系统用瓷或玻璃绝缘子元件——定义、试验方法和接收准则》(GB/T 19443—2004)中的要求。在正常的使用条件下不应产生裂纹或碎裂,也不应因温度的突变、臭氧、酸、碱和灰尘等受影响
8	水泥和胶合剂	绝缘子应使用《绝缘子胶装用水泥胶合剂》(JB/T 4307—2004)规定的42.5级及以上的硅酸盐水泥,或特制的高强度低膨胀水泥配制成的胶合剂进行胶装。水泥胶合剂应满足《绝缘子胶装用水泥胶合剂》(JB/T 4307—2004)的要求。其压蒸膨胀率应小于0.10%。水泥应不引起金属部件的化学反应。外露水泥表面应平整,其平面度应大于2mm,且无裂纹或破损
9	绝缘子的标志	每个绝缘子应按《标称电压高于1000V的架空线路用绝缘子——直流系统用瓷或玻璃绝缘子元件——定义、试验方法和接收准则》(GB/T 19443—2004)第7章规定,在绝缘件上或金属附件上标明制造厂名称或商标以及制造年份。此外,每个绝缘子还应标明其机电破坏负荷或机械破坏负荷额定值。标志应清晰牢固
10	温度循环试验	型式试验和抽样试验中的机电(械)破坏负荷试验、残余机械强度试验、冲击过电压击穿耐受试验应在温度循环试验后进行
11	内压力试验	绝缘子的瓷件必须进行内压力试验。试验方法按相关内容规定进行

（续二）

序号	项　目	内　　容
12	可见电晕电压	单个绝缘子在正、负极性电压下的直流电晕熄灭电压 $U \geqslant 35kV$，试验方法按《绝缘子试验方法　第2部分：电气试验方法》(GB/T 775.2—2003)的规定进行
13	无线电干扰水平	单个绝缘子在10kV试验电压和1MHZ测量频率下，无线电干扰水平应不大于34dB。在最高系统电压下，绝缘子串的无线电干扰水平不大于58dB。试验方法按《高压绝缘子　无线电干扰试验方法》[JB/T 3567—1999(2009)]的规定进行
14	工频电弧	绝缘子应满足工频电弧的试验要求，其试验方法按《标称高压高于1000V架空电路绝缘子串工频电试验方法》(DL/T 812—2002)的规定进行

3. 选用原则

直流系统用瓷或玻璃绝缘子的选用应选择表4-9规定要求。

表4-9　　直流系统用瓷或玻璃绝缘子选用原则

序号	项　目	内　　容
1	型式试验报告	输变电工程中使用的绝缘子必须具备经有资质的检测单位所提供的型式试验报告。其有效期为5年
2	挂网试运行	绝缘子的选择应遵循“技术成熟、工艺先进、质量可靠、有运行经验”的原则。新产品批量使用前，应有不少于一年试运行时间和不少于2000片试运行数量的成功的供货记录，该记录包括用户及工程项目名称、供货量、供货时间、瓷绝缘子的年(均)劣化率、玻璃绝缘子的年(均)自爆率等
3	伞裙形状	绝缘子伞裙形状应符合《污秽地区绝缘子使用导则》[JB/T 5895—1991(2009)]的要求
4	爬电距离的有效性	爬电距离的有效系数 K 应通过自然污秽试验和人工污秽试验确定。K 值确定的方法应按《污秽地区绝缘子使用导则》[JB/T 5895—1991(2009)]中第6章规定的方法进行。在防污设计时应选择 K 值大的绝缘子
5	耐污特性和自洁性	应结合自然环境、工程特点等具体情况选择相应的耐污特性和自洁性能优良的绝缘子
6	防污设计	在新建、扩建或改造输变电工程中，防污设计可按下面方法之一进行。推荐采用污耐压法。 (1)爬电比距法。由该法确定绝缘子串个数时，应根据确定的污秽等级，按《交流电气装置的过电保护和绝缘配合》(DL/T 620—1997)和《110～500kV架空送电线路设计技术规程》(DL/T 5092—1999)的规定进行，并应考虑所选定型式绝缘子的积污特性、自洁性能和爬电距离有效系数。 (2)污耐压法。根据确定的污秽等级和绝缘子人工污秽直流耐受电压值确定绝缘子串的个数
7	机械特性	(1)额定机械拉伸负荷等级。绝缘子的额定机械拉伸负荷宜从下列等级中选取：160kN、210kN、240kN、300kN、400kN和530kN。绝缘子使用安全系数应符合《110～500kV架空送电线路设计技术规程》(DL/T 5092—1999)的有关要求。 (2)机械特性判定准则的规定。对于用于新建、扩建或改建的直流线路绝缘子，应按《标称电压高于1000V的架空线路用绝缘子——直流系统用瓷或玻璃绝缘子元件——定义、试验方法和接收准则》(GB/T 19443—2004)第24章～第27章所规定的程序进行试验。试验结果的判定准测规定为型式试验常数和抽样试验常数均为3.0

4. 安装与运行维护

直流系统用瓷或玻璃绝缘子的安装与运行维护见表 4-10。

表 4-10　安装与运行维护

序号	项目		内容
1	安装	外观检查	安装前须按《标称电压高于 1000V 架空线路用绝缘子——直流系统用瓷或玻璃绝缘了元件——定义、实验方法和接收准则》(GB/T 19443—2004)第 34 章和上述的相关内容对绝缘子逐一进行外观检查，对不符合以上规定的绝缘子禁止使用
		绝缘子电阻测量	瓷绝缘子安装前应逐个测量绝缘电阻，不满足《劣化盘形悬式绝缘子检测规程》(DL/T 626—2005)要求的绝缘子禁止使用
		注意事项	绝缘子安装过程中应注意轻拿轻放，不应投掷，并避免与类硬物碰撞、摩擦
2	运行维护	建档	运行单位应按《劣化盘形悬式绝缘子检测规程》(DL/T 626—2005)的规定建立绝缘子档案
		维护	对绝缘子进行巡视和检查时，若发现锁紧装置缺少、绝缘子零值时，应采用带电作业或停电补装，并按以下规定及时对绝缘子进行检查。 若出现以下情况之一，则可判定该绝缘子失效。 (1)铁帽出现裂纹和黄色锈斑(返酸)； (2)钢脚出现弯曲、开裂； (3)铁帽和钢脚电弧严重烧损； (4)铁帽、绝缘件、钢脚三者不在同一轴线上； (5)瓷件出现裂纹； (6)绝缘件局部放电灼伤严重，出现部分脱落； (7)钢脚处胶装水泥出现裂纹或歪斜； (8)钢脚腐蚀出现《劣化盘形悬式绝缘子检测规程》(DL/T 626—2005)中 5.5 所描述的现象

5. 试验方法

直流系统用瓷或玻璃绝缘子的材料的有关试验方法见表 4-11。

表 4-11　试验方法

序号	项目	内容
1	定型试验	定型试验应从满足所有有关文件的抽样试验和逐个试验要求的绝缘子批中随机抽取。定型试验项目包括《标称电压高于 1000V 架空线路用绝缘子——直流系统用瓷或玻璃绝缘子元件——定义、实验方法和接收准则》(GB/T 19443—2004)中逐个试验、抽样试验及型式试验中的全部试验项目。型式试验中的机电破坏负荷、机械破坏负荷、残余机械强度试验、冲击过电压击穿耐受电压试验应在温度循环试验后进行。型式试验项目中与机械特性相关的试验项目的试验结果判定准则应同时符合《标称电压高于 1000V 架空线路用绝缘子——直流系统用瓷或玻璃绝缘子元件——定义、实验方法和接收准则》(GB/T 19443—2004)和本部分相关内容的规定

（续）

<table>
<tr><th>序号</th><th>项 目</th><th colspan="2">内 容</th></tr>
<tr><td>2</td><td>抽样试验</td><td colspan="2">抽样试验项目包括《标称电压高于1000V架空线路用绝缘子——直流系统用瓷或玻璃绝缘子元件——定义、实验方法和接收准则》(GB/T 19443—2004)中抽样试验的全部试验项目。试品应从满足有关逐个试验要求的绝缘子每批中随机抽取。用户有权进行抽样。其抽样规则和程序应符合《标称电压高于1000V架空线路用绝缘子——直流系统用瓷或玻璃绝缘子元件——定义、实验方法和接收准则》(GB/T 19443—2004)中10.2的规定。每批的试验结果应分别进行评价。与机械特性相关的试验项目的试验结果判定准则应符合相关规定。抽样试验中的机电破坏负荷、机械破坏负荷、残余机械强度试验、冲击过电压击穿耐受电压试验应在温度循环试验后进行</td></tr>
<tr><td>3</td><td>逐个试验</td><td colspan="2">逐个试验的目的在于剔除有缺陷的绝缘子元件，在制造过程中对每一个绝缘子进行。逐个试验项目包括《标称电压高于1000V架空线路用绝缘子——直流系统用瓷或玻璃绝缘子元件——定义、实验方法和接收准则》(GB/T 19443—2004)中逐个试验的全部试验项目。瓷绝缘子的瓷件还须进行内压力试验</td></tr>
<tr><td>4</td><td>补充试验</td><td colspan="2">表4-12为规定的补充试验项目。其中机械振动试验仅为供需双方协商的试验项目</td></tr>
<tr><td rowspan="3">5</td><td rowspan="3">型式检验和抽样试样的规则和程序</td><td>型式试验绝缘子的抽取</td><td>试品数量应符合表4-12的规定，应从满足所有有关的抽样试验和逐个试验要求的绝缘子批中抽取</td></tr>
<tr><td>抽样试验的抽样规则和程序</td><td>抽样试验的抽样规则和程序应符合《标称电压高于1000V架空线路用绝缘子——直流系统用瓷或玻璃绝缘子元件——定义、实验方法和接收准则》(GB/T 19443—2004)中相关的规定</td></tr>
<tr><td>抽样试验的重复试验程序</td><td>抽样试验的重复试验程序应符合《标称电压高于1000V架空线路用绝缘子——直流系统用瓷或玻璃绝缘子元件——定义、实验方法和接收准则》(GB/T 19443—2004)中相关的规定，属于计量二次抽样试验的机电(械)破坏负荷试验，还应符合表4-13的规定</td></tr>
</table>

表4-12　　补充试验项目

<table>
<tr><th>试验项目</th><th>瓷材料</th><th>钢化玻璃</th></tr>
<tr><td rowspan="2">打击负荷试验</td><td>3</td><td>3</td></tr>
<tr><td colspan="2">本部分相关内容</td></tr>
<tr><td rowspan="2">可见电晕电压试验</td><td>1或1LS①</td><td>1或1LS①</td></tr>
<tr><td colspan="2">本部分相关内容</td></tr>
<tr><td rowspan="2">无线电干扰试验</td><td>1或1LS①</td><td>1或1LS①</td></tr>
<tr><td colspan="2">本部分相关内容</td></tr>
<tr><td rowspan="2">工频电弧试验</td><td>6×3SS②或1LS①</td><td>6×3SS②或1LS①</td></tr>
<tr><td colspan="2">DL/T 812、本部分相关内容</td></tr>
<tr><td rowspan="2">机械振动试验</td><td>1LS①</td><td>1LS①</td></tr>
<tr><td colspan="2">本部分相关内容</td></tr>
</table>

注：①1或1LS为对1个或一长串绝缘子进行试验。

②6×3SS为对6个短串绝缘子进行3次试验。

表 4-13　　计量二次抽样试验的重复试验程序

试验名称	重复试验程序和接受判据
机电(械)破坏负荷试验	第一次试验时,当试品数 $n>6$ 时:2 ≤[接受常数 $Q(\overline{X}-R)/S$]<3 允许加倍重复试验一次;接受常数 $Q<2$ 拒收。当试品数 $n\leqslant 6$ 时:1.5≤接受常数 $Q<2$ 允许加倍重复试验一次;接受常数 $Q<1.5$ 拒收。第二次试验时,必须满足标书要求
热机试验	第一次试验时 2≤[接受常数 $Q=(\overline{X}-R)/S$]<3。允许重复试验一次;接受常数 $Q<2$ 拒收。重复试验必须满足标书要求

6. 包装和运输

(1)包装。绝缘子的包装应符合以下规定:

1)应随合同所订购的绝缘子一起供给每种绝缘子供货数的 2%锁紧销作为备品(仅对 W 销);

2)包装应具有良好的防震保护措施;

3)应使用大小适合坚固木箱、木质板条箱或其他适合于该产品的包装箱进行包装;

4)产品各部件的包装设计应便于装卸、运输。

(2)运输。运输应充分考虑运输途中可能受到的最大压力、冲撞等因素。

7. 选用指南提示

《标称电压高于 1000V 架空线路绝缘子使用导则　第 2 部分:直流系统用瓷或玻璃绝缘子》(DL/T 1000.2—2006)适用于标称电压高于 1000V 的直流架空电力线路、换流站用盘形悬式瓷、玻璃绝缘子(以下简称绝缘子)。安装地点的海拔为 1000m 以下,环境温度在−40～+40℃之间。

三、高压架空线路绝缘地线用盘形悬式瓷绝缘子(JB/T 9680—1999)

1. 基本术语

地线绝缘子由绝缘子和保护间隙两部分组成。保护间隙由通过螺栓紧固在绝缘子上的电极构成。

地线绝缘子用以支持架空线路中的地线,当线路正常运行时,保证地线与铁塔绝缘,减少输电能量损耗和开通地线载波通信;当地线电压超过整定值时,保护间隙放电,地线与铁塔导通,发挥各种防护作用。

2. 产品分类

(1)按安装形式分:地线绝缘子按安装形式和电极结构可分为悬垂式和耐张式,其机电破坏负荷等级有 70kN 和 100kN 二级。

(2)按结构形式分:地线绝缘子的结构形式及其主要尺寸应分别符合图 4-1、图 4-2 和表 4-14 规定。

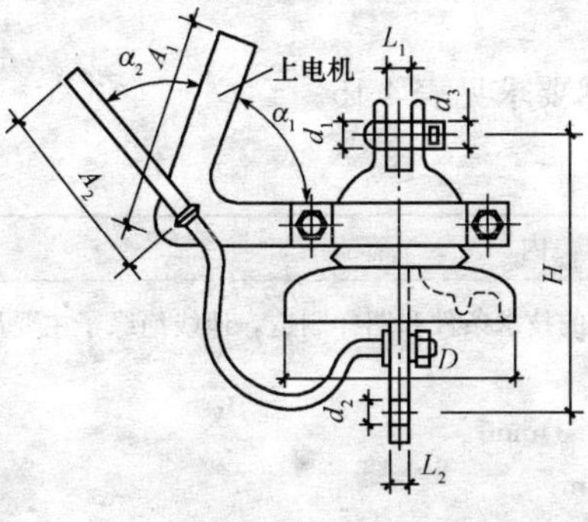

图 4-1　悬垂式

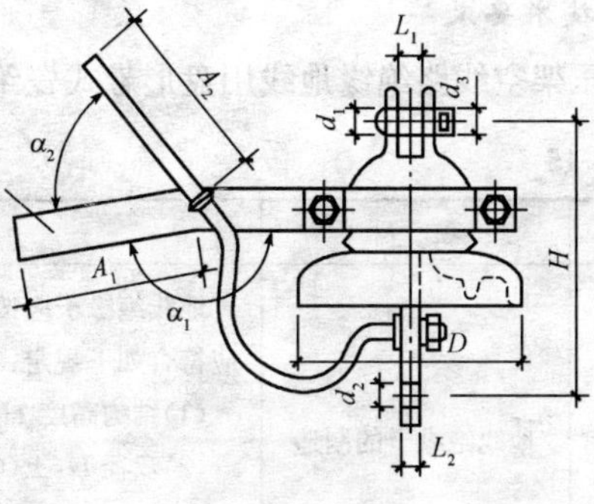

图 4-2　耐张式

注:100kN 级地线绝缘子应附带一个能与金具配用的连接螺栓。

表 4-14　　地线绝缘子主要尺寸　　mm

项　　目	不同型号地线绝缘子的主要尺寸			
	XDP-70C	XDP-70CN	XDP-100C	XDP-100CN
图　　号	1	2	1	2
H	200		210	
D	160		170	
最小公称爬电距离 L	160		170	
A_1	155	135	155	135
A_2	135			
a_1	70°	170°	70°	170°
a_2	60°			
L_1	19			
L_2	16			
d_1	18			
d_2	18			
d_3	16			
间隙调整范围	10～30			

(3)产品型号说明见图 4-3。

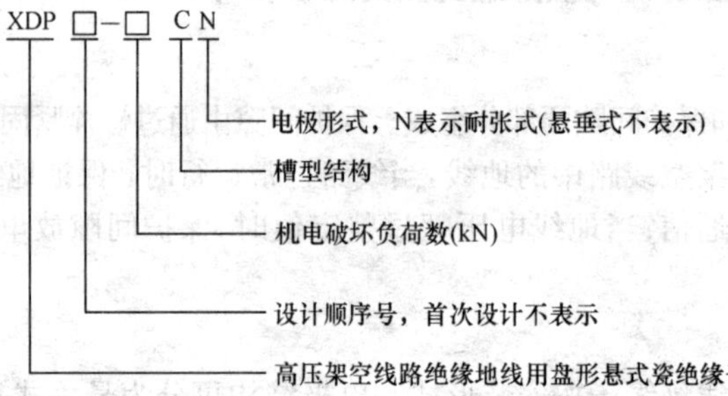

图 4-3　产品型号说明

3. 技术要求

高压架空线路绝缘地线用盘形悬式瓷绝缘子的技术要求见表 4-15。

表 4-15　　技术要求

序号	项　目	内　　容
1	地线绝缘子的制造	地线绝缘子应按规定程序批准的技术条件和图样制造。地线绝缘子主要尺寸公差应符合如下规定： (1)结构高度 H：±(0.03H+0.3)mm； (2)盘径 D：±(0.04D+1.5)mm； (3)爬电距离 L：+(不规定) －(0.04L+1.5)mm

（续）

序号	项　目	内　　容
2	瓷件外观质量	绝缘子瓷件外观质量应符合《高压绝缘子瓷件　技术条件》(GB/T 722—2005)的规定。绝缘子瓷件外露表面应均匀地上一层瓷釉
3	剖面质量	绝缘子瓷件的剖面应是均质的，且无气孔。经孔隙性试验后不应有任何渗透现象。孔隙性试验压力应不低于 20MPa，持续时间(h)与压力乘积不小于 180MPa·h
4	绝缘子铁帽	地线绝缘子铁帽应符合《悬式绝缘子铁帽　技术条件》(JB/T 8178—1999)的规定。其他金属附件应符合相应的标准规定。 铁帽、钢脚、电极、圆柱销、螺栓和螺母等金属附件的热镀锌层应符合《绝缘子金属附件热镀锌层　通用技术条件》(JB/T 8177—1999)的相应规定。电极间隙附近应平整，不应有锌渣和毛刺。 螺栓与螺母应配合良好，且在 50N·m 扭矩下不应脱扣。 连接销应采用铜质或不锈钢材料制造，并与绝缘子成套供应
5	绝缘子的胶装	绝缘子应使用不低于《绝缘子胶装用水泥胶合剂》(JB/T 4307—2004)规定的Ⅱ类(中等强度)水泥胶合剂进行胶装。瓷件头部端面及圆弧部位，以及钢脚、铁帽与胶和剂接触部分，应均匀地涂一层缓冲层。钢脚顶端与瓷件之间垫以缓冲衬垫。外露的水泥表面应平整，其平面度不大于 3 mm，且无裂纹。 绝缘子的铁帽、瓷件和钢脚三者应在同一轴线上，不应有相对转动和明显的歪斜，并建立“标样”进行对照检查
6	电极	电极应便于装配，相对位置准确。间隙距离应可以调整，固定后不应松动
7	拉伸负荷试验	绝缘子应能耐受 10s 拉伸负荷试验而不损坏，其试验负荷为额定机电破坏负荷的 50%
8	耐电压试验	绝缘子应能耐受工频火花电压试验而不击穿或损坏。试验时间为连续 5min
9	温度循环试验	绝缘子应能耐受 3 次温度循环试验而不损坏。试验温差为 70K
10	残留机破坏特性	绝缘子残留机械破坏特性应符合下式规定： $\frac{\overline{X}-1.645S}{L}\geqslant C$ 式中　$\overline{X}$——残留机械破坏负荷实测算术平均值，kN； S——标准偏差，kN； L——额定机电破坏负荷，kN； C——比值，其值应等于或大于 0.65。 $\overline{X}$、S 按《高压绝缘子抽样方案》(JB/T 3384—1999)计算
11	热机械循环试验	绝缘子应能耐受四次 24h 冷热机械循环(其温度变化范围为－30～＋40℃)，机械负荷为额定机电破坏负荷的 60%的热机性能试验
12	耐受机电负荷试验	绝缘子应能耐受 1h 机电负荷试验而不损坏，试验负荷为额定机电破坏负荷的 75%，试验电压为 40kV
13	其他特性	地线绝缘子除应符合上述规定外，其他机械电气特性应符合表 4-16 规定
14	更　　换	自交货之日(即制造厂发出提供通知)起二年内，在遵守规定程序批准的运输、保管、安装规定的条件下，如果用户发现地线绝缘子不符合规定时，制造厂必须无偿地给予更换

表 4-16　　地线绝缘子机械电气特性

<table>
<tr><th rowspan="2">序号</th><th rowspan="2" colspan="3">项　　目</th><th colspan="2">不同地线绝缘子和机械电气性能</th></tr>
<tr><th>XDP−70C
XDP−70CN</th><th>XDP−100C
XDP−100CN</th></tr>
<tr><td>1</td><td colspan="2">绝缘子工频湿耐受电压/kV　(有效值)</td><td>不小于</td><td colspan="2">30</td></tr>
<tr><td>2</td><td colspan="2">绝缘子工频击穿电压/kV　(有效值)</td><td>不小于</td><td colspan="2">110</td></tr>
<tr><td>3</td><td colspan="3">绝缘子额定机电破坏负荷(试验电压为 40kV)/kN</td><td>70</td><td>100</td></tr>
<tr><td>4</td><td colspan="2">绝缘子打击破坏负荷(N−cm)</td><td>不小于</td><td>565</td><td>678</td></tr>
<tr><td rowspan="2">5</td><td colspan="2" rowspan="2">去掉上电极的地线绝缘子的工频闪络电压/kV　(有效值)　不小于</td><td>干</td><td colspan="2">45</td></tr>
<tr><td>湿</td><td colspan="2">25</td></tr>
<tr><td rowspan="2">6</td><td colspan="2" rowspan="2">地线绝缘子工频(干或湿)放电电压(间隙距离 20mm)/kV　(有效值)</td><td>上限值</td><td colspan="2">30</td></tr>
<tr><td>下限值</td><td colspan="2">8</td></tr>
<tr><td rowspan="2">7</td><td colspan="2" rowspan="2">工频恢复电压 2500V(间隙距离 15mm)时熄灭电弧电流/A　(有效值)不小于</td><td>电感性电流</td><td colspan="2">35</td></tr>
<tr><td>电容性电流</td><td colspan="2">20</td></tr>
<tr><td rowspan="3">8</td><td rowspan="3">电极耐弧能力　不小于</td><td colspan="2">工频电流/kA　(有效值)</td><td colspan="2">10</td></tr>
<tr><td colspan="2">时间/s</td><td colspan="2">0.2</td></tr>
<tr><td colspan="2">次数</td><td colspan="2">2</td></tr>
</table>

4. 试验方法

高空架空线路绝缘地线用盘形悬式瓷绝缘子的试验方法见表 4-17。

表 4-17　　试验方法

<table>
<tr><th>序号</th><th>项　目</th><th>内　　容</th></tr>
<tr><td>1</td><td>电极装配试验</td><td>按实际使用状态把电极装配到绝缘子上，检查电极相对位置是否准确，对照“标样”判断是否合格</td></tr>
<tr><td>2</td><td>螺栓扭矩试验</td><td>模拟螺栓的实际使用状态固定螺栓，用扭矩扳手平稳地旋扭螺母，在达到规定的扭矩前不应脱扣。如有要求可以一直旋扭至螺纹破坏(扭矩不能再增加)为止</td></tr>
<tr><td>3</td><td>地线绝缘子工频放电电压试验</td><td>试品应模拟实际运行状态安装，间隙距离调整至规定值。试验程序及电压值的校正按《绝缘子试验方法　第 2 部分：电气试验方法》(GB/T 775.2—2003)的相应规定，放电次数不少于 10 次。
工频干放电电压值应按下式计算：
$U_{min} \leqslant \overline{U}+3S \leqslant U_{max}$
式中　$\overline{U}$——实测工频放电电压平均值(下同)，kV；
S——标准偏差，kV；
U_{max}——规定的工频放电电压上限值(下同)，kV；
U_{min}——规定的工频放电电压下限值(下同)，kV；
U、S 值按《高压绝缘子抽样方案》(JB/T 3384—1999)计算(下同)</td></tr>
<tr><td>4</td><td>工频湿放电电压试验</td><td>试品必须洁净，应模拟实际运行状况安装。间隙距离调整至规定值，且朝向喷嘴。
人工雨的特性，人工雨的测量、试验程序和工频湿放电电压值的校正按《绝缘子试验方法　第 2 部分：电气试验方法》(GB/T 775.2—2003)的相应规定，放电次数不少于 10 次。
放电应在电极间发生，不应在电极与瓷件间发生；电弧应沿羊角向外发展，拉长熄灭。
工频湿放电电压值应按下式计算：
$U_{min} \leqslant \overline{U}-3S \leqslant U_{max}$</td></tr>
</table>

（续）

序号	项 目	内 容
5	耐弧试验	试品模拟实际运行状态布置。间隙调整至15～20mm，并且易熔细金属丝将电极在最小间隙处短接。调整电源，使电压加至试品两端时，产生规定的工频电流。持续规定时间后断开电源，耐弧试验共进行两次。第一次试验后，待试品完全冷却再进行第二次试验。耐弧试验后将电极调至规定距离，重新进行工频干、湿放电电压试验和熄弧试验。工频干、湿放电电压和熄弧性能不应有明显变化，并且满足规定的相应要求，则为通过耐弧试验。在保证熄弧能力的前提下，允许电极羊角顶端有烧损，但不允许放电间隙外有严重烧伤
6	残留强度试验	试品按标准相关条要求进行温度循环试验后，用机械的方法，例如用锤子打击的方法，将瓷件的伞盘去除。瓷件的残留部分应不大于铁帽的最大外沿。 制备好的试品应在试验机上逐个经受加在二金属附件间的轴向拉伸负荷。 拉伸负荷应从零迅速而平稳地增加到约为额定机电破坏负荷的50%，然后以每秒为额定机电破坏负荷的0.5%～1%的速率增加。直至破坏（能观察得到的破坏现象，或试验机指针停止不前时），此时的负荷值为绝缘子的残留强度。 如果试品金属件破坏，其破坏负荷应不低于额定机电破坏负荷，其余试品仍按上述“地线绝缘子工频放电电压试验”中相关公式计算，并进行判断

5. 检查规则

高空架空线路绝缘地线用盘形悬式瓷绝缘子的检查规则见表4-18。

表4-18　　检查规则

序号	项 目	内 容
1	逐个试验	绝缘子及电极应按表4-19的规定逐个进行检查，如果发现有不符合表4-19中规定的任何一项要求，则此绝缘子或电极不合格
2	抽样试验	地线绝缘子应按批进行抽样试验。以同一工艺方法制成的同一型号的地线绝缘子作为一批。每批地线绝级子数量 N 应不大于3200只。 抽样试验应在逐个试验合格后，按表4-20规定的试品数量随机地抽取样品，并按表4-20规定的程序进行试验。机电破坏负荷试验应采用计量二次抽样方案，接收质量水平（AQL）为1.5%，判定常数 K 值按表4-21规定。锌层试验按《绝缘子金属附件热镀锌层通用技术条件》（JB/T 8177—1999）判定。其余试验项目均采用计件二次抽样方案。 第一次试验时，如果仅1只试品不符合计件抽样要求，或计量抽样当 Q 值大于 K_2 而不于 K_1，或锌层试验判为不合格时，试验应继续下去；如果是第5项或第6项试验中的试品不合格时，应随机补充抽取1只同批试品，以满足表4-20中规定的试品数量。补充试品的试验应由第5项开始。 如果仅有上述1只试品或一项试验不合格时，则在同批中随机抽取不合格项试验数量的二倍的绝缘子或电极进行重复试验。 如果是第1、2、3、4、9项中某项试验不合格，则仅对该项进行重复试验；如果是第5、6、7、8项试验中某项不合格，重复试验由第5项开始，至不合格项为止。 如果重复试验通过，则该批地线绝缘子合格。 如果第一次试验时，有二只或以上试品（计量抽样方案被判为重复试验或锌层不合格时算作1只）不合格，或计量抽样方案被判为拒收（Q 值不大于 K_2 时），或重复试验时又有1只或以上试品不合格时，则该批地线绝缘子不合格。 如果第1、2、3项重复试验仍不合格，或第一次试验有两只或以上试品不合格则允许精选

（续）

序号	项　目	内　　　容
3	型式试验	新产品试制定型或正式生产的产品修改结构、改变原材料配方及工艺方法时，必须按型式试验的全部项目进行试验，或依据改变的性质，按型式试验中的部分项目进行试验。锌层试验的判定按《绝缘子金属附件热镀锌层　通用技术条件》(JB/T 8177—1999)规定。而机电破坏负荷和热机械性能试验应采用计量一次抽样方案，其接收常数 K 值为 1.50；其他项目均采用计件一次抽样方案。其判定程序及判定准则应分别符合《高压绝缘子抽样方案》(JB/T 3384—1999)及相关规范的要求。 型式试验应在逐个试验合格后，按表 4-22 规定进行。 试验时，即使有 1 只地线绝缘子不符合表 4-22 中采用计件抽样方案项目的任何一项要求，或不符合采用计量抽样方案项目的要求，或锌层不符合相应要求，则型式试验不合格。 对于产品的熄弧性能和耐弧性能，如能提出相应报告。证明确实能满足相应要求时，型式试验中可以不再进行该项试验

表 4-19　　绝缘子及电极逐个试验项目

项号	试 验 名 称	试 验 方 法
1	外观检查	GB/T 775.1
2	拉伸负荷试验	JB/T 775.3
3	工频火花电压试验	GB/T 775.2

表 4-20　　地线绝缘子抽样试验项目

<table>
<tr><td rowspan="4">项目</td><td rowspan="4">试验名称</td><td colspan="2">试品数量/只</td><td rowspan="4">试验方法</td></tr>
<tr><td>$N\leqslant1200$</td><td>$N>1200\sim3200$</td></tr>
<tr><td colspan="2">试品总数/只</td></tr>
<tr><td>3</td><td>10</td></tr>
<tr><td>1</td><td>尺寸及爬电距离检查</td><td>3</td><td>5</td><td>GB/T 775.1</td></tr>
<tr><td>2</td><td>电极装配试验</td><td rowspan="2"></td><td rowspan="2"></td><td>JB/T 9680 第 6.1 条</td></tr>
<tr><td>3</td><td>螺栓扭矩试验</td><td>JB/T 9680 第 6.2 条</td></tr>
<tr><td>4</td><td>锌层试验</td><td>3</td><td>5</td><td>JB/T 8177</td></tr>
<tr><td>5</td><td>温度循环试验</td><td>8</td><td>10</td><td>GB/T 775.1</td></tr>
<tr><td rowspan="2">6</td><td rowspan="2">一小时机电负荷试验</td><td colspan="2">经项 5 试验后</td><td rowspan="4">GB/T 775.3</td></tr>
<tr><td>8</td><td>10</td></tr>
<tr><td rowspan="2">7</td><td rowspan="2">机电破坏负荷试验</td><td colspan="2">经项 6 试验后</td></tr>
<tr><td colspan="2">5</td></tr>
<tr><td rowspan="2">8</td><td rowspan="2">工频击穿电压试验</td><td colspan="2">经项 6 试验后</td><td rowspan="2">GB/T 775.2</td></tr>
<tr><td>3</td><td>5</td></tr>
<tr><td rowspan="2">9</td><td rowspan="2">孔隙性试验</td><td colspan="2">经项 7 试验后的瓷块</td><td rowspan="2">GB/T 775.1</td></tr>
<tr><td colspan="2">5</td></tr>
</table>

表 4-21　　机电破坏负荷试验计量二次抽样判定常数

样品	容量	当接收质量水平(AQL)为 1.5%时，判定常数的 K 值	
n_1	n_2		
5	10	K_1	1.65
		K_2	1.24
		K_3	1.58

注：n_1——第一次样本容量；n_2——第二次样本容量；K_1——第一次抽样接收常数；K_2——第一次抽样拒收常数；K_3——第二次抽样接收常数。

表 4-22　　地线绝缘子型式试验项目

序号	试验名称	试品数量(只)	试验方法
1	尺寸及爬电距离检查	5	GB/T 775.1
2	电极装配试验	5	第 6.1 条
3	螺栓扭矩试验	5	第 6.2 条
4	锌层试验		JB/T 8177
5	工频湿耐受电压试验	3	GB/T 775.2
6	打击负荷试验		GB 1001
7	残留机械破坏负荷试验	25	第 6.5 条
8	热机试验	14	JB/T 3568
9	温度循环试验	12	GB/T 775.1
10	一小时机电负荷试验	经项 9 后 12	GB/T 775.3
11	机电破坏负荷试验	经项 10 后 7	
12	工频击穿电压试验	经项 10 后 5	GB/T 775.2
13	孔隙性试验	经项 11 后瓷块 7	GB/T 775.1
14	去掉上电极的地线绝缘子的工频闪络电压试验	3	GB/T 775.2
15	工频干放电电压试验		部分相关内容
16	工频湿放电电压试验	经项 15 后 3	部分相关内容
17	熄灭电感性工频电流试验	经项 16 后 3	部分相关内容
18	熄灭电容性工频电流试验	经项 17 后 3	
19	耐弧能力试验	经项 18 后 1	部分相关内容

6. 包装与标志

绝缘子和电极可以分开包装，包装中应附有安装使用说明书。制造厂应保证在运输中不致因包装不良而损坏。

绝缘子瓷件上，应按图样规定的部位清晰而牢固地标出制造厂商标、绝缘子额定机电破坏负荷值(kN)和制造年份。

绝缘子和电极包装体上应注明：

(1)制造厂名称；

(2)绝缘子或电极型号；

(3)绝缘子或电极数量；

(4)包装体总重量；

(5)“小心轻放”、“瓷件”等字样或指示标记。

7. 选用指南提示

《高压架空线路绝缘地线用盘形悬式瓷绝缘子》(JB/T 9680—1999)适用于交流高压架空送电线路中绝缘地线用的地线绝缘子。其安装地点的环境温度应在−40～+40℃之间，海拔不超过1000m。

不适用于对瓷件和金属附件有严重腐蚀的环境中使用的地线绝缘子。

四、低压布线用绝缘子(JB/T 10585.3—2006)

1. 产品分类及结构形式

产品分类及结构形式见表4-23。

表4-23 产品分类及结构形式

序号	项目	内容
1	产品分类	绝缘子按其结构型式分为低压布线用鼓形绝缘子(见图4-4和图4-5，简称鼓形绝缘子)、低压布线用瓷夹板(见图4-6和图4-7，简称瓷夹板)、低压布线用瓷管(见图4-8和图4-9，简称瓷管)
2	绝缘子结构形式	绝缘子的形状及其主要尺寸应分别符合图4-4～图4-10及表4-22～表4-24的规定。绝缘子瓷件偏差应符合《低压绝缘子瓷件技术条件》(JB/T 10583—2006)和相关图样的规定

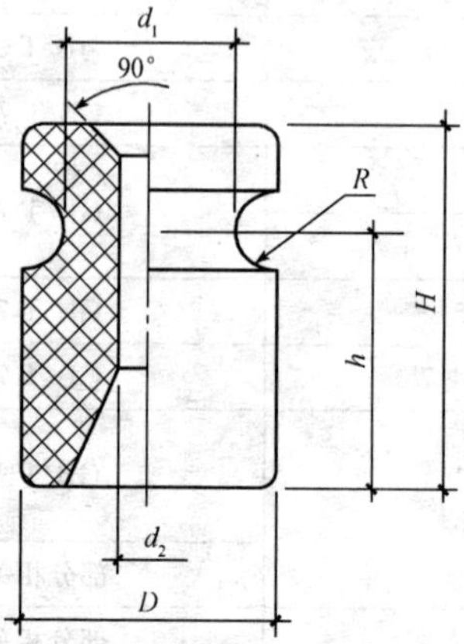

图4-4 鼓形绝缘子(一)

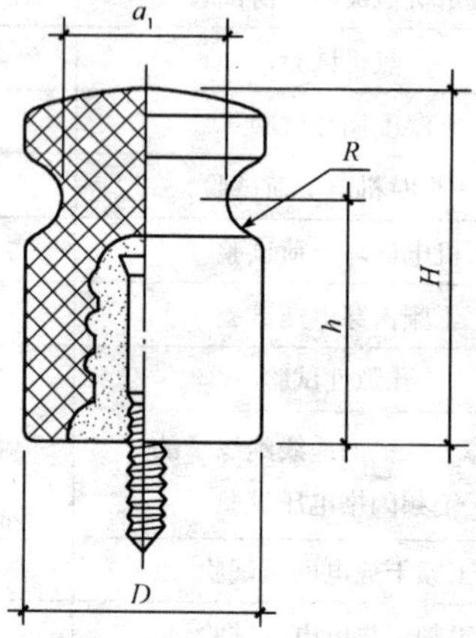

图4-5 鼓形绝缘子(二)

表4-24 鼓形绝缘子主要尺寸 mm

型号	图号	H	h	D	d_1	d_2	R
G-25	1	25	15	22	16	7	3
G-38	1	38	25	30	20	8	5
G-50	1	50	35	36	24	9	6
G-60	1	60	40	45	30	10	7.5
GK-50	2	50	35	35	24	—	6

注：G表示低压布线用鼓形绝缘子；

K表示胶装木螺钉；

“—”后数字为瓷件高度，单位为mm。

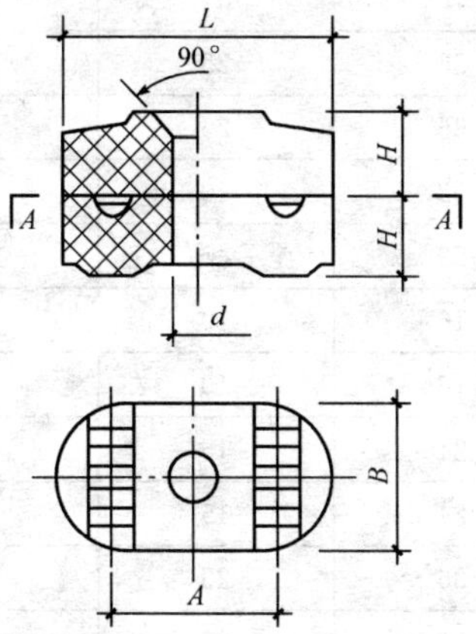

图 4-6　瓷夹板(一)

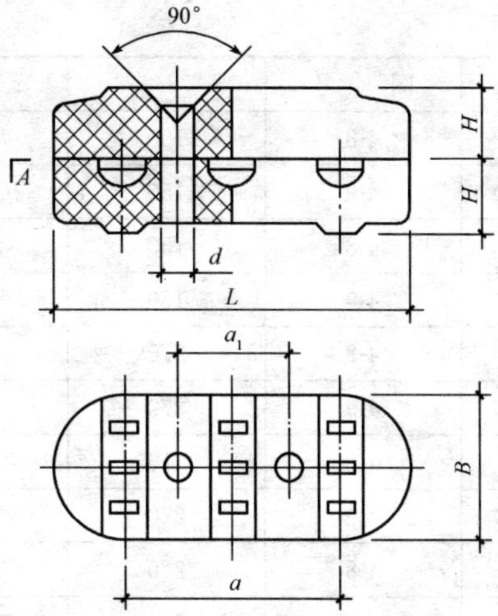

图 4-7　瓷夹板(二)

表 4-25　瓷夹板主要尺寸　mm

型号	图号	H	L	B	d_1	a	a_1
N—240—1	4-6	10	40	20	6	—	—
N—240—2	4-6	10	40	20	6	25	—
N—250—1	4-6	12	50	22	7	—	—
N—250—2	4-6	12	50	22	7	28	—
N—376—1	4-7	15	76	30	7	—	24
N—376—2	4-7	15	76	30	7	46	24

注:N 表示低压布线用瓷夹板;

第一个"—"后数字:首位数为线槽数,后两位数为瓷夹板长度,单位为 mm;

第二个"—"后数字:"1"为上瓷件;"2"为下瓷件。

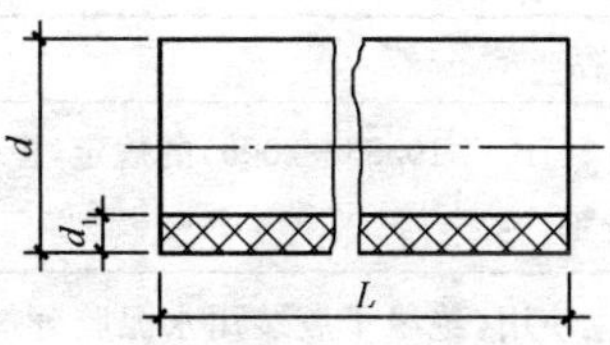

图 4-8　瓷管(一)

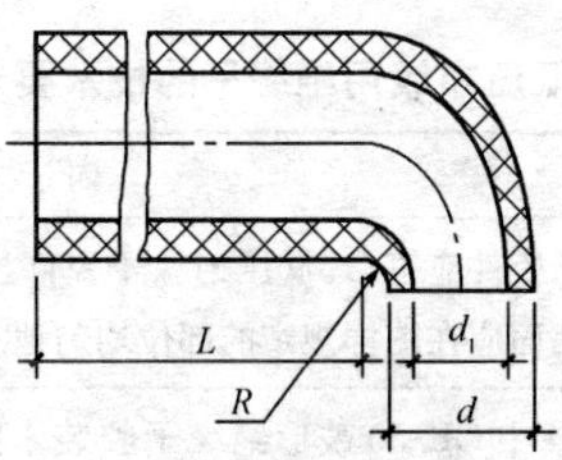

图 4-9　瓷管(二)

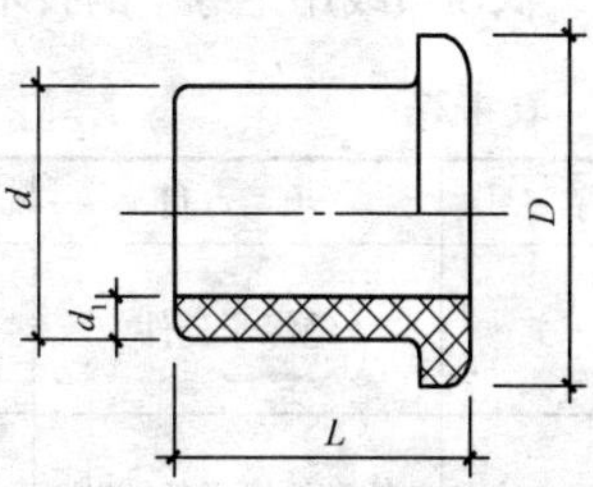

图 4-10　瓷管(三)

表 4-26　瓷管主要尺寸　mm

型　号	图　号	L	D	d	d_1	R
U-10-150	4-8	150	—	16	10	—
UW-10-150	4-9	150	—	16	10	4
U-15-150	4-8	150	—	24	15	—
UW-15-150	4-9	150	—	24	15	4

（续）

型 号	图 号	L	D	d	d_1	R
U-25-150	4-8	150	—	36	25	—
UW-25-150	4-9	150	—	36	25	6
U-40-150	4-8	150	—	52	40	—
UW-40-150	4-9	150	—	52	40	6
U-10-270	4-8	270	—	16	10	—
UW-10-270	4-9	270	—	16	10	4
U-15-270	4-8	270	—	24	15	—
UW-15-270	4-9	270	—	24	15	4
U-25-270	4-8	270	—	36	25	—
UW-25-270	4-9	270	—	36	25	6
U-40-270	4-8	270	—	52	40	—
UW-40-270	4-9	270	—	52	40	6
UB-10-30	4-10	30	26	16	10	—
UB-15-30	4-10	30	34	24	15	—
UB-25-30	4-10	30	48	36	25	—
UB-40-30	4-10	30	66	52	40	—

注：U 表示低压布线用直瓷管；
UW 表示低压布线用弯头瓷管；
UB 表示低压布线用包头瓷管；
第一个“－”后数字为瓷管内径，单位为 mm；
第二个“－”后数字为瓷管长度，单位为 mm。

2. 技术要求

低压布线用绝缘子的技术要求见表 4-27。

表 4-27　低压布线用绝缘子的技术要求

序 号	项 目	内 容
1	绝缘子瓷件	绝缘子瓷件应符合《低压绝缘子瓷件技术条件》(JB/T 10583—2006)的规定，瓷件的外露表面应在图样规定的部位均匀地上一层瓷釉
2	鼓形绝缘子的胶装	表 4-24 中 GK-50 鼓形绝缘子胶装木螺针时应使用《绝缘子胶装用水泥胶分剂》(JB/T 4307—2004)中规定的Ⅰ类水泥胶合剂或硫磺石墨胶合剂进行胶装。
3	绝缘子的电气性能	绝缘子应能耐受 2kV 工频电压的试验而不击穿或闪络，试验时间为 1min
4	绝缘子温度循环试验	绝缘子应能耐受三次冷热温差为 70K 的温度循环试验而不损坏。绝缘子在冷水和热水中停留时间各为 15min
5	绝缘子孔隙性试验	绝缘子瓷件剖面应均匀致密，且无气孔，经孔隙性试验后不应有任何渗透现象。试验的压力与时间的乘积为 180MPa・h
6	绝缘子瓷件的吸水率	干法成形瓷件的吸水率不应超过 0.8％
7	其他	未规定的其他要求，应符合供需双方协议的规定

3. 试验方法

低压布线用绝缘子的试验方法见表 4-28。

表 4-28　低压布线用绝缘子的试验方法

序　号	项　　目	内　　容	
1	外观和尺寸检查	外观质量检查	外观检查以目力观察方法进行，必要时使用量具，如绝缘件表面有细小气泡或颜色不均而不能判断绝缘体是否良好时，应选出具有上述缺陷的代表性产品进行剖面检查或作孔隙性试验，如剖面检查发现瓷质不致密（有大量气孔）或孔隙性试验有渗透现象时，则具有这种缺陷的产品为不符合要求的产品
		尺寸检查	检查时应采用游标卡尺、直尺等标准量具或特制量具进行测量。量具的精确度一般应不低于 0.5mm，对于尺寸偏差要求比较精确的产品，应采用与精确度相适应的量具
2	工频耐受电压试验	试品与试品安装	试品应干燥而洁净，并按图 4-11～图 4-13 的规定安装，用直径为 4mm、长度不小于 150mm 的裸导线（对瓷管采用金属链条）作为高压电极
		试验条件和试验程序	试验的一般条件和试验程序按《低压绝缘瓷件技术条件》（JB/T 10583—2006）中相关的规定进行
3	其他试验	温度循环试验	试验应按《标称电压高于 1000V 的架空线路绝缘子　第 1 部分：交流系统用瓷或玻璃绝缘子元件　定义、试验方法和判定准则》（GB/T 1001.1—2003）中第 24 章的规定进行
		孔隙性试验	试验应按《标称电压高于 1000V 的架空线路绝缘子　第 1 部分：交流系统用瓷或玻璃绝缘子元件　定义、试验方法和判定准则》（GB/T 1001.1—2003）中第 26 章的规定进行
		吸水率试验	试验应按《低压绝缘瓷件技术条件》（JB/T 10583—2006）中 6.6 的规定进行

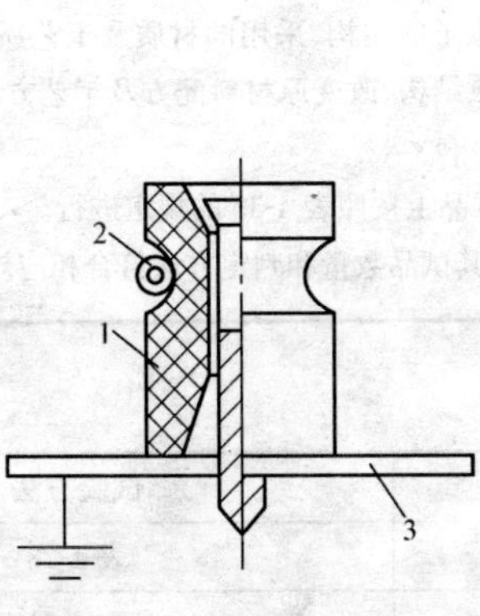

图 4-11　试品安装（一）

1—试品；2—裸导线；3—接地金属板

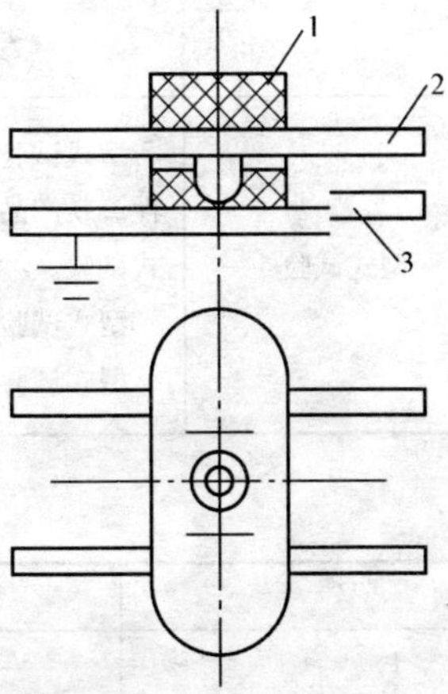

图 4-12　试品安装（二）

1—试品；2—裸导线；3—接地金属板

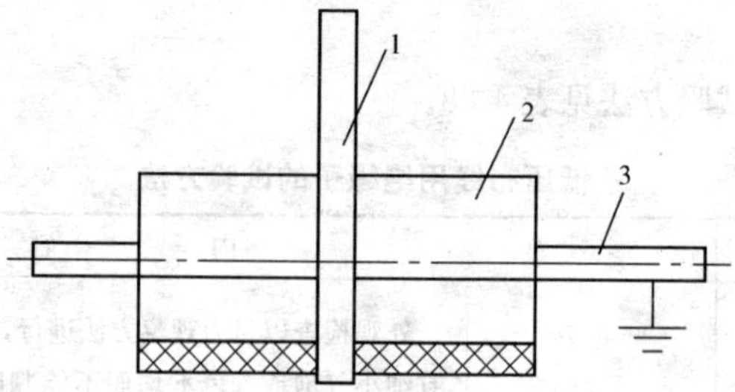

图 4-13 试品安装(三)

1—高压电极;2—试品;3—接地金属杆

4. 绝缘子的检验

低压布线用绝缘子的检验方法见表 4-29。

表 4-29 低压布线用绝缘子的检验方法

序号	项目	内容	
1	逐个试验	绝缘子应按表 4-30 规定逐个进行检验。如果发现有绝缘子不符合表 4-30 中规定的任何一项要求,则此绝缘子不符合要求	
2	抽样试验	抽样方案	绝缘子抽样试验采用计件二次抽样方案。样品数量按表 4-31 查出样本容量字码,然后按表 4-31 的规定查出样品数量。对尺寸的检查水平规定为 S-4,其余试验项目为 S-3。 接收质量水平(AQL):对尺寸为 6.5%,其余试验项目为 4.0%。按各接收质量水平确定的判定数,按照《低压绝缘子瓷件技术条件》(JB/T 10583—2006)中表的规定
		试验项目的结果制作	绝缘子抽样试验项目规定见表 4-32。抽样试验的各项按各该项的样本容量进行试验,试验后按《低压绝缘子瓷件技术条件》(JB/T 10583—2006)中相关的规定,对各试验项目进行结果判定。 如果所有各项均符合要求,则接收该批产品。如果有一项及以上试验项目不符合要求,则拒收该批产品。但若仅尺寸检查不合格,允许进行逐个剔选
3	型式试验	型式试验的目的是用来检验由绝缘子的结构、采用的材质及工艺所决定的主要特性。新产品试制定型或正常产品修改结构、改变原材料配方及工艺方法时,应进行型式试验。 型式试验应在经逐个试验合格的试品上按照表 4-33 的规定进行。 型式试验采用计件一次抽样方案,其试品数量和判定方法符合相应规定	

表 4-30 绝缘子逐个试验项目

项号	试验项目名称	试验方法
1	外观质量检查	表 4-28
2	尺寸检查	表 4-28

注:项 2 检查的尺寸:对鼓形绝缘子为 d_2,对瓷夹板为 d,对瓷管为 d_1。

表 4-31　　批量与样本容量字码

批量 n/只	检查水平	
	S-3	S-4
$n \leqslant 500$	D	F
$500 < n \leqslant 1200$	E	F
$1200 < n \leqslant 3200$	E	G
$3200 < n \leqslant 10000$	F	G
$n > 10000$	F	H

表 4-32　　绝缘子抽样试验项目

项　号	试验项目名称	试品数量
1	尺寸检查	按检查水平抽出的试品
2	温度循环试验	按检查水平抽出的试品
3	孔隙性试验①	经项目 2 试验后的瓷块，每只试品取一块
4	吸水率试验②	经项目 2 试验后的瓷块，每只试品取一块

注：项 2 试验的试品在经项 1 检查后的试品中按检查水平抽取试品。

①干法成型产品不做此项试验。

②仅干法成型产品做此项试验。

表 4-33　　绝缘子型式试验项目

项　号	试验项目名称	试品数量
1	外观质量检查	13 只
2	尺寸检查	经项 1 检查后的全部
3	工频耐受电压试验	经项 2 检查后的 5 只
4	温度循环试验	经项 2 检查后的 8 只
5	孔隙性试验①	经项 4 试验后的瓷块 5 块
6	吸水率试验②	经项 4 试验后的瓷块 5 块

注：①干法成型产品不做此项试验。

②仅干法成型产品做此项试验。

5. 包装标志与运输保管

(1)绝缘子的包装。绝缘子的包装应符合《绝缘子　产品包装》(JB/T 9673—1999)规定。

(2)绝缘子的标志。绝缘子包装箱上应标明：

1)产品名称、制造厂名称和制造年份；

2)绝缘子规格、产品型号(或代号)；

3)绝缘子的数量和重量；

4)符合《包装储运图示标志》(GB/T 191—2008)规定的“易碎物品”、“禁止翻滚”标志图形。

(3)随产品提供的技术文件。

1)包装清单；

2)产品质量出厂检查合格证书；

3)安装、使用说明书。

(4)运输保管。包装件在装卸时应小心轻放，并按标记规定的方向堆放，避免碰撞和冲击，在运输时严禁与酸碱等腐蚀性物品放在同一车厢内运输。

6. 选用指南提示

《低压电力线路绝缘子　第3部分：低压布线用绝缘子》(JB/T 10585.3—2006)适用于工频交流或直流额定电压低于1000V的户内配电线路中作绝缘和固定导线用的瓷绝缘子(以下简称绝缘子)。不适用于有破坏瓷和釉的介质中使用的绝缘子。

第二节　高压电器器材

一、断路器

1. 基本功能

主要用于承载、关合和开断规定的异常电流，作为高压线路过载、短路、漏电或欠电压保护；在规定时间内，自动切断故障线路。也可用于承载、关合和开断运行线路的正常电流，用作不频繁、带负荷接通和分断电路。是高压电路中的一种主要配电电器，是电力系统保护和操作的重要电气装置。

2. 分类、型号与特点

(1)高压断路器的分类。高压断路器主要按灭弧介质分类，有油断路器、空气断路器、六氟化硫断路器、磁吹断路器和真空断路器等。

(2)高压断路器的型号。高压断路器的型号表示方法和含义说明如图4-14所示。

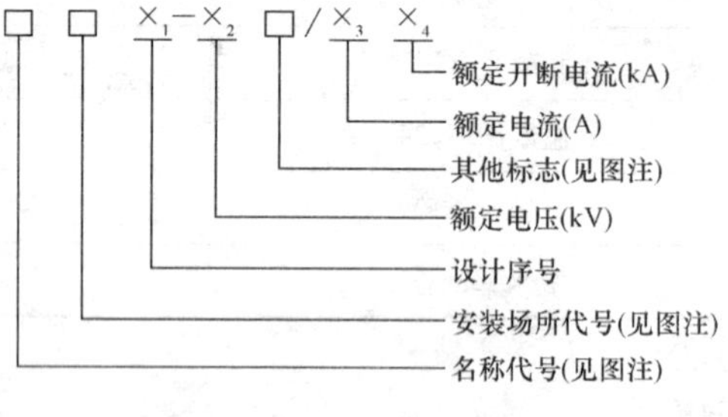

图4-14　型号表示方法和含义

注：1. 名称代号：S为少油式，D为多油式，Z为真空式，Q为产气式，K为空气式，C为磁吹式，L为六氟化硫式。

2. 安装场所代号：N为户内式，W为户外式。

3. 其他标志：Ⅰ、Ⅱ——同型系列中不同规格或派生品种；

G——改进型；

C——手车型；

D——带有电磁操动机构。

(3)常用高压断路器的特点。常用高压断路器各基本类型的结构与特点见表4-34。

表 4-34　　常用高压断路器结构与特点

序号	断路器基本类型	结　构	特　点
1	多油断路器	以变压器油为灭弧介质和绝缘介质的断路器	用油量多，防火、防爆性能差
2	少油断路器	以变压器油为灭弧介质而不作绝缘介质的断路器	用油量少，结构简单可靠，具有防火、防爆的优点
3	空气断路器	以压缩空气为灭弧介质和绝缘介质的断路器	其优点是介质无毒，无火灾危险，动作快，单断口开断能力强。且适于低温地区的环境条件。其缺点是噪声大、元件多，需要压缩空气辅助体系，价格贵，事故率也较高
4	磁吹断路器	利用磁吹原理灭弧的断路器	以其无油、无火灾危险，能适应频繁操作的优点而应用，但它的开断能力和电压等级不高，且价格较贵，逐渐被 SF_6 或真空断路器所取代
5	SF_6 断路器	以 SF_6 气体为灭弧介质或同时兼作绝缘介质的断路器	其单断口电压高于其他类型的断路器。在超高压断路器中，SF_6 断路器的元件数量少，可靠性高，开断能力强，检修周期长，无火灾危险，因而发展迅速
6	真空断路器	利用真空条件灭弧的断路器	在额定短路开断电流下能连续开断数十次甚至上百次，其灭弧部分不需检修，并无火灾危险，在中压系统中应用广泛

3. 主要技术数据

常用高压断路器的主要技术数据见表 4-35～表 4-37。

表 4-35　　SN10-10 系列少油断路器技术数据

型号	电压/kV		额定电流/A	额定断流容量/MVA		额定开断电流/kA		最大关合电流/kA		热稳定电流/kA			固有分闸时间/s	合闸时间/s
	额定	最大		6kV	10kV	6kV	10kV	峰值	有效值	1s	4s	5s		
SN2-10	10		400 600 1000	200	350	20	20	52	30	30		20	0.1	0.23
SN4-10G	10	11.5	5000 6000		1800		105	300	173	173		120	0.15	0.65
SN3-10	10	11.5	2000 8000		400 400	23 24		75	43.5	43.5		30	0.14	0.5
SN10-10Ⅰ	10	11.5	630 1000			20	16	40 (50)			16 (20)		0.06	0.2
SN10-10Ⅱ			1000				31.5	79			31.5			
SN10-10Ⅲ			1250 2000 3000				43 (31.5)	130			43		0.06 0.07 0.09	
SNll-10	10	11.5	600 1000		350		20	52	30	30		20	0.05	0.23

注：SN10-10Ⅰ最大关合电流：10kV 时为 40kA，6kV 时为 50kA；
热稳定电流：10kV 时为 16kA，6kV 时为 20kA。

表 4-36　　SF_6 断路器的技术数据

型号	额定电压/kV	最高工作电压/kV	额定电流/A	额定短路开断电流/kA	额定关合电流（峰值）/kA	4S热稳定电流/kA	电寿命（开断额定短路电流次数）	机械寿命（操作次数）	额定绝缘水平/kV		SF_6 气体工作压力（20℃）/MPa	
									工频耐压 1min	雷电冲击全波	额定	最低
LW-10	10	11.5	200 400 630	6.3、8 12.5、16	16、20 31.5、40	6.3、8、 12.5、16	30.15	3000	42	75	0.35	0.25
LN2-10	10	12	1250	25	63	25	10	10000	42	75	0.55	0.5
LN2-35	35	40.5	1250	16	40	16	8	10000	80	185	0.65	0.59
LW-35	35	40.5	1600	25	63	25	10	3000	80	185	0.45	0.4

表 4-37　　常用真空断路器的技术数据

型　　号	额定电压/kV		额定电流/A	额定开断电流/kA	最大关合电流峰值/kA	热稳定电流/kA	额定短路电流开断次数/次	机械寿命/次	合闸时间/s	固有分闸时间/s
	额定	最大								
ZN12-10Ⅰ	10	11.5	1250	31.5	80	(4s)31.5	50	10000	≤0.075	≤0.065
ZN12-10Ⅱ	10	11.5	1600	31.5	80	(4s)31.5	50	10000	≤0.075	≤0.065
ZN12-10Ⅲ	10	11.5	2000	31.5	80	(4s)31.5	50	10000	≤0.075	≤0.065
ZN12-10Ⅳ	10	11.5	2500	31.5	80	(4s)31.5	50	10000	≤0.075	≤0.065
ZN12-10Ⅴ	10	11.5	1600	40	100	(3s)40	30	10000	≤0.075	≤0.065
Z12-10Ⅵ	10	11.5	2000	40	100	(3s)40	30	10000	≤0.075	≤0.065
ZN12-10Ⅶ	10	11.5	3150	40	100	(3s)40	30	10000	≤0.075	≤0.065
ZN12-10Ⅷ	10	11.5	1600	50	125	(3s)50	8	6000	≤0.075	≤0.065
ZN12-10Ⅸ	10	11.5	2000	50	125	(3s)50	8	6000	≤0.075	≤0.065
ZN12-10Ⅹ	10	11.5	3150	50	125	(3s)50	8	6000	≤0.075	≤0.065
ZN-10c/630	10	11.5	630	20	50	(4s)20			≤0.15	≤0.06
ZN-10c/1250	10	11.5	1250	31.5	80	(4s)31.5			≤0.15	≤0.06
ZN-10c/1600	10	11.5	1600	40	100	(4s)40			≤0.15	≤0.06
ZN-10c/2000	10	11.5	2000	31.5	80	(4s)31.5			≤0.15	≤0.06
ZN-10c/3150	10	11.5	315D	40	100	(48)40			≤0.15	≤0.06
ZW-10/630-16	10	11.5	630	16	40	(48)16	30	10000		
ZN12-35/1250	35	40.5	1250	25	63	(4s)25	20	10000	≤0.09	≤0.075
ZN12-35/2000	35	40.5	2000	31.5	80	(4s)31.5	20	10000	≤0.09	≤0.075

4. 订购要点

高压断路器的订购要点见表 4-38。

表 4-38　订购要点

序　号	项　目	内　容
1	电力系统的细节	电力系统的细节，即系统标称电压和最高运行电压，频率、相数和中性点接地的详情
2	运行条件	包括最低和最高周围空气温度，后者是否高于额定值；海拔是否超过 1000m；以及可能存在或出现的任何特殊条件，例如过度地暴露在水蒸气、湿气、烟雾、爆炸性气体、过量的灰尘或含盐的空气中的条件
3	操动机构	断路器操动机构及其专用附属装置的特性，包括： (1)操作方式：手力的还动力的。 (2)备用的辅助开关的数量和型式。 (3)额定电源电压和额定电源频率
4	其他	除上述内容外，应提供可能影响投标或订货的特殊条件的资料

二、高压交流隔离开关和接地开关(GB 1985—2004)

1. 额定值

高压系统隔离开关和接地开关额定值见表 4-39。

表 4-39　额定值

序号	项　目	内　容
1	额定电压(U_r)	《高压开关设备和控制设备标准的共用技术条件》(GB/T 11022—1999)的 4.1 适用
2	额定绝缘水平	《高压开关设备和控制设备标准的共用技术条件》(GB/T 11022—1999)的 4.2 适用，并作如下补充： 对于隔离断口与底座平行且与接地开关组合成一体的隔离开关，如果最小间隙下的 1min 工频耐受电压不低于试验电压的施加和试验状况中的规定，则认为当接地刀与对面的隔离开关带电部分暂时接近过程中满足了安全要求。 注1. 除了仅配人力操动机构的接地开关操作的短时间内之外，绝缘强度的暂时降低不是安全要求的普遍问题。正因为如此，且不考虑老化，降低的绝缘强度是可以接受的。因为在接地过程中雷电和操作冲击发生的概率很低，所以不要求进行冲击电压试验。 2. 对仅配人力操动机构的接地开关，如果国家安全规程规定了更高的耐受电压值，则可以由用户与制造厂之间协商。 3. 如果最小的暂时电气间隙大于《绝缘配合　第 2 部分：高压输变电设备的绝缘配合使用导则》(GB/T 311.2—2002)中给出的电气间隙，则不需要试验
3	额定频率(f_r)	《高压开关设备和控制设备标准的共用技术条件》(GB/T 11022—1999)的 4.3 适用
4	额定电流和温升	《高压开关设备和控制设备标准的共用技术条件》(GB/T 11022—1999)的 4.4 适用。本条款一般仅适用于隔离开关。 注：根据隔离开关主电流路径的形状、结构和材料，应考虑集肤效应，因为经验表明，矩形导体在 60Hz 下运行时的温升与 50Hz 相比偏差大于 5%

（续一）

序号	项　目	内　容
5	额定短时耐受电流（I_k）	《高压开关设备和控制设备标准的共用技术条件》(GB/T 11022—1999)的 4.5 适用，并作如下补充： 如果接地开关和隔离开关组合成一体，除非另有规定，接地开关的额定短时耐受电流至少应等于隔离开关的规定值
6	额定峰值耐受电流（I_p）	《高压开关设备和控制设备标准的共用技术条件》(GB/T 11022—1999)的 4.6 适用，并作如下补充： 如果接地开关和隔离开关组合成一体，除非另有规定，接地开关的额定峰值耐受电流至少应等于隔离开关的规定值
7	额定短路持续时间（t_k）	《高压开关设备和控制设备标准的共用技术条件》(GB/T 11022—1999)的 4.7 适用，并作如下补充： 除非另有规定，接地开关短时耐受电流的额定持续时间为 2s
8	合闸和分闸装置及辅助和控制回路的额定电源电压（U_a）	《高压开关设备和控制设备标准的共用技术条件》(GB/T 11022—1999)的 4.8 适用
9	合闸和分闸装置及辅助回路的额定电源频率	《高压开关设备和控制设备标准的共用技术条件》(GB/T 11022—1999)的 4.9 适用
10	绝缘和/或操作用压缩气源的额定压力	《高压开关设备和控制设备标准的共用技术条件》(GB/T 11022—1999)的 4.10 适用
11	额定短路关合电流	对具有额定短路关合电流的接地开关，应能在任何外施电压直到并包括其额定电压，任何电流直到并包括其额定短路关合电流下关合。 如果接地开关具有额定短路关合电流，它应等于额定峰值耐受电流
12	额定接触区	制造厂应规定接触区的额定值（用 x_r、y_r 和 z_r 来表示）。表 4-40 和表 4-41 中的值仅供参考。额定值应从制造厂获得。接触区也与静触头允许的角度偏移有关。 为使隔离开关或接地开关有正确的功能，用户在确定变电站设计和绝缘子的抗弯强度时，应考虑到运行条件，确保静触头在这些限值内
13	额定端子机械负荷	额定端子机械负荷应由制造厂规定。 隔离开关和接地开关在承受其额定端子静态机械负荷时应能合闸和分闸。 在最不利的条件下，隔离开关或接地开关的端子允许承受的最大端子静态机械负荷是该隔离开关的额定端子静态机械负荷。 推荐的额定端子静态机械负荷在表 4-42 中给出。而且将它们作为指南使用。 隔离开关或接地开关的端子允许承受的最大外部动态机械负荷是该隔离开关的额定动态机械负荷。 短路条件下，隔离开关和接地开关应能承受其额定端子动态机械负荷。 隔离开关或接地开关的端子机械负荷的额定值，不仅取决于它的设计，而且取决于它所用的绝缘子的强度。 绝缘子所需的弯曲强度应该计算。计算时应考虑绝缘子上面的端子所处的高度以及作用在绝缘子上的附加力

（续二）

序号	项目	内容
14	隔离开关和接地开关机械寿命的额定值	根据制造厂规定的维修方案，隔离开关应能完成表4-43规定次数的操作。 接地开关的机械寿命按表4-43规定次数的操作
15	接地开关电寿命的额定值	接地开关的电寿命有三个等级： (1)无短路关合能力的接地开关定为E0级； (2)具有短路关合能力的接地开关定为E1级(这种接地开关具有两次关合操作的关合能力)； (3)具有五次关合操作的短路关合能力的接地开关定为E2级

表4-40　静触头由软导线支承时推荐的接触区

额定电压U_t/kV	x/mm	y/mm	z_1/mm	z_2/mm
72.5	100	300	200	300
126	100	350	200	300
252	200	500	250	450
363	200	500	300	450
550	200	600	400	500

注：x为支承导线纵向位移的总幅度(温度的影响)；

y为水平总偏移(与支承导线垂直方向的偏移)(风的影响)；

z为垂直偏移(温度和冰的影响)。

静触头由软导线固定时，z_1值适用于短跨档，z_2值适用于长跨档。

表4-41　静触头由硬导线支承时推荐的接触区

额定电压U_τ/kV	x/mm	y/mm	z/mm
72.5,126	100	100	100
252,363	150	150	150
550	175	175	175
800	200	200	200

注：x为支承导线纵向位移的总幅度(温度的影响)；

y为水平总偏移(与支承导线垂直方向的偏移)(风的影响)；

z为垂直偏移(冰的影响)。

表4-42　推荐的额定端子静态机械负荷

额定电压U_τ/kV	额定电流/A	双柱式或三柱式隔离开关		单柱式隔离开关		垂直力F_c①/N
		水平纵向负荷F_{a1}和F_{a2}/N	水平横向负荷F_{b1}和F_{b2}/N	水平纵向负荷F_{a1}和F_{a2}/N	水平横向负荷F_{b1}和F_{b2}/N	
		图5-5		图5-6		
12		500	250			300
40.5 72.5	≤1250	750	400	800	400	500
	≥1600	750	500	800	500	750

（续）

额定电压 U_r/kV	额定电流/A	双柱式或三柱式隔离开关		单柱式隔离开关		垂直力 F_c①/N
		水平纵向负荷 F_{a1}和F_{a2}/N	水平横向负荷 F_{b1}和F_{b2}/N	水平纵向负荷 F_{a1}和F_{a2}/N	水平横向负荷 F_{b1}和F_{b2}/N	
		图 5-5		图 5-6		
126	≤2500	1000	750	1000	750	1000
	≥3150	1250	750	1250	750	1000
252	≤1600	1500	1000	2000	1500	1000
	≥2000	1500	1000	2000	1500	1250
363	≤2500	1500	1000	2000	1500	1250
	≥3150	1500	1000	2000	1500	1500
550	≤3150	2000	1500	3000	2000	1500
	4000	2000	1500	4000	2000	1500
800	≤3150	2000	1500	3000	2000	1500
	4000	2000	1500	4000	2000	1500

注：①F_c是模拟由连接导线的重量引起的向下的力。软导线的重量已计入纵向或横向力中。

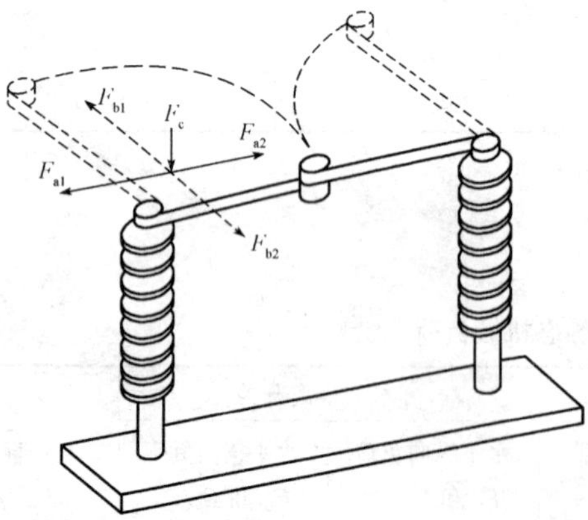

图 4-15　双柱式隔离开关施加额定端子机械负荷的例子

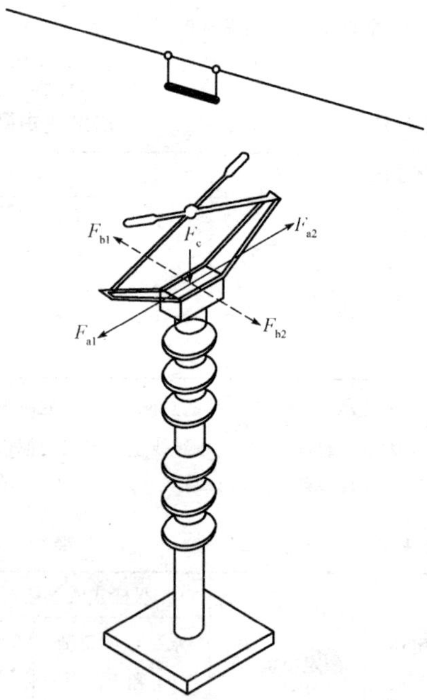

图 4-16　摺架式隔离开关施加额定端子机械负荷的例子

注：摺架的上方是静触头

表 4-43　　隔离开关的机械寿命分类

等　　级	隔离开关的类型	操作循环的次数
M0	标准隔离开关（基本的机械寿命）	1000
M1	与同等级的断路器关联操作的隔离开关（延长的机械寿命）	2000
M2	与同等级的断路器关联操作的隔离开关（延长的机械寿命）	10000

2. 选用导则

隔离开关和接地开关的选用导则见表 4-44。

表 4-44　　选用导则

序　　号	项　　目	内　　容
1	正常运行条件下额定值的选择	如果适用，隔离开关或接地开关应采用相关内容中给出的所有特性和等级，并和下列条款结合起来考虑
2	额定电压和额定绝缘水平的选择	选择隔离开关或接地开关的额定电压至少应等于它们的安装地点的系统最高电压。 隔离开关或接地开关的额定电压应从《高压开关设备和控制设备标准的共用技术条件》(GB/T 11022—1999)的 4.1 和 4.2 给出的标准值及其相应的绝缘水平中选取。 应从《高压开关设备和控制设备标准的共用技术条件》(GB/T 11022—1999)的表 1、表 2 和其他相关内容中选取隔离开关和接地开关的绝缘水平。对于要求高于这些表中给出的绝缘水平的安装地点的隔离开关或接地开关，应在询问单中规定
3	额定电流的选择	隔离开关的额定电流应当从《高压开关设备和控制设备标准的共用技术条件》(GB/T 11022—1999)的 4.4.1 给出的标准值中选取。 应当注意隔离开关没有标准化的持续过电流能力。因此，选择隔离开关时，应使其额定电流适应于运行中可能出现的任何负载电流。在有频繁和严重的间歇过电流的场所，应向制造厂咨询。 注：不言而喻，额定电流是隔离开关除了罕见的使用情况之外能够连续承载的电流。此类情况可能遇到，例如，对于发电机隔离开关，它就可能在电流接近额定电流下处于合闸位置很长时间工作而不进行操作，且周围空气温度较高。在此情况下，应向制造厂咨询
4	额定接触区的选择	额定接触区应按额定接触区的要求来选择。 选择额定接触区时，用户应验证在下述附加的约束条件（如适用），在其特定用途时不超过制造厂规定的额定接触区： (1)由作用在与工作母线垂直的其他相连的元件上的风力和由设备位移产生的纵向偏移； (2)由与工作母线垂直的其他相连的元件上的风力和由设备位移产生的横向偏移； (3)由挂在母线上的其他垂直负荷和与母线连接的其他设备的操作所施加的操作负荷产生的垂直偏移

（续一）

序　号	项　目	内　容
5	额定端子机械负荷的选择	额定端子静态和动态机械负荷应按额定端子机械负荷的要求和端子机械负荷的定义来选择。在规定额定端子负荷时，用户应考虑最不利的条件。 注：建议按下列条件来计算要求的端子静态机械负荷： (1)规定的最低周围空气温度； (2)－10℃＋冰载＋风载； (3)－5℃＋风载(热带地区)。 在计算要求的端子静态和动态机械负荷和要求的绝缘子的强度时，应考虑由与隔离开关或接地开关连接的导线产生的力，包括导线上由风和冰(如适用)产生的力
6	72.5kV及以上隔离开关母线转换电流开合能力的选择	尽管按隔离开关的定义，仅在开断或关合的电流可忽略时，或在隔离开关每极的端子之间的电压没有显著的变化时，才能开断和关合回路，但在某些使用场合，隔离开关用来将负载从一个母线系统转换到另一个母线系统。即使母线联结处于合闸位置，对于隔离开关，负载转换也可能是更严酷或欠严酷的开合操作，这取决于变电站的尺寸和被转换的电流大小
7	72.5kV及以上接地开关感应电流开合能力的选择	接地开关的定义未包括开合能力。当开断或关合的电流可忽略和/或接地开关每极的端子之间的电压很低，以致仅发生可忽略的电弧时，一台标准的接地开关能够从变电站或线路的一个隔离段断开与接通对地的连接。按照隔离开关的定义，认为不超过0.5A的电流是可忽略的电流。 在高电压线路杆塔布置时，有时采用同一线路杆塔上架设多于一个系统的布置。在此情况下，当线路一侧接地或不接地，另一线路与系统连接并可能承载负荷电流时，接地开关必须开合感应电流。接地开关开合的感应电流的大小取决于线路之间的容性、感性耦合因数以及平行系统的电压、负载和长度
8	当地的环境状况	隔离开关和接地开关的正常和特殊使用条件参见《高压开关设备和控制设备标准的共用技术条件》(GB/T 11022—1999)的第2章。 对于隔离开关和接地开关，在某些地区，由于存在烟尘、化学气体、盐雾等，户内和户外污秽条件是不利的。如果知道这些不利条件，应对隔离开关或接地开关所采用的设计和材料给予特殊考虑。 对通常暴露在大气中的绝缘子，要求的爬电距离应按《高压开关设备和控制设备标准的共用技术条件》(GB/T 11022—1999)的5.14来选择。在污秽大气条件下，绝缘子的性能也取决于人工清洗、自然清洗的频繁程度或采取的其他污秽控制措施。 注：如果已通过试验证明瓷绝缘子的设计满足用户的要求，则可采用小于额定电压和最小爬电比距的乘积确定的爬电距离的公称爬电距离。 对端子敞开的户内开关设备，在盐分沉积严重的沿海地区，额定电压40.5kV以上时，推荐使用户外绝缘的开关设备，因为它通常比特殊的户内绝缘更适合。也可用GIS。 如果隔离开关或接地开关安装处的风压超过700Pa时，则应在询问单中明确。 如果隔离开关或接地开关装设在预期覆冰厚度超过1mm的环境下，则应在询问单中明确，并考虑严重冰冻条件的操作的要求
9	地震条件	《高压开关设备和控制设备标准的共用技术条件》(GB/T 11022—1999)的2.2.4适用
10	使用于高海拔地区	《高压开关设备和控制设备标准的共用技术条件》(GB/T 11022—1999)的2.2.1适用

（续二）

序　号	项　目	内　容
11	额定短时耐受电流和额定短路持续时间的选择	《高压开关设备和控制设备标准的共用技术条件》(GB/T 11022—1999)的4.5和4.7适用。 图4-16、图4-17、图4-18中给出的短路试验的布置是最低要求。因为这些试验布置不能排除存在隔离开关承受较高应力的电站设计的情况。 注：电流和时间之间的关系由公式 $I^2 \cdot t$=常数给出
12	额定峰值耐受电流和接地开关的额定短路关合电流的选择	选择的隔离开关或接地开关的额定峰值耐受电流应不小于实际系统中出现的故障电流的最大峰值(按系统时间常数的实际值来考虑)。 应考虑《高压开关设备和控制设备标准的共用技术条件》(GB/T 11022—1999)的4.6的规定。 以上所述也适用于接地开关的额定短路关合电流(如适用)

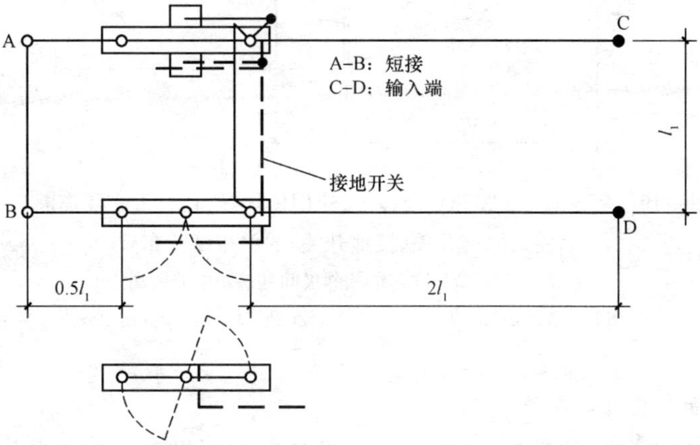

图4-16　额定电压72.5kV及以上、具有水平隔离断口的隔离开关和接地开关的单相试验布置

l_1——制造厂规定的相邻极间的最小中心距离。

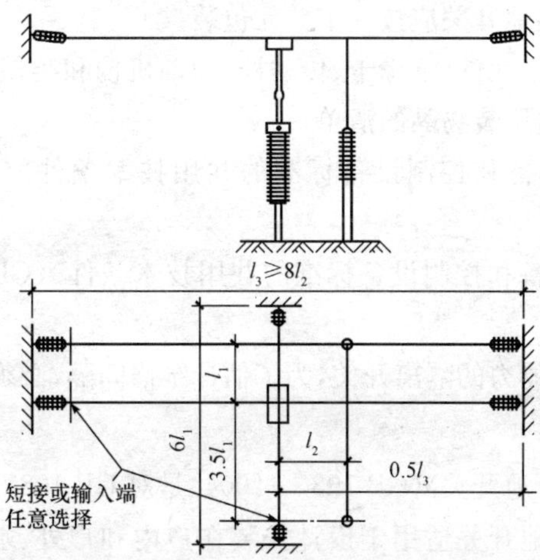

图4-18　额定电压72.5kV及以上、使用软导线、具有垂直隔离断口的单柱式隔离开关(接地开关)的单相试验布置

l_1、l_2——制造厂规定的相邻极间的最小中心距离。

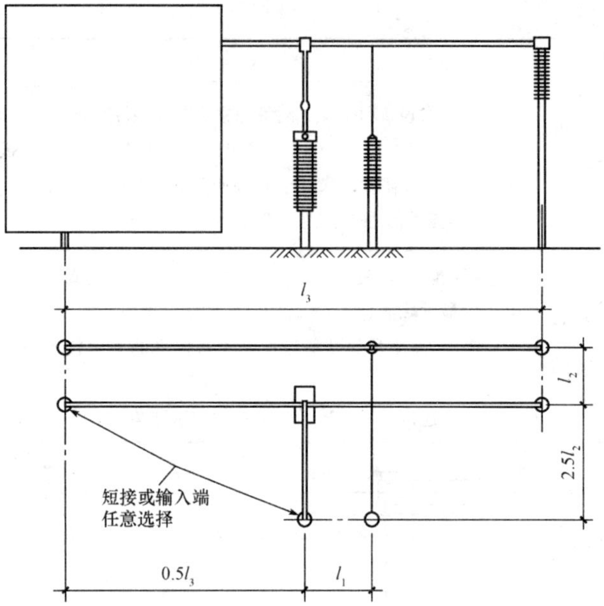

图 4-19 额定电压 72.5kV 及以上、使用硬导线、具有垂直隔离断口的单柱式隔离开关(接地开关)的单相试验布置

l_1、l_2——制造厂规定的相邻极间的最小中心距离。

当 $U_r \leqslant 126$kV 时，$l_3 \geqslant 4l_1$；当 $U_r \geqslant 252$kV 时，$l_3 = 20\text{m} \pm 2\text{m}$。

3. 运输、储存和安装时的条件

(1)运输、储存和安装时的条件。《高压开关设备和控制设备标准的共用技术条件》(GB/T 11022—1999)的 10.1 适用。

(2)安装。《高压开关设备和控制设备标准的共用技术条件》(GB/T 11022—1999)的 10.2 适用，并作如下补充：

只要可行，隔离开关和接地开关应按一个单元包装。

装有多于一个单元或一个元件(绝缘子、传动杆、操动机构和类似元件)的包装箱和板条箱，应清楚地予以标识，并附有箱内所装物品的清单。

(3)运行。《高压开关设备和控制设备标准的共用技术条件》(GB/T 11022—1999)的 10.3 适用。

(4)维修。《高压开关设备和控制设备标准的共用技术条件》(GB/T 11022—1999)的 10.4 适用，并作如下补充：

具有母线转换电流开合能力的隔离开关，为了估计维修间隔，必须考虑操作次数。

4. 选用指南提示

《交流高压隔离开关和接地开关》(GB 1985—2004)是对 GB 1985—1989 的代替。

高压交流隔离开关和接地开关适用于设计安装在户内和户外、端子是封闭和敞开的、额定电压 3.6kV 及以上且运行频率 50Hz 及以下的交流隔离开关和接地开关，也适用于这些隔离开关和接地开关的操动机构及其辅助设备。

三、110kV及以上交流高压负荷开关(GB/T 14810—1993)

1. 相关术语

相关术语见表4-45。

表4-45 相关术语

序号	项 目	内 容
1	并联电抗器负荷开关	指定用于开合并联电抗器,包括从变压器一次侧开合二次侧或三次侧电抗器的一种特殊用途负荷开关
2	线路充电开断路器	在空载情况下,分断架空线路回路时的开断电流
3	母线充电开断电流	在空载情况下,分断母线回路时的开断电流
4	并联电抗器开断电流	分断并联电抗器回路,包括从变压器一次侧开断二次侧或三次侧电抗器时的开断电流
5	额定并联电抗器开断电流	额定并联电抗器开断电流是负荷开关在最高电压下能开断的最大并联电抗器电流。 注:负荷开关能开断的最小并联电抗器开断电流,制造厂应当加以说明

2. 产品分类

110kV及以上交流高压负荷开关的品种分类列于表4-46。

表4-46 110kV及以上交流高压负荷开关的产品分类

分类方式	按用途	按灭弧介质或灭弧方式	按安装场所	按操作频繁程度	按操作方式	按操动机构
种类	1. 通用负荷开关; 2. 专用负荷开关; 3. 特殊用途负荷开关	1. 空气; 2. 六氟化硫; 3. 真空; 4. 油	1. 户外; 2. 户内	1. 一般; 2. 频繁	1. 三极同时操作; 2. 逐极操作	1. 动力; 2. 人力贮能

3. 技术要求

110kV及以上交流高压负荷开关的技术要求见表4-47。

表4-47 110kV及以上交流高压负荷开关的技术要求

序 号	项 目	内 容
1	正常使用条件	按《高压开关设备和控制设备标准的共用技术条件》(GB 11022—1999)第3章规定
2	额定电压	额定电压按表4-48规定
3	额定电流	额定电流从下列值中选取: 400A,630A,1250A,1600A,2000A,2500A。 注:根据需要,对特殊用途的负荷开关可按R10系列选取
4	额定频率	额定频率为50Hz

（续一）

序　号	项　　目	内　　容
5	额定绝缘水平	按《高压开关设备和控制设备标准的共用技术条件》(GB 11022—1999)第 5.4 条规定
6	额定短时耐受电流(额定热稳定电流)	按《高压开关设备和控制设备标准的共用技术条件》(GB 11022—1999)第 5.5 条规定
7	额定短路持续时间(额定热稳定时间)	按《高压开关设备和控制设备标准的共用技术条件》(GB 11022—1999)第 5.6 条规定
8	额定峰值耐受电流(额定动稳定电流)	按《高压开关设备和控制设备标准的共用技术条件》(GB 11022—1999)第 5.7 条规定
9	机构的合闸、分闸和辅助回路的额定电源电压	按《高压开关设备和控制设备标准的共用技术条件》(GB 11022—1999)第 5.8 条的规定
10	操作用压缩空气源的额定气压	按《高压开关设备和控制设备标准的共用技术条件》(GB 11022—1999)第 5.9 条规定
11	负荷开关接线端子额定静拉力	对于接线端子要求承受显著的静拉力的负荷开关，其接线端子静拉力按《高压交流隔离开关和接地开关》(GB 1985—2004)的规定对接线端子不承受显著的静拉力的负荷开关，毋需规定接线端子静拉力
12	通用负荷开关额定参数的配合	(1)额定有功负载开断电流应等于额定电流； (2)额定空载变压器开断电流应等于额定电流的 1%； (3)额定闭环开断电流应等于额定电流； （额定并联变压器开断电流应等于额定电流的 50%）； (4)额定电缆充电开断电流如表 4-49 所示； (5)额定线路充电开断电流如表 4-49 所示； (6)额定短路关合电流应等于额定峰值耐受电流。 额定值的标准数值可从 R10 系列中选择
12	专用和特殊用途负荷开关额定参数的配合	专用负荷开关优先采用与通用负荷开关相同的合适的额定值，若有其他额定值则应从 R10 系列中选取。 对于特殊用途负荷开关不要求具有配合的额定值。其额定线路和电缆充电开断电流应符合《高压交流断路器》(GB 1984—2003)的规定
13	设计与结构	对负荷开关中液体和气体介质的要求：按《高压开关设备和控制设备标准的共用技术条件》(GB/T 11022—1999)第 6.1 条和第 6.2 条的规定 负荷开关的接线端子：按《变压器、高压电器和套管的接线端子》(GB/T 5273—1985)规定 负荷开关的接地：按《高压开关设备和控制设备标准的共用技术条件》(GB 11022—1999)第 6.3 条规定 辅助设备：按《高压开关设备和控制设备标准的共用技术条件》(GB 11022—1999)第 6.6 条规定

（续二）

序　号	项　　目	内　　容	
13	设计与结构	合闸操作	(1)动力合闸。按《高压开关设备和控制设备标准的共用技术条件》(GB 11022—1999)第6.8.1条规定。 (2)贮能合闸。按《高压开关设备和控制设备标准的共用技术条件》(GB 11022—1999)第6.8.2条规定。 (3)脱扣器的操作。按《高压开关设备和控制设备标准的共用技术条件》(GB 11022—1999)第6.9条规定。 (4)低气压和高气压闭锁装置。按《高压开关设备和控制设备标准的共用技术条件》(GB 11022—1999)第6.10条规定
		动接触头系统的位置及其指示或信号装置	(1)位置锁定。在重力、风力、振动、合理的冲击或意外地碰撞其连杆的情况下,负荷开关及其操动机构应不会脱离分闸或合闸位置。 人力贮能操作的负荷开关,其结构应设计成只允许在分闸和合闸两个位置锁定。人力贮能操动机构的终点位置应有坚固的定位装置。 注:本规定也适用于自动或遥控的负荷开关紧急操作的人力贮能操动机构。 (2)位置的指示。按《3.6kV～40.5kV高压交流负荷开关》(GB 3804—2004)第5.3.8.2条规定。 (3)信号用辅助触头。按《3.6kV～40.5kV高压交流负荷开关》(GB 3804—2004)第5.3.8.3条规定
		各级的同期性要求	制造厂可在具体产品标准中规定
		排逸孔	按《3.6kV～40.5kV高压交流负荷开关》(GB 3804—2004)第5.3.11条规定
		对动力操动机构的要求	按《高压交流隔离开关和接地开关》(GB 1985—2004)第5.19条规定
		互换性	按《3.6kV～40.5kV高压交流负荷开关》(GB 3804—2004)第5.3.16条规定
		负荷开关的密封和防雨	按《3.6kV～40.5kV高压交流负荷开关》(GB 3804—2004)第5.3.17和5.3.18条规定
		负荷开关在严重冰冻条件下的操作	按《3.6kV～40.5kV高压交流负荷开关》(GB 3804—2004)第5.3.19条规定

表4-48　　额定电压　　kV

额定电压U	110	220	330	500
最高电压U_m	126	252	363	550

表 4-49 通用负荷开关的额定线路和电缆充电开断电流

额定电压/kV	额定电缆充电开断电流 I_{4a}/A	额定线路充电开断电流 I_{4b}/A
110	31.5	8
220	40	25
330	50	50
500	—	80

注：若需要从 R10 系列中选择较高的数值，由用户与制造厂协商。

4. 标志、包装、贮存、运输

(1)产品铭牌按表 4-50 规定项目说明。

表 4-50 产品铭牌

项　　目	单　　位	要　　求	备　　注
制造厂名称		×	
产品型号、名称		×	
产品标准号*		(×)	
额定电压	kV	×	
额定雷电冲击耐受电压	kV	×	
额定操作冲击耐受电压	kV	Y	额定电压 330kV 及以上
额定功率	Hz	(×)	
额定电流	A	×	
额定短时耐受电流	kA	×	
额定短路持续时间	s	×	
额定短路关合电流	kA	×	
有功负载开断操作次数		Y	不同于 10
额定有功负载开断电流	A	(×)	
额定输电线路闭环开断电流	A	(×)	
额定并联变压器开断电流	A	(×)	
额定电缆充电开断电流	A	(×)	
额定线路充电开断电流	A	(×)	
额定母线充电开断电流	A	(×)	
额定六氟化硫气体压力	MPa	Y	六氟化硫负荷开关
总质量	kg	×	
出厂编号		×	
制造年月		×	

注："×"标志是强制的；"(×)"标志是非强制的；"Y"标志受备注栏支配。

* 在产品铭牌、包装箱或使用说明书上至少有一处应标明产品的标准号。

(2)操动机构铭牌。操动机构铭牌上应注明：

1)制造厂名称；

2)操动机构型号、名称；

3)额定操作电压、气压、液压、电流性质(交流或直流)及数值；

4)质量，kg；

5)出厂编号；

6)制造年月。

注：负荷开关与操动机构合装为一体时可采用一块铭牌，其内容应包括机构铭牌的内容。

(3)线圈铭牌。操动机构线圈上铭牌应注明：

1)额定电压及电流性质(交流或直流)；

2)导线牌号及规格、线圈匝数；

3)电阻值(温度为20℃时)。

(4)参数标牌。充六氟化硫气体的负荷开关，应有六化硫气体压力随温度变化的曲线标牌。

(5)铭牌的材料和要求。铭牌应由不易被自然条件腐蚀的材料制成，字样、符号应清晰耐久。

(6)包装、运输、贮存。按《高压开关设备和控制设备标准的共同技术条件》(GB 11022—1999)第9章规定执行。

5. 选用指南提示

《110kV及以上交流高压负荷开关》(GB/T 14810—1993)适用于额定电压为110kV及以上，频率为50Hz，中性点有效接地系统的户内、户外三级交流负荷开关及其操动机构和辅助设备。

四、组合式变压器用油浸式负荷开关(JB/T 10681—2006)

1. 定义

组合式变压器用油浸式负荷开关是一种用于油浸组合式变压器产品中的开关装置。它是以变压器用油作为绝缘和灭弧介质的，能够在回路正常条件下承载和切换电流，以及在规定的异常回路条件(如短路)下及规定时间内承载电流。

2. 型号

产品型号和含义如图4-20所示，其他规定应符合《变压器类产品型号编制方法》(JB/T 3837)的要求。

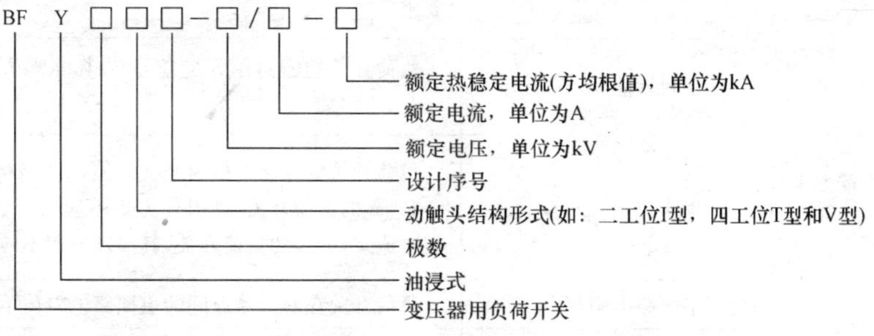

图4-20　产品型号及含义

示例1：BFY3I2—35/400—12.5

表示额定电压为35kV、额定电流为400A、短时热稳定电流为12.5kA、3极二工位Ⅰ型触头结构油浸式变压器用负荷开关(第二次修改设计)。

示例2：BFY3T1—10/630—20

表示额定电压为10kV、额定电流为630A、短时热稳定电流为20kA、3极四工位T型触头结构油浸式变压器用负荷开关(第一次修改设计)。

示例3：BFY1V—6/500—16

表示额定电压为6kV、额定电流为500A、短时热稳定电流为16kA、1极四工位V型触头结构油浸式变压器用负荷开关(初始设计)。

注：如果需要，可加上其他新功能或特殊要求的符号，也可在上述型号中加上代表企业标识的符号。

3. 技术要求

材料技术要求见表 4-51。

表 4-51 技术要求

序号	项目	内容	
1	使用条件	负荷开关使用条件应符合《分接开关 第1部分：性能要求和试验方法》(GB 10230.1—2007)规定	
2	额定值	额定电压	额定电压：6kV、10kV、20kV、35kV
		设备最高电压	设备最高电压：7.2kV、12kV、24kV、40.5kV
		额定电流	额定电流：200A、315A、400A、630A
		额定频率	额定频率：50Hz 或 60Hz
		短时(2s)热稳定电流	短时(2s)热稳定电流标准值(方均根值)：12.5kA、16kA、20kA、25kA
		额定动稳定电流	额定动稳定电流标准值(峰值)：31.5kA、40kA、50kA、63kA
		额定切换次数	负荷开关的额定切换次数应符合表 4-52 的规定
3	性能要求	结构与外观要求	(1)产品结构与外形应符合图样要求。 (2)操作机构应有清晰的指示标志。 (3)产品应清洁，无可见缺陷
		机械操作性能	负荷开关的操作机构一般为旋转式，其转动应灵活自如，工位应与指示位置一致。 二工位动触头的转动角度为 90°。 四工位动触头的转动角度为 360°，每次的转动角度为 90°
		触头接触压力	负荷开关的每对触头接触压力应符合生产厂技术条件的要求
		密封性能	负荷开关的密封单元应能承受 100kPa 的密封压力，历时 5min，不渗漏
		操作力矩	负荷开关的操作一般为手动弹簧贮能结构。对于额定电流≤400A 的负荷开关，其操作力矩不应大于 40N·m。对于额定电流＞400A 的负荷开关，其操作力矩不应大于 50N·m
		主回路电阻值	负荷开关在两接触点间的主回路电阻值不应大于 200μΩ
		额定工频耐受电压	负荷开关(在变压器油中)应能承受的额定工频耐受电压见表 4-53
		额定雷电冲击耐受电压	负荷开关(在变压器油中)应能承受的额定雷电冲击耐受电压见表 4-53
		切换不同期时间	多极负荷开关各极间相应断口的切换不同期时间不应大于 2ms
		温升	负荷开关长期载流的触头(变压器油中)，在 1.2 倍额定电流通过时，其温升不应超过 20K
		机械操作寿命	负荷开关在常温下，其机械操作寿命不应低于 2000 次

表 4-52 负荷开关的额定切换次数

切换方式	试验电压	试验电流	切换次数
“合—分”额定有功负载开断电流	U_m	I_r	10
“合—分”闭环开断电流	$0.2U_m$		
“合—分”5%额定有功负载开断电流	U_m	$0.05I_r$	20
关合额定短路关合电流		I_k	2

注：U_m、I_r 和 I_k 分别为负荷开关的设备最高电压、额定电流和额定短路关合电流（同额定动稳定电流标准值）。

表 4-53 额定绝缘水平 kV

设备最高电压（方均根值）	额定工频耐受电压（方均根值）		额定雷电冲击耐受电压（峰值）	
	相间及对地	隔离断口	相间及对地	隔离断口
7.2	32	36	60	70
12	42	48	75	85
24	55	60	125	145
40.5	95	110	200	215

4. 试验方法

（1）组合式变压器用油浸式负荷开关的例行试验方法见表 4-54。

表 4-54 组合式变压器用油浸式负荷开关的例行试验方法

序号	项目	内容
1	外观质量及结构检查	用目测法检查，负荷开关外观质量及结构应符合结构与外观要求的要求
2	机械操作性能试验	在触头不带电的情况下，将负荷开关的操作机构按顺时针和逆时针方向各操作五次，应符合机械操作性能的规定
3	触头接触压力试验	用拉力计垂直拉起触头，采用电流通断法来判定触头的接触压力，并应符合触头接触压力的规定。 注：如果能用计算的方法证明触头接触压力符合触头接触压力的规定，经与用户协商认可后采用此方法
4	密封性能试验	在 5～40℃的温度下，对负荷开关的密封单元施加密封性能规定的压力，且持续规定时间，应无渗漏
5	操作力矩测量	负荷开关的操作力矩从操作手柄处用力矩扳手进行测量，其结果应符合触头接触压力的规定
6	主回路电阻测量	主回路电阻测量按《高压开关设备和控制设备标准的共用技术条件》（GB/T 11022—1999）中的规定进行，测量结果应符合上述主回路电阻的相关规定
7	额定工频耐压试验	将额定工频耐受电压规定的额定工频耐受电压施加在负荷开关的相间及对地之间或隔离断口间，应无击穿现象发生
8	切换不同期时间测量	对多极负荷开关各极间相应断口进行切换不同期时间测量，测得的各极间的切换不同期时间应符合切换不同期时间的规定

(2)型式试验方法见表4-55。

表4-55 型式试验方法

序 号	项 目	内 容
1	额定雷电冲击试验	将额定雷电冲击耐受电压规定的额定雷电冲击耐受电压施加在负荷开关的相间及对地之间或隔离断口间,应无击穿现象发生
2	短时热稳定电流和额定动稳定电流试验	对负荷开关施加规定的短时热稳定电流和额定动稳定电流,试验按《高压开关设备和控制设备的共用技术条件》(GB/T 11022—1999)中的规定进行
3	额定切换次数试验	负荷开关的额定切换次数试验按《3.6kV～40.5kV高压交流负荷开关》(GB 3804—2004)中的规定进行,其额定切换次数应符合上述相关内容的规定
4	温升试验	对负荷开关施加温升规定的电流,当负荷开关触头的温升变化值每小时不超过1K时,其温升(相对于触头25mm下的油环境温升)不应超过温升规定的限值
5	机械操作寿命试验	在触头不带电的情况下,按《3.6kV～40.5kV高压交流负荷开关》(GB 3804—2004)中的规定对负荷开关进行机械操作寿命试验,其每个工位按顺时针和逆时针方向各操作1000次

5. 标志、包装、运输、贮存及产品文件

(1)标志。

1)负荷开关上的标志。负荷开关上应标志以下内容:

①制造单位名称及企业标志;

②产品名称、型号;

③产品编号及生产日期。

2)负荷开关外包装上的标志。产品包装储运图标志除应符合《包装储运图示标志》(GB/T 191—2008)的规定外,还应标志以下内容:

①产品名称及型号;

②制造单位名称及制造单位的地址。

(2)包装。负荷开关的包装应具有防止潮湿的保护措施,并根据不同规格按数量用木箱、纸箱或按合同要求进行外包装。包装应牢靠,且应有适当的填装,以保证运输中不被损坏。

(3)运输。负荷开关在运输过程中应严禁磕碰、挤压和剧烈振动,并应避免与腐蚀性物质接触。

(4)贮存。负荷开关应在包装完好的条件下贮存,且应贮存在环境温度为0～40℃、相对湿度不大于85%的户内通风环境中。贮存期如果超过一年,应重新试验,合格后方可出厂。

(5)产品文件。产品使用说明书、产品合格证、产品成套的装箱单等产品文件应随负荷开关一同包装出厂。

6. 选用指南提示

《组合式变压器用油浸式负荷开关》(JB/T 10681—2006)仅适用于额定电压6～35kV额定功率为50Hz或60Hz的组合式变压器用油浸式负荷开关。

第三节　低压电器器材

一、多功能电器、转换开关电器(GB/T 14048.11—2008)

1. 相关术语和定义

相关术语和定义见表 4-56。

表 4-56　术语和定义

序　号	项　目	内　容	
1	开关电器	转换开关电器	由一个或多个开关设备构成的电器，该电器用于从一路电源断开负载电路并连接至另外一路电源上
		手动操作转换开关电器	由人工操作的转换开关电器
		遥控操作转换开关电器	遥控操作的转换开关电器。 注：RTSE 可以具有可选的本地操作特性
		自动转换开关电器	自行动作的转换开关电器。 注：1. ATSE 通常包括所有用于监测和转换操作所必需的设备。 2. ATSE 可以具有可选的人工操作特性
		派生转换开关电器	其主体部分电器满足《低压开关设备和控制设备》(GB 14048)系列其他产品标准要求的 TSE。 注：1. 为方便起见，派生 TSE 可分为派生 ATSE、派生 MTSE 及派生 RTSE。 2. 为方便起见，主体部分以外的部件(如用于控制 TSE 的控制开关、机械互锁装置等)称为其他部件
2	TSE 的操作	ATSE 的操作程序	常用电源被监测到出现偏差时，ATSE 自动将负载从常用电源转换至备用电源；如果常用电源恢复正常时，则自动[3)]将负载返回到常用电源。 注：1. 转换时可有预定的延时或无延时，并可有一个断开位置。 2. 在存在常用电源和备用电源两个电源的情况下，ATSE 需指定一个常用电源位置
		ATSE 被监测的电源偏差	被监测的电源特性改变，当电源特性偏离规定限值时，被监测到的电源偏差作为信号使 ATSE 动作。 注：电源电压或频率的非正常改变属于偏差
		电源电压偏差	常用电源电压的改变或消失

（续）

序　号	项　目	内　容	
2	TSE的操作	电源频率偏差	常用电源频率偏差正常工作频率的变化
		触头转换时间	测定从第一组主触头断开常用电源起至第二组主触头闭合备用电源为止的时间
		转换动作时间	测定从主电源被监测到偏差的瞬间起至主触头闭合备用电源为止的时间，不包括特意引入的延时
		总动作时间	转换动作时间与特意引入的延时之和
		返回转换时间	从常用电源完全恢复正常的瞬间起至主触头组闭合常用电源的瞬间为止的时间加上特意引入的延时
		断电时间	在产生最长燃弧时间的条件下，从各相电弧最终熄灭的瞬间起至主触头闭合另一个电源的转换过程中测量的时间 注：断电时间包括任何特意引入的延时时间
3	主触头位置	常用位置	常用电源无偏差时电器的触头位置
		备用位置	当常用电源被监测出偏差时，负载电路转换至备用（应急）电源时电器的触头位置
		断开位置	负载电路不连接任何电源时电器的触头位置 注：断开位置的超因可以是负载电路故障引起的自动脱扣或是自动转换功能的有意中断
4	符号缩写	EMC　电磁兼容性	I_{cm}　额定短路接通能力 I_{cn}　额定短路分断能力 I_{cw}　额定短时耐受电流 I_Q　额定工作电流 I_u　额定不间断电流 I_q　额定限制短路电流
		SCPD　短路保护电器	U_e　额定工作电压 U_i　额定绝缘电压 U_{imp}　额定冲击耐受电压 U_r　工频或直流恢复电压 U_a　控制电源电压

2. 分类

转换开关电器根据下列方式分类：

(1)短路能力。

1)PC级：能够接通和承载，但不用于分断短路电流的TSE；

注：如果能满足PC级的试验要求，接触器可用于PC级。

2)CB级：配备过电流脱扣器的TSE，它的主触头能够接通并用于分断短路电流；

3)CC级*：能够接通和承载，但不用于分断短路电流的TSE。该TSE主要由满足《低压开关设备和控制设备　机电式接触器和电动机启动器》(GB 14048.4—2003)要求的电器构成。

(2)控制转换的方式。

1)手动操作转换开关电器(MTSE)；

2)遥控操作转换开关电器(RTSE)；

3)自动转换开关电器(ATSE)。

3. 特性

多功能电器、转换开关电器的产品特性见表4-57。

表4-57　产品特性

<table>
<tr><th>序号</th><th>项目</th><th colspan="2">内容</th></tr>
<tr><td>1</td><td>电器型式</td><td colspan="2">电器型式规定以下几项：
(1)电器级别和转换控制方式；
(2)极数；
(3)电流种类；
(4)操作程序</td></tr>
<tr><td>2</td><td>主电路的额定值和极限值</td><td colspan="2">按《低压开关设备和控制设备　第1部分　总则》(GB 14048.1—2006)中4.3适用</td></tr>
<tr><td rowspan="3">3</td><td rowspan="3">额定电压</td><td>额定工作电压(U_e)</td><td>《低压开关设备和控制设备　第1部分：总则》(GB 14048.1—2006)中4.3.1.1适用</td></tr>
<tr><td>额定绝缘电压(U_i)</td><td>《低压开关设备和控制设备　第1部分：总则》(GB 14048.1—2006)中4.3.1.2适用</td></tr>
<tr><td>额定冲击耐受电压(U_{imp})</td><td>《低压开关设备和控制设备　第1部分：总则》(GB 14048.1—2006)中4.3.1.3适用</td></tr>
<tr><td>4</td><td>定额工作电流(I_a)</td><td colspan="2">TSE的额定工作电流是额定不间断电流(I_u)，见《低压开关设备和控制设备　第1部分：总则》(GB 14048.1—2006)中4.3.2.4</td></tr>
<tr><td>5</td><td>额定频率</td><td colspan="2">《低压开关设备和控制设备　第1部分：总则》(GB 14048.1—2006)中4.3.3适用</td></tr>
<tr><td>6</td><td>不间断工作制</td><td colspan="2">《低压开关设备和控制设备　第1部分：总则》(GB 14048.1—2006)中4.3.4.2适用</td></tr>
<tr><td>7</td><td>额定接通能力与分断能力</td><td colspan="2">额定接通能力与分断能力是由制造商规定的，即在规定条件下，TSE能够良好地接通与分断的电流值。除非另有规定，额定接通能力与分断能力用稳态电流值表示。在接通操作过程，触头闭合时的电流峰值可能高于稳态电流幅值，这取决于试验电路(负载)的特性以及闭合瞬间的电压相位角。
额定接通能力与分断能力应参照额定工作电压、额定工作电流和表4-58中的使用类别加以规定。
对于交流，额定接通能力与分断能力用电流的交流分量有效值表示</td></tr>
</table>

* 受短路电流冲击后，主触头允许熔焊。

（续一）

序号	项目		内容
8	短路特性	额定短时耐受电流（I_{cw}）	额定短时耐受电流是由制造商规定的，在部分相关规定的试验条件下，电器能够承载的短时耐受电流值。 对于交流，额定短时耐受电流值用电流的交流分量有效值表示，且任何一相的最大峰值电流都不应小于该有效值的 n 倍，系数 n 在《低压开关设备和控制设备　第1部分：总则》(GB 14048.1—2006)表16中给出。 短时耐受电流最小值在表4-59第2栏中给出。 注：1. 制造商可对较长通电时间的短时耐受电流补充规定较小值。 最短通电时间为： (1)额定工作电流小于等于400A时，交流为额定频率的1.5个周波，直流为0.025s； (2)额定工作电流大于400A时，交流为额定频率的3个周波，直流为0.05s
		额定短路接通能力（I_{cm}）	额定短路接通能力是制造商规定的，在额定工作电压、额定频率和规定的功率因数(或时间常数)下，电器的短路接通能力值。额定短路接通能力用最大预期峰值电流表示。 对于交流CB级的TSE，额定短路接通能力应不小于短路分断能力有效值乘以《低压开关设备和控设备　第1部分：总则》(GB 14048.1—2006)中表16的系数 n 后的值。制造商可规定一个更大的短路接通能力值。 对于直流，假设稳态短路电流值是恒定的，额定短路接通能力不小于额定短路分断能力。 额定短路接通能力是指TSE在外施电压小于等于105%额定工作电压时，应能接通相应于额定短路接通能力的电流
		额定短路分断能力（I_{cn}）	额定短路分断能力是制造商规定的，在额定工作电压、额定频率与规定的功率因数(或时间常数)下，电器的短路分断能力值。 额定短路分断能力用预期分断电流值(在交流情况下，用交流分量有效值)表示。 额定短路分断能力最小值在表4-59的第2栏中给出，制造商可规定一个更大的短路分断能力值。 额定短路分断能力是指CB级TSE，应能分断额定短路分断能力及以下的任何电流
		额定限制短路电流（I_q）	额定限制短路电流是制造商规定的，在相关规定的试验条件下，被指定的短路保护电器(SCPD)保护的TSE在短路保护电器动作时间内足以能够承受的预期短路电流值。 预期电流最小值在表4-59的第2栏中给出。 制造商应说明所规定的短路保护电器的详细情况，包括其型号、额定值、特性，对于限流电器，还应包括相应于预期电流值时的最大峰值电流和 I^2t。 注：1. 对于交流，额定限制短路电流用电流的交流分量有效值表示。 2. 短路保护电器可以作为TSE的组成部分，也可以是一个单独电器

（续二）

序　号	项　目	内　容	
9	使用类别	TSE可在一个或几个额定工作电压下规定一个或几个如表4-60所列的标准使用类别。 根据应用情况所要求的操作次数，可以用尾标A和B来标注使用类别。 指定用于某一使用类别的TSE应符合相应于该使用类别的额定接通与分断能力要求（表4-58）以及电气与机械操作性能要求（表4-61）	
10	控制电路	控制主电路的机电式电器	制造商应规定TSE电压的最大值和最小值或电压和频率的工作范围，该范围应与转换控制电器的工作范围相对应
		转换控制电器	制造商应规定以下内容： （1）发生转换时的电压偏差和频率偏差； （2）触头转换时间、转换动作时间、总动作时间、返回转换时间和断电时间及范围（如果有）

表4-58　验证接通与分断能力——对应于各种使用类别的接通与分断条件

使用类别		接通与分断试验条件					
		I/I_e	U_r/U_e	cosφ①	通电时间②/s	循环周期/min	操作循环/次数
交流	AC-31A　AC-31B	1.5	1.05	0.80	0.05	③	③
	AC-32A　AC-32B	3.0	1.05	0.65	0.05	③	③
	AC-33iA　AC-33iB	6.0	1.05	0.50	0.05	③	③
	AC-33A　AC-33B	10.0	1.05	⑧	0.05	③	③
	AC-35A　AC-35B	3.0	1.05	0.50	0.05	③	③
	AC-36A　AC-36B	1.5④	1.05	④	0.05	③	③
直流				L/R⑤ ms			
	DC-31A　DC-31B	1.5	1.05	⑦	0.05	③	③⑥
	DC-33A　DC-33B	4.0	1.05	2.5	0.05	③	③⑥
	DC-36A　DC-36B	1.5④	1.05	④	0.05	③	③⑥

I为接通和分断电流。接通电流用直流或交流的对称有效值表示。但对于使用类型AC-36A，AC-36B和DC-36A，DC-36B，接通操作中的实际峰值可以理解为是高于对称峰值的值。

I_e为额定工作电流。

U_r为工频恢复电压或直流恢复电压。

U_e为额定工作电压

注：① cosφ的允差为±0.05。

② 只要触头在重新断开前已完全闭合，则通电时间可小于0.05s。

③ 见表4-62。

④ 用白炽灯负载按相关内容规定的一般试验条件进行试验。

⑤ L/R的允差为±15%。

⑥ 如果未标明极性，则对正反极性各进行一半次数的操作循环试验。

⑦ 无预定的时间常数。

⑧ 当$I_e \leqslant 100A$时cosφ=0.45，当$I_e > 100A$时cosφ=0.35。

表 4-59　　验证短路操作能力的试验电流值

额定工作电流 I_e(r.m.s)/V	试验电流(r.m.s)/A
$I_e \leqslant 100$	5000
$100 < I_e \leqslant 500$	10000
$500 < I_e \leqslant 1000$	$20I_e$
$1000 < I_e$	$20I_e$ 或 50kA(选较小值)

注：功率因数和时间常数应按《低压开关设备和控制设备　第 1 部分：总则》(GB 14048.1—2006)中表 16 规定。

表 4-60　　使用类别

电流性能	使用类别		典型用途
	A 操作	B 操作	
交流	AC-31A	AC-31B	无感或微感负载
	AC-32A	AC-32B	阻性和感性的混合负载，包括中度过载
	AC-33iA	AC-33iB	系统总负荷包含笼型电动机及阻性负载
	AC-33A	AC-33B	电动机负载或包含电动机、电阻负载和 30%以下白炽灯负载的混合负载
	AC-35A	AC-35B	放电灯负载
	AC-36A	AC-36B	白炽灯负载
直流	DC-31A	DC-31B	电阻负载
	DC-33A	DC-33B	电动机负载或包含电动机的混合负载
	DC-36A	DC-36B	白炽灯负载

表 4-61　　验证操作性能——对应于各种使用类别的接通与分断条件

使用类别		接通与分断试验条件					
		I/I_e	U_r/U_a	$\cos\varphi$①	通电时间②/s	循环周期/min	操作循环/次数
交流	AC-31A　AC-31B	1.0	1.05	1.0	0.05	③	③
	AC-32A　AC-32B	1.0	1.05	0.8	0.05	③	③
	AC-33iA　AC-33iB	2.0⑦	1.05	0.8	0.05	③	③
	AC-33A　AC-33B	2.0⑧	1.05	0.8	0.05	③	③
	AC-35A　AC-35B	2.0⑦	1.05	0.8	0.05	③	③
	AC-36A　AC-36B	1.0④	1.05	①④	0.05	③	③
直流				L/R⑤ ms			
	DC-31A　DC-31B	1.0	1.05	④	0.05	③	③⑥
	DC-33A　DC-33B	2.5⑨	1.05	2.5	0.05	③	③⑥
	DC-36A　DC-36B	1.0①	1.05	④	0.05	③	③⑥

注：I 为接通和分断电流。接通电流用直流或交流的对称有效值表示。但对于使用类型 AC-36A，AC-36B 和 DC-36A，DC-36B，接通操作中的实际峰值可以理解为是高于对称峰值的值。

I_e 为额定工作电流。

U_r 为工频恢复电压或直流恢复电压。

U_e 为额定工作电压

注：①$\cos\varphi$ 的允差为±0.05。

②只要触头在重新断开前已完全闭合，则通电时间可小于 0.05s。

③见表 4-63 和表 4-64。

④用白炽灯负载按相关规定的一般试验条件进行试验。

⑤L/R 的允差为±15%。

⑥如果未标明极性，则对正反极性各进行一半次数的操作循环试验。

⑦无预定的时间常数。

⑧除 AC-33iB、AC-33B 和 AC-35B 使用类别应在 $I/I_e=1$ 的情况下进行全部次数的操作循环试验以外，其他使用类别应在 $I/I_e=1$ 情况下进行一半次数的操作循环试验。

⑨除 DC-33B 使用类别应在 $I/I_e=1$ 的情况下进行全部次数的操作循环试验以外，其他使用类别应在 $I/I_e=1$ 情况下进行一半次数的操作循环试验。

表 4-62　接通与分断能力试验的操作循环次数和操作循环时间

额定工作电流 I_e/A	操作循环次数			操作循环时间[①]/min
	A 操作	B 操作		
	AC-31A，AC-32A，AC-33iA，AC-33A，AC-35A，AC-36A DC-31A，DC-33A，DC-36A	AC-31B，AC-35B，AC-36B，DC-31B，DC-36B	AC-32B，AC-33iB，AC-33B，DC-33B	
$0<I_e\leqslant300$	50	12	5	1
$300<I_e\leqslant400$	50	12	5	2
$400<I_e\leqslant630$	50	12	5	3
$630<I_e\leqslant800$	50	12	5	4
$800<I_e\leqslant1600$	50	12	5	5
$1600<I_e\leqslant2500$	25	6	5	5
$2500<I_e$	3	3	3	5

注：①经制造商同意可缩短操作循环时间。

表 4-63　电操作与机械操作性能试验的操作循环次数和操作循环时间　A 操作的使用类别

额定工作电流 I_e/A	操作循环时间[①]/min	操作循环次数		
		不通电流	通电流	总　计
$0<I_e\leqslant100$	1	—	6000	6000
$100<I_e\leqslant300$	1	—	6000	6000
$300<I_e\leqslant400$	1	—	4000	4000
$400<I_e\leqslant630$	1	1000	2000	3000
$630<I_e\leqslant800$	1	1000	2000	3000
$800<I_e\leqslant1600$	2	1500	1500	3000
$1600<I_e\leqslant2500$	4	2000	1000	3000
$2500<I_e$	4	2000	1000	3000

注：①经制造商同意可缩短操作循环时间。

表 4-64 电操作与机械操作性能试验的操作循环次数和操作循环时间 B操作的使用类别

额定工作电流 I_e /A	操作循环时间①/min	操作循环次数		
		不通电流	通电流	总计
$0<I_e\leqslant100$	1	4500	1500	6000
$100<I_e\leqslant300$	1	5000	1000	6000
$300<I_e\leqslant400$	1	3000	1000	4000
$400<I_e\leqslant630$	1	2000	1000	3000
$630<I_e\leqslant800$	1	2500	500	3000
$800<I_e\leqslant1600$	3	2500	500	3000
$1600<I_e\leqslant2500$	6	1500	500	2000
$2500<I_e$	6	1500	500	2000

注:①经制造商同意可缩短操作循环时间。

4. 选用指南提示

《低压开关设备和控制设备 第6-1部分:多功能电器 转换开关电器》(GB/T 14048.11—2008)适用于额定电压交流不超过1000V或直流不超过1500V的转换开关电器(TSE),TSE用于在转换过程中中断对负载供电的电源系统。

它包括:手动操作转换开关电器(MTSE);遥控操作转换开关电器(RTSE);自动转换开关电器(ATSE)。

它包括带外壳和不带外壳的TSE。

TSE所必需的控制电器(如控制开关等)和保护电器(如断路器等)应符合相关国家标准的要求。

二、接触器

(一)CJ 20系列交流接触器(JB/T 8591.1—2007)

1. 符号、代号

CJ 20系列交流接触器符号、代号见表4-65。

表 4-65 CJ 20系列交流接触器术语和定义、符号、代号

序号	项目	内容
1	符号	AC:交流; cosφ:试验电路的功率因数; CTI:相比电痕化指数; Db:交变湿热试验; DC:直流; f:振荡频率; I:接通电流; I_c:分断电流; I_e:额定工作电流; I_q:额定限制短路电流; I_{th}:约定自由空气发热电流; p_e:额定工作功率; r:预期电流(短路条件下); SCPD:短路保护电器; $T_{0.95}$:直流电流从零到达95%稳态值所用的时间; U:接通电压; U_e:额定工作电压; U_i:额定绝缘电压; U_{imp}:额定冲击耐受电压; U_r:分断后的(工频)恢复电压; U_s:额定控制电源电压; γ:过振荡系数
2	代号	接触器主电路和辅助电路通常选用的使用类别及其代号见表4-66

表 4-66　**常用使用类别及其代号**

电　路	使用类别代号	典型用途举例
主电路	AC-1	无感或微感负载、电阻炉
	AC-2	绕线转子异步电动机的启动、分断
	AC-3	笼型异步电动机的启动、运转中分断
	AC-4	笼型异步电动机的启动、反接制动或反向运转、点动
辅助电路	AC-15	控制交流电磁铁负载
	DC-13	控制直流电磁铁

2. 产品型号、规格

CJ20 系列交流接触器的型号及其含义如图 4-21 所示。

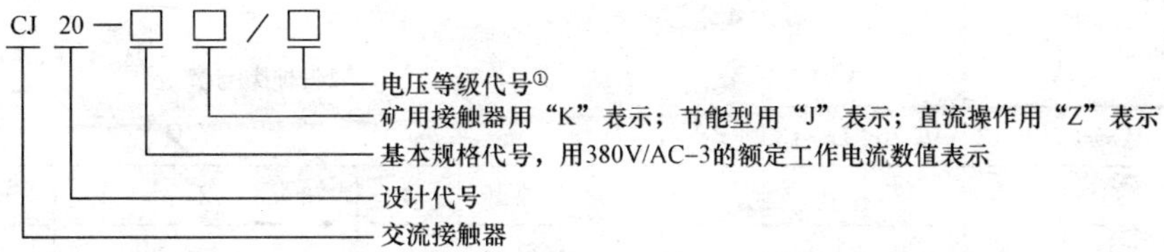

图 4-21　产品型号及含义

注:①以数字代号表示的额定工作电压。“03”代表 380V,可以不写出;“06”代表 660V,如其产品结构无异于 380V 的产品结构时,亦可不写出;“11”代表 1140V

3. 基本参数

CJ20 系列交流接触器的基本参数见表 4-67。

表 4-67　**CJ20 系列交流接触器的基本参数**

序　号	项　目	内　容
1	额定工作制	(1)八小时工作制; (2)不间断工作制; (3)断续周期工作制; (4)短时工作制。 接触器在断续周期工作制下的负载因数为 40%,在不同电压和不同使用类别下的操作频率(每小时操作循环次数)见表 4-68。 短时工作制的通电时间标准值为 10min、30min、60min 和 90min。 短时工作制的工作电流值由用户与制造厂协商
2	控制电路	接触器额定控制电源电压(U_s)的标准值为: 交流(50Hz):36V、127V、220V、380V。 (60Hz):42V、150V、260V、450V。 直流:48V、110V、220V。 注:其他的要求由用户和制造商协商
3	辅助电路	辅助电路的触头种类、数量及基本参数见表 4-69。 同一单元中的辅助电路触头为电气上不分开的。 同一接触器上不同单元的辅助电路触头为电气上分开的

表 4-68　　在不同电压和不同使用类别下的操作频率

使用类别	基本规格	每小时操作循环次数		
		380V	660V	1140V
AC-1	6.2～160	1200	1200	1200
	250～630	600	600	600
AC-2	63～630	300	120	120
AC-3	6.3～160	1200	600	300
	250～630	600	300	120
AC-4	6.3～160	300	120	30
	250～630	30	30	30

表 4-69　　辅助电路的触头种类、数量及基本参数(交流为 50Hz)

I_{th} /A	U_i /V	U_e /V		I_c /A		额定控制容量		触头种类与数量						配用接触器的基本规格
		AC-15	DC-13	AC-15	DC-13	交流 VA	直流 W							
10	160	36	—	2.8	—	100	30	常开	4	3	2	1	0	6.3、10
		127	48	0.8	0.63			常闭	0	1	2	3	4	
		220	110	0.45	0.27			2 常开 2 常闭						16～40
		380	220	0.26	0.14									
10	690	36	—	8.5	—	300	60	常开	4	3	2	2		63～160
		127	48	2.4	1.3									
		220	110	1.4	0.6			常闭	2	3	4	2		
		380	220	0.80	0.27									
16	690	36	—	14.0	—	500	60	常开	4	3	2			250～630
		127	48	4.0	1.3									
		220	110	2.3	0.6			常闭	2	3	4			
		380	220	1.3	0.27									

4. 型式和分类

(1)按主电路额定工作电压分:380V,660V,1140V。

(2)按控制电路电源种类分:交流(50Hz 或 60Hz),直流。

(3)按有无灭弧罩分:有灭弧罩,无灭弧罩。

(4)按有无节电器分:有节电器,无节电器。

5. 选用指南提示

《CJ20 系列交流接触器》(JB/T 8591.1—2007)是对 JB/T 8591.1—1997 的代替。CJ 20 系列交流接触器主要用于交流 50Hz(或 60Hz)、额定电压至 1140V、电流至 630A 的电力系统中接通和分断电路,并与适当的热继电器或电子保护器组合成电动机启动器,以保护可能发生过载的电路。

(二)CJ 26、CJ 28 系列交流接触器(JB/T 8591.2—2007)

1. 术语、符号、代号

CJ 26、CJ 28 系列交流接触器符号、代号见表 4-70。

表 4-70　术语、符号、代号

序　号	项　目	内　容
1	符号	AC：交流。 cosφ：试验电路的功率因数。 CTI：相比电痕化指数。 Db：交变湿热试验。 DC：直流。 f：振荡频率。 I：接通电流。 I_c：分断电流。 I_e：额定工作电流。 I_{th}：约定自由空气发热电流。 p_e：额定控制功率。 SCPD：短路保护电器。 $T_{0.95}$：直流电流从零到达 99%稳态值所用的时间。 U：接通电压。 U_e：额定工作电压。 U_i：额定绝缘电压。 U_{imp}：额定冲击耐受电压。 U_r：分断后的(工频)恢复电压。 U_s：额定控制电源电压。 γ：过振荡系数
2	代号	接触器主电路和辅助电路通常选用的使用类别见表 4-71

表 4-71　接触器主电路和辅助电路通常选用的使用类别及其代号

电　路	使用类别代号	典型用途举例
主电路	AC-1	无感或微感负载、电阻炉
	AC-2	绕线转子异步电动机的启动、分断
	AC-3	笼型异步电动机的启动、运转中分断
	AC-4	笼型异步电动机的启动、反接制动或反向运转、点动
辅助电路	AC-15	控制交流电磁铁负载
	DC-13	控制直流电磁铁

2. 产品型号及含义

产品型号及含义如图 4-22 所示。

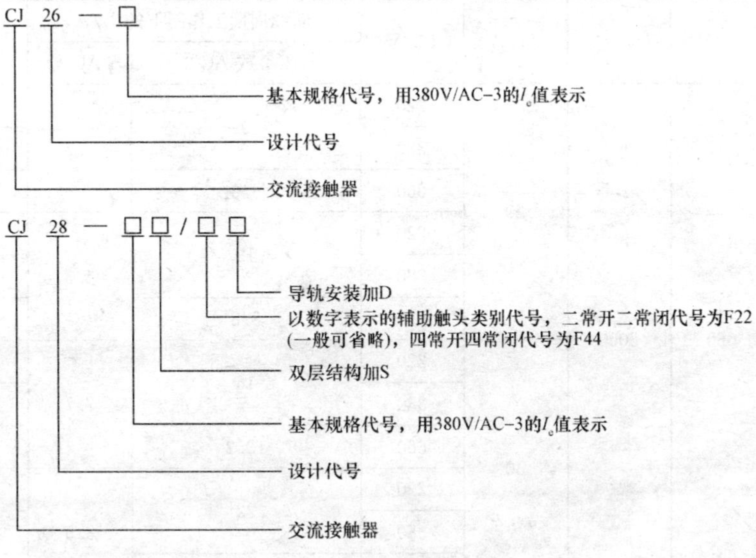

图 4-22　产品型号及含义

3. 基本参数

CJ26、CJ28 系列接触器基本参数见表 4-72。

表 4-72 基本参数

序号	项目	内容
1	接触器基本参数	接触器的基本参数见表 4-73。AC-3 为基本使用类别，AC-4 使用类别仅适用于接通和分断能力
2	额定频率	接触器的额定频率规定为 50Hz 和 60Hz
3	额定工作制	(1)八小时工作制； (2)不间断工作制； (3)断续周期工作制； (4)短时工作制。 接触器在断续周期工作制下负载因数的标准值为 15%、25%、40%和 60%，在不同电压和不同使用类别下的操作频率(每小时操作循环次数)见表 4-74。 短时工作制的通电时间标准值为 3min、10min、30min、60min 和 90min
4	控制电路	接触器额定控制电源电压(U_s)的标准值为： 交流(50Hz)：36V、110V、127V、220V、380V。 直流：48V、110V、220V。 正确的操作条件是：当控制电路流过最大电流时控制电源电压不应小于 85% U_s，也不应大于 110%U_s。 注：其他的要求由用户和制造商协商
5	辅助电路	辅助电路的额定绝缘电压(u_i)为 660V，约定发热电流(I_{th})为 10A 辅助电路基本参数见表 4-75

表 4-73 CJ26、CJ28 系列接触器的额定电压、额定电流和额定控制功率

型号	U_i/V	U_{imp}/V	I_{th}/A	U_e/V	断续周期工作制下的 I_e/A		AC-3 的 P_e/kW
					AC-2 或 AC-3	AC-4	
CJ26-9 CJ28-9	660	8000	20	220	9	3.3	2.4
				380			4
				660	6.6		5.5
CJ26-12 CJ28-12				220	12	4.3	3.3
				380			5.5
				660	8.8		7.5
CJ26-16 CJ28-16			30	220	16	7.7	4
				380			7.5
				660	12.2		11
CJ26-22 CJ28-22				220	22	8.5	6.1
				380			11
				660	12.2		11

（续一）

<table>
<tr><th rowspan="2">型　号</th><th rowspan="2">U_i/V</th><th rowspan="2">U_{imp}/V</th><th rowspan="2">I_{th}/A</th><th rowspan="2">U_e/V</th><th colspan="2">断续周期工作制下的 I_e/A</th><th rowspan="2">AC-3 的 P_e/kW</th></tr>
<tr><th>AC-2 或 AC-3</th><th>AC-4</th></tr>
<tr><td rowspan="3">CJ26-32
CJ28-32</td><td rowspan="36">660</td><td rowspan="36">8000</td><td rowspan="6">45</td><td>220</td><td rowspan="2">32</td><td rowspan="2">15.6</td><td>8.5</td></tr>
<tr><td>380</td><td>15</td></tr>
<tr><td>660</td><td>18.5</td><td>9</td><td>15</td></tr>
<tr><td rowspan="3">CJ28-38</td><td>220</td><td rowspan="2">38</td><td rowspan="2">18.5</td><td>11</td></tr>
<tr><td>380</td><td>18.5</td></tr>
<tr><td>660</td><td>22</td><td>10.7</td><td>18.5</td></tr>
<tr><td rowspan="3">CJ28-45</td><td rowspan="6">70</td><td>220</td><td rowspan="3">45</td><td rowspan="3">24</td><td>15</td></tr>
<tr><td>380</td><td>22</td></tr>
<tr><td>660</td><td>39</td></tr>
<tr><td rowspan="3">CJ28-63</td><td>220</td><td rowspan="3">63</td><td rowspan="3">28</td><td>18.5</td></tr>
<tr><td>380</td><td>30</td></tr>
<tr><td>660</td><td>55</td></tr>
<tr><td rowspan="3">CJ28-75</td><td rowspan="6">85</td><td>220</td><td rowspan="3">75</td><td rowspan="3">34</td><td>22</td></tr>
<tr><td>380</td><td>37</td></tr>
<tr><td>660</td><td>67</td></tr>
<tr><td rowspan="3">CJ28-85</td><td>220</td><td rowspan="2">85</td><td rowspan="3">42</td><td>26</td></tr>
<tr><td>380</td><td>45</td></tr>
<tr><td>660</td><td>75</td><td>67</td></tr>
<tr><td rowspan="3">CJ28-110</td><td rowspan="6">140</td><td>220</td><td rowspan="3">110</td><td rowspan="3">54</td><td>37</td></tr>
<tr><td>380</td><td>55</td></tr>
<tr><td>660</td><td>100</td></tr>
<tr><td rowspan="3">CJ28-140</td><td>220</td><td rowspan="2">140</td><td rowspan="3">68</td><td>43</td></tr>
<tr><td>380</td><td>75</td></tr>
<tr><td>660</td><td>110</td><td>100</td></tr>
<tr><td rowspan="3">CJ28-170</td><td rowspan="6">205</td><td>220</td><td rowspan="3">170</td><td rowspan="3">75</td><td>55</td></tr>
<tr><td>380</td><td>90</td></tr>
<tr><td>660</td><td>156</td></tr>
<tr><td rowspan="3">CJ28-205</td><td>220</td><td rowspan="2">205</td><td rowspan="3">96</td><td>64</td></tr>
<tr><td>380</td><td>110</td></tr>
<tr><td>660</td><td>170</td><td>156</td></tr>
<tr><td rowspan="3">CJ28-250</td><td rowspan="6">300</td><td>220</td><td rowspan="3">250</td><td rowspan="3">110</td><td>78</td></tr>
<tr><td>380</td><td>135</td></tr>
<tr><td>660</td><td>235</td></tr>
<tr><td rowspan="3">CJ28-300</td><td>220</td><td rowspan="2">300</td><td rowspan="3">125</td><td>93</td></tr>
<tr><td>380</td><td>160</td></tr>
<tr><td>660</td><td>250</td><td>235</td></tr>
</table>

（续二）

型　号	U_i/V	U_{imp}/V	I_{th}/A	U_e/V	断续周期工作制下的 I_e/A		AC-3 的 P_e/kW
					AC-2 或 AC-3	AC-4	
CJ28-400	660	8000	400	220	400	150	125
				380			215
				660			375
CJ28-475			475	220	475	150	145
				380			250
				660	400		375

表 4-74　　接触器在不同使用类别下的操作频率

型　号	操作频率/（次/h）	
	AC-3 类别	AC-4 类别
CJ26-9、CJ28-9	1000	250
CJ26-12、CJ28-12	1000	250
CJ26-16、CJ28-16	750	250
CJ26-22、CJ28-22	750	250
CJ26-32、CJ28-32	750	250
CJ28-38	600	200
CJ28-45	1200	400
CJ28-63	1000	300
CJ28-75	1000	300
CJ28-85	850	250
CJ28-110	1000	300
CJ28-140	750	200
CJ28-170	700	200
CJ28-205	500	130
CJ28-250	700	200
CJ28-300	500	130
CJ28-400	500	150
CJ28-475	400	150

表 4-75　辅助电路的基本参数

使用类别	型　号	额定工作电压 U_e/V	额定工作电流 I_e/A	额定控制功率	
				交流/VA	直流/W
AC-15	CJ26-9～22 CJ28-9～22	36	2.8	100	—
		127	0.79		
		220	0.45		
		380	0.26		
	CJ26-32 CJ28-32～475	36	8.5	300	—
		127	2.4		
		220	1.4		
		380	0.8		
DC-13	CJ26-9～22 CJ28-9～22	48	0.62	—	30
		110	0.27		
		220	0.14		
	CJ26-32 CJ28-32～475	48	1.3	—	60
		110	0.6		
		220	0.27		

注：若用户需要提高辅助触头的控制功率，可与制造厂协商进行特殊试验。

4. 型式和分类

接触器为直动式，主触头为三常开，主触头和辅助触头均为双断点。9～22A 接触器为不带灭弧罩，32A 及以上接触器为带灭弧罩。CJ28 系列 9～22A 接触器具有主触头、辅助触头安装在同一躯壳内的整体结构和辅助触头为独立元件的双层积木式结构等两种型式。

接触器的分类如下：

(1)按控制电源电压的种类分为交流操作、直流操作。

(2)按辅助电路触头对数分为：二常开、二常闭(CJ26、CJ28 系列接触器)；四常开、四常闭(CJ28—45 及以上接触器)。

(3)按安装方式分。CJ26、CJ28 系列接触器有下列两种安装方式：

1)螺钉安装(CJ26、CJ28 系列接触器)；

2)导轨安装(CJ26 系列、CJ28－140 及以下接触器)。

5. 选用指南提示

《CJ26、CJ28 系列交流接触器》(JB/T 8591.2—2007)是对(JB/T 8591.2—1997)的代替。

与 JB/T 8591.2—1997 相比，主要变化体现在以下几方面：

(1)将机械寿命和电寿命试验、耐低温性能试验作为特殊试验；

(2)介电性能直接引用最新的《低压开关设备和控制设备机电式接触器和电动机启动器》(GB 14048.4—2003)的要求；

(3)去掉了绝缘材料相比电痕化指数(CTI)的测定；

(4)约定操作性能和电寿命试验试后耐压值都改为 $2U_e$ 但不小于 1000V；

(5)对于采用电子线路的接触器，增加了 EMC 试验的要求；

(6)取消了定期试验的要求。

CJ26、CJ28 系列交流接触器主要用于交流 50Hz(或 60Hz)、额定电压至 660V,电流为 CJ26 系列接触器至 32A、CJ28 系列接触器至 475A 的电力系统中接通和分断电路,并与适当的热继电器或电子保护器组合成电动机启动器,以保护可能发生过载的电路。

三、接触器式继电器(JB/T 8978—2006)

1. 符号、代号

接触器式继电器符号、代号见表 4-76。

表 4-76 符号、代号

序　号	项　目	内　容
1	符　号	使用的主要符号有:U_e、U_c、U_s、U_{imp}、U_i、I_e、I_{th}、SCPD、Db、Ca、CTI、AC、DC、t、T_0、$T_{0.95}$等。 其名称及含义见《低压开关设备和控制设备　第 5－1 部分:控制电路电器和开关件　机电式控制电路电器》(GB 14048.5—2001)中第 4 章的规定
2	代　号	使用类别代号见表 4-77

表 4-77 使用类别代号

使用类别代号	典　型　用　途	备　注
AC-15	控制电磁铁负载(大于 72VA)	例:接触器线圈
DC-13	控制电磁铁负载	例:直流电磁阀
AC-3	笼型异步电动机的启动,运转中的分断	
AC-4	笼型异步电动机启动、反接制动或反向运转、点动	

2. 产品型号及其含义

接触器式继电器的全型号及其含义如图 4-23 所示。

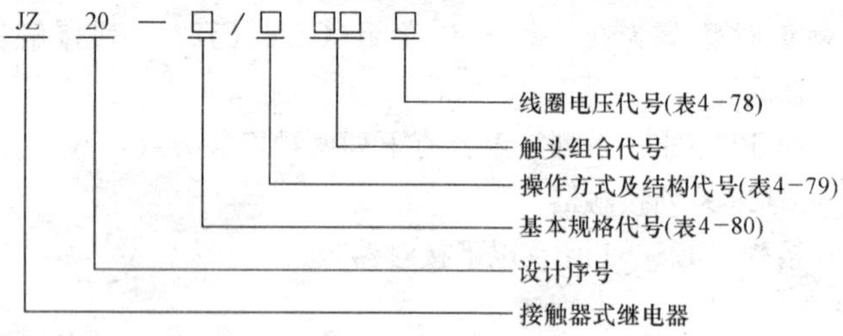

图 4-23　产品型号及含义

表 4-78 线圈电压代号

<table>
<tr><td>频率</td><td colspan="11">电压 V</td></tr>
<tr><td>50Hz</td><td rowspan="3">12</td><td rowspan="3">24</td><td rowspan="3">36</td><td rowspan="3">48</td><td rowspan="3">110</td><td rowspan="2">127</td><td rowspan="3">220</td><td>380</td><td>440</td><td rowspan="2">500</td><td>660</td></tr>
<tr><td>60Hz</td><td>—</td><td>—</td><td>—</td></tr>
<tr><td>直流</td><td>—</td><td>—</td><td>—</td><td>—</td><td>—</td></tr>
<tr><td>代号</td><td>J</td><td>D</td><td>C</td><td>E</td><td>F</td><td>G</td><td>M</td><td>Q</td><td>R</td><td>S</td><td>Y</td></tr>
</table>

表 4-79　操作方式及结构代号

代　　号	操作方式及结构	功　　耗
1	交流结构及其操作	4VA
2	直流结构及其操作	4W
3	直流结构及其操作	1.2W
4	直流结构及其操作	0.5W
5	交流可逆结构及其操作	4VA
6	直流可逆结构及其操作	4W

表 4-80　基本规格代号

代　　号	含　　义		备　　注
1	额定控制功率	P_e=1000VA	作继电器用
6	额定工作电流	I_e=6.3A	作接触器用
9	额定工作电流	I_e=9A	作接触器用

3. 基本参数

接触器式继电器的基本参数见表 4-81。

表 4-81　基本参数

序　　号	项　　目	内　　容	
1	额定绝缘电压	继电器的额定绝缘电压 U_j:660V	
2	最高额定工作电压	继电器的最高额定工作电压 U_e:660V	
3	额定发热电流	继电器的额定发热电流 I_{th}:16A	
4	使用类别	继电器的使用类别为:AC-3,AC-4,AC-15,DC-13	
5	额定工作制	八小时工作制	八小时工作制是基本工作制,由此规定了继电器的约定发热电流。《低压开关设备和控制设备　第 1 部分:总则》(GB/T 14048.1—2000)中 4.3.4.1 适用
		不间断工作制	继电器触头保持闭合并通以一稳定电流超过 8h(或数星期、数月)也不分断
		断续周期工作制	继电器在此工作制时负载因数为 40%,可实现的最高操作次数为 1200/h(即 1200 级)。《低压开关设备和控制设备　第 1 部分:总则》(GB/T 14048.1—2000)中 4.3.4.3 适用
6	控制电路	继电器的额定控制电源电压 U_s 应符合相关内容要求。 对于控制电源电压的正确操作条件是:在控制电路通以最大电流时,控制电源电压值应不小于 85%U_s,也不大于 110%U_s,开路时控制电源电压之值应不超过 120%U_s	

（续）

序号	项目		内容
7	辅助触头	辅助触头模块的基本参数	(1)额定绝缘电压U_i　660V； (2)额定工作电压U_e　660V； (3)约定发热电流I_{th}　6.3A； (4)额定控制容量P_e　100VA(～380V,～660V)；30W(══220V)
		使用类别	辅助触头模块的使用类别为：AC-15，DC-13

4. 型式和分类

(1)型式。继电器是直动式电磁操作的机电式继电器，结构为模块化积木式，辅助触头模块可视需要附加在继电器本体上。

继电器同时适用于导轨安装和螺钉压紧式安装。

(2)分类。

1)按用途分为：一般用控制继电器；计算机或程序控制器输出用接口继电器；作接触器用。

2)按组合方式分为：带辅助触头模块；不带辅助触头模块。

5. 正常工作条件

接触器式继电器正常使用条件见表4-82。

表4-82　　正常使用条件

序号	项目	内容
1	周围空气温度	(1)周围空气温度的最高值不超过+40℃，最低温度的下限值为−5℃(或−10℃、−25℃，订货时说明)。 (2)周围空气温度的24h平均值不超过+35℃
2	海拔	继电器安装地点的海拔不超过2000m
3	大气条件	继电器安装地点的大气相对湿度在最高温度为+40℃时，不超过50%；在较低的温度下可允许有较高的湿度，最湿月的平均温度为+20℃时，该月的月平均最大相对湿度不超过90%，允许由于温度的变化发生在产品表面的凝露
4	污染等级	继电器的污染等级为3级
5	安装类别(过电压类别)	继电器的安装类别为Ⅲ
6	安装条件	继电器应遵守制造厂提供的说明书所规定的有关条件进行安装。安装面与垂直平面的倾斜度不大于5℃，对于井下或其他特殊场合，其倾斜度允许不大于15°～30°

6. 选用指南提示

《接触器式继电器》(JB/T 8978—2006)是对JB/T 8978—1999的代替。

与JB/T 8978—1999相比，主要变化体现在以下几方面：

(1)根据《低压开关设备和控制设备　机电式接触器和电动机起动器》(GB 14048.4—2003)中

的有关规定，将 AC-3、AC-4 使用类别下的机械寿命和电寿命试验作为特殊试验考核。

(2)试验方法中，根据现行国家标准，取消原“8.1.1 弹性部件的耐老化试验”、“8.2.3.8 继电器耐受过载电流的能力试验”。

《接触器式继电器》(JB/T 8978—2006)适用于 JZ20 系列接触器式继电器。用于交流 50Hz(60Hz)、额定工作电压 660V 及以下、直流额定工作电压 220V 及以下的电路中，在控制电路中作远动、自动控制元件；在主电路中可作接触器用，并可与适当的热继电器或电子式保护装置组成电磁式或机电一体化的电动机启动器；其中控制功率较小的(0.5W)的继电器可用作于计算机(或 PC 机)控制的接口继电器。

四、低压信号灯(JB/T 8975—2006)

1. 术语和定义符号

低压信号灯术语和定义符号见表 4-83。

表 4-83　　术语和定义符号

序　号	项　目	内　容
1	术语和含义	《电工术语　低压电器》(GB/T 2900.18)和《低压开关设备和控制设备　第 5-1 部分：控制电路电器和开关元件　机电式控制电路电器》(GB 14048.5—2008)中确立的术语和定义适用
2	符　号	《低压形状设备和控制设备　第 5-1 部分：控制电路电器和开关元件　机电式控制电路电器》(GB 14048.5—2008)中确立的符号适用于本部分内容

2. 产品型号及其含义

(1)产品型号及其含义如图 4-24 所示。

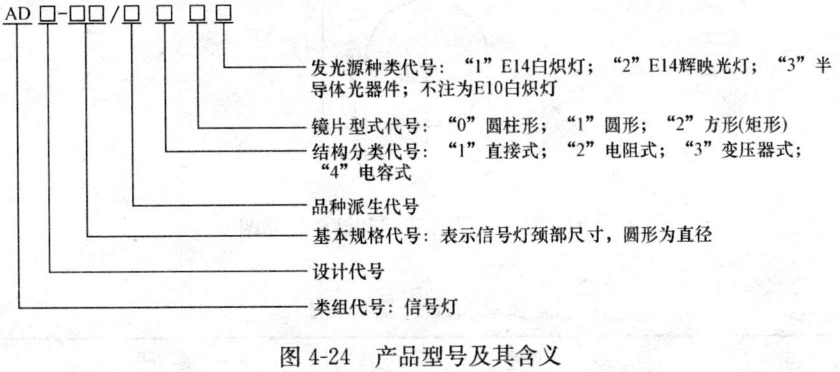

图 4-24　产品型号及其含义

(2)信号灯基本参数见表 4-84。

表 4-84　　信号灯基本参数表

产品结构分类	直　接　式	
	白　炽　灯	
颈部直径(d)/mm	16,22,25,30	30
配用灯座型式	E10(BA9S)	E14(BA15S)

（续）

产品结构分类	直接式				
	白炽灯				
电源种类	交直流				
额定工作电压(U_e)/V	6	12	24,36,48	24,36,48,110	127,220
发光器件功率(P)/W	1	1.2	1.5	3	5
信号颜色	红，黄，蓝，绿，白，无色透明				

产品结构分类	变压器减压式	电阻器减压式			电容器减压式
	白炽灯		辉光灯	半导体发光器件	
颈部直径(d)/mm	22,25,30		16,22,25,30	12,16,22,25,30	
配用灯座型式	E10(BA9S)		E14(BA15S)	—	
电源种类	交流	交直流	交流	交直流	交流
额定工作电压(U_e)/V	110,220,380	110,220	220,380	6,12,24,36,110,220	220,380
发光器件功率(P)/W	≤1.2	≤1.5	≤1	≤1.05	
信号颜色	红，黄，蓝，绿，白，无色透明		红，黄，绿，白，蓝		

（3）安装信号灯的板厚δ为1～6mm。

（4）安装孔有定位要求时，在安装孔正上方可以开一个安装键的长方形凹口，尺寸见图4-25和表4-85。

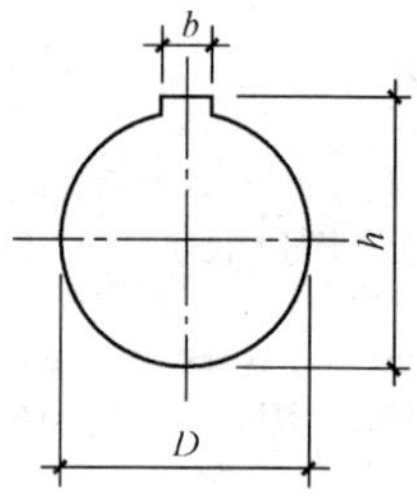

图4-25　安装孔直径和键槽尺寸图

表4-85　安装孔直径、键槽尺寸　mm

颈部直径 d	安装孔直径 D	键凹口 高度 h	键凹口 宽度 b
30	$30.5^{+0.5}_{0}$	$33.0^{+0.5}_{0}$	$4.8^{+0.2}_{0}$
25	$25.5^{+0.5}_{0}$	$27.5^{+0.5}_{0}$	$4.0^{+0.2}_{0}$
22	$22.3^{+0.4}_{0}$	$24.1^{+0.4}_{0}$	$3.2^{+0.2}_{0}$
16	$16.2^{+0.2}_{0}$	$17.9^{+0.2}_{0}$	$1.7^{+0.2}_{0}$
12	$12.1^{+0.2}_{0}$	$13.8^{+0.2}_{0}$	$1.7^{+0.2}_{0}$

注：其他形式的信号灯由各制造单位企业标准制定。

(5)当有几个信号灯并排安装在面板上时(图 4-24),并排安装孔中心距离 a 和各排的轴线距离 b 不得低于表 4-86 的规定(a 与 b 的位置可互换)。

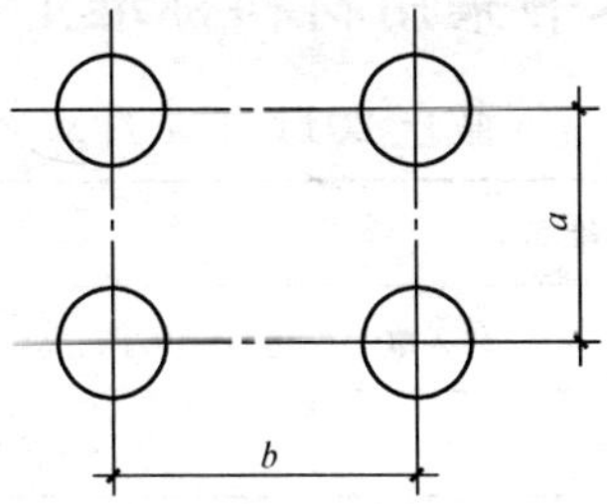

图 4-24　安装孔距离示意图

表 4-86　　安装孔中心线之间的最小距离　　mm

颈部直径 d	安装孔直径 D	a	b
30	$30.5^{+0.5}_{0}$	50	65
25	$25.5^{+0.5}_{0}$	40	55*
22	$22.3^{+0.4}_{0}$	30	50
16	$16.2^{+0.2}_{0}$	25	25
12	$12.1^{+0.2}_{0}$	20	20

注:当小于表中数值时,用户应与制造厂协商。

* 该尺寸也可用 45mm 代替。

3. 正常工作条件

低压信号灯的正常工作条件见表 4-87。

表 4-87　　正常工作条件

序　号	项　目	内　容	
1	周围空气温度	(1)周围空气温度不超过+40℃,且其 24h 内的平均温度值不超过+35℃; (2)周围空气温度下限为−5℃	
2	海拔	安装地点的海拔不超过 2000m	
3	大气条件	湿度	安装地点的空气相对湿度在最高温度为+40℃时不超过 50%,在较低的温度下可允许有较高的相对湿度,最湿月的月平均最低温度不超过+20℃,该月的月平均最大相对湿度不超过 90%,并考虑到由于温度变化偶尔发生在产品上的凝露
		污染等级	污染等级为 3 级
4	过电压类别	过电压类别为Ⅲ类	

4. 选用指南提示

《低压信号灯》(JB/T 8975—2006)是对 JB/T 8975—1999 的代替,适用于交流 50Hz(或 60Hz)额定工作电压 380V 及以下、直流额定工作电压 220V 及以下的电气线路中作指挥信号、预告信号、事故信号及其他指示信号之用。

本书采用材料标准汇总

（截止 2011 年 4 月）

序号	标准名称	标准编号	所在页码
第二章　裸电线与母线			
1	《铝包钢绞线》	YB/T 124—1997	14
2	《圆线同心绞架空导线》	GB/T 1179—2008	19
3	《架空绞线用镀锌钢线》	GB 3428—2002	25
4	《架空绞线用硬铝线》	GB/T 17048—2009	33
5	《镀镍圆铜线》	GB/T 11019—2009	35
6	《镀锡圆铜线》	GB/T 4910—2009	39
7	《电工圆铜线》	GB/T 3953—2009	42
8	《电工圆铝线》	GB/T 3955—2009	46
9	《电工用铝包钢线》	GB/T 17937—2009	50
10	《电力牵引接触线　第 1 部分:铜及铜合金接触线》	GB/T 12971. 1—2008	55
11	《电力牵引接触线　第 2 部分:钢、铝复合接触线》	GB/T 12971. 2—2008	62
12	《电工软铜绞线　第 2 部分:软铜绞线》	GB/T 12970. 2—2009	68
13	《电工软铜绞线　第 3 部分:软铜天线》	GB/T 12970. 3—2009	72
14	《电工软铜绞线　第 4 部分:铜电刷线》	GB/T 12970. 4—2009	74
15	《电工用铜线坯》	GB/T 3952—2008	77
16	《电工用铜、铝及其合金扁线　第 2 部分:铜扁线》	GB/T 5584. 2—2009	84
17	《电工用铜、铝及其合金扁线　第 3 部分:铝扁线》	GB/T 5584. 3—2009	87
18	《电工用铜、铝及其合金扁线　第 4 部分:铜带》	GB/T 5584. 4—2009	89
19	《电工圆铝杆》	GB/T 3954—2008	93
20	《电工铜、铝及其合金母线　第 1 部分:铜和铜合金母线》	GB/T 5585. 1—2005	97
21	《额定电压 450/750V 及以下聚氯乙烯绝缘电缆电线和软线　第 2 部分:固定布线用电缆电线》	JB/T 8734. 2—1998	102
22	《额定电压 450/750V 及以聚氯乙烯绝缘电缆电线和软线　第 3 部分:连接用软电线》	JB/T 8734. 3—1998	106
23	《额定电压 450/750V 及以下聚氯乙烯绝缘电缆电线和软线　第 5 部分:屏蔽电线》	JB/T 8734. 5—1998	107

（续一）

序号	标准名称	标准编号	所在页码
第三章　电缆			
1	《交流 500kV 及以下纸或聚丙烯复合纸绝缘金属套充油电缆及附件　第 2 部分：交流 500kV 及以下纸绝缘铝套充油电缆》	GB/T 9326.2—2008	113
2	《交流 500kV 及以下纸或聚丙烯复合纸绝缘金属套充油电缆及附件　第 3 部分：终端》	GB/T 9326.3—2008	118
3	《交流 500kV 及以下纸或聚丙烯复合纸绝缘金属套充油电缆及附件　第 4 部分：接头》	GB/T 9326.4—2008	123
4	《交流 500kV 及以下纸或聚丙烯复合纸绝缘金属套充油电缆及附件　第 5 部分：压力供油箱》	GB/T 9326.5—2008	127
5	《额定电压 110kV 交联聚乙烯绝缘电力电缆及其附件　第 2 部分：额定电压 110kV 交联聚乙烯绝缘电力电缆》	GB/T 11017.2—2002	129
6	《额定电压 110kV 交联聚乙烯绝缘电力电缆及其附件　第 3 部分：额定电压 110kV 交联聚乙烯绝缘电力电缆附件》	GB/T 11017.3—2002	135
7	《额定电压 1kV 及以下架空绝缘电缆》	GB/T 12527—2008	142
8	《额定电压 10kV 架空绝缘电缆》	GB/T 14049—2008	148
9	《电力电缆导体用压接型铜、铝接线端子和连接管》	GB/T 14315—2008	156
10	《额定电压 220kV(U_m=252kV 交联聚乙烯绝缘电力电缆及其附件　第 2 部分：额定电压 220kV(U_m=220kV)交联聚乙烯绝缘电力电缆》	GB/Z 18890.2—2002	165
11	《额定电压 220kV(U_m=252kV)交联聚乙烯绝缘电力电缆及其附件　第 3 部分：额定电压 220kV(U_m=252kV)交联聚乙烯绝缘电力电缆附件》	GB/Z 18890.3—2002	171
12	《额定电压 500kV(U_m=550kV)交联聚乙烯绝缘电力电缆及其附件　第 2 部分：额定电压 500kV(U_m=550kV)交联聚乙烯绝缘电力电缆》	GB/T 22078.2—2008	177
13	《额定电压 500kV(U_m=550KV)交联聚乙烯绝缘电力电缆及其附件　第 3 部分：额定电压 500kV(U_m=550kV)交联聚乙烯绝缘电力电缆附件》	GB/T 22078.3—2008	183
14	《电缆的导体》	GB/T 3956—2008	190
15	《1.2/4.4mm 同轴综合通信电缆》	GB/T 4011—1983	195
16	《2.6/9.5mm 同轴综合通信电缆》	GB/T 4012—1983	203

（续二）

序号	标准名称	标准编号	所在页码
17	《聚烯烃绝缘聚烯烃护套市内通信电缆　第2部分：铜芯、实心或泡沫（带皮泡沫）聚烯烃绝缘、非填充式、挡潮层聚乙烯护套市内通信电缆》	GB/T 13849.2—1993	209
18	《聚烯烃绝缘聚烯烃护套市内通信电缆　第3部分：铜芯、实心或泡沫（带皮泡沫）聚烯烃绝缘、填充式、挡潮层聚乙烯护套市内通信电缆》	GB/T 13849.3—1993	211
19	《聚烯烃绝缘聚烯烃护套市内通信电缆　第4部分：铜芯、实心聚烯烃绝缘（非填充）、自承式、挡潮层聚乙烯护套市内通信电缆》	GB/T 13849.4—1993	215
20	《塑料绝缘和橡皮绝缘电话软线　第2部分：聚氯乙烯绝缘电话软线》	GB/T 11016.2—2009	216
21	《塑料绝缘和橡皮绝缘电话软线　第3部分：聚丙烯绝缘电话软线》	GB/T 11016.3—2009	220
22	《塑料绝缘和橡皮绝缘电话软线　第4部分：橡皮绝缘电话软线》	GB/T 11016.4—2009	223
23	《塑料绝缘控制电缆　第2部分：聚氯乙烯绝缘和护套控制电缆》	GB/T 9330.2—2008	228
24	《塑料绝缘控制电缆　第3部分：交联聚乙烯绝缘控制电缆》	GB/T 9330.3—2008	252
第四章　高低压电器器材			
1	《标称电压高于1000V架空线路绝缘子使用导则　第1部分：交流系统用瓷或玻璃绝缘子》	DL/T 1000.1—2006	273
2	《标称高压高于1000V架空线路绝缘子使用导则　第2部分：直流系统用瓷或玻璃绝缘子》	DL/T 1000.2—2006	278
3	《高压架空线路绝缘地线用盘形悬式瓷绝缘子》	JB/T 9680—1999	283
4	《低压电力线路绝缘子　第3部分：低压布线用绝缘子》	JB/T 10585.3—2006	290
5	《高压交流隔离开关和接地开关》	GB 1985—2004	299
6	《110kV及以上交流高压负荷开关》	GB/T 14810—1993	307
7	《组合式变压器用油浸式负荷开关》	JB/T 10681—2006	311
8	《低压开关设备和控制设备　第6-1部分：多功能电器转换开关电器》	GB/T 14048.11—2008	315
9	《CJ20系列交流接触器》	JB/T 8591.1—2007	322
10	《CJ26、CJ28系列交流接触器》	JB/T 8591.2—2007	324
11	《接触器式继电器》	JB/T 8978—2006	330
12	《低压信号灯》	JB/T 8975—2006	333

（续三）

序号	标准名称	标准编号	所在页码
与本书相关的其他标准			
1	《电工用铜、铝及其合金母线　第2部分：铝与铝合金母线》	GB/T 5585.2—2005	—
2	《额定电压1kV(U_m=1.2kV)到35kV(U_m=40.5kV)挤包绝缘电力电缆及附件　第1部分：额定电压1kV(U_m=1.2kV)和3kV(U_m=3.6kV)电缆》	GB/T 12706.1—2008	—
3	《额压电压1kV(U_m=1.2kV)到35kV(U_m=40.5kV)挤包绝缘电力电缆及附件　第2部分：额定电压6kV(U_m=7.2kV)到30kV(U_m=36kV)电缆》	GB/T 12706.2—2008	—
4	《额定电压1kV(U_m=1.2kV)到35kV(U_m=40.5kV)挤包绝缘电力电缆及附件　第3部分：额定电压35kV(U_m=40.5kV)电缆》	GB/T 12706.3—2008	—
5	《有机硅烘干绝缘漆》	HG/T 3375—2003	—
6	《云母带耐火安生电缆用粉云母节》	JB/T 6488.5—1999	—
7	《云母带聚酰亚胺薄膜粉云母节》	JB/T 6488.6—2002	—
8	《电热设备用云母板》	GB/T 5022—1998	—
9	《衬垫云母板》	JB/T 900—1999	—
10	《电气用热固性树脂工业硬质圆形层压管和棒　第5部分：圆形层压模制棒》	GB/T 5132.5—2009	—
11	《阴极铜》	GB/T 467—1997	—
12	《裸电线试验方法　第3部分：拉力试验》	GB/T 4909.3—2009	—
13	《电线电缆电性能试验方法　第2部分：金属材料电阻率试验》	GB/T 3048.2—2007	—
14	《电线电缆交货盘》	JB/T 8137—1999	—
15	《裸电线试验方法　第4部分：扭转试验》	GB/T 4909.4—2009	—
16	《铜及铜合金化学分析方法》	GB/T 5121—2008	—
17	《金属材料洛氏硬度试验　第1部分：试验方法》	GB/T 230.1—2009	—
18	《电工用铜、铝及其合金扁线　第1部分：一般规定》	GB/T 5584.1—2009	—
19	《铝及铝合金化学分析方法》	GB/T 20975	—
20	《铝及铝合金光电直读发射光谱分析方法》	GB/T 7999—2009	—
21	《裸电线试验方法　第2部分：尺寸测量 》	GB/T 4909.2—2009	—
22	《电线电缆电性能试验方法　第2部分：金属材料电阻率试验》	GB/T 3048.2—2007	—
23	《110kV～330kV高压电缆纸》	QB/T 2692—2005	—
24	《半导电电缆纸》	GB 7971—2007	—

（续四）

序号	标准名称	标准编号	所在页码
25	《铅锭》	GB/T 469—2005	—
26	《绝缘液体以合成芬烃丙为基的未使用过的绝缘液体》	GB/T 21221—2007	—
27	《电缆外护层　第 2 部分:金属套电缆外护层》	GB/T 2952. 2—2008	—
28	《电缆外护层　第 1 部分:总则》	GB/T 2952. 1—2008	—
29	《交流 500kV 及以下纸或聚丙烯复合纸绝缘金属套充油电缆及附件　第 1 部分:试验》	GB/T 9326. 1—2008	—
30	《电线电缆交货盘》	JB/T 8137—1999	—
31	《高压绝缘子瓷件技术条件》	GB/T 772—2005	—
32	《高压支柱瓷绝缘子　第 1 部分技术条件》	GB 8287. 1—2008	—
33	《电力工程电缆设计规范》	GB 50217—2007	—
34	《额定电压 110kV 交联聚乙烯绝缘电力电缆及其附件　第 1 部分:试验方法和要求》	GB/T 11017. 1—2002	—
35	《架空绞线用铝—镁—硅系合金圆线》	GB/T 23308—2009	—
36	《电线电缆识别标志方法　第 3 部分:电线电缆识别标志》	GB/T 6995. 3—2008	—
37	《变形铝及铝合金化学成分》	GB/T 3190—2008	—
38	《加工铜及铜合金化学成分和产品形状》	GB/T 5231—2001	—
39	《铜合及铜合金拉制棒》	GB/T 4423—2007	—
40	《电线电缆交货盘　第 1 部分:一般规定》	GB 8137. 1—1999	—
41	《绝缘子串元件的球窝连接尺寸》	GB/T 4056—2008	—
42	《盘形悬式绝缘子钢脚》	JB/T 9677—1999	—
43	《绝缘子胶装用水泥胶合剂》	JB/T 4307—2004	—
44	《高压开关设备和控制设备标准的共用技术条件》	GB/T 11022—1999	—
45	《聚烯烃绝缘聚烯烃护套市内通信电缆　第 1 部分:一般规定》	GB/T 13849. 1—1993	—

参 考 文 献

[1] 李金传,陆一心．电气材料手册[M]. 北京:化学工业出版社,2006.
[2] 陈绅菱．电气材料手册[M]. 北京:中国电力出版社,2001.
[3] 丁雪峰,郑先锋,郑梅．35kV及以下电力电缆技术[M]. 北京:化学工业出版社,2008.
[4] 李景禄．高压电气设备试验与状态诊断[M]. 北京:水利水电出版社,2008.
[5]《电气电子绝缘技术手册》编辑委员会．电气电子绝缘技术手册[M]. 北京:机械工业出版社,2008.